UN BUEN AÑO

El cine está hecho para soñadores que nunca cierran los ojos,
ni siquiera cuando duermen.

STEVEN SPIELBERG

SUMARIO

PRÓLOGO

No es fácil encontrar una buena película. De todas las que han existido a lo largo de la historia, solo un 10 por ciento están realmente logradas. Diría que incluso menos, un 5 por ciento. Y, si tuviera que escoger las suficientes para ver durante un año entero, creo que mi criterio, más allá de directores o géneros, se basaría en mis propios recuerdos y en aquellos títulos que me transmitieron la pasión por este arte.

De niño, mi madre me llevaba mucho al cine, y a ella le debo gran parte de esos recuerdos. Aunque todavía era muy pequeño, me descubrió películas maravillosas e impropias para alguien de mi edad. Así fue como hallé *Lawrence de Arabia*, la épica obra de David Lean —y también su adaptación de la novela de Boris Pasternak, *Doctor Zhivago*—, o el compromiso del cine argentino a través de obras como *Crónica de un niño solo*, con la que Leonardo Favio se confirmó como un dignísimo heredero del neorrealismo italiano. También me marcó profundamente *Un hombre para la eternidad*, con aquel excelente actor shakesperiano llamado Paul Scofield. Y eso que yo solo tenía ocho años.

Cuando supe que quería ser actor, trabajaba en un cine donde proyectaban dos películas cada día. Recuerdo que, al terminar la última sesión, el dueño me preguntaba si me apetecía ver otra más, y entonces la proyectaba solo para mí. Así fue como conocí las grandes películas francesas, como *Hiroshima, mon amour* o

La passion de Jeanne d'Arc, que debe de ser la película que más veces he visto en mi vida. En esa época también me encontré con las imprescindibles españolas de Berlanga, Camus o Víctor Erice, *Los siete samuráis, Rashomon* y *Vivir (Ikiru)* de Akira Kurosawa... Y, por supuesto, aquel cine americano que tanto me entusiasmaba, con el wéstern como género referencial, todos los clásicos de serie B protagonizados por Randolph Scott, esa obra maestra de Howard Wawks que es *Río Rojo* (a mi juicio, la mejor interpretación de John Wayne, por el aliciente de tener a su lado a Montgomery Clift) y títulos especialmente reivindicables de John Ford como *Pasión de los fuertes (My Darling Clementine)*, en mi opinión, muy superior a *Centauros del desierto (The Searchers)* y al mismo nivel que *La diligencia* o *El hombre que mató a Liberty Valance.* Sin olvidar el impacto que causaron en mí títulos como *El cazador*, en especial por la revelación que significó descubrir a Meryl Streep casi al mismo tiempo que su increíble trabajo en *La decisión de Sophie.*

De mis cinco películas incluidas en este libro he podido extraer mis diferentes enseñanzas, y cada una de ellas contribuyó, a su manera, a forjar mi experiencia como actor. En la época de *Atrapado por su pasado (Carlito's Way)*, por ejemplo, yo iba de una prueba a otra y de un trabajo a otro porque todavía no era capaz de vivir únicamente de mi profesión. Recuerdo que era Navidad cuando mi agente me llamó y me dijo que tenía que cruzar el país para una prueba en la nueva película de Brian de Palma; cuando llegué a Los Ángeles, el papel ya estaba asignado y solo quedaba un pequeño personaje puertorriqueño, para el que parecía casi descartado debido a mi melena larga y rubia y mis ojos claros. Sin embargo, pedí hacer la prueba, me fui al baño del despacho de *casting*, me puse un jabón en el pelo para peinarlo hacia detrás y traduje las líneas al español, y aquello debió interesarles porque días después me citaron en la *suite* de un hotel de Beverly Hills con De Palma y Al Pacino. Al final, me quedé con el papel —aunque decidieron que no lo hiciera en español— y Pacino fue muy simpático y generoso conmigo.

El Señor de los Anillos fue un proyecto que nunca pensé en tres partes, sino como una única y colosal película, sobre todo al plantear el recorrido dramático de mi personaje. Lo que más me gustaba eran los pasajes de la historia que más se aproximaban al texto de Tolkien, y, quizá por ello, en el momento en que Aragorn es coronado rey sugerí cantar a capela la canción como homenaje a sus antepasados. No había melodía, solo la letra original que aparecía en el libro, así que compuse una. Por suerte, fue del agrado de Peter Jackson y su compositor, Howard Shore.

Promesas del Este fue la segunda de las cuatro colaboraciones con David Cronenberg, y me permitió desarrollar uno de mis estudios más exhaustivos para un personaje. Durante los meses previos al rodaje en Londres trabajé con rusos para traducir y aprender lo mejor posible mis diálogos para la película. También visité Moscú, San Petersburgo y la zona de los Urales de donde procedía Nikolai. Gracias al trabajo de mi amiga Alix Lambert, *The Mark of Cain* —un extraordinario documental del año 2000 en el que investiga el tradicional código lingüístico de tatuajes criminales en las peores cárceles del país—, pudimos incluir ese elemento en la película. Después de conocer a algunos emigrados rusos con pasado criminal, y de observar a todo tipo de hombres rusos en mi viaje a ese país, también intenté incorporar un cierto fatalismo en el lenguaje corporal y la forma de hablar de mi personaje. Siempre he creído que se puede aprender mucho de la cultura de cualquier lugar a partir del sentido del humor de sus habitantes.

El caso de *Green Book* es curioso, porque cuando Pete Farrelly me ofreció el papel de Tony Lis no pensé que fuera el actor adecuado. Pero él me convenció de que lo podría hacer bien. Otro tema era la comedia, algo que yo no conocía demasiado como actor. Le dije a Pete, que lleva años trabajando la comedia en el cine, que me parecía que mi personaje solo era divertido cuando iba completamente en serio, sin intentar ser gracioso. «Eso es, exactamente», me dijo, y por suerte ese enfoque nos funcionó bien. Vista hoy, la considero un miniclásico de Hollywood: una película escrita, filmada, montada e interpretada como las de antes, capaz de ofrecer un lado educativo muy interesante sobre la historia reciente del racismo en Estados Unidos, y bastante valiente viniendo de un gran estudio norteamericano. Muchas personas que vivían en las zonas rurales del sur desconocían la existencia de los *Green Books*, y esta película les abrió los ojos acerca de los peligros del racismo desde un enfoque muy similar al de los clásicos de Frank Capra y Preston Sturges.

Al principio, también tuve mis dudas con *Captain Fantastic*. Tardé en decir que sí, y fue una suerte que lo hiciera porque el director, Matt Ross, es alguien increíblemente talentoso. Matt escribe muy bien y supo aprovechar al máximo los recursos disponibles para el rodaje, además de lograr un trabajo excelente de los jóvenes actores. Me encantó la experiencia y todavía hoy mantengo el contacto con esos hijos tan singulares que me deparó aquella historia.

Estas cinco películas en las que he actuado son solo una pequeña parte del gran trayecto cinematográfico recogido en estas páginas. Ahora que se cumplen cuatro décadas desde el debut de mi largo aprendizaje en la industria con *Único testigo*, dirigida por Peter Weir, pienso que no puedo quejarme si hago balance de todo lo que he vivido desde ese rodaje.

Me siento muy afortunado por haber podido ganarme la vida durante tantos años, participando en contar historias para el cine.

VIGGO MORTENSEN

INTRODUCCIÓN

Imaginen que una editorial muy importante les pide que escriban sobre las películas imprescindibles que alguien debería ver a lo largo de todo un año. Imaginen que confían tanto en ustedes que les conceden absoluta libertad de elección, sin límites en cuanto a géneros, nacionalidades o épocas; únicamente la pequeña condición de limitar el cupo a 365 títulos más uno, por si resulta que febrero tiene 29 días en lugar de 28. El resto depende exclusivamente de sus gustos, su cinefilia y su capacidad titánica para, primero, seleccionar las películas adecuadas, y, a continuación, hablar de ellas después de verlas por enésima vez.

¿Sentirían una emoción inexplicable? Sin duda. ¿Una responsabilidad especial? Es muy probable, porque hablamos de más de 700 horas de dedicación a lo largo de doce meses, y a nadie le gusta pensar que está perdiendo el tiempo. ¿Temor a ser señalados por quienes opinen que sus filmes favoritos han sido injustamente excluidos? Tal vez alguno experimentaría un vértigo incontrolable rayano en el pánico absoluto, pero ese no sería yo. Es más: despertar ciertas susceptibilidades en un mundo dominado por listados de clásicos incunables y absolutamente oxidados tiene su aquel. Ya está bien de volver siempre a lo mismo. Establezcamos una nueva corriente para entender ese regalo que es el cine. Atrevámonos a desafiar y a revertir los cánones de un arte sublime y excesivamente encorsetado.

No interpreten esto último como una demostración de vanidad. Nunca me he considerado mejor que nadie en mi trabajo, pero tampoco peor, ni siquiera cuando escribía aquellas primeras críticas deslavazadas y repletas de incoherencias. Gracias a ello, he podido lidiar durante estos años con toda suerte de paladines de la exquisitez cinematográfica, presuntos eruditos que, cada vez que alzaban la voz, creían sentar cátedra con sus apologías de un arte solo al alcance de determinadas minorías (ellos mismos, claro). Protegido por mi armadura de confianza, soportaba sus ataques cada vez que defendía la experiencia de ver, DISFRUTAR, cualquier obra cinematográfica desde un inabarcable encuadre en 70 milímetros: una panorámica amplísima, donde todo tiene cabida excepto prejuicios tan manidos como que una película experimental nunca puede ser un bodrio —las hay a patadas— y que una superproducción de 250 millones no puede ser una obra maestra —lo mismo o incluso más—. Afortunadamente para mí, toda esa horda de sabios con monóculo y sombrero blanco laminado a lo Truman Capote nunca será consciente de mi perorata, porque nunca osará leer este libro, tan *carente* de auténticas obras de vanguardia.

Cuando mi editor, David Figueras, me lanzó la idea una tarde cualquiera de marzo, me sentí un privilegiado. Algo bueno habría hecho si alguien tan cuidadoso en su trabajo decidía confiarme un proyecto semejante. Di por hecho que, en medio de aquel listado, debía incluir a las intocables que todo el mundo espera encontrar en un libro así, películas que deben considerarse extraordinarias solo porque la historia dicta que lo sean. Cuál no sería mi sorpresa cuando David, tipo cercano donde los haya, me dijo que ese proyecto debía representar mi manera de ver y entender este arte maravilloso, sin convencionalismos ni imposiciones. Nunca nadie se había planteado un volumen así, a modo de recomendación diaria para alguien que disfruta de un año sabático (o que sencillamente es capaz de encontrar un resquicio diario de paz entre tanta vorágine) y desea recuperar el tiempo perdido con el cine. Fue entonces cuando entendí que se ya había escrito mucho, demasiado, sobre ciertas películas, y muy poco o nada sobre muchas otras. Y también que aquel libro, el más ambicioso al que me he enfrentado —y probablemente me enfrentaré— jamás, debía ser un reflejo de mi educación como espectador y de mi personalidad como escritor.

Trescientas sesenta y cinco películas (más una) después de aquella propuesta, estoy más que convencido de haber escrito el libro que mejor me define. Puede que hiera algunas sensibilidades y que a otros les entusiasme mi criterio, y ojalá ambos lo devoren por igual y extraigan libremente sus conclusiones. Yo, al menos, siento que nadie en toda la historia de la humanidad hubiera escogido exactamente las mismas películas, y eso ya convierte a este montón de páginas que sostienen en sus manos en una pieza provista de legítima identidad. No se extrañen si el cine más representado es el norteamericano, porque es el que forjó mi devoción y de donde provienen la mayoría de mis clásicos. No se alarmen si existe una predilección por las últimas décadas del siglo XX, porque esa fue la época en la que crecí y me formé como devorador de proyecciones a destiempo. No se cuestionen si hay actores, actrices y directores que aparecen mucho y otros con menos protagonismo del esperado. No se estremezcan si notan ausencias tan ilustres como *2001: Una odisea del espacio*, *Ciudadano Kane* o *Psicosis:* Kubrick y Hitchcock son dos genios con películas mejores (alguien tenía que decirlo), y ningún trabajo de Welles puede hacer sombra a *Sed de mal*. No se lleven las manos a la cabeza si se encuentran con once spielbergs y cero bergmans, o si, entre las sugerencias para este maratón anual, se topan con obras tan «menores» como *Bowfinger* o *Austin Powers*. Y, sobre todo, no piensen que estoy a sueldo de Coppola si, en lugar de recomendarles un *Padrino*, les propongo ver los tres de una tacada.

Dicho esto, las cartas están sobre la mesa. Si alguien me pidiera que le aconsejara una película diaria para ver a lo largo de un año a modo de experiencia cinéfilo-catártica, estas serían mis elecciones. Insisto: no se trata, desde mi punto de vista, de enumerar los 366 mejores largometrajes jamás filmados, sino los 366 que, disfrutados de manera consecutiva y en cualquier orden, son capaces de proporcionar dicha sensación epifánica, o algo bastante cercano. No están todas las que merecen la pena, porque en la historia del cine hay tantas obras maestras que ni en una década llegaríamos a verlas todas. Pero, créanme, merece la pena dedicarles más de 700 horas de su tiempo a las que sí que están.

Ahora, pónganse cómodos, apaguen las luces, liberen sus mentes de todo aquello que les inculcaron las elites intelectuales y prepárense para sumergirse en doce meses rabiosamente apasionantes.

Tal vez no llegue a ser el mejor año de sus vidas, pero será bueno. Muy bueno.

ACCIÓN

Arma letal

Lethal Weapon, Estados Unidos, 1987

Warner Bros. / Silver Pictures
Dirección: Richard Donner
Guion: Shane Black
Intérpretes: Mel Gibson, Danny Glover, Gary Busey, Mitchell Ryan, Tom Atkins
109 minutos

Contaba el gran Richard Donner, no sin avergonzarse, que su primera reacción cuando la directora de *casting* le propuso a Danny Glover para *Arma letal* fue exclamar «¡Pero si es negro!». Donner, que no tenía nada de racista, se arrepintió de inmediato de aquella respuesta al comprobar que él mismo había sucumbido, inconscientemente, a los estereotipos del cine yanqui de la época. Porque Glover tenía que interpretar al policía hogareño y responsable y no al desequilibrado de su compañero. Por aquel entonces, las *buddy movies* de confrontación racial (véase *Límite: 48 horas*) presentaban siempre al blanco como el tipo sensato y al negro como al exconvicto rehabilitado o como alguien a quien directamente le importaba un pimiento sobrepasar la ley.

Precisamente, la película que Donner estaba preparando buscaba derribar todos aquellos muros cubiertos de prejuicios. La había escrito un temperamental jovencito de 23 años llamado Shane Black, que en un principio había imaginado una historia mucho más violenta y oscura, en cuyo apoteósico desenlace el cartel de Hollywood acababa cubierto de una copiosa nevada de cocaína, después de que un camión volara por los aires. Donner y el productor Joel Silver se encargaron de rebajar la intensidad dramática mediante un sinfín de brillantes situaciones humorísticas, y fue entonces cuando *Arma letal* cogió velocidad de crucero. El director llevaba tiempo queriendo trabajar con Mel Gibson, y le hizo volar desde Sydney a Los Ángeles para una lectura de guion con Danny Glover. Aquellas dos horas fueron suficientes para que ambos establecieran una química casi orgánica —«mágica», según Donner—, que funcionaba con idéntico esplendor tanto en los pasajes cómicos como en aquellos más trágicos y solemnes.

La película es un disfrute pirotécnico de primer orden, con escenas de acción aplastantes, pero su verdadero corazón es la historia de amistad entre dos hombres antagónicos que, paradójicamente, se entienden, se compenetran e incluso se necesitan con extraña y adorable naturalidad. Tal vez Hollywood ya estuviera demasiado viejo para esa mierda.

BULLITT

Estados Unidos, 1968
Warner Bros. / Solar Productions
Dirección: Peter Yates
Guion: Alan R. Trustman y Harry Kleiner, sobre la novela de Robert L. Pike
Intérpretes: Steve McQueen, Jacqueline Bisset, Robert Vaughn, Dan Gordon, Robert Duvall
114 minutos

Aunque solo vivió cincuenta años, Steve McQueen tuvo tiempo de sobra para perpetuarse como icono indiscutible del celuloide. Su mirada carismática y su viril vulnerabilidad, hicieron de él una de las figuras más rutilantes del planeta; nadie conducía como él, nadie embelesaba como él, nadie lucía las gafas de sol como él. Aunque su carrera en el cine apenas duró dos décadas, dejó grabada a fuego su leyenda en títulos como *Los siete magníficos* (1960), *Nevada Smith* (1966), *El caso de Thomas Crown* (1968), *La huida* (1972), *Papillon* (1973), *El coloso en llamas* (1974) o *La gran evasión*, en la que nos detendremos llegado el momento. Convertía en oro aquello que tocaba y dominaba todos los rangos del estrellato, incluido un estilo de artes marciales que aprendió de su amigo Bruce Lee. Era tan insoportablemente famoso, que hasta Charles Manson lo tuvo en su punto de mira. De haber tenido una vida más extensa, es muy probable que hubiera llegado a ser el más grande de todos los tiempos.

Bullitt fue la película que confirmó al ídolo magnético y triunfal. Un filme policiaco chapado a la antigua, frío e indecoroso, donde McQueen condensó toda su furia en un personaje tosco, solitario y tremendamente efectivo, un detective de San Francisco enfrentado a una sórdida conspiración mientras trata de proteger a un testigo del Gobierno. La película es magnífica, pero, sin duda, lo que la enalteció hasta el infinito fue esa persecución automovilística de diez minutos de duración, considerada para muchos la mejor de la historia. El actor, piloto consumado, insistió en ponerse él mismo al volante del Ford Mustang para las secuencias de riesgo, y así lo hizo mientras la aseguradora del rodaje se lo permitió. A lo largo de tres semanas, el director Peter Yates, que en su juventud había trabajado como especialista, confeccionó la *set piece* más imitada del cine de acción y permitió que la estrella mejor pagada del mundo se jugase el pellejo sin bajar nunca de los 120 kilómetros por hora. Casi sesenta años después de su ejecución, ambos (escena y conductor) continúan igual de asombrosos.

Cara a cara

Face/Off, Estados Unidos, 1997

Touchstone Pictures / Paramount Pictures / Permut Presentations
Dirección: John Woo
Guion: Mike Werb y Michael Colleary
Intérpretes: John Travolta, Nicolas Cage, Joan Allen, Alessandro Nivola, Gina Gershon
138 minutos

Para disfrutar como es debido de la magia de *Face/Off*, conviene aceptar primero las reglas del juego. De entrada, debes creerte que uno puede trasplantarse la cara de otro tipo como el que se intercambia un suéter, y que, si después te arrepientes, vas a poder recuperar tu rostro original como si nada. Una vez superado esto, tienes que asimilar que un tipo fondón como Travolta puede insertar su rostro en el cuerpo fibroso de Nicolas Cage sin que nadie se percate, y viceversa (ni siquiera la mujer de Travolta). A continuación, hay que asumir que el doble de acción de Cage tiene mucho más pelo que él y que se nota una barbaridad, pero que así es la vida. Y, por último, debes entender el mundo como lo percibe ese hongkonés chiflado llamado John Woo: como un lugar donde, algunas veces, todo sucede a cámara lenta y las palomas aparecen de la nada, con un significado entre el karma y el meme.

Si uno está dispuesto a hacer la vista gorda con todo esto, le espera una de las mayores y gozosas majaderías consumadas por el hombre. Travolta y Cage dan vida a dos archienemigos, un agente federal y un peligroso terrorista que, en realidad (y perdonen el chiste fácil), son las dos caras de una misma moneda. Cuando el primero deja al segundo en coma y descubre que tiene una bomba oculta que puede hacer volar por los aires toda la ciudad, se somete a una operación para convertirse en él y tratar de sonsacarle al hermano pequeño, también terrorista además de sociópata, dónde se esconde el artefacto. Pero, ¡ay!, Cage despierta del coma cabreado y sin cara, y (ustedes harían lo mismo) obliga al equipo médico a colocarle la cara de su némesis antes de ajusticiarlo por las molestias causadas.

La humanidad no estaba preparada para todo lo que sucede a continuación. Muchos, de hecho, todavía no lo están. Simplemente presénciénla, siéntanla, explosiónenla, y a ver después qué cara se les queda.

CONTRA EL IMPERIO DE LA DROGA

The French Connection, Estados Unidos, 1971

20th Century Fox / Philip D'Antoni Productions / Schine-Moore Productions
Dirección: William Friedkin
Guion: Ernest Tidyman, sobre el libro de Robin Moore
Intérpretes: Gene Hackman, Roy Scheider, Fernando Rey, Tony Lo Bianco, Marcel Bozzuffi
104 minutos

William Friedkin solo había rodado películas de medio pelo y rudimentarios productos televisivos cuando Darryl F. Zanuck, presidente de los estudios Fox, le hizo una propuesta que cambiaría su carrera para siempre. Si aceptaba, pondría a su disposición un raquítico presupuesto de 1,8 millones de dólares y le daría la oportunidad de dirigir la adaptación de una novela de Robin Moore, publicada en 1969, donde se relataba un apasionante caso real: la incautación de heroína más grande en la historia de Estados Unidos. Eso sí, si la experiencia no resultaba satisfactoria, Friedkin sería rebajado nuevamente al averno de los seriales de televisión.

Y así fue como un treintañero de Chicago filmó, a base de ingenio y mucha cara dura, uno de los films policiacos más emblemáticos y contundentes de los años setenta. Gene Hackman se hizo con el papel de «Popeye» Doyle después de que medio Hollywood lo rechazara y el otro medio se negara a bajarse el salario; a la postre, le valdría su primer Oscar y el pasaporte definitivo al estrellato. Más curioso fue lo de Fernando Rey, elegido por equivocación para inmortalizar al villano Alain Charnier: Friedkin se había quedado impresionado con el trabajo de Paco Rabal en *Belle de jour* (1967), y pidió a su director de *casting* que contratara «al actor español» que aparecía en la película. Este se confundió y llamó a Rey, que a punto estuvo de ser despedido al desvelarse el entuerto (por suerte para él, Rabal no hablaba ni una palabra de inglés).

Friedkin se ciñó a la economía de guerra con tanta devoción, que hasta se permitió el lujo de rodar buena parte de la mítica persecución en coche por calles, para las que el equipo no tenía permiso, provocando un accidente real y varios destrozos que pueden apreciarse en el montaje final. Sin gastar ni un céntimo más de lo estipulado, se sacó de la manga una obra maestra que acabó recaudando 52 millones de dólares en cines y alzándose con cinco premios de la Academia. Uno de ellos, claro, para el perspicaz Friedkin, cuyo coche se averió de camino a la ceremonia y tuvo que pedir a un desconocido que le prestara el suyo a cambio de 200 dólares.

El especialista

The Fall Guy, Estados Unidos, 2024

Universal Pictures / 87North / Entertainment 360
Dirección: David Leitch
Guion: Drew Pearce, sobre la serie de televisión creada por Glen A. Larson
Intérpretes: Ryan Gosling, Emily Blunt, Aaron Taylor-Johnson, Hannah Waddingham, Winston Duke
126 minutos

El caso de David Leitch es digno de estudio. Ya no por el hecho de ocupar la silla de director tras dos décadas jugándose el pellejo como especialista (antes que él estuvo el mítico Hal Needham), sino por el impresionante dominio técnico y la percepción milimétrica que muestra en cada de una de sus asombrosas *set pieces*. Porque, mientras otros se formaban en las mejores escuelas de cine, Leitch conseguía abrir a duras penas una escuela de artes marciales, se partía (o le partían) la cara en combates de *kickboxing* y lograba hacerse un hueco en la industria del entretenimiento como uno de los dobles de riesgo más chiflados que se recuerda. En total, fue especialista en más de ochenta películas, suplantando a estrellas como Van Damme o Brad Pitt (cinco veces) cuando tocaba dar vueltas de campana, caer por un precipicio o prenderse fuego a lo bonzo.

Un día, codirigió una peliculita titulada *John Wick* (2014) que, inesperadamente, desató un fenómeno global y le permitió, ya en solitario, probar su valía para combinar la acción *premium* con toneladas de humor negro. Así llegaron *Atómica* (2017), *Deadpool 2* (2018), *Hobbs & Shaw* (2019) y la alucinante *Bullet Train* (2022), y Leitch pasó de abrirse la cabeza a vestir de Armani en la alfombra roja y recaudar más de 2.000 millones de dólares con sus películas. Por todo ello, debemos apreciar *El especialista* como el sueño de un tipo que, en lugar de matarse de tanto intentarlo, acabó convertido en el nuevo gurú hollywoodiense de la velocidad y la adrenalina.

La cinta, basada en una serie bastante carca de los años ochenta, es un gustazo simpatiquísimo donde caben los homenajes, los autohomenajes y hasta los metahomenajes (el momentazo *Miami Vice*). Ryan Gosling y Emily Blunt se lo pasan en grande y se nota: aquí hay *deepfakes* homicidas, parodias de Hans Zimmer y hasta un perro robaescenas llamado Jean-Claude (¿Van Damme?). Suerte que Leitch vivió para rodarla.

La espía que me amó

The Spy Who Loved Me, Reino Unido, 1977

United Artists / Eon Productions
Dirección: Lewis Gilbert
Guion: Christopher Wood y Richard Maibaum, sobre la novela de Ian Fleming
Intérpretes: Roger Moore, Barbara Bach, Curt Jurgens, Richard Kiel, Caroline Munro
121 minutos

Tras el dramático adiós de Sean Connery, las primeras experiencias de Roger Moore en los zapatos y el esmoquin de 007 resultaron bastante fallidas. Tanto *Vive y deja morir* (1973) como *El hombre de la pistola de oro* (1974) respetaban el glamour y el exotismo de la saga, pero la presencia excesivamente cómica de Moore —en contraposición con la mesura y la frialdad del Bond original—, unida a los tibios resultados en taquilla, hacían peligrar su continuidad en el papel.

Por todo ello, el productor *Cubby* Broccoli se tomó tres años para macerar un regreso triunfal del agente que, a su vez, permitiera la aceptación unánime de Roger Moore por parte de la audiencia. Escogió una de las novelas más denostadas por el propio Ian Fleming, *La espía que me amó* (la odiaba tanto que solo permitió que usaran el título), la puso en manos del guionista de las primeras películas, Richard Maibaum, y decidió recuperar algunos de los elementos característicos del Bond de Connery, como el contexto de traiciones y falsas identidades de la Guerra Fría, el villano con ínfulas de dominación planetaria o el esbirro indestructible y letal (el mítico Tiburón). El resultado fue una cinta capaz de respetar escrupulosamente las reglas clásicas del espionaje cinematográfico sin renunciar al delirio más absoluto: la banda sonora *disco* de Marvin Hamlisch, el salto con esquíes inicial o el Lotus Spirit submarino dan buena fe de ello.

James Bond contra Goldfinger

Goldfinger, Reino Unido, 1964

United Artists / Eon Productions
Dirección: Guy Hamilton
Guion: Richard Maibaum y Paul Dehn, sobre la novela de Ian Fleming
Intérpretes: Sean Connery, Gert Fröble, Honor Blackman, Shirley Eaton, Tania Mallet
106 minutos

Las dos primeras películas de James Bond costaron 950.000 y 2 millones de dólares, respectivamente. Sumando los beneficios de ambas, la cifra alcanzaba casi los 140 millones en todo el mundo, en una época en la que entrar en el cine costaba una media de 0,93 dólares. Absolutamente nadie pudo vislumbrar un éxito de esa magnitud, el primero de todos Sean Connery, que pasó de ser un escocés desconocido que trabajaba de socorrista y pulidor de ataúdes a convertirse en una estrella de dimensiones estratosféricas. No es de extrañar que la tercera entrega, *James Bond contra Goldfinger* fuese recibida en Londres con la expectación de un acontecimiento histórico, hasta el punto de desbordar de gente Leicester Square (la multitud se llevó por delante a la policía y acabó rompiendo las puertas de vidrio del cine) y que la mismísima Reina Madre la considerase una de sus películas favoritas.

Ian Fleming había tomado el nombre del villano del arquitecto húngaro Erno Goldfinger, inmortalizando para la posteridad a una de las mentes criminales más retorcidas y sofisticadas de la historia. Un megalómano obsesionado con el oro que planea volar por los aires Fort Knox y convertirse en el hombre más rico del planeta, siempre que 007 —aquí mucho más flemático y humorístico que en sus aventuras previas— no se presente para impedirlo. Lo que sucede en el ínterin (el Aston Martin tuneado de *gadgets*, el fabuloso secuaz del sombrero-guillotina, el rayo láser directo a la entrepierna) es una retahíla de maravillas pop y momentos antológicos, que encumbran la película hasta las más altas cotas del *bondismo*.

John Wick 4

John Wick. Chapter 4, Estados Unidos, Alemania, 2023

Lionsgate / 87Eleven Entretainment / Studio Babelsberg
Dirección: Chad Stahelski
Guion: Shay Hatten y Michael Finch, sobre los personajes creados por Derek Kolstad
Intérpretes: Keanu Reeves, Ian McShane, Bill Skarsgard, Donnie Yen, Laurence Fishburne
169 minutos

John Wick aterrizó en la gran pantalla convertido en el enésimo asesino en busca de venganza, un heredero más de ilustres creyentes del «ojo por ojo» como Charles Bronson, el Liam Neeson de la saga *Venganza* o Chuck Norris cuando su pelo todavía era rubio natural. Sin embargo, su arrolladora presencia tenía algo de lo que todos estos ilustres mamporreros carecían: un estilismo desbordante a su alrededor, capaz de hacer que la peor de las matanzas pareciera una poética y colorida composición de sangre, balas silbantes y vestimentas caras.

Por si todo esto fuera poco, los espectaculares enfrentamientos de *John Wick* eran solo el eje principal de una trama llena de ramificaciones, en las que tenían cabida la mafia rusa, los perros, los juramentos de sangre, los señores del crimen subterráneo y hasta los hoteles de lujo solo para asesinos. Hay quien habla —y a mí no me parece nada descabellada la comparación— de esta saga como *El Padrino* de las películas de acción; su mastodóntica propuesta, su juego de traiciones y su enaltecimiento de la violencia bien merecen una suculenta analogía (eso sí, sin llegar nunca a mirarse de igual a igual) con los mafiosos de Coppola.

La cuarta entrega es una muestra perfecta de la formidable extensión del fenómeno Wick: ostentosa técnicamente, compleja narrativamente, con un compás tan acelerado que comprime sus casi tres horas en un simple pestañeo. Aquí ya no es solo el protagonista el que describe un arco dramático cada vez más consistente, sino que desearíamos que algunos secundarios interesantísimos, como el interpretado por Donnie Yen, compartieran con Keanu Reeves el don de la inmortalidad.

Jungla de cristal

Die Hard, Estados Unidos, 1988

20th Century Fox / Gordon Company / Silver Pictures
Dirección: John McTiernan
Guion: Jeb Stuart y Steven E. de Souza, sobre la novela de Roderick Thorp
Intérpretes: Bruce Willis, Alan Rickman, Bonnie Bedelia, Reginald VelJohnson, Paul Gleason
132 minutos

Había una vez un hombre que tenía la peor suerte del mundo. Allá donde iba, aparecía un grupo terrorista decidido a arruinarle el día. En su desdicha, además, siempre arrastraba a algún familiar o a un pobre desgraciado que pasaba por allí, y, para colmo, su especialidad era convertir las fiestas navideñas en un reguero de traumas. Se llamaba John McClane, era policía, y se caracterizaba por su sarcasmo y su incipiente alopecia.

Jungla de cristal (fabulosa y muy libre adaptación al español de un original mucho más tosco, «Duro de matar») es una de esas películas que nunca te cansas de ver, aunque te sepas todos los diálogos y le sobren los gazapos, como que el protagonista se pase todo el tiempo caminando sobre cristales sin cortarse o que las frases en alemán de los villanos (ninguno de ellos interpretado por un actor de esa nacionalidad) estén llenas de incoherencias gramaticales. Adoramos la capacidad de McClane para aceptar con estoicismo su mala estrella, despachar a los enemigos con la naturalidad de quien se cambia de calcetines y revertir la situación a base de chistes baratos y latiguillos del Far West erigidos en símbolos de resistencia. Pero, sobre todo, adoramos el modo en que Bruce Willis da vida a este gafe de buen corazón y mejor instinto de supervivencia, con esa socarronería marca de la casa que nadie con dos dedos de frente se atrevería a discutir.

Qué hubiera sido de este peliculón si alguno de los ¡dieciséis! actores tanteados antes que Willis hubiera dicho sí, es algo que pertenece a una realidad distorsionada y multiversal. Por suerte, ni Schwarzenegger ni Stallone ni Harrison Ford ni Al Pacino ni, ejem, Charles Bronson aceptaron el papel. Ni siquiera el tipo que interpretaba a *MacGyver* quiso darle una oportunidad y hubo que recurrir a la desesperada a un actor televisivo, no sin antes asegurarle que podría rodar *Luz de luna* durante el día y trabajar en *Jungla de cristal* por las noches.

Algunas veces, la historia la escriben aquellos que nunca duermen.

Jungla de cristal: La venganza

Die Hard With a Vengeance, Estados Unidos, 1995

20th Century Fox / Cinergi Pictures
Dirección: John McTiernan
Guion: Jonathan Hensleigh
Intérpretes: Bruce Willis, Jeremy Irons, Samuel L. Jackson, Graham Greene, Colleen Camp
128 minutos

Entre los fans de *Jungla de cristal* existe la sensación de que *La Jungla 2: Alerta roja* (1990) no es más que un refrito de la gloriosa primera entrega, un ejercicio banal y sin riesgo que explotaba sin tapujos la fórmula original para asegurar un buen puñado de millones en taquilla. Razones no les faltan: el contexto navideño, el ambiente nocturno y claustrofóbico, McClane y su *walkie-talkie* enfrentándose en solitario a los villanos, la presencia de múltiples secundarios de la cinta de 1988... Aunque la película tuvo una espectacular acogida y superó incluso la recaudación de su predecesora, los responsables de la franquicia sentían la necesidad de resarcirse ante la relativa decepción de los espectadores.

De entrada, el argumento de la tercera parte se basaba en una idea concebida por Jonathan Hensleigh para una película protagonizada por Brandon Lee y titulada *Simon Says*. Tras el fallecimiento de Lee, la historia estuvo a punto de convertirse en una cuarta entrega de la serie *Arma letal*, hasta que Hensleigh decidió adaptarla al universo *Die Hard* y de repente todo comenzó a encajar. Se contrató nuevamente a John McTiernan como director —*La Jungla 2* venía firmada por el tibio Renny Harlin—, se trasladó la historia a la ciudad de Nueva York a plena luz del día, y se acompañó a McClane de otro pobre infeliz a quien el azar colocaba en el lugar y el momento más inoportunos. El resultado es una verdadera gozada, una secuela que roza por momentos el nivel del original y que ofrece una acción descontrolada y rutilante, con Jeremy Irons como maestro de ceremonias y una secuencia —la del ascensor— que es pura gozada.

Kill Bill. Vols. 1 y 2

Kill Bill. Vol 1 & 2, Estados Unidos, 2003-2004

Miramax / A Band Apart / Super Cool Manchu
Dirección y guion: Quentin Tarantino
Intérpretes: Uma Thurman, David Carradine, Daryl Hannah, Michael Madsen, Lucy Liu
111 minutos (Volumen 1) / 137 minutos (Volumen 2)

Permítanme una excepción puntual en este listado. Soy consciente de que *Kill Bill* fue una historia estrenada en dos partes, cada una con su particular empaque cinematográfico, pero, en realidad, se trata de una sola película que Quentin Tarantino se vio forzado a dividir por cuestiones empresariales. Así fue concebida y así debe entenderse, máxime cuando el propio autor la contabiliza como un único título a la hora de enumerar las diez obras que marcarán su retiro.

La historia comenzó a fraguarse una década antes, mientras Tarantino y Uma Thurman discutían sobre películas de venganza en los descansos del rodaje de *Pulp Fiction*. No tardaron en idear un irresistible arranque para otro trabajo en común: los invitados de una boda aparecen cubiertos de sangre mientras la propia novia, antigua asesina a sueldo, es dada por muerta por quienes perpetraron la matanza. Desbordado por la emoción, Tarantino llegó a casa y escribió un primer boceto de 30 páginas que, con el tiempo, acabó en un cajón para dar paso a los guiones de *Jackie Brown* y *Malditos bastardos*. Finalmente, en el 2000, Thurman le preguntó si el proyecto seguía vivo y él le respondió que no solo lo estaba, sino que acabaría de escribirlo a tiempo para que fuese su regalo de cumpleaños.

Tan férreo era su compromiso con la actriz, que cuando ella quedó embarazada durante la preproducción, Tarantino optó por retrasar un año el rodaje para esperarla. Entretanto, tuvo tiempo de contratar a Warren Beatty para interpretar a Bill, y también de despedirlo ante la animadversión que el intérprete desprendía hacia el cine de artes marciales. Mientras David Carradine ocupaba su lugar, Thurman tenía a su bebé y solo tres meses más tarde ya estaba preparándose durante ocho horas diarias en tres estilos diferentes de kung fu, dos de lucha con espada, lucha a cuchillo y combate mano a mano, además de dar clases intensivas de japonés.

Al final, Tarantino filmó una película tan buena, que descartar algunas escenas para ajustar el montaje era poco menos que un sacrilegio. Así fue como, en la única decisión sensata de su infame existencia, el productor Harvey Weinstein propuso conservar el material y estrenarlo en dos tandas. El resto es pura leyenda.

KINGSMAN: SERVICIO SECRETO

Kingsman: The Secret Service, Reino Unido, Estados Unidos, 2014

20th Century Fox / Marv Films / Cloudy Productions
Dirección: Matthew Vaughn
Guion: Jane Goldman y Matthew Vaughn, sobre el cómic de Mark Millar y Dave Gibbons
Intérpretes: Colin Firth, Taron Egerton, Samuel L. Jackson, Michael Caine, Mark Strong
129 minutos

La llegada de Daniel Craig a la franquicia Bond en 2006 trajo consigo mayores dosis de realismo, violencia desatada y un componente trágico en la personalidad de un espía que, por primera vez, se presentaba como lo que siempre fue: un asesino. El gran sacrificado de tanto viraje introspectivo fue el sentido del humor, una de las señas de identidad del personaje desde la irrupción de Roger Moore en los años setenta. «El género se ha vuelto demasiado serio», le dijo un día el director Matthew Vaughn a su amigo Mark Millar mientras compartían una cerveza en un bar. «Deberíamos hacer otra película de espías que sea realmente divertida», replicó el guionista escocés. Meses después, el cómic *The Secret Service*, escrito por Millar e ilustrado por Dave Gibbons, estaba listo para publicarse, mientras Vaughn, en paralelo, trajinaba la adaptación cinematográfica.

Y vaya si fue divertida. Sin tomarse en serio por un segundo ni detenerse en cuestiones filosóficas o existenciales, *Kingsman* toma su nombre de una sastrería londinense que, en realidad, oculta la sede de un servicio de inteligencia privado creado por la elite británica. Hasta allí va a parar, casi por accidente, un joven ladronzuelo a quien el distinguido y letal agente encarnado por Colin Firth convierte en un nuevo miembro de la organización al más puro estilo de *My Fair Lady*. El proceso es divertidísimo y salvajemente delirante, con Vaughn luciendo palmito para las coreografías de acción y el Samuel L. Jackson más entrañable y peligroso desde *Pulp Fiction* dando lecciones de supervivencia con un inquietante ceceo interdental. Su secuaz, una psicópata que rebana a sus oponentes con unas piernas ortopédicas, está a la altura de los villanos con implantes más carismáticos de Bond. Sin entrar en *spoilers*: la secuencia de la iglesia, el festín al ritmo de *Give It Up* y la traca de cabezas explosivas son una rotunda y reconfortante maravilla para los fans del espionaje sin complejos.

Mentiras arriesgadas

True Lies, Estados Unidos, 1994

20th Century Fox / Lightstorm Entertainment
Dirección: James Cameron
Guion: James Cameron, sobre el guion original de Claude Zidi, Simon Michaël y Didier Kaminka
Intérpretes: Arnold Schwarzenegger, Jamie Lee Curtis, Tom Arnold, Bill Paxton, Tia Carrere
141 minutos

James Cameron llevaba tiempo postulándose para dirigir una película de James Bond cuando vio *Dos espías en mi cama* (Claude Zidi, 1991), una comedia francesa de espías sobre una mujer deseosa de vivir emociones fuertes, que ignora que su anodino esposo es, en realidad, un agente secreto internacional. Atrapado por el componente cómico de la historia —ella se plantea vivir una aventura con un farsante que dice ser, precisamente, espía—, Cameron decidió adaptarla a su universo particular y grandilocuente, manteniendo el desternillante punto de partida y completándolo con su don para lo asombroso y su increíble manejo de la acción y los efectos especiales.

Pese a que Arnold Schwarzenegger ofrece una de sus mejores interpretaciones como el resolutivo y suspicaz agente Harry Tasker (y eso ya es mucho decir), sin duda, el alma de la película es el personaje de Jamie Lee Curtis, una mujer resignada a una desesperante existencia y obligada a abandonar toda ingenuidad cuando descubre la identidad de su marido. Dotada de un talento natural para la comedia, Curtis interpreta a Helen Tasker con el desparpajo de las grandes damas del género, y nos regala, además, una de las secuencias pseudoeróticas más emblemáticas de los años noventa. La película, divertidísima y encantadoramente inverosímil, pasó como uno de los títulos menores de su director (tres años después, el fenómeno *Titanic* prácticamente la desterró a las estanterías de los videoclubs), pero ha sabido resurgir y reivindicarse dentro de los entretenimientos más celebrados del repertorio Cameron.

Misión Imposible: Fallout

Mission: Impossible. Fallout, Estados Unidos, China, Francia, Noruega, Reino Unido, 2018

Paramount Pictures / Skydance Media / TC Productions
Dirección: Christopher McQuarrie
Guion: Christopher McQuarrie, sobre la serie de televisión creada por Bruce Geller
Intérpretes: Tom Cruise, Henry Cavill, Ving Rhames, Simon Pegg, Rebecca Ferguson
147 minutos

A mediados de los años noventa, Paramount Pictures y Tom Cruise forjaron una provechosa alianza para trasladar a la gran pantalla la mítica serie *Misión Imposible* (1966-1973). Por aquel entonces, el actor, que era un reconocido fanático del *show* emitido por la cadena CBS, buscaba un proyecto con el potencial suficiente para su recién creada compañía de producción, y no escatimó en gastos a la hora de confeccionar un *thriller* de espías a la vieja usanza, con una puesta en escena elegantísima, suspense *in crescendo* y un argumento repleto de giros y traiciones. La elección del director —todo un artesano del buen gusto como Brian de Palma— y la terna de guionistas encargados de perfilar la historia —los tipos que escribieron *Chinatown*, *Parque Jurásico* o *La lista de Schindler*, nada menos— dejaban claro que, al menos en intenciones, el espectáculo iba a estar al servicio del relato, y no al revés.

A Cruise le bastó con contratar a John Woo en *Misión Imposible* (2000) para mandar toda esa intensidad al garete y convertir la franquicia en una sucesión de clímax delirantes, con él mismo como reclamo suicida. Desde ese momento, se dedicó a colgarse de una montaña a 600 metros, hacer caída libre entre dos edificios de Shanghái, escalar once pisos por la fachada del edificio más alto del mundo o atarse a la puerta de un avión a 400 kilómetros por hora. Pero nada comparado al cúmulo de temeridades de la sexta entrega, *Fallout*, en la que hizo varios saltos HALO a 8.000 metros de altitud, condujo una moto en dirección contraria por París, pilotó un helicóptero y se hizo trizas el tobillo saltando de una azotea a otra de Londres. Pese a su generosa duración, la película pasa en un suspiro: la dedicación de Cruise es tan elevada, el nivel de exigencia tan extremo, que no tenemos más remedio que entregarnos a su prodigioso desvarío.

Oldboy

Oldeuboi, Corea del Sur, 2003

Show East / Egg Films / Celsius Entertainment
Dirección: Park Chan-wook
Guion: Park Chan-wook, Lim Chun-hyeong y Hwang Jo-yun, sobre el manga creado por Garon Tsuchiya y Nobuaki Minegishi
Intérpretes: Choi Min-sik, Yoo Ji-tae, Kang Hye-jeong, Kim Byeong-ok, Ji Dae-han
120 minutos

Una noche, después de una borrachera que termina en comisaría, un hombre de negocios llamado Oh Dae-su es secuestrado y encerrado en una habitación durante quince años, con la única compañía de un viejo televisor que le informa de que su mujer ha sido asesinada y él es el principal sospechoso. Cuando sus captores le liberan inesperadamente en una azotea, descubre que tiene cinco días para resolver el misterio de aquella desaparición y ejecutar su venganza contra el enigmático y poderoso individuo que ordenó su encarcelamiento.

Aunque, en apariencia, su premisa no resultaba demasiado original, *Oldboy* llegó a ser el gran fenómeno asiático de principios de siglo. Su repercusión fue tan repentina y desaforada (el Gran Premio del Jurado en Cannes fue el que prendió la imparable mecha de reconocimientos internacionales), que no tardó en superar en popularidad al manga japonés en el que se basaba y en abrir de par en par las puertas del cine coreano —y sus principales creadores— al resto del mundo. Su director, Park Chan-wook, era ya un virtuoso de las historias de venganza y la violencia elevada a su dimensión más poética, pero nunca hasta un extremo tan descarnado y sublime; *Oldboy* reformuló el concepto de crueldad cinematográfica y lo situó en un plano de exquisitez técnica inconcebible hasta entonces. La famosa pelea del pasillo, en la que el protagonista se enfrenta a un ejército de asesinos armado con un martillo, se diseñó como un plano secuencia de más de tres minutos, que tardó varios días en coreografiarse y acabó convirtiéndose en una de las escenas más legendarias y brutales que haya acuñado nunca el cine oriental.

La Roca

The Rock, Estados Unidos, 1996

Hollywood Pictures / Don Simpson-Jerry Bruckheimer Productions
Dirección: Michael Bay
Guion: David Weisberg, Douglas S. Cook y Mark Rosner
Intérpretes: Sean Connery, Nicolas Cage, Ed Harris, Michael Biehn, John Spencer
136 minutos

¿Por qué es tan buena *La Roca* si fue dirigida por alguien tan descaradamente palomitero como Michael Bay? Primero de todo, por su irresistible propuesta, en la que, en lugar de fugarse de Alcatraz, los protagonistas quieren entrar a toda costa, para desbaratar los planes de un militar resentido que ha decidido atrincherarse en la antigua prisión. A continuación, por la pirotecnia visual del propio Bay, capaz de desesperar a más de uno con sus planos circulares, pero también de hacer que un guisante o un cortaúñas luzcan con incuestionable épica patriótica. Sin olvidar que, aunque finalmente no fueron acreditados, el guion contó con aportaciones tan eminentes como las de Quentin Tarantino o Aaron Sorkin.

Sin embargo, la gran baza de *La Roca* era la presencia colosal de sus tres protagonistas: Sean Connery, convertido en imponente héroe de acción a los 66 años; Nicolas Cage, recién encumbrado por *Leaving Las Vegas* y verdadero icono del género en los años noventa; y Ed Harris, ese tipo que, cuando rueda, se toma en serio hasta la pausa del bocadillo. Para la posteridad quedarán las entrañables exigencias de Connery, que iban desde tener su propio camerino para dormir en Alcatraz hasta presentarse en una reunión de ejecutivos vestido de golfista, solo para salvar la cabeza del siempre volcánico Bay. Aunque mi historia favorita es aquella que defiende que su personaje —un agente secreto británico que lleva décadas encerrado por su extrema peligrosidad— no es otro que el mismísimo James Bond; atentos a la profusión de guiños y alusiones que refuerzan esta divertidísima y loca teoría.

Skyfall

Skyfall, Reino Unido, Estados Unidos, Turquía, 2012

Metro-Goldwyn-Mayer / Columbia Pictures / Eon Productions
Dirección: Sam Mendes
Guion: Neil Purvis, Robert Wade y John Logan, sobre los personajes creados por Ian Fleming
Intérpretes: Daniel Craig, Javier Bardem, Naomie Harris, Judi Dench, Ralph Fiennes
143 minutos

Tras el anuncio de Daniel Craig como nuevo James Bond en 2005, muchos seguidores se movilizaron para boicotear su elección —demasiado rubio, demasiado feo, demasiado blando— sin sospechar que su debut en el papel, *Casino Royale* (2006), acabaría siendo una de las películas más aplaudidas y fieles a la esencia original del personaje. Si bien *Quantum of Solace* (2008) resultó un *impasse* algo decepcionante, la tercera aventura de Craig en el *smoking* ajustado de 007 le impulsaría directamente a la cima del imaginario *bondiano*.

Por primera vez en medio siglo de historia de la saga, un director ganador del Oscar se ponía al frente de la producción. Sam Mendes supo aportar al personaje toda su inventiva visual y su capacidad para retratar a individuos caídos en desgracia que buscan desesperadamente una redención, y convirtió a Bond en un alma torturada por los fantasmas del pasado. De repente, el espía frío e infalible se mostraba como un hombre vulnerable, capaz de sucumbir al retorcido plan trazado por Silva (un Javier

Bardem imponente que borda uno de los mejores villanos de la franquicia), y el espectador sentía el zumbido de las balas y el olor de la pólvora con una proximidad y verosimilitud nunca vistas. Si añadimos a la fórmula uno de los prólogos más apabullantes que se recuerdan y la fotografía exquisita de Roger Deakins, tendremos el cóctel en su punto y listo para servir. Mezclado, no agitado.

SPEED

Speed, Estados Unidos, 1994

20th Century Fox / The Mark Gordon Company
Dirección: Jan de Bont
Guion: Graham Yost
Intérpretes: Keanu Reeves, Dennis Hopper, Sandra Bullock, Joe Morton, Jeff Daniels
116 minutos

En un principio, *Speed* se parecía demasiado a *Jungla de cristal*. La premisa del policía atrapado en un autobús, con una bomba lista para explosionar en caso de bajar de los 80 km/h, tenía un tono demasiado *McClainesco*, situado entre la cínica fanfarronería y un puñado de diálogos forzosamente caricaturizados. Hasta Quentin Tarantino rechazó dirigirlo por esa sensación de *déjà vu* que le proporcionaba el planísimo guion de Graham Yost, y al final el único que pareció dispuesto a coger las riendas fue un neerlandés que había ejercido de director de fotografía en aquel taquillazo de 1988. Keanu Reeves, por aquel entonces un joven icono de la escena *indie*, se sumó a la opinión generalizada y dijo no a la película porque no estaba interesado en convertirse en una versión rejuvenecida del personaje de Bruce Willis. Pero la incursión a última hora como guionista (sin acreditar) de Josh Whedon, encargado de convertir al protagonista en un buen samaritano atento y carismático, liberó a *Speed* de convencionalismos y contribuyó a diseñar una identidad propia, reconocible y acorde con los nuevos modelos de héroe cinematográfico.

Hubo quien pensó en Jack Nicholson y Robert de Niro para interpretar al villano, y en Meryl Streep y Julia Roberts para el papel de Annie, pero una de las condiciones de la Fox para impulsar el proyecto era conformarse con un presupuesto de 28 millones de dólares, cifra ajustadísima para cualquier pieza *mainstream* de la época (incluso se quedaron sin dinero antes de acabar el rodaje y hubo que recurrir a financiación extra para la escena del metro). Al final, un Dennis Hopper en modo dinosaurio y la poco conocida Sandra Bullock completaron el elenco y permitieron al estudio disponer de suficiente *cash* para convencer a Reeves de que fuera la estrella indiscutible de la función. Aceptó, la cinta fue un cañonazo y su cotización pasó de los 1,2 a los 8 millones de dólares por película.

Además, le honra que rechazara 11 millones por protagonizar, tres años después, la inclasificable, bizarra y autodestructiva *Speed 2*. «¿Un transatlántico? Amaba *Speed*, pero no la imaginaba como un crucero por el Caribe.» Más claro...

Superdetective en Hollywood

Beverly Hills Cop, Estados Unidos, 1984

Paramount Pictures / Don Simpson-Jerry Bruckheimer Productions / Eddie Murphy Productions
Dirección: Martin Brest
Guion: Daniel Petrie Jr. y Danilo Bach
Intérpretes: Eddie Murphy, Judge Reinhold, John Ashton, Lisa Eilbacher, Ronny Cox
105 minutos

Al igual que sucedió con Bruce Willis y *Jungla de cristal*, en las fases iniciales de *Superdetective en Hollywood,* Eddie Murphy no era ni siquiera una opción para el papel que acabaría convirtiéndolo en una estrella mundial. El germen de la película surgió en 1977, de la mano del productor Don Simpson, que ideó una trama policial y humorística sobre un incontrolable e impulsivo detective que acababa investigando un caso en el distinguido distrito de Beverly Hills. Desde ahí, el proyecto sufrió varias revisiones en las que el nombre de Elly Axel acabó siendo Axel Foley y se modificó su ciudad de procedencia de Pittsburgh a Detroit. También pasó por las manos de realizadores como Martin Scorsese o David Cronenberg antes de ser asignado al poco experimentado Martin Brest. Sin embargo, el cambio más significativo, y el que más quebraderos de cabeza produjo a los productores, fue el del actor protagonista.

Tras una primera tentativa con Mickey Rourke, Sylvester Stallone firmó un jugoso contrato para interpretar a Foley. El problema vino cuando se empecinó en reescribir el guion, para eliminar todos los elementos cómicos, y dejar la historia como un simple vehículo de acción para su lucimiento personal. Conocedor de la fijación de Stallone por su apariencia física, Don Simpson le habló de una exclusiva clínica de rejuvenecimiento experimental en Suiza y, en cuanto el actor se subió al avión para someterse a un tratamiento, lo declaró oficialmente fuera de la producción y pidió a los guionistas que regresaran al concepto inicial. El único detalle era que no había actor principal (Harrison Ford lo declinó también) y la única solución de emergencia era un joven comediante del programa *Saturday Night Live* que había aparecido en dos películas de cierto éxito, *Límite 48 horas* (1982) y *Entre pillos anda el juego* (1983).

Se llamaba Eddie Murphy. El resto es historia y unas notas con sintetizador de Harold Faltermeyer que todos podríamos silbar de memoria.

Top Gun: Maverick

Estados Unidos, 2022

Paramount Pictures / Skydance Media / Jerry Bruckheimer Films
Dirección: Joseph Kosinski
Guion: Ehren Kruger, Eric Warren Singer, Christopher McQuarrie
Intérpretes: Tom Cruise, Jennifer Connelly, Miles Teller, Val Kilmer, Jon Hamm
130 minutos

Cuando Tom Cruise decidió retomar el mítico personaje de Maverick más de tres décadas después de *Top Gun: Ídolos del aire* (Tony Scott, 1986), jamás podía imaginar que la nueva entrega del intrépido y temerario piloto de la Armada se convertiría en un icono de la era pospandémica. Defensor como pocos de la experiencia cinematográfica en salas y principal impulsor del proyecto desde su faceta de productor y máxima estrella, Cruise fue capaz de retrasar el estreno hasta en tres ocasiones —de julio de 2019 a mayo de 2022— y de rechazar una propuesta desorbitada para llevar la película directamente al *streaming*, solo para que el público pudiera disfrutar de *Top Gun: Maverick* en toda su grandeza: primeros planos en las cabinas rodados en secuencias reales de vuelo, un reparto sometido a un entrenamiento propio de un aviador profesional, nivel técnico superlativo amparado por el formato IMAX, una *rock ballad* sensacional de Lady Gaga... Y Cruise, claro, jugándose la vida en cada escena de combate aéreo.

Pero lo mejor de la película es cómo hace fluir una historia mucho más conmovedora que la original (la reaparición de Val Kilmer por pura cabezonería de Cruise es impagable) entre una acción rutilante y revolucionaria, convirtiéndose, por méritos propios, en una de las escasas continuaciones capaces de plantar cara —si no de superar— a su ilustre predecesora. Aunque parezca increíble, nunca en más de cuarenta años de carrera vivió Tom

Cruise un éxito semejante: más de 700 millones de dólares en la taquilla norteamericana y casi 1.500 a nivel mundial. Larga vida a los románticos del Séptimo Arte.

El ultimátum de Bourne

The Bourne Ultimatum, Estados Unidos, Alemania, Francia, España, 2007

Universal Pictures / The Kennedy-Marshall Company / Ludlum Entertainment
Dirección: Paul Greengrass
Guion: Tony Gilroy, Scott Z. Burns y George Nolfi, sobre la novela de Robert Ludlum
Intérpretes: Matt Damon, Édgar Ramírez, Joan Allen, Julia Stiles, David Strathairn
115 minutos

Si un héroe de acción ha sido capaz de plantar cara a 007 y Ethan Hunt en lo que llevamos de siglo, ese ha sido, sin duda, Jason Bourne. Creado por el escritor Robert Ludlum en los años ochenta, Bourne era un agente de operaciones especiales de la CIA aquejado de amnesia extrema, una verdadera máquina de matar que debía recomponer las piezas de su oscuro pasado, mientras se enfrentaba a burócratas despiadados y era perseguido por mercenarios y asesinos de la peor calaña. En 2002, Doug Liman dirigió con éxito la adaptación del primer libro, *El caso Bourne*, con Matt Damon como inesperado protagonista tras el abandono a última hora de Brad Pitt. Como buen artesano de la maquinaria hollywoodiense, Liman manufacturó un producto a la medida del *mainstream* más espectacular, cargado de adrenalina y pasajes impresionantes, pero carente del espíritu de intriga clásica que Ludlum tanto se preocupó de transferir a sus novelas.

Todo cambió a partir de la segunda entrega, *El mito de Bourne* (2004). Forjado en la televisión, Paul Greengrass venía de dirigir la magnífica *Bloody Sunday* (2002), acerca de la matanza de manifestantes norirlandeses a cargo de tropas británicas en 1972, con unas cotas de realismo tan impresionantes que, por momentos, parecía recrear la verdadera tragedia. Su fichaje para Bourne significó una aproximación mucho más descarnada al drama de un hombre psicológicamente abrumado, proporcionando a la historia una riqueza y una profundidad que apenas podían percibirse en la cinta original. Pero es que, además, el *cinema verité* de Greengrass, con su cámara al hombro y su montaje endiablado, sirvió también para enfatizar las secuencias de riesgo y proporcionar al espectador una experiencia mucho más comprometida y veraz.

La película central de la pentalogía, *El ultimátum de Bourne*, representa mejor que ninguna otra este perfecto equilibrio entre complejidad narrativa y acción estilizada. Una pequeña obra maestra escondida tras un aparatoso (y engañoso) envoltorio de estruendo, balas y delirio.

EL ÚLTIMO BOY SCOUT

The Last Boy Scout, Estados Unidos, 1991

Warner Bros. / Geffen Pictures / Silver Pictures
Dirección: Tony Scott
Guion: Shane Black
Intérpretes: Bruce Willis, Damon Wayans, Chelsea Field, Noble Willingham, Halle Berry
105 minutos

Aunque muchos todavía se refieren a él —muy injustamente— como el hermano de Ridley, lo cierto es que Tony Scott era un cineasta virtuoso, con un talento innato para el *blockbuster* de calidad y una estética impecable. Su apellido y su devoción por el cine de entretenimiento le impidieron ser reconocido por la crítica como realmente merecía, si bien el público siempre fue fiel a sus ruidosas y estilizadas propuestas. *Top Gun* (1986), *Días de trueno* (1990), *Amor a quemarropa* (1993), *Marea roja* (1995) o *Spy Game* (2001) forman ya parte ineludible de la cultura popular norteamericana.

Mención especial merece *El último boy scout*, mi favorita de todas. Malsonante, violenta y profundamente subversiva, la película es una completa barbaridad en cuanto a incorrección política y hoy hubiera sido imposible de realizar. Nunca Bruce Willis estuvo tan cínico, decadente y letal —su Joe Hallenbeck es una suerte de John McClane ruinoso y deslenguado—, y nunca Tony Scott demostró tanta pericia para disfrazar de acción explosiva una trama detectivesca tan sórdida y pestilente que acaba siendo irresistible. Quién lo iba a decir durante el rodaje, sin duda uno de los más conflictivos del Hollywood de principios de los años noventa, con Willis y el productor Joel Silver enfrentados a Scott y el guionista Shane Black, a quienes obligaban a reescribir y filmar escenas que, literalmente, aborrecían (por no hablar de las disputas entre Willis y Damon Wayans, que no se soportaban). Incluso los primeros pases de prueba resultaron un fracaso estrepitoso y hubo que volver a editar casi toda la película.

Tras su estreno, la crítica la hizo trizas y algunas asociaciones religiosas la consideraron moralmente ofensiva. Willis, Silver, Scott y Black nunca volvieron a trabajar juntos, cerrando cualquier puerta a una posible secuela. Qué más da: *El último boy scout* sigue siendo una cascarrabias irresistible y encantadora.

ANIMACIÓN

Aladdín

Aladdin, Estados Unidos, Japón, 1992

Walt Disney Pictures / Walt Disney Animation Studios / Silver Screen Partners IV
Dirección: Ron Clements y John Musker
Guion: Ron Clements, John Musker, Ted Elliott y Terry Rossio
Intérpretes (voces): Robin Williams, Scott Weinger, Linda Larkin, Jonathan Freeman, Frank Welker
90 minutos

Es curioso que, entre las interpretaciones más recordadas de un gigante como Robin Williams, se encuentre una en la que nunca aparece. Y, sin embargo, su caracterización como el genio de *Aladdín* se sigue considerando una de las cumbres de la historia de la animación, por su inaudita capacidad para conjugar un despliegue visual fascinante (nada nuevo tratándose de los dorados años noventa de Disney) con unos personajes cuya alma provenía de la voz de sus actores. Desde ese momento, las estrellas de Hollywood comenzaron a ser requeridas para prestar sus cuerdas vocales a las grandes producciones animadas. De algún modo, su sola presencia, aunque no fuese física, confería al producto una magnitud jamás vista hasta entonces.

Él fue el pionero. Y eso no significa que el elenco de *Aladdín* no sea brillante, al contrario. Pero es que la verborrea de Williams, con su infinito abanico de registros, muecas, sonidos y sentencias antológicas, te atrapa con tanto fervor que lo más sensato que puedes hacer es venerarle para siempre. En una jugada totalmente excepcional en este tipo de casos, al bueno de Robin se le permitió improvisar con la libertad que solo merecen quienes se la ganan a base de audacia. Se dice que en total grabó más de dieciséis horas de material, y que lo que construía era tan divertido, tan único, que Spielberg le llamaba con el «manos libres» conectado para animar a su equipo durante el rodaje de *La lista de Schindler*. Qué titán fue Robin Williams, y qué pronto se tuvo que ir.

Por lo demás, la película es un deleite. Las canciones, superlativas, se adhieren a nuestro inconsciente como recuerdos que nunca dejamos de evocar. La paleta de colores, los paisajes desérticos y los escenarios de Ágrabah forman parte de una época irrepetible en la que los bandidos carismáticos se parecían a Tom Cruise y hacer volar una alfombra era casi una labor de orfebrería. Y el mundo, claro, era un lugar ideal.

Batman: La lego película

The LEGO Batman Movie, Estados Unidos, Dinamarca, Australia, 2017

Warner Bros. / Warner Animation Studios / Village Roadshow Pictures / Vertigo Entertainment / Rat Pac / Dune Entertainment / DC Entertainment

Dirección: Chris McKay

Guion: Seth Grahame-Smith, Chris McKenna, Erik Sommers, Jared Stern y Josh Whittington

Intérpretes (voces): Will Arnett, Zach Galifianakis, Michael Cera, Rosario Dawson, Ralph Fiennes

104 minutos

El tremendo éxito de *La LEGO película* en 2014 disparó aún más si cabe las ventas mundiales de estos irresistibles juguetes daneses, y abrió la veda para la llegada de nuevas producciones animadas ambientadas en ese mismo mundo de figuras rectilíneas y unidades de construcción. La más inmediata, y sin ninguna duda la mejor de todas, tenía como protagonista a un mítico superhéroe que en *La LEGO película* tenía un descacharrante papel secundario: nada más y nada menos que Batman en su versión de bloques de plástico interconectables.

Para convencer a los ejecutivos de Warner Bros., el director Chris McKay se presentó en las oficinas con un tratamiento donde «*Jerry Maguire* parecía dirigida por Michael Mann», las diferentes versiones de Batman y Robin convivían en perfecta armonía (el primero está inspirado en la interpretación de Ben Affleck y el segundo en el Robin festivo y *camp* de la serie de los años sesenta) y el humor bebía de clásicos como *Aterriza como puedas* o *Agárralo como puedas*. Tras contar con la bendición del mismísimo Christopher Nolan —quien, desde su trilogía de *El Caballero Oscuro*, tiene voz y voto para aprobar cualquier reinterpretación del personaje—, McKay confeccionó una película sensacional, repleta de acción aplastante y acertadísimos gags (el abdominal extra, la fiesta de superhéroes a la que Batman no ha sido invitado, la teoría del Joker sobre la doble identidad del murciélago de Gotham) sin renunciar al característico espíritu torturado de su protagonista. Eso sí, en *Batman: La LEGO película* toda esa carga moral acaba convertida en combustible para el disparate.

¡CANTA!

Sing, Estados Unidos, 2016

Universal Pictures / Illumination
Dirección y guion: Garth Jennings
Intérpretes (voces): Matthew McConaughey, Reese Witherspoon, Seth MacFarlane, Scarlett Johansson, Taron Egerton
108 minutos

Chris Meledandri es un tipo de nombre difícil y aspecto algo anodino. Así pues, de entrada, pasaría desapercibido para la mayoría de los mortales. De hecho, es muy probable que nadie externo a Hollywood sepa quién demonios es. Puede que ni siquiera sus vecinos conozcan su existencia. Cualquiera diría que el pobre vino a este mundo para deambular, sin pena ni gloria, entre sus 8.000 millones de habitantes.

Pero no. Un día de 2007, Chris se rebeló. Dentro de la división animada de Fox, donde trabajaba, muchos no sabían ni pronunciar su nombre. Y él, claro, se cansó de ser insignificante. Tenía talento para la animación (o eso creía él) y dijo hasta aquí hemos llegado. Fundó su propia compañía, la llamó Illumination y firmó un acuerdo millonario con Universal que, además, le otorgaba absoluta libertad creativa. En 2010 llegó la primera película del estudio, *Gru, mi villano favorito*. Un éxito arrollador. De manera paulatina, las mentes creativas a su servicio comenzaron a producir películas como longanizas, todas con unos costes bastante asumibles y unos ingresos en la taquilla tan desproporcionados como absurdos por la magnitud del fenómeno que generaban. Llegaron mascotas parlantes, más villanos redimidos, algunos personajes del Dr. Seuss y, por supuesto, esos bichos amarillos con gafas que hablan una especie de subdialecto del italiano. Y, en cuestión de pocos años, el Chris de medio pelo (literal) pasó a ser Chris el todopoderoso. Un Walt Disney de marca blanca.

De los catorce títulos que componen el catálogo Illumination hasta la fecha, mi favorito, con mucho, es *¡Canta!* La historia no parece nada del otro mundo (un montón de animales antropomórficos, liderados por un koala, organizan un concurso vocal para salvar un teatro), pero posee un encanto inexplicable y rabiosamente tentador. Será por esas canciones que todos nos sabemos, por sus golpes de ingenio, o por esa moralina que cala sin piedad en nuestros corazones. En realidad, da lo mismo. La película es adorable y consigue embaucarnos desde que el gentil Buster Moon (desafío vocal para Matthew McConaughey) hace acto de presencia.

Y todo, gracias a aquel golpe de autoestima de Chris Melendinsky. O como se llame.

Coco

Estados Unidos, 2017

Walt Disney Pictures / Pixar Animation Studios
Dirección: Lee Unkrich y Adrián Molina
Guion: Lee Unkrich, Jason Katz y Matthew Aldrich
Intérpretes (voces): Anthony González, Gael García Bernal, Benjamin Bratt, Alanna Ubach, Renée Victor
105 minutos

Pocas películas, incluyendo las que no pertenecen al género animado, poseen la capacidad de *Coco* para proporcionar al espectador una experiencia cinematográfica tan completa, deslumbrante y emocional. El derroche imaginativo de su puesta en escena —con esa impresionante Tierra de los Muertos repleta de referencias a la cultura y la arquitectura mexicanas— está a la altura de cualquier maravilla que nuestros ojos hayan visto proyectada con anterioridad en una sala de cine. Y la historia, tan rigurosa con la tradición que refleja como encantadora en su conjunto, presenta una sucesión de escenas memorables que desembocan en un desenlace excepcional, donde amor y memoria se funden con asombrosa delicadeza.

Fue el director Lee Unkrich quien ideó, muchos años antes, la historia de un niño que visitaba por accidente la Tierra de los Muertos, y acababa recibiendo una importante lección acerca del significado de la familia y el legado de nuestros ancestros. Durante la preproducción, los equipos de arte y animación viajaron a México para empaparse de su historia, su arte y su folclore, además de inspirarse en localidades como Guanajato o Santa Fe de la Laguna —sin olvidar los emblemáticos yacimientos arqueológicos de Oaxaca de Juárez— a la hora de diseñar las calles y los edificios que aparecen en la película.

Todo es posible en *Coco*. Incluso que los dedos de los personajes toquen los acordes de las guitarras en el orden correcto, que la nuez de Ernesto de la Cruz se mueva mientras canta, o que iconos del país como Frida Kahlo, Jorge Negrete y Cantinflas aparezcan en el momento más inesperado.

Sin duda, la película más chingona de Pixar.

Del revés 2

Inside Out 2, Estados Unidos, Japón, 2024

Walt Disney Pictures / Pixar Animation Studios
Dirección: Kelsey Mann
Guion: Meg LeFauve y Dave Holstein, sobre una historia de LeFauve y Kesley Mann
Intérpretes (voces): Amy Poehler, Maya Hawke, Liza Lapira, Tony Hale, Lewis Black
96 minutos

Acabamos de verlo con *Coco*: hace tiempo que Pixar dejó atrás el mero entretenimiento «de proximidad» para adentrarse en remotos y complejísimos lodazales existenciales. Las últimas películas, surgidas de la factoría de la lámpara saltarina, ahondan no solo en cuestiones como la muerte y la pérdida, sino también en la fe, la segregación racial o los sentimientos entre personas del mismo sexo. Sus guiones ya no persiguen el disfrute de los pequeños, sino su implicación moral en cuestiones que, tarde o temprano, se verán obligados a enfrentar. Y, de paso, golpean con tanta fuerza las entrañas de sus padres que los dejan consternados ante esa manera tan sutil, tan aparentemente liviana, de sacudir los rincones más apartados del alma.

Del revés 2 es, hasta la fecha, la película de Pixar que más se atreve a hurgar en las heridas del subconsciente. Si la primera parte constituía una jovial y colorida aproximación a las emociones que afloran poco después de nacer, la segunda va directa a la explosión orgánica (para mal) que conlleva el tránsito a la pubertad. Riley ya no es aquella niña adorable y algo iracunda que conocimos en 2015, sino una preadolescente que debe lidiar con nuevas y desagradables sensaciones. En este punto, la cinta podría haberse conformado con una representación básica e infantiloide de dicha transformación, pero, en su lugar, se decanta hacia una exploración de la ansiedad tan escrupulosa como cargada de encanto. Nunca la salud mental se había abierto en canal frente a los ojos de espectadores de todas las edades, y nunca una obra de Pixar había resultado tan seria y hasta asfixiante por momentos.

Pero que nadie se lleve las manos a la cabeza, porque también hay diversión en *Del revés 2*. Concretamente, en dos escenas (la de la riñonera y la dinamita, y la de los policías que se atrapan a sí mismos cual Inspector Clouseau) que merecen ir directas al olimpo de la carcajada *pixariana*. Y también hay moralina, pero recubierta de una capa de verdad tan reconocible, tan rayana en lo cotidiano, que asusta.

Es imposible ver esta película sin que algo se nos remueva por dentro. Y también es imposible dejar de verla sin invocar a esa resplandeciente emoción de pelo azulado de la que jamás debimos desprendernos.

Fantástico Sr. Fox

Fantastic Mr. Fox, Reino Unido, Estados Unidos, 2009

20th Century Fox / Indian Paintbrush / New Regency Productions
Dirección: Wes Anderson
Guion: Wes Anderson y Noah Baumbach, sobre la novela de Roald Dahl
Intérpretes (voces): George Clooney, Meryl Streep, Jason Schwartzman, Bill Murray, Willem Dafoe
87 minutos

De la confluencia de dos universos creativos tan prolíficos como los de Roald Dahl y Wes Anderson solo podía surgir un milagro como *Fantástico Sr. Fox*. Divertidísima, ácida y hermosa, la primera película de animación dirigida por el excéntrico cineasta homenajea por igual al espíritu funesto de Dahl y a los grandes precursores de la magia del *stop motion*, con Georges Méliès a la cabeza.

El antiguo mandamás de Fox y Disney, Joe Roth, había adquirido los derechos de la novela publicada en 1970, y en su mente siempre estuvo ofrecer la dirección a Anderson, que nunca tuvo reparos en considerar a Dahl como uno de sus grandes héroes y referentes. Una vez contratado, el realizador y su amigo y colaborador Noah Baumbach se trasladaron hasta Buckinghamshire (Inglaterra) para instalarse en las habitaciones contiguas de Gipsy House, una casa situada en un antiguo camino de pastores que sirvió de hogar a Roald Dahl y su familia a lo largo de varias décadas. Allí, impregnados de la atmósfera que rodeaba al escritor británico durante sus trabajos, completaron el guion de la película.

Lo más asombroso de *Fantástico Sr. Fox* es cómo es capaz de trasladar al formato animado todas y cada una de las características del cine de Wes Anderson: la simetría, la paleta de colores (sin verde por deseo expreso del director), las familias desestructuradas, los planos cenitales, la tipografía de los rótulos, el reparto habitual... Conocido por su escrupulosidad, Anderson incluso pidió que los árboles y la arena fueran reales, solo que en miniatura. Una obra tan fantástica como el carismático zorro que suena igual que George Clooney.

LUCA

Luna, Estados Unidos, 2021

Walt Disney Pictures / Pixar Animation Studios
Dirección: Enrico Casarosa
Guion: Jesse Andrews y Mike Jones
Intérpretes (voces): Jacob Tremblay, Jack Dylan Grazer, Emma Berman, Saverio Raimondo, Maya Ruldoph
95 minutos

Cuando *Luca* llegó a nuestras vidas, el planeta entero seguía en alerta por la maldita pandemia de covid-19. En cierto modo, puede decirse que esta fue la primera película con la que pudimos apreciar que había luz al final del túnel: sus impresionantes espacios abiertos, su preciosa historia de amistad en una época en la que el contacto humano estaba tan limitado, su optimismo pegadizo como salvoconducto ante semejante tragedia... No pudimos verla en cines, pero en cuanto su explosión de color y de vida irrumpió ante nuestros ojos, supimos que aquello, tarde o temprano, también pasaría.

Luca narra el encuentro entre dos niños italianos, que, en realidad, son monstruos marinos con apariencia humana cuando están fuera del agua, los cuales descubren los pequeños placeres del mundo exterior (la pasta, la Vespa) durante un verano inolvidable. El director Enrico Casarosa se basó en sus propias experiencias de la infancia para desarrollar la historia y las salpicó de un puñado de alusiones cinéfilas de alta alcurnia, de Fellini a Miyazaki pasando por Wes Anderson. Fieles a su investigación sobre el terreno, los técnicos de Pixar recorrieron la Riviera italiana en busca de localidades pintorescas que sirvieran de inspiración para crear Portorosso, el lugar atemporal y mágico donde sucede la película. Cuando sobrevino el confinamiento, el equipo se vio obligado a terminar el trabajo desde sus respectivos hogares; sin ir más lejos, los actores de doblaje recibieron iPads y micrófonos por correo e improvisaron estudios de grabación en sus casas. Jack Dylan Grazer, que presta su voz al personaje de Alberto, solo pudo encontrar la acústica adecuada encerrándose en el armario de su madre.

Al final, *Luca* pudo con la pandemia. Durante 95 minutos, nos hizo creer que aquello no era más que un mal sueño, que el mundo seguía esperando fuera y que la felicidad todavía era posible. Solo había que decir *¡Silenzio, Bruno!* y despertar.

Mi vecino Totoro

Tonari no Totoro, Japón, 1988

Tokuma Japan Communications / Studio Ghibli / Nibariki
Dirección y guion: Hayao Miyazaki
Intérpretes (voces): Hitoshi Takagi, Noriko Hidaka, Chika Sakamoto, Shigesato Itoi, Sumi Shimamoto
86 minutos

Si hubiera que nombrar uno de los deslumbrantes relatos de Hayao Miyazaki por encima de todos los demás, esa sería *Mi vecino Totoro*. Enternecedora y jovial en su narrativa y majestuosa en su ejecución, se trata, sin duda, de la película más influyente del indiscutible maestro del *anime*, y también la que marca un punto de inflexión respecto a la proyección internacional de sus obras. La figura de Miyazaki alcanzó una magnitud inimaginable para alguien que, solo unos años antes, fantaseaba con ser artista tras quedar cautivado con los cuentos de los Hermanos Grimm mientras su padre, un prestigioso ingeniero aeronáutico japonés, insistía en que siguiera sus pasos y se olvidara de aquella quimera.

Pero Totoro, aquel animal gigantesco y bonachón que ejercía de guardián del bosque donde vivían las pequeñas Satsuki y Mei, apareció para poner patas arriba la animación mundial y consagrar a Miyazaki como uno de los grandes visionarios del cine contemporáneo. A través de ella, podemos distinguir al artesano capaz de realizar a mano cada dibujo mientras comparte sus reflexiones en torno a la guerra, la muerte o la naturaleza mediante pinceladas de su propia vida. La película es pequeña y hermosa, y su universo humano es casi tan rico como el desbordante mundo de fantasía que la envuelve, donde hay gatos que son autobuses y duendecillos hechos de hollín.

Desde su tremendo impacto a finales de los años ochenta, *Totoro* se ha convertido en el buque insignia de Studio Ghibli y se ha ganado el reconocimiento de personalidades como Steven Spielberg, Guillermo del Toro, Terry Gilliam o Wes Anderson. También ha dado nombre a un asteroide, ha hecho cameos en películas de Pixar y ha compartido pantalla con Bob Esponja y las Supernenas.

Y eso que a él lo que más le gusta es una buena siesta...

Persépolis

Persepolis, Francia, Estados Unidos, 2007

2.4.7. Films / France 3 Cinéma / The Kennedy-Marshall Company
Dirección: Vincent Paronnaud y Marjane Satrapi
Guion: Vincent Paronnaud y Marjane Satrapi, sobre la novela gráfica de esta última
Intérpretes (voces): Chiara Mastroianni, Catherine Deneuve, Danielle Darrieux, Simon Abkarian, Gabrielle Lopes
96 minutos

Mucho antes de convertirse en una de las joyas de la animación del siglo XXI, *Persépolis* fue un cómic de culto escrito e ilustrado por la artista franco-iraní Marjane Satrapi. En él, la autora relataba sus años de infancia y juventud en Teherán, y cómo su familia, de mentalidad progresista, se opuso al auge del fundamentalismo islámico en Irán. La protagonista, «Marjie», es una pequeña, inquieta e inconformista, que trata de exponer sus ideas y sus sueños en medio de un régimen totalitario que arrincona a las mujeres y aniquila cualquier tipo de corriente intelectual, lo que le lleva a vivir de primera mano la represión del integrismo y a exiliarse a Francia ante la imposibilidad de desarrollarse espiritual y profesionalmente en su país.

El tremendo impacto internacional de *Persépolis* —publicado en cuatro volúmenes entre 2000 y 2003— provocó que a Satrapi le llovieran las ofertas para una adaptación cinematográfica (una de ellas, incluso, incluía a Brad Pitt interpretando a su padre). Sin embargo, dijo que no a todas hasta que en 2007 surgió la posibilidad de realizar una versión animada, tremendamente fiel al trazo de la obra original, que ella misma se encargaría de dirigir junto al historietista francés Vincent Paronnaud. Así pues, la *Persépolis* de celuloide puede considerarse un reflejo en movimiento de la propia novela gráfica, pero también una oportunidad muy bien aprovechada para enriquecer la historia, una vez integrada en el nuevo medio, con referentes tan variados como el Neorrealismo italiano, Kurosawa o *Uno de los nuestros*. Sin duda, una maravilla que debería transmitirse entre generaciones hasta la eternidad.

Pesadilla antes de Navidad

The Nightmare Before Christmas, Estados Unidos, 1993

Touchstone Pictures / Disney / Skellington Productions / Tim Burton Productions
Dirección: Henry Selick
Guion: Caroline Thompson y Michael McDowell, sobre una historia de Tim Burton
Intérpretes (voces): Chris Sarandon, Catherine O'Hara, William Hickey, Glenn Shadix, Paul Reubens
76 minutos

Aunque no figure acreditado como director, *Pesadilla antes de Navidad* merece ser considerada como una muestra más del particular y sombrío universo de Tim Burton. En 1982, cuando no era más que un joven animador de la factoría Disney, el futuro cineasta escribió un poema en torno a un siniestro personaje, señor de la Ciudad de Halloween, que decidía secuestrar a Santa Claus e imponer su propia Navidad. Tras el éxito del primer cortometraje de Burton, *Vincent* (1982), Disney se apresuró a comprar los derechos de la historia para convertirla en un especial de televisión o en otro corto, pero el despido del realizador en 1984 —supuestamente por ese estilo tenebroso tan poco recomendable para el público infantil— acabó paralizando el proyecto de manera indefinida.

A principios de los años noventa, la reputación artística de Burton había dado un giro copernicano. Había dirigido dos excelentes películas de Batman para Warner Bros. y firmado dos obras de culto casi instantáneo, *Bitelchus* (1988) y *Eduardo Manostijeras* (1990). Como Disney seguía siendo propietario de la idea, Burton y el animador Henry Selick convencieron al presidente del estudio para dar luz verde a un largometraje de animación en formato de comedia musical, con él como productor y principal ideólogo. Así surgió una película que, tres décadas después, sigue siendo fascinante gracias a la laboriosa —y ya por aquel entonces casi extinta— técnica del *stop motion*, tan compleja que implicaba una semana entera de trabajo para rodar un solo minuto de metraje (solo el protagonista, Jack, tenía cuarenta cabezas diferentes que había que cambiar manualmente según la expresión de su cara). El público y los críticos la adoraron sin contemplaciones.

Peter Pan

Peter Pan, Estados Unidos, 1953

Walt Disney Animation Studios
Dirección: Hamilton Luske, Clyde Geronimi y Wilfred Jackson
Guion: Ted Sears, Erdman Penner, Bill Peet, Winston Hibler, Joe Rinaldi, Milt Banta, Ralph Wright y Bill Cottrell, sobre la obra de J. M. Barrie
Intérpretes (voces): Bobby Driscoll, Kathryn Beaumont, Hans Conried, Bill Thompson, Heather Angel
77 minutos

Érase una vez un visionario llamado Walt Disney, que creció fascinado con una obra de teatro que vio siendo solo un niño. Su título era *Peter Pan y Wendy,* y fue escrita en 1904 por el escocés James Matthew Barrie, quien imaginó las aventuras de un intrépido niño londinense que, temeroso de sucumbir a la monotonía y las reglas de la edad adulta, decidía vivir una infancia perpetua entre las hadas, las sirenas y los piratas del País de Nunca Jamás. El propio Disney interpretó al personaje en una función escolar (con su hermano Roy sujetando la cuerda que le hacía volar) y albergó durante años la idea de realizar su propia adaptación animada. Tras el triunfo apoteósico del primer largometraje producido por su compañía, *Blancanieves y los siete enanitos* (1937), el joven Walt buscó el modo de adquirir los derechos de la obra para convertirla en la segunda película de su particular antología. Pero no contaba con que Barrie hubiera cedido el control de su creación al hospital de Great Ormond, ni mucho menos con el estallido de la Segunda Guerra Mundial. Entre unas cosas y otras, la preproducción de *Peter Pan* no pudo iniciarse hasta prácticamente 1950, cuando el estudio ya contaba con doce clásicos dentro de su catálogo.

Peter Pan fue la película de dibujos animados más ambiciosa que se había rodado hasta entonces. El presupuesto se disparó hasta los cuatro millones de dólares (una cifra impensable para aquella época), hizo falta contratar a ocho guionistas para reducir la oscuridad de las versiones iniciales y pulir la personalidad del protagonista —demasiado antipático en opinión de Disney—, y hasta se tuvo que rodar una película de acción real, interpretada por los actores encargados del doblaje, para que pudieran tomarse a sí mismos como referencia a través del lenguaje gestual. Poco importa todo eso ahora, cuando la película se mantiene como uno de los tesoros más preciados de la historia de la animación y los que ya no somos tan niños —pero nos enorgullecemos de cierto complejo que nos caracteriza— todavía desenfundamos nuestras espadas de madera cuando los Garfios de este mundo osan desafiarnos.

PINOCHO

Pinocchio, Estados Unidos, 1940

Walt Disney Animation Studios
Dirección: Ben Sharpsteen y Hamilton Luske
Guion: Ted Sears, Otto Englander, Webb Smith, William Cottrell, Joseph Sabo, Erdman Penner y Aurelius Battaglia, sobre el libro de Carlo Collodi
Intérpretes (voces): Dickie Jones, Cliff Edwards, Christian Rub, Mel Blanc, Don Brodie
88 minutos

Pinocho, el personaje clásico creado por el escritor Carlo Collodi alrededor de 1880, ha vivido multitud de adaptaciones cinematográficas que incluyen desde una película italiana de 1911 hasta la joya *stop motion* rodada por Guillermo del Toro en 2022, pasando por la doble incursión de Roberto Benigni —en 2002 como director y protagonista, y en 2019 como el Gepetto de la versión de Matteo Garrone—, la lujosa, pero insustancial, intentona a cargo de Robert Zemeckis o la prodigiosa revisión en clave futurista pergeñada por el tándem Kubrick-Spielberg en *A. I. Inteligencia Artificial* (2001). Sin embargo, ninguna de ellas ha conseguido ni siquiera aproximarse al nivel de trascendencia del *Pinocho* clásico de Walt Disney.

Poco antes del estallido de la Segunda Guerra Mundial, el legendario animador acababa de sacudir la industria del entretenimiento gracias al éxito sin precedentes del primer largometraje producido por su compañía, *Blancanieves y los siete enanitos* (1937). Decidido a consolidar toda aquella revolución, puso a su equipo a trabajar en una nueva película titulada *Bambi*, pero la complejidad de su producción le obligó a decantarse por el libro de Collodi, el cual «le había reventado las tripas de entusiasmo» en cuanto lo leyó. Los artistas del estudio centraron sus esfuerzos en hacer una película que sobrepasara los logros de *Blancanieves* y fuese capaz de transferir un insólito realismo no solo a los movimientos de los personajes, sino también a los vehículos o a los elementos naturales como la lluvia, el humo o las sombras.

Hasta siete guionistas diferentes se encargaron de pulir los aspectos más tenebrosos de la obra original, mientras, en paralelo, los animadores creaban más de dos millones de dibujos y perfeccionaban el efecto tridimensional de la mítica cámara multiplano. En total, *Pinocho* costó 2,3 millones de dólares, casi cinco veces el presupuesto previsto en un principio, y no comenzó a dar beneficios hasta cinco años después de su estreno. Con el tiempo, no solo se situó en el lugar privilegiado que merece, sino que nos recordó (y lo sigue haciendo con cada nueva generación) por qué el cine es el arte más cercano a la magia que existe.

Ratatouille

Ratatouille, Estados Unidos, 2007

Walt Disney Pictures / Pixar Animation Studios
Dirección: Brad Bird
Guion: Brad Bird, sobre una historia propia y de Jan Pinkava y Jim Capobianco
Intérpretes (voces): Patton Oswald, Ian Holm, Lou Romano, Brian Dennehy, Peter O'Toole
111 minutos

Pocas películas a lo largo de la historia se han cocinado con tanta paciencia y minuciosidad como *Ratatouille*. El proyecto comenzó a gestarse seis años antes de su estreno, en 2001, y durante su desarrollo el director Brad Bird se encargó de convertir la historia de una rata parisina con aspiraciones culinarias en una oda sublime a los sentidos. Porque esta película no solo se ve y se escucha, sino que está tan bien hecha que por momentos percibimos el olor de los guisos, saboreamos su infinita gama de sabores y acariciamos la cabecita peluda de ese personaje maravilloso que es el *minichef* Remy. Cine más allá del cine.

Bird estaba empeñado en hacer la película de animación más realista de la historia, y muy probablemente lo logró. Obligó al equipo de animadores a convivir con ratas auténticas durante un año en los estudios de Pixar, observando su fisonomía y su pelaje y adaptándolo al diseño de los personajes. También les hizo dar clases de cocina francesa para preparar ellos mismos cada uno de los platos que aparecen (alrededor de 270), y les apremió a viajar hasta París para explorar las alcantarillas durante el día y comer en los mejores restaurantes por la noche. Entre un momento y otro, los tenía tomando fotografías por toda la ciudad —al final fueron más de 40.000— para captar cada uno de sus rincones y transmitir una sensación de verosimilitud desconocida en una cinta de dibujos animados.

Sonará a cliché, pero *Ratatouille* es una de las películas más exquisitas que he podido degustar en una sala de cine. Cada vez que la veo, acabo convencido de que cualquiera puede cocinar, incluso yo. Luego descubro que hasta una rata lo haría mejor.

EL REY LEÓN

The Lion King, Estados Unidos, 1994

Walt Disney Pictures / Walt Disney Animation Studios
Dirección: Roger Allers y Rob Minkoff
Guion: Irene Mecchi, Jonathan Roberts y Linda Woolverton
Intérpretes (voces): Matthew Broderick, Jeremy Irons, James Earl Jones, Whoopi Goldberg, Rowan Atkinson
88 minutos

Naaaaaaats ingoyaaaaaaaaama bagithi baba...

Amanece en las Tierras del Reino mientras un grito zulú nos obliga a abrir los ojos de par en par. Animales de todas las especies se reúnen frente a la Roca del Rey, donde el venerable y sabio mono Rafiki levanta en brazos a Simba, el pequeño león recién nacido que un día heredará el trono de su padre, el imponente Mufasa. Los animales bajan sus cabezas en señal de respeto y los rayos de sol atraviesan la estampa que se dibuja en lo alto de la gran piedra. La canción *Circle of Life* alcanza su clímax y la música de Hans Zimmer se eleva entre la épica y el estruendo. El título de la película irrumpe súbitamente en la pantalla, cerrando el que, por descontado, es uno de los mejores comienzos de la historia del cine.

En los albores de la animación digital, *El rey león* surgió para dejar más alto que nunca el pabellón de la artesanía tradicional. La famosa manada de bisontes tardó tres años en completarse, y los animadores se rodearon de cachorros auténticos de león para estudiar su anatomía y sus movimientos. Incluso hicieron que Jeremy Irons, que ponía la voz al pérfido Scar, aportara sus rasgos faciales y su expresión a la del dibujo animado.

El rey león fue, sigue siendo y será por mucho tiempo la joya de la corona de Disney. Una obra visualmente prodigiosa, de una belleza inmutable, que además tuvo el valor de reflexionar sobre temas tan complejos como la pérdida, el respeto hacia aquellos que son diferentes o la importancia de preservar el legado de nuestros antepasados, tomando como referentes nada menos que el *Hamlet* de Shakespeare o el mito griego de Osiris. Todo ello con una delicadeza majestuosa y un humor superlativo, que hoy, tres décadas después, siguen haciendo de ella una experiencia inolvidable, eterna.

SHREK 2

Shrek 2, Estados Unidos, 2004

Dreamworks Pictures / Dreamworks Animation
Dirección: Andrew Adamson, Kelly Asbury y Conrad Vernon
Guion: Andrew Adamson y Joe Stillman, sobre el libro de William Steig
Intérpretes (voces): Mike Myers, Eddie Murphy, Cameron Diaz, Antonio Banderas, Julie Andrews
93 minutos

Érase una vez un ogro verde que vivía en una ciénaga repugnante, y que, un buen día, decidió salir a conocer mundo y encontrar a la princesa de sus sueños. Era el protagonista de un libro escrito e ilustrado en 1990 por William Steig, que fascinaba a los niños y encandilaba también a adultos como Steven Spielberg. Fue el propio «Rey Midas» quien compró los derechos en 1991 para hacer una película con Bill Murray y Steve Martin, pero el proyecto quedó en el limbo hasta que, tiempo después, Jeffrey Katzenberg, su socio en la compañía Dreamworks, le dijo que quería convertir a la adaptación en el buque insignia de su división animada. Fueron seis años de ardua preproducción, un diseño visual fastuoso, chistes subidos de tono y canciones de Guns N' Roses que acababan en la basura, sin olvidar un elenco vocal en absoluto estado de gracia que hizo de *Shrek* uno de los fenómenos cinematográficos de principios del siglo XXI.

Así fue como, casi sin darse cuenta, Shrek y su amada Fiona, junto al leal y verborreico Asno, se vieron envueltos en una nueva aventura que los llevó hasta el reino de Muy, Muy Lejano, donde el ogro indecoroso debía ganarse el corazón de sus futuros suegros, como Sidney Poitier en *Adivina quién viene esta noche* (1967). Y, de este modo, *Shrek 2* se coronó como el gran milagro de las continuaciones, tan hábil como su antecesora en el carrusel de gags al más puro estilo Monty Phyton, pero todavía más ocurrente, vertiginosa y espectacular en su puesta en escena. La irrupción del gato con botas —con acento malagueño— es una delicia, pero la nómina de secundarios memorables es para hacérsela ver: el Hada Madrina con su momentazo Bonnie Tyler, Pinocho en modo Tom Cruise y el Jengibre gigante tienen ese brillo de los personajes que nunca se olvidan. O, mejor dicho, que provocan una carcajada cada vez que se les recuerda.

Todos ellos, por supuesto, fueron felices, comieron perdices y vivieron la vida loca.

Los Simpson: La película

The Simpsons Movie, Estados Unidos, Corea del Sur, Alemania, 2007

20th Century Fox / Gracie Films / The Curiosity Company
Dirección: David Silverman
Guion: James L. Brooks, Matt Groening, Al Jean, Ian Maxtone-Graham, George Meyer, David Mirkin, Mike Reiss, Mike Scully, Matt Selman, John Swartzwelder y Jon Vitti
Intérpretes (voces): Dan Castellaneta, Julie Kavner, Nancy Cartwright, Yeardley Smith, Hank Azaria
87 minutos

La idea de un largometraje protagonizado por la familia más disfuncional de la historia de la televisión flotaba en el aire casi desde el principio, una vez quedó claro que estábamos ante una de las series más ocurrentes y subversivas nunca vistas en la pequeña pantalla. Sus principales responsables, el creador Matt Groening y el productor James L. Brooks, sentían que el formato estándar de los episodios (poco más de veinte minutos) se quedaba muy corto a la hora de condensar algunas tramas especialmente complejas, y desde 2001 se pusieron manos a la obra con la realización de una historia en gran formato, que les permitiera dar rienda suelta a la multiplicidad de locuras y trabajar con más detalle la animación de las secuencias de acción. Por el camino quedaron la friolera de once guionistas acreditados —entre ellos Groening y Brooks— y más de un centenar de reescrituras del borrador inicial, conservadas bajo llave en todo momento para preservar el asombro de la audiencia. Tal era la fijación por mantener en secreto la historia, que después de cada sesión de doblaje los productores trituraban personalmente el guion que acababan de utilizar.

¿Significa esto que la película de *Los Simpson* contiene la trama más redonda en los treinta y cinco años de historia del programa? Por supuesto que no. Sin duda, los personajes y sus conflictos están mucho más elaborados, y también se profundiza en situaciones dramáticas impensables dentro del *show* original, pero los fans de la serie sabemos que existen episodios mucho más redondos que este en tamaño XXL. Eso no quita para que nos encontremos ante una retahíla imparable de gags que, indudablemente, harán las delicias de los acólitos de un Homer Simpson convertido en estrella y eje primordial de la función: la apuesta nudista con Bart, la irrupción de Spider-Cerdo o el ímpetu contaminante a cambio de dónuts (por no hablar del momento «cojones») merecen un billete directo a los altares de la excelencia amarilla.

Spider-Man: Un nuevo universo

Spider-Man: Into the Spider Verse, Canadá, Estados Unidos, 2018

Sony Pictures Entertainment / Columbia Pictures / Marvel Entertainment
Dirección: Bob Persichetti, Peter Ramsey y Rodney Rothman
Guion: Phil Lord y Rodney Rothman, sobre una historia del primero
Intérpretes (voces): Shamelik Moore, Jake Johnson, Hailee Steinfeld, Mahershala Ali, Liev Schreiber
117 minutos

Experimentar *Spider-Man: Un nuevo universo* es lo más cercano a vivir y sentir un cómic desde una pantalla de cine. Su revolucionaria apuesta formal supuso un hito sin precedentes en el campo de la animación, armonizando la última tecnología digital con metodología tradicional de dibujos hechos a mano. De semejante fusión solo podía resultar una obra increíblemente vanguardista y posmoderna, un clásico instantáneo con un despliegue visual completamente apoteósico.

Concebida por los responsables de *La LEGO película* (2014), Phil Lord y Christopher Miller, *Un nuevo universo* se adentraba en un complejísimo y delirante terreno del canon, inexplorado hasta entonces por las películas: una serie de cómics, conocidos como

Spider-Verso, creados en 2011 por el escritor Brian Michael Bendis y la ilustradora Sara Pichelli, en los que se describía un universo formado por diferentes versiones del personaje procedentes de múltiples realidades alternativas. Una de las condiciones de Miller y Lord para desarrollar el proyecto fue convertir en protagonista a uno de estos *alter ego*, Miles Morales, un adolescente afrolatino en permanente conflicto con sus padres que, tras ser picado por una araña, comienza a experimentar innumerables cambios y descubre que solo él puede detener al malvado Kingpin, que ha asesinado al Peter Parker original y amenaza con destruir todos los universos paralelos. Eso sí, para ello contará con la ayuda de otras *Spider personas*, incluyendo una fabulosa Spider-Gwen, un Spider-Man Noir con la voz de Nicolas Cage e incluso un Spider-Ham con aspecto de cerdo. Casi nada.

¿Suena bien, verdad? Pues esperad a verla y vuestra percepción arácnida cambiará para siempre.

Toy Story 4

Estados Unidos, 2019

Walt Disney Pictures / Pixar Animation Studios
Dirección: Josh Cooley
Guion: Andrew Stanton y Stephany Folsom
Intérpretes (voces): Tom Hanks, Tim Allen, Annie Potts, Tony Hale, Keanu Reeves
100 minutos

Cada película de *Toy Story* tiene una singularidad que la hace imprescindible. La primera (1995) constituye, por razones obvias, una obra pionera en el desarrollo de la animación digital. La segunda (1999) es un torrente de gags, réplicas delirantes y acción desbocada, además de una sensacional cinta de aventuras. La tercera (2010) significa el paso definitivo de Pixar a un universo mucho más adulto, mediante una historia que roza lo tétrico en ocasiones y habla sin tapujos del desencanto de la madurez y la separación. Pero mi favorita, por varios motivos, es la cuarta. Fui a verla con la esperanza de reencontrarme con las viejas andanzas del vaquero responsable y el hombre del espacio, y me topé con un cuento conmovedor sobre segundas oportunidades, la dictadura de la estética (¿qué es Forky sino alguien que se considera tan horrible que acaba lanzándose una y otra vez a la basura?) y la necesidad de seguir nuestro camino, aunque eso signifique dejar atrás a los seres queridos.

Todo en *Toy Story 4* suena a jovial despedida, empezando por las voces, mucho más moduladas por el paso de los años, de Tom Hanks y Tim Allen. Woody y Buzz siguen unidos por un vínculo inquebrantable y desearíamos verlos siempre así, pero en el fondo sabemos el catálogo de renuncias que conlleva perseguir la felicidad. Hasta la música pizpireta de Randy Newman adquiere un tono regio y melancólico, como si quisiera acompañar a los protagonistas hasta un desenlace a la altura de sus existencias apasionantes. Sin embargo, que nadie se asuste: la película es igual de divertida que sus predecesoras, contiene momentos y guiños memorables (esa cantina a lo *Star Wars* poblada de juguetes renegados) e introduce personajes desternillantes como Duke Boom, un motorista bigotudo y con tendencia al postureo que nos brinda uno de los instantes más épicos de toda la saga.

Y ahora, la buena noticia. En 2026 se estrenará *Toy Story 5*, así que olvidad las tristes despedidas.

El viaje de Chihiro

Sen to Chihiro no kamikakushi, Japón, 2001

Tokuma Shoten / Studio Ghibli / NTV
Dirección y guion: Hayao Miyazaki
Intérpretes (voces): Rumi Hiiragi, Miyu Irino, Mari Natsuki, Takashi Naitô, Yasuko Sawaguchi
125 minutos

La princesa Mononoke (1997) requirió un esfuerzo tan titánico por parte de Hayao Miyazaki —dibujó personalmente 80.000 de los 144.000 planos de la película— que terminó su trabajo con la mano vendada por una lesión. Durante un tiempo, se planteó retirarse y disfrutar de una merecida jubilación. Pero, durante una escapada veraniega a las montañas con unos amigos, se percató de que la hija de diez años de estos últimos se aburría de un modo totalmente atípico para alguien de su edad. Justo en el momento de mayor inocencia para cualquier niño, la pequeña parecía vencida por el abatimiento. Miyazaki pensó que nunca había creado una historia para alguien de esa edad, y comenzó a imaginar el periplo de la valerosa Chihiro a través de un mundo fantástico poblado por espíritus, demonios y toda clase de seres mágicos.

De este modo surgió la que, para muchos, es la más compleja e introspectiva aventura del maestro japonés. La película es un vendaval de inspiración, un derroche de genio tan colosal que cuesta imaginar una obra capaz de superar su calculada y bellísima ejecución. Tras este envoltorio, Miyazaki traza la mayor tragedia de cualquier ciclo vital —el paso irremediable a la madurez— mediante símbolos, enseñanzas acerca de la bondad y el consumismo, y una visión grotesca de la condición humana.

El viaje de Chihiro fue, durante casi dos décadas, la película más taquillera de la historia de Japón. También ganó más de treinta premios, entre ellos el Oso de Oro en Berlín y el Oscar a la mejor película de animación. En 2017, la BBC la escogió como la cuarta mejor cinta del siglo XXI, siendo la única de animación entre las veinticinco primeras. Y así, lo que parecía un epílogo a la carrera de su director se convirtió en un nuevo comienzo que hoy, afortunadamente, sigue escribiendo sus páginas con letras de oro.

AVENTURAS

La costa de los mosquitos

The mosquito coast, Estados Unidos, 1986

Warner Bros. / The Saul Zaentz Company / Jerome Hellman Productions
Dirección: Peter Weir
Guion: Paul Schrader, sobre la novela de Paul Theroux
Intérpretes: Harrison Ford, Helen Mirren, River Phoenix, Martha Plimpton, Jadrien Steele
99 minutos

Si alguien les dice que Harrison Ford solo sirve para torcer la sonrisa y personificar a héroes casuales, refrésquenle la memoria con el binomio que filmó a las órdenes de Peter Weir a mediados de los años ochenta. Todo el mundo recuerda al íntegro policía de *Único testigo* (su única nominación al Oscar hasta la fecha, por desgarrador que parezca), pero fue en la película siguiente donde Ford se quitó la careta del perfecto norteamericano y se adentró en la turbia psique de un hombre superdotado y autodestructivo. Porque Allie Fox, ese genio apocalíptico capaz de arrastrar a su familia hasta la selva de Nicaragua para instaurar una sociedad sencilla y utópica, sigue siendo su interpretación más extrema hasta la fecha y la prueba irrefutable de una elevadísima —y demasiado poco reconocida— valía dramática.

El productor Jerome Hellman había adquirido los derechos del libro de Paul Theroux en 1981, y ya por aquel entonces sabía que el único que podía dirigirla era un australiano educadísimo y con sombrero llamado Peter Weir. Con Jack Nicholson apalabrado para el papel de Fox, el proyecto se suspendió súbitamente por falta de presupuesto, por lo que Weir aprovechó su viraje hacia Hollywood para completar *Único testigo*, que acabó siendo un éxito impresionante y cosechando ocho candidaturas al Oscar. El cineasta se benefició del viento a favor para implicar a Ford y reactivar *La costa de los mosquitos*, algo que logró cuando el productor Saul Zaentz y los ejecutivos de Warner le prometieron un presupuesto de 25 millones de dólares y la posibilidad de contar con un exótico set de rodaje en las selvas más recónditas de Belice.

El problema era que ese Harrison Ford, melenudo y con camisa hawaiana, no se parecía en nada a los triunfadores apuestos y socarrones que el público tanto adoraba. Aquel era un tipo atormentado y volátil, un visionario devorado por su propio egoísmo que nada tenía que ver con los guaperas de chistes rápidos y látigo fácil. De repente, el ídolo más luminoso de Hollywood se transformaba en una siniestra abominación del anticapitalismo. Y, claro, nadie vio la película, pero a quién le importa si el tiempo, y los benditos videoclubs, nos descubrieron que Indiana Jones también podía volverse loco, y nosotros creérnoslo sin rechistar.

DUNGEONS & DRAGONS: HONOR ENTRE LADRONES

Dungeons & Dragons: Honor Among Thieves, Estados Unidos, Canadá, Reino Unido, Islandia, Irlanda, Australia, 2023

Paramount Pictures / Entertainment One / Hasbro
Dirección: John Francis Daley y Jonathan Goldstein
Guion: Jonathan Goldstein, John Francis Dalrey y Michael Gilio
Intérpretes: Chris Pine, Michelle Rodriguez, Regé-Jean Page, Hugh Grant, Justice Smith
134 minutos

Confieso que, cuando se estrenó en España la serie animada de *Dragones y mazmorras*, yo no me encontraba entre sus legiones de fans. Tal vez fuera porque nunca me han interesado los juegos de rol, porque solo tenía siete años por aquel entonces, o porque odiaba sin reparos aquella estridente canción que entonaba (es un decir) un sucedáneo de Parchís. Cuando en el 2000 se estrenó una horrenda versión cinematográfica con Jeremy Irons interpretando (también es un decir) a un brujo malvado, mi ateísmo hacia el culto D&D pasó a ser algo innegociable.

Recuerdo que estaba en el cine con mis hijos cuando proyectaron un tráiler de una nueva versión, protagonizada por Chris Pine y con Hugh Grant como cáustico villano, que yo no sabía ni que existía. Mi hijo pequeño me preguntó si pensaba verla y mi respuesta fue tajante: «Ni hablar». Sin embargo, tras el estreno me empezaron a llegar reacciones extrañamente entusiastas de varios colegas no creyentes, y me picó la curiosidad. Decidí darle una oportunidad y la sorpresa fue mayúscula: ante mí no tenía a un puñado de niños pijos perdidos en un mundo de dragones y hechiceros, sino a unos *Guardianes de la Galaxia* de la Tierra Media tremendamente carismáticos y graciosos. La película poseía un tempo impecable, las localizaciones eran impresionantes, los efectos especiales estaban a la altura del torrente imaginativo y el reparto rebosaba magnetismo y buen rollo. Algunos pasajes cómicos los hubieran firmado los mismísimos Monty Phyton (ese tronchante interrogatorio a los muertos), Pine dibujaba un canalla arrogante y cautivador y, para colmo, aparecía Bradley Cooper haciendo de enanito melancólico. Todo muy acojonante.

La pena fue que, comercialmente, la película fue un pufo significativo, y es muy poco probable que alguien se atreva a rodar una segunda parte. Yo, al menos, no pierdo la esperanza de estar un día sentado en el cine y que, esta vez sí, aparezca un tráiler sin esperarlo.

En busca del arca perdida

Raiders of the Lost Ark, Estados Unidos, 1981

Paramount Pictures / Lucasfilm
Dirección: Steven Spielberg
Guion: Lawrence Kasdan, sobre una historia de George Lucas y Philip Kaufman
Intérpretes: Harrison Ford, Karen Allen, Paul Freeman, John Rhys-Davies, Ronald Lacey
115 minutos

El logo de Paramount Pictures se funde con una remota montaña de la selva peruana. Estamos en 1936 y seguimos a un grupo de exploradores liderados por un misterioso individuo que se muestra de espaldas. Observamos su curiosa vestimenta —chaqueta de cuero, botas y sombrero Fedora— mientras escudriña un antiguo mapa. Entonces, un miembro de la expedición desenfunda un arma para dispararle por detrás, y el curioso personaje lo desarma con un súbito movimiento de látigo. Por fin le vemos la cara. Tiene sus treinta y tantos, barba de tres días, una cicatriz en la barbilla y un aire a Han Solo.

Con un simple gesto, Steven Spielberg acababa de presentar al héroe definitivo, el tipo vulnerable que todos querríamos ser durante cinco minutos de nuestras vidas. Indiana Jones se revelaba ante nosotros como un dios polvoriento y magullado, perdido en una vorágine de momentos tremendos: un templo repleto de trampas, un ídolo dorado, un traidor, una puerta de piedra a punto de cerrarse, una bola gigantesca, Belloq, los hovitos (y su terrible puntería), una huida en hidroavión, «¡Odio las serpientes, Jock!», y ese *Tatarataaaa, tatataaaaa* de John Williams que es gloria bendita.

Lo más increíble acerca del proceso de creación de *En busca del arca perdida* es que todo, hasta el rumor más imposible de creer, es cierto. Que George Lucas le puso al personaje el nombre de su perro, que Spielberg aceptó porque no le dejaban dirigir James Bond, que Tom Selleck tuvo que renunciar al papel por su contrato con *Magnum*, que uno de los sets de Londres se prendió fuego por culpa de Stanley Kubrick, que Harrison Ford ideó la escena del disparo al espadachín porque estaba enfermo y tenía que ir al baño cada cinco minutos... Puro deleite.

¿Estamos ante la que, probablemente, sea la mejor película de aventuras de la historia? Por supuesto que no.

Estamos ante la que, rotundamente, es la mejor película de aventuras de la historia.

Excalibur

Excalibur, Reino Unido, Estados Unidos, 1981

Orion Pictures / Cinema '84
Dirección: John Boorman
Guion: Rospo Pallenberg y John Boorman, sobre el libro de Thomas Malory
Intérpretes: Nigel Terry, Helen Mirren, Nicholas Clay, Cherie Lunghi, Nicol Williamson
140 minutos

Del clásico animado *Merlín el encantador* (1963) a la versión con esteroides filmada por Guy Ritchie, la figura del rey Arturo ha alimentado durante décadas el imaginario cinematográfico de espadas y brujería. Las múltiples derivaciones del personaje lo han convertido en un muchacho soñador, un viejo rey enamorado e incluso en un irreductible comandante romano, pero ninguna supo captar el misticismo de su leyenda como la monumental *Excalibur* de John Boorman.

Precisamente, lo que diferencia la película del resto de adaptaciones artúricas es su determinación a la hora de entregarse por completo a la mitología. Boorman nunca tuvo la intención de rodar una epopeya medieval, sino más bien una historia desconcertante tejida a base de anacronismos, magia y superstición, con una visión mucho más cercana a la épica de Tolkien que a los preceptos históricos. No es de extrañar que, cuando presentó a United Artists el guion que había escrito junto a Rospo Pallenberg a partir de un romance del siglo XV, el estudio le ofreciera dirigir en su lugar una película de *El Señor de los Anillos*, cuyos derechos había adquirido recientemente. Años después, cuando los ejecutivos tacharon el filme de inviable y se decantaron por hacer una versión animada, Boorman decidió aprovechar muchas de las ideas y localizaciones y adaptarlas a su soñado proyecto sobre Arturo.

Excalibur (un título que se decidió sobre la marcha, ya que el nombre *Merlin* era propiedad de la CBS y Ridley Scott tenía registrada la siguiente opción, *Knights*) continúa siendo una obra visualmente fastuosa, cuya narración se desenvuelve en un terreno desconocido, entre lo onírico y lo sobrenatural, forjando un espectáculo que obliga a frotarse los ojos y a disipar cualquier escepticismo.

GOLPE EN LA PEQUEÑA CHINA

Big Trouble in Little China, Estados Unidos, 1986

20th Century Fox / TAFT Entertainment / SLM Production Group
Dirección: John Carpenter
Guion: Gary Goldman, David Weinstein y W. D. Richter
Intérpretes: Kurt Russell, Kim Cattrall, Dennis Dun, James Hong, Victor Wong
99 minutos

Durante los años setenta y comienzos de los ochenta, Hollywood se vio invadido por una nueva moda de películas de artes marciales, donde se combinaba el misticismo oriental con un pasatiempo genuino repleto de efectos especiales. Títulos como *Operación Dragón* (1973) o *Las aventuras de Buckaroo Banzai* (1984) pusieron de moda un tipo de cine bien considerado por la crítica y ampliamente respaldado por el público, y cuya máxima expresión la encontramos en la socarrona, y muy entretenida, *Golpe en la pequeña China.*

Precisamente fue el director de *Buckaroo Banzai*, W. D. Richter, el encargado de reescribir el guion original de Gary Goldman y David Weinstein, una especie de wéstern ambientado en San Francisco en 1880 y protagonizado por un *cowboy* que debía hacer frente a un misterio sobrenatural relacionado con la China milenaria. El trabajo de Richter consistió, esencialmente, en adaptar la historia al siglo XX y convertir al personaje central en un camionero fanfarrón, Jack Burton, atrapado en una trepidante aventura en el barrio de Chinatown en la que conviven gangsters, kung fu, seres sobrehumanos, sacrificios y un hechicero condenado a la vida eterna.

La elección de un director tan ágil y resolutivo como John Carpenter —también compositor a golpe de sintetizadores— respondía a la necesidad de los estudios Fox de estrenar la película seis meses antes que *El chico de oro* (1986), cinta protagonizada por Eddie Murphy que presentaba una temática muy similar. Al final fue *Golpe en la pequeña China* quien ganó la partida, en buena medida gracias al carisma de un Kurt Russell, que llegó como sustituto de emergencia al personaje de Burton tras las negativas de Clint Eastwood y Jack Nicholson.

Los Goonies

The Goonies, Estados Unidos, 1985

Warner Bros. / Amblin Entertainment
Dirección: Richard Donner
Guion: Chris Columbus, sobre una historia de Steven Spielberg
Intérpretes: Sean Astin, Josh Brolin, Jeff Cohen, Corey Feldman, Ke Huy Quan
114 minutos

Los Goonies es esa típica película ochentera que suelen despreciar los cinéfilos exquisitos, mientras millones de espectadores de diferentes generaciones la adoran sin contemplaciones. Sin embargo, existe un hecho determinante que ese grupo de puristas que reniega de la comercialidad jamás podrá comprender: que se trata de una de las obras maestras incuestionables del cine de entretenimiento.

Cuatro décadas después de su estreno, este relato de piratas, tesoros perdidos y camaradería infantil sigue cautivando a público de todas las edades. Steven Spielberg, con la vivaz complicidad de Chris Columbus en el guion y el temple y la veteranía de Richard Donner en la dirección, supo construir una historia que ha sabido traspasar los límites del tiempo y perdurar como una herencia mágica entre padres e hijos. Barcos a escala real, una caracterización increíble para convertir al jugador de futbol americano John Matuszak en el gigante Sloth, Cyndi Lauper interpretando el tema principal... Spielberg sabía que tenía una carta ganadora entre manos y quiso dotar a la producción del calibre que merecía. El resultado: un éxito que acabó triplicando el presupuesto y el culto instantáneo de la audiencia.

Muchos, durante años, nos quedamos esperando una secuela tardía que se acabó truncando definitivamente con la muerte de

Donner en 2021. Aun así, nos queda el legado único de una película llena de encanto que, al menos quienes entendemos el cine como un arte de infinitas posibilidades, nunca nos cansaremos de ver.

El hombre que pudo reinar

The Man Who Would Be King, Reino Unido, Estados Unidos, 1975

Columbia Pictures / Devon/Persky-Bright /Allied Artists Pictures
Dirección: John Huston
Guion: John Huston y Gladys Hill, sobre el relato de Rudyard Kipling
Intérpretes: Sean Connery, Michael Caine, Christopher Plummer, Saeed Jaffrey, Jack May
129 minutos

De niño, John Huston era un gran aficionado a los relatos de aventuras de Rudyard Kipling, para muchos el gran escritor del Imperio británico debido a sus marcadas ideas colonialistas. Años más tarde, Huston trasladaría esa pasión por los viajes iniciáticos y los lugares remotos a algunos de sus títulos más aclamados como director, desde *El tesoro de Sierra Madre* (1948) a *La reina de África* (1951). Pero su verdadero desafío era adaptar a Kipling, y hacerlo concretamente a través de una de sus obras más conocidas, *El hombre que pudo reinar* (1888). Durante años, trató en balde de levantar la película contratando a dos prestigiosos actores como protagonistas, primero Humphrey Bogart y Clark Gable (ambos fallecieron de manera inesperada con solo tres años de diferencia), y después a Burt Lancaster y a Kirk Douglas, primero, y Richard Burton y Peter O'Toole, después. Al final, el proyecto siempre acababa truncándose, y Huston se mostraba cada vez más resignado a no satisfacer nunca aquel deseo de juventud.

En 1975, el director contaba ya 69 años y se encontraba en las postrimerías de su sensacional trayectoria. En aquel momento, Hollywood vivía una profunda transformación que cambiaría para siempre la manera de ver y entender el cine; de repente, las superproducciones épicas que años atrás triunfaban entre el público comenzaban a ser menospreciadas en detrimento de unas obras mucho más experimentales y pesimistas, con los torturados antihéroes ocupando el lugar de los rutilantes héroes de antaño. En medio de este contexto, Huston vislumbró la oportunidad de brindar a los espectadores una última gran producción como las de antes. Esa película inmensa y espectacular fue, al fin, *El hombre que pudo reinar*, y aunque Paul Newman y Robert Redford no pudieron protagonizarla, Sean Connery y Michael Caine terminaron componiendo unos personajes inmortales, dos antiguos soldados que, a finales del siglo XIX, deciden instaurarse como reyes en una tierra que ningún hombre blanco ha pisado desde Alejandro Magno.

Indiana Jones y el dial del destino

Indiana Jones and the Dial of Destiny, Estados Unidos, 2023

Walt Disney Pictures / Paramount Pictures / Lucasfilm
Dirección: James Mangold
Guion: Jez Butterworth, John-Henry Butterworth, David Koepp y James Mangold
Intérpretes: Harrison Ford, Phoebe Waller-Bridge, Mads Mikkelsen, Antonio Banderas, Toby Jones
154 minutos

La quinta y última aventura de Indiana Jones arranca con un inquietante tic-tac que se acelera por momentos. Inmediatamente, la acción se traslada a un castillo de Alemania en 1944, y asistimos a uno de los vertiginosos prólogos marca de la casa. Sin embargo, la película ya nos ha declarado sus intenciones. Durante todo su generoso metraje, *Indiana Jones y el dial del destino* reflexiona sobre el paso del tiempo y sus consecuencias, y lo hace a través de un inteligente *macguffin* —la Anticitera inventada por Arquímedes, capaz de detectar fisuras espaciotemporales— que nos sumerge de lleno en la tercera edad de aquel héroe jovial e intrépido que conocimos en plenitud de facultades.

Esta premisa le sirve a James Mangold (dignísimo sucesor de Spielberg) para golpear donde más duele a los *haters* que criticaban la edad de Harrison Ford y bromeaban sobre los achaques de un aventurero en el ocaso. Porque aquí el propio protagonista se ha convertido en una reliquia, en alguien cuyo esplendor pertenece a otra época y que parece no encajar en un contexto de conquista espacial y revolución *hippie*. Indiana Jones es un hombre acabado, solo, obsoleto y forzosamente jubilado. Y, de repente, una ahijada amoral y pizpireta le ofrece una posibilidad de redención.

Siendo conscientes de esto, el tono crepuscular engrandece la película hasta hacerla estallar ante nuestros ojos. Mangold, rey de los héroes olvidados, calca con maestría la esencia *spielbergiana* de las primeras películas, y nos ofrece un recital lleno de trampas, viajes, chistes y esos golpes de fortuna que únicamente sonríen al bueno del Dr. Jones. El mayor aventurero de la pantalla merecía una despedida a la altura de su leyenda, no aquella chapuza con ovnis, neveras y monos CGI que era la cuarta entrega. Ese final, tierno y pausado, en el que Indy mitiga junto a Marion el dolor de las heridas más profundas, es un regalo para quienes siempre defendimos que la aventura solo tiene, y tendrá, un nombre.

Indiana Jones y la última cruzada

Indiana Jones and the Last Crusade, Estados Unidos, 1989

Paramount Pictures / Lucasfilm
Dirección: Steven Spielberg
Guion: Jeffrey Boam, sobre una historia de George Lucas y Menno Meyjes
Intérpretes: Harrison Ford, Sean Connery, Denholm Elliott, Alison Doody, John Rhys-Davies
127 minutos

A Steven Spielberg no le gustaba *El templo maldito*. Es más, con el paso de los años se ha encargado de reiterar que la considera su peor película como director (consideración no demasiado cabal a tenor de otros títulos bastante más intrascendentes de su filmografía, como *El mundo perdido* (1997), *Mi amigo el gigante* (2016) o la misma *Indy 4*). Más que la película en sí, Spielberg odiaba el poco margen que George Lucas le concedió para confeccionarla; como se estaba divorciando y él era el padre de la criatura, impuso una trama mucho más oscura y desasosegante. Y Steven, amigo leal, le hizo tanto caso que acabó sintiéndose como un mero realizador por encargo.

Fue por ello que, cuando Lucas le reclamó para una tercera entrega, Spielberg puso una serie de condiciones sobre la mesa. La primera, regresar al espíritu desenfadado y festivo de la cinta original, con los nazis, los desiertos y las reliquias bíblicas de poderes inconmensurables. La segunda, más referida a su propia sensibilidad, enfrentar al héroe a su talón de Aquiles: un progenitor con el rostro y la rigidez escocesa de Sean Connery. Spielberg, que se había pasado toda su carrera retratando a padres negligentes que optaban por alejarse voluntariamente de sus hijos, acababa de reconciliarse con el suyo después de años de distanciamiento y le apetecía mostrar un reencuentro paternofilial entre Jones sénior y júnior. Así que forzó para salirse con la suya y convertir la búsqueda del Santo Grial en la búsqueda del padre desaparecido. Como, además, Indiana era un hijo directo de James Bond, sabía que solo había un actor perfecto para el papel, y ese era el 007 genuino. A Lucas, que por aquel entonces ya daba muestras de un preocupante desgaste creativo (series animadas de C-3PO, telefilmes con ewoks), no le quedó otra que poner la pasta y deleitarse con la exhibición de maestría ofrecida por su mejor amigo.

Puede que *La última cruzada* no sea el mejor Indy, pero es el favorito de casi todos.

King Kong

King Kong, Estados Unidos, 1933

RKO Radio Pictures
Dirección: Merian C. Cooper y Ernest B. Schoedsack
Guion: James Creelman y Ruth Rose, sobre una historia de Merian C. Cooper y Edgar Wallace
Intérpretes: Fay Wray, Robert Armstrong, Bruce Cabot, Frank Reicher, Sam Hardy
100 minutos

Con la incorporación del sonido a las películas, el cine pasó a ser el mayor espectáculo del mundo. Solo en Estados Unidos, millones de espectadores abarrotaban las salas para disfrutar de las maravillas que les proporcionaban las historias dialogadas. El director Merian C. Cooper había desarrollado un relato con el que desbordar definitivamente todas las previsiones y convertir a la industria en un acontecimiento de masas: aficionado desde niño a los libros sobre exploradores y las novelas de aventuras protagonizadas por animales prehistóricos, una noche soñó que un gorila gigante se encaramaba al edificio más alto de Nueva York y era atacado por aviones. Al despertar, registró aquella idea y desde ese momento centró todo su esfuerzo en transformarla en la mayor experiencia cinematográfica nunca vista. Finalmente, en 1931 consiguió que RKO Pictures confirmase oficialmente el proyecto, que por aquel entonces se titulaba *La octava maravilla* y narraba la odisea de un director de cine que, acompañado de su equipo y de una actriz en horas bajas, viajaba hasta una remota isla para filmar a un legendario y monstruoso simio, reverenciado por una tribu de aborígenes que ofrece sacrificios humanos en su honor.

King Kong tuvo una producción faraónica que se extendió nada menos que 55 semanas, durante las cuales los propietarios de los cines recibían periódicamente folletos de prensa que les instaban a anunciar a los espectadores la llegada de esa «octava maravilla», sin especificar más detalles. La campaña surtió efecto y la película se estrenó en medio de una expectación inaudita hasta entonces, siendo la primera producción en proyectarse simultáneamente en las dos salas más grandes de Nueva York —Roxy y Radio City Music Hall—, con pases que agotaban aforos de diez mil espectadores. Desde entonces, el legado de la cinta se agigantó hasta niveles propios de su protagonista, dando lugar a dos ambiciosos *remakes* y a una serie de correlaciones culturales (de animación a publicidad, pasando por el teatro y la poesía) que elevaron a Kong a la categoría de icono mastodóntico.

LADY HALCÓN

Ladyhawke, Estados Unidos, Italia, Reino Unido, 1985

20th Century Fox / Warner Bros. / Lauren Shuler Production
Dirección: Richard Donner
Guion: Edward Khmara, Michael Thomas y Tom Mankiewicz, sobre una historia del primero
Intérpretes: Matthew Broderick, Rutger Hauer, Michelle Pfeiffer, John Wood, Leo McKern
121 minutos

Acostumbrado a convertir en magníficas películas los encargos ajenos, Richard Donner persiguió durante años el que, probablemente, fue su proyecto más personal: *Lady Halcón*. Fascinado por el guion que había escrito Ed Khmara a principios de los años ochenta, se empeñó en producirlo y dirigirlo y no paró hasta que Warner y Fox alcanzaron un acuerdo millonario para sacarlo adelante. Nunca Donner se había involucrado en uno de sus títulos con tanta tenacidad, hasta el punto de seleccionar personalmente las impresionantes localizaciones italianas en regiones como Lombardía, Véneto o Emilia-Romagna, y de apostar por el productor de la banda de rock progresivo The Alan Parsons Project como (polémico) responsable del apartado musical.

Para interpretar al personaje principal, el pícaro ladronzuelo Phillipe Gaston, el realizador quería a Sean Penn o a Dustin Hoffman, decantándose finalmente por una de las jóvenes estrellas del momento, Matthew Broderick. Junto a él, Kurt Russell y Michelle Pfeiffer fueron escogidos para dar vida a los dos amantes que caen víctimas de una terrible maldición que les impide estar juntos: durante el día, ella se convierte en un halcón, y, por la noche, él es un enorme lobo negro. La espantada de Russell poco antes del rodaje obligó a Donner a ofrecer el personaje a Rutger Hauer, que había sido contratado a regañadientes en un papel secundario. Eso sí, el actor holandés aprovechó la oportunidad para hacerse notar en el set, acudiendo a trabajar cada día en un tráiler de dieciocho ruedas o desesperando al pobre Broderick a base de bromas pesadas.

Lady Halcón no fue el éxito que muchos esperaban, pero su fabulosa aura ochentera le ha valido la condición de obra de culto; es tan romántica, apasionante y visualmente primorosa (la fotografía mágica de Vittorio Storaro) que hasta le perdonamos esa banda sonora tan rematadamente hortera.

Náufrago

Cast Away, Estados Unidos, 2000

20th Century Fox / Dreamworks Pictures / ImageMovers / Playtone
Dirección: Robert Zemeckis
Guion: William Broyles, Jr.
Intérpretes: Tom Hanks, Helen Hunt, Nick Searcy, Lari White, David Allen Brooks
143 minutos

Náufrago es mi película favorita sobre segundas oportunidades. Ha pasado un cuarto de siglo y me sigue conmoviendo toda su hondura poética, su representación tierna y desgarrada de la soledad, y esa manera tan rotunda de decirnos que no hay amor que dure para siempre. Incluso hoy, en plena era de la comunicación digital, su mensaje resulta altamente revelador: no apreciamos la importancia del contacto humano hasta que no estamos completamente aislados, cuando ya es demasiado tarde. Y, en esas situaciones, hasta una pelota de voleibol manchada de sangre se convierte en un compañero más cálido que la más multitudinaria de las redes sociales.

Cuenta Tom Hanks que, cierto día, se le ocurrió imaginar uno de esos aviones de FedEx que sobrevuelan el planeta precipitándose sobre el océano, y a un único superviviente perdido en una isla desierta. El concepto del «hombre incansable que quiere ser más rápido que el tiempo», varado en un lugar donde el tiempo parece detenerse, le fascinó por completo. Envió a un amigo guionista, William Broyles Jr., a una isla remota durante una semana, obligándole a hacer cuchillos con piedras, encender hogueras y pescar rayas que después se comía crudas. Lo tuvo varios años puliendo aquella historia, convencido de que no solo la protagonizaría, sino que también la dirigiría. Hasta que el sentido común le hizo ver que esa tarea era idónea para el tipo que, tiempo atrás, lo inmortalizó sentado en un banco y siguiendo el vuelo de una pluma.

Con la entrada de Zemeckis, *Náufrago* adquirió la dimensión de un verdadero desafío. A principios de 1999, se llevó a un equipo de más de cien personas hasta una isla deshabitada de Fiyi para filmar la llegada del protagonista tras el accidente. Después, regresó a Estados Unidos y detuvo un año la producción para que Hanks dejara crecer su pelo y su barba y se consumiera físicamente pasando de 102 kilos a 77. Entonces, regresó a aquel lugar para recrear la segunda parte de su odisea y enseñarnos que la verdadera amistad no entiende de figuras ni de formas, y también que, en el interior de un pedazo de cuero redondeado, puede latir el corazón más poderoso.

PARQUE JURÁSICO

Jurassic Park, Estados Unidos, 1993

Universal Pictures / Amblin Entertainment
Dirección: Steven Spielberg
Guion: David Koepp, sobre la novela de Michael Crichton
Intérpretes: Sam Neill, Laura Dern, Jeff Goldblum, Richard Attenborough, Bob Peck
127 minutos

Es muy posible que, tres décadas después de su estreno y con otras cinco películas de por medio (y una sexta en ciernes), muchos hayan perdido la perspectiva de lo que significó en su momento *Parque Jurásico*. Yo, al menos, conservo muy vivo el recuerdo de aquella primera vez, en el mágico y extinto (cual dinosaurio) cine Gran Vía de Valencia: el irresistible terror de la primera escena —con Spielberg luciéndose con uno de sus fuertes, la tensión de ocultar al monstruo—, el sabor a aventura selvática, el fascinante dilema ético (incluso para un adolescente poco avispado como yo) y, por encima de todo ello, la aparición estelar de los brontosaurios envuelta en la fanfarria de John Williams y en aquella frase lapidaria pronunciada por Richard Attenborough: «Bienvenidos a Jurassic Park».

Nos encontramos, pues, ante una obra revolucionaria que conserva intacto todo su asombro primitivo. Las nuevas generaciones siguen alucinando con ella, pero solo sus padres podemos presumir de haber experimentado aquella revelación histórica en el único lugar donde el cine puede mirar a los ojos del arte, o hacerlo incluso por encima del hombro. Hay todavía quien se atreve a menospreciarla por lo incongruente de su premisa (sin conocer la meticulosidad científica con la que Michael Crichton se entregaba a sus novelas) o porque puede parecer un Spielberg «menor», esos que por ser asquerosamente entretenidos y vistosos no tienen derecho a ser reconocidos como las excelentes películas que son. Pobres ilusos: de todas las veces que el tío Steven ha salvado literalmente a la industria, esta es, sin duda, la que trajo consigo un seísmo de mayores proporciones.

Porque, sin *Parque Jurásico*, el cine sería hoy un lugar mucho peor... O no sería absolutamente nada.

Piratas del Caribe: El cofre del hombre muerto

Pirates of the Caribbean: Dean Man's Chest, Estados Unidos, 2006

Walt Disney Pictures / Jerry Bruckheimer Productions / Second Mate Productions
Dirección: Gore Verbinski
Guion: Ted Elliott y Terry Rossio
Intérpretes: Johnny Depp, Orlando Bloom, Keira Knightley, Jack Davenport, Bill Nighy
151 minutos

Johnny Depp entró en el siglo XXI convertido en un icono a contracorriente. Había sabido dejar atrás su aura de ídolo juvenil para consolidarse como un actor de prestigio, especialista en papeles arriesgados y extremos, amante de las historias complejas y figura clave para cineastas tan desafiantes como John Waters, Terry Gilliam, Jim Jarmusch, Roman Polanski o, por encima de todos, Tim Burton. Depp era un rebelde imposible de encasillar, un artista en constante experimentación, un iconoclasta cuyo hábitat natural eran las producciones independientes y el cine en su esencia más depurada. Tenía fama, una reputación bien merecida y hasta cierto toque de «maldito». Pero los grandes premios siempre se olvidaban de él.

Fue al rozar la cuarentena cuando pensó: «¡Qué demonios!». Disney llevaba años preparando una adaptación a gran escala de

Piratas del Caribe, una de las atracciones más emblemáticas de sus parques temáticos, y le ofreció a Depp la posibilidad de encarnar al excéntrico, socarrón y encantador bucanero Jack Sparrow tras considerar a otros intérpretes como Matthew McConaughey o Hugh Jackman. Contra todo pronóstico, el «niño malo» de Kentucky consideró que había llegado el momento de divertirse, ganar un buen pellizco —10 millones de dólares— y olvidarse del dogma *underground* y las palmaditas en la espalda. Ese día, Johnny Depp pasó a ser mucho más que una estrella del *mainstream*: su interpretación le valió los elogios más apasionados de su carrera y, oh sorpresa, hasta le nominaron al Oscar y al Globo de Oro.

Sparrow pronto se erigió como el buque insignia de una franquicia que es puro gozo. De sus cinco entregas, la segunda, *El cofre del hombre muerto*, es mi favorita por varios motivos: el indomable sentido de la aventura, los homenajes al cine clásico de piratas, la magnética irrupción de Davy Jones y, por supuesto, un Depp superlativo que otorga a su personaje la picardía de Errol Flynn y la magia gestual de Buster Keaton.

LA PRINCESA PROMETIDA

The Princess Bride, Estados Unidos, 1987

20th Century Fox / Act III Communications /Buttercup Films / The Princess Bride Ltd.
Dirección: Rob Reiner
Guion: William Goldman, sobre su propia novela
Intérpretes: Cary Elwes, Robin Wright, Mandy Patinkin, Chris Sarandon, André the Giant
98 minutos

La princesa prometida era el título de una encantadora novela de aventuras publicada en 1973 por el guionista, escritor y dramaturgo estadounidense William Goldman. Ese mismo año, los estudios Fox adquirieron los derechos para el cine y encargaron a Goldman una adaptación de su propia obra, aunque una rara neumonía le mantuvo en el hospital durante meses y finalmente el proyecto quedó en suspenso. Trece años después, justo al poco de estrenar *Cuenta conmigo* (1986), el director Rob Reiner reconocía públicamente su devoción por el libro original y su intención de entablar conversaciones con Goldman —que había recomprado los derechos de su bolsillo—, conseguir su aprobación y desempolvar aquel antiguo guion. Para su sorpresa, muchos trataron de convencerle de que desistiera, ya que realizadores de la talla de Richard Lester, François Truffaut o Robert Redford habían tratado, durante todos esos años, de reflotar infructuosamente el proyecto.

Pero Reiner, que venía de adaptar a todo un Stephen King, supo jugar sus bazas y ganarse la confianza de Goldman. Juntos trabajaron en un nuevo borrador que respetaba el juego de metaficción de la novela —un abuelo le cuenta a su nieto enfermo la historia de un caballero enmascarado que trata de rescatar a su amada, prometida a un pérfido monarca, con la ayuda de un gigante y un espadachín español— y se pusieron manos a la obra para desarrollar una de las películas más adorables, divertidas y genuinamente entretenidas de los años ochenta, repleta de instantes mágicos y de frases que han acompañado nuestras vidas, y que ahora, acompañan también las de nuestros hijos.

Quién no ha deseado encontrarse alguna vez con un tipo con seis dedos en una mano, mirarle fijamente a los ojos y decirle eso de «Me llamo Íñigo Montoya»...

ROBIN HOOD, PRÍNCIPE DE LOS LADRONES

Robin Hood: Prince of Thieves, Estados Unidos, 1991

Warner Bros. / Morgan Creek Entertainment
Dirección: Kevin Reynolds
Guion: Pen Densham y John Watson
Intérpretes: Kevin Costner, Morgan Freeman, Mary Elizabeth Mastrantonio, Christian Slater, Alan Rickman
143 minutos

Robin Hood bien merecería tener su propio subgénero dentro del cine de aventuras. De los clásicos de los años veinte y treinta, protagonizados por Douglas Fairbanks y Errol Flynn, hasta la deleznable revisión *millennial* con Taron Egerton, el arquero de Sherwood ha vivido multitud de interpretaciones en la gran pantalla: zorro de dibujos animados, héroe crepuscular, parodia, y hasta un *remake* encubierto de *Gladiator* con Russell Crowe. De todas ellas, mi preferida ha sido siempre aquella superproducción de principios de los años noventa en la que Kevin Costner —en aquel momento rey soberano de Hollywood tras el éxito y los Oscar de *Bailando con lobos* (1990)— se llevó todos los palos posibles por encarnar a un inglés con el acento de Los Ángeles, Alan Rickman se coronó como villano extravagante y retorcido, y Bryan Adams entonó una de las canciones más cursis y escuchadas de la historia del pop, capaz de mantenerse dieciséis semanas consecutivas en lo más alto de las listas británicas.

Supongo que mi yo de trece años quedó atrapado por el giro exótico de la historia, en la que el protagonista era un noble que regresaba de las Cruzadas solo para descubrir que todas sus posesiones le habían sido arrebatadas por el pérfido *sheriff* de Nottingham. Y, aunque la imagen de Costner en mallas y con el pelo a lo Bon Jovi me parecía (y parece) algo insultante, bastaba con la imponente presencia de Morgan Freeman, el *score* esplendoroso de Michael Kamen y el agudísimo sentido de la aventura del infravalorado Kevin Reynolds, para caer rendido a la magia de una película que destilaba el aroma de los clásicos, con todos esos filos cruzados, esas flechas silbantes y las vibrantes cabalgadas. Puede que ahora yo sea muy distinto, pero una cosa es cierta: hay películas cuya percepción del honor, la justicia y el valor es tan grande, tan inconmensurable, que me conectan de inmediato con aquel ingenuo preadolescente que fui. Esta es una de ellas.

El Señor de los Anillos: El retorno del rey

The Lord of the Rings: The Return of the King, Nueva Zelanda, Estados Unidos, 2003

New Line Cinema / WingNut Films / The Saul Zaentz Company
Dirección: Peter Jackson
Guion: Peter Jackson, Fran Walsh y Philippa Boyens, sobre la novela de J. R. R. Tolkien
Intérpretes: Elijah Wood, Ian McKellen, Viggo Mortensen, Orlando Bloom, Cate Blanchett
201 minutos

Lejos de acomodarse en su condición de referente del cine gore y creador de pequeñas e inhóspitas joyas *(Criaturas celestiales)*, Peter Jackson se empecinó en formar parte de la historia con un proyecto digno de un chiflado: nada menos que convertir en películas las tres obras magnas de J. R. R. Tolkien que conformaban *El Señor de los Anillos*. Un sueño que ni siquiera alguien tan persistente como Kubrick había podido materializar, principalmente por el derroche económico que conllevaba plasmar en imágenes los fabulosos reinos que integraban el *legendarium* del gran autor británico.

Jackson lo intentó con Disney y Miramax, que lo consideraron poco menos que inviable. Finalmente, fue uno de los estudios filiales de Warner, New Line, el que apostó por él y destinó la cantidad récord de 281 millones de dólares a la realización de las tres películas. Descartados nombres del calibre de Sean Connery, Daniel Day-Lewis o Keanu Reeves, Jackson logró reunir un reparto de jóvenes promesas, ilustres veteranos e iconos del cine independiente, y se puso al frente de un rodaje faraónico que se extendió por Nueva Zelanda a lo largo de diecisiete meses interminables.

Semejante odisea tuvo su justa recompensa. Las dos primeras entregas, *La comunidad del Anillo* y *Las dos torres*, pulverizaron las mejores previsiones de taquilla y encandilaron a los críticos. Pero lo mejor estaba por llegar con el capítulo final, estrenado a finales de 2003 y rápidamente encumbrado como una de las cintas más grandiosas de épica y fantasía. Una década después, Jackson regresó a la Tierra Mundial con una fallida —por su descaro comercial y su extensión injustificable— revisión de *El Hobbit*, muy lejos de las altísimas cotas que pudo conquistar con *El retorno del rey* y sus once Oscar.

Willow

Willow, Estados Unidos, 1988
Metro-Goldwyn-Mayer / Lucasfilm / Imagine Entertainment
Dirección: Ron Howard
Guion: Bob Dolman, sobre una historia de George Lucas
Intérpretes: Warwick Davis, Val Kilmer, Joanne Whalley, Jean Marsh, Patricia Hayes
126 minutos

Aunque la historia recordará *Star Wars* e *Indiana Jones* como el gran legado cinematográfico de George Lucas, hubo una tercera creación en discordia que, pese a no gozar en su día del éxito esperado, sí logró convertirse con los años en un título esencial del cine fantástico de los años ochenta. En realidad, Lucas quería rodar su particular adaptación de *El Hobbit*, pero al no conseguir los derechos optó por concebir su propio mundo mágico y misterioso, otorgando el protagonismo a otro inesperado héroe de corta estatura: Willow, un granjero *peck* que sueña con convertirse en un gran hechicero, y que debe proteger a un bebé abandonado que, según una antigua profecía, está destinado a poner fin al reinado de una malvada reina.

Reticente a dirigir sus propios proyectos tras sufrir un amago de infarto en el set del primer *Star Wars*, Lucas ofreció las riendas de la película a Ron Howard, a quien había dirigido años atrás en *American Graffiti* y que se había consolidado como uno de los jóvenes valores del género con las muy populares *Un, dos, tres... Splash* (1984) y *Cocoon* (1985). Para el papel principal, su favorito siempre fue Warwick Davis, un actor británico de diecisiete años que medía poco más de un metro y había interpretado al *ewok* Wicket en *El retorno del Jedi* (1983), mientras que para dar vida al guerrero Madmartigan se decantó por Val Kilmer, tras descartar a otros candidatos como John Cusack o Matt Frewer.

Willow es una película llena de encanto y de personajes entrañables, un colosal entretenimiento con unos efectos de *morphing* pioneros para su época, un diseño artístico que contó con el asesoramiento del mismísimo Moebius y una banda sonora poderosísima de James Horner. En 2022, se estrenó una simpática y vibrante secuela en formato de serie, pero su escasa audiencia acabó sepultando para siempre cualquier posibilidad de disfrutar de las nuevas aventuras del pequeño gran mago.

BÉLICO

1917

Reino Unido, Estados Unidos, India, España, 2019

Dreamworks Pictures / Reliance Entertainment / New Republic Pictures / Neal Street / Mogambo/ Amblin Partners
Dirección: Sam Mendes
Guion: Sam Mendes y Krysty Wilson-Cairns
Intérpretes: George MacKay, Dean-Charles Chapman, Mark Strong, Colin Firth, Benedict Cumberbatch
119 minutos

1917 es el *Salvar al soldado Ryan* de la Primera Guerra Mundial: una película completamente inmersiva que se vale de los prodigios técnicos para situar al espectador de lleno en el campo de batalla, convirtiéndole en mucho más que un observador pasivo de la contienda. Nunca estaremos lo bastante agradecidos a Sam Mendes por atreverse a contar esta historia desde un planteamiento visual casi suicida, consistente en dos supuestas y únicas tomas que, en realidad, contienen sutiles interrupciones que se escapan a nuestra percepción. Por ello, debemos entender esta planificación en plano secuencia, y toda la complejidad logística que conlleva (siempre había que rodar con el cielo nublado por razones de continuidad, y una toma de varios minutos se estropeó porque un mechero no se encendía), como un regalo de Mendes y del excelentísimo operador Roger Deakins a una audiencia que vive la misión en tiempo real como algo propio que le implica directamente.

La película nació como un homenaje del realizador a su abuelo, Alfred H. Mendes, que luchó en aquella guerra como mensajero del frente occidental, y a los relatos que le contaba cuando era niño acerca de aquellas misiones repletas de peligros. En *1917*, dos jóvenes soldados británicos (unos magníficos George MacKay y Dean-Charles Chapman) reciben el encargo de atravesar las líneas enemigas para entregar un mensaje que cancele un ataque condenado al fracaso, y en el que está implicado el hermano de uno de ellos. Lo que sigue desde su partida es un carrusel de momentos tan reales, provistos de una profundidad y un detallismo tan aplastantes, que obligan literalmente a contener el aliento.

Apocalypse Now

Estados Unidos, 1979

United Artists / American Zoetrope
Dirección: Francis Ford Coppola
Guion: John Milius y Francis Ford Coppola
Intérpretes: Martin Sheen, Marlon Brando, Robert Duvall, Dennis Hopper, Frederic Forrest
147 minutos

«El horror.» Con esas dos palabras daba comienzo uno de los monólogos más escalofriantes de todos los tiempos. Lo pronunciaba el coronel Kurtz (Marlon Brando) en el tramo final de *Apocalypse*

Now, posiblemente la obra definitiva sobre el tormento vietnamita y sus profundas secuelas a nivel humano y moral. Esas palabras, sin embargo, sirven también para ilustrar lo que supuso poner en pie esta película: una pesadilla sin precedentes ni réplicas posteriores mínimamente comparables. El horror en su máxima expresión.

Con apenas 35 años, Francis Ford Coppola tenía ya cinco premios Oscar en su estantería. Si existía alguien capaz de reflejar en la pantalla el complejísimo guion de John Milius (con un soporte argumental de la envergadura de *El corazón de las tinieblas*, de Joseph Conrad), era él. Pero lo que prometía ser un rodaje de seis semanas controlado al milímetro acabó mutando en una tortura de dieciséis meses, durante los cuales el presupuesto se multiplicó por seis y Coppola llegó a plantearse el suicidio hasta en tres ocasiones, debido al cúmulo de infortunios que se sucedieron en plena selva filipina: Martin Sheen sufrió un infarto y estuvo dos meses de baja, un tifón destruyó los decorados y hubo que construirlos de nuevo, Dennis Hopper se pasaba el día drogado y exigía a la producción veinticinco gramos de cocaína para su consumo personal, el equipo local encargado de la utilería colgó cadáveres auténticos de los árboles en lugar de muñecos... Y luego estaba Brando, que interpretaba a un personaje atlético y se presentó en el set con la cabeza rapada y 140 kilos. Hubo que modificar todo su vestuario para disimularle la barriga y, para colmo, se negaba a memorizar sus líneas y se empeñaba en improvisar todo el tiempo. Además, no podía ni ver a Hopper, por lo que las escenas en las que aparecen juntos hubo que filmarlas en momentos y lugares diferentes. A las tres semanas, con varias tomas todavía por grabar, Brando se marchó de Filipinas y pidió que le pagaran tres millones por las molestias.

Pues bien, nunca un sacrificio de ese calibre mereció tanto la pena. Solo la escena del ataque de los helicópteros al son de Wagner contiene más quilates de cine que todas las películas estrenadas aquel año. El horror reconvertido en excelencia.

El cazador

The Deer Hunter, Estados Unidos, Reino Unido, 1978

EMI Films / United Artists / Universal Pictures
Dirección: Michael Cimino
Guion: Deric Washburn, sobre una historia propia y de Michael Cimino, Louis Garfinkle y Quinn K. Redeker
Intérpretes: Robert de Niro, Christopher Walken, John Savage, Meryl Streep, John Cazale
183 minutos

El cazador fue la primera película que se atrevió a llamar a la guerra de Vietnam como lo que en realidad fue: una matanza indiscriminada, una muestra de arrogancia imperialista que acabó fracturando a un país y marcando a fuego a una generación de jóvenes mutilados física y espiritualmente. Fueron muchos los que la tildaron de manipuladora —nunca se demostró que el Vietcong obligara a sus prisioneros a jugar a la ruleta rusa—, cuando, en realidad, la parte más desoladora sucedía en Estados Unidos, cuando Michael (Robert de Niro) y Steven (John Savage) regresan del conflicto con el alma hecha pedazos y descubren que su amigo Nick (Christopher Walken) permanece en Saigón y se juega la vida apuntándose con una pistola en la sien.

Por si toda esta dimensión trágica no fuera suficiente, en la silla de director había un señor que se creía tocado por el poder celestial. Solo había filmado una película hasta entonces, pero Michael Cimino estaba tan convencido de sus sagradas facultades, que se empeñó en rodar *El cazador* en escenarios naturales a lo largo de seis meses, encerrando a sus actores en jaulas reales de bambú, erigidas junto al río Kwai, y contratando a un actor tailandés que odiaba a los norteamericanos para que les abofeteara con todas sus fuerzas. De Niro siempre la ha considerado la mejor interpretación de su carrera, si bien su devoción por el Método estuvo a punto de jugarle una mala pasada (a él y a los otros actores implicados) cuando se empeñó en incluir una bala auténtica en el cargador para dar mayor verosimilitud a la escena.

El cazador también fue la última película de John Cazale antes de morir en marzo de 1978, con solo 42 años. Cuando le fue diagnosticado un cáncer de pulmón incurable, Cimino decidió grabar todas sus escenas en primer lugar y darle un papel a su pareja, Meryl Streep, para que le acompañara en todo momento. El filme fue un rotundo éxito, cosechó cinco Oscar y fue recibido con entusiasmo por los críticos. El problema es que, justo después, Michael Cimino se creyó Dios e hizo *La puerta del cielo*, convirtiendo el resto de su carrera en un tortuoso recorrido por el infierno.

Corazones de hierro

Casualties of War, Estados Unidos, 1989

Columbia Pictures / Art Linson Productions
Dirección: Brian de Palma
Guion: David Rabe, sobre la novela de Daniel Lang
Intérpretes: Michael J. Fox, Sean Penn, Don Harvey, John C. Reilly, John Leguizamo
113 minutos

La enorme trascendencia artística que a finales de los años setenta alcanzaron películas como *El cazador* o *Apocalypse Now* hizo que, a lo largo de la década siguiente, Hollywood exprimiera al máximo el filón de Vietnam. Como suele ser habitual cuando un subgénero se pone de moda al otro lado del Atlántico, la saturación de producciones terminó por engullir a algunos títulos «invisibles» que merecieron una mejor suerte. Es obvio que, de no haberse estrenado poco después de *Platoon* y *La chaqueta metálica* y casi al mismo tiempo que *Nacido el 4 de Julio*, *Corazones de hierro* (el incomprensible y muy repipi título que recibió en España *Casualities of War*) gozaría hoy de un reconocimiento muy diferente.

La historia no partía de una puesta en escena espectacular ni tampoco aportaba un contenido filosófico o antimilitarista al conjunto. Consistía, sencillamente, en un relato de escalofriante (des)humanidad, basado en un suceso real ocurrido en 1966 y publicado en su día por *The New York Times*: cómo un grupo de soldados estadounidenses secuestró y abusó salvajemente de una joven vietnamita, y cómo uno de sus miembros decidió plantar cara al resto para protegerla. Brian de Palma pasó años interesado en el proyecto hasta que la nueva responsable de Columbia, Dawn Steel, dio luz verde a su realización con un holgado presupuesto de 23 millones de dólares, un rodaje en exteriores en Tailandia, un equipo técnico de primer nivel y Ennio Morricone componiendo la banda sonora. Incluso pudo reunir en los papeles principales a dos de las estrellas más fulgurantes de aquella época, Michael J. Fox (en un sorprendente y muy notable registro dramático) y un Sean Penn, pasadísimo de rosca, que estuvo todo el tiempo insultando a su compañero para tratar de motivarle.

La película, pese a estos prometedores mimbres, se pegó un estrepitoso batacazo y sepultó para siempre las tentaciones exótico-autorales de De Palma, así como los intentos de Fox por demostrar que era mucho más que las múltiples versiones de Marty McFly. El tiempo, sin embargo, le ha conferido un poso de autenticidad y lirismo muy respetable. Denle la oportunidad.

DUNKERQUE

Dunkirk, Reino Unido, Países Bajos, Francia, Estados Unidos, 2017

Warner Bros. / Syncopy / Dombey Street Productions
Dirección y guion: Christopher Nolan
Intérpretes: Fionn Whitehead, Mark Rylance, Tom Hardy, Cillian Murphy, Kenneth Branagh
106 minutos

La primera vez que *Dunkerque* pasó por la asombrosa mente de Christopher Nolan fue veinticinco años antes de su estreno, cuando él y su entonces novia Emma Thomas (posteriormente su mujer e implacable productora a través de la compañía Syncopy) cruzaron por primera vez el canal de la Mancha. En aquel lugar, el futuro cineasta comenzó a pergeñar una película en torno a la Operación Dinamo, una acción militar organizada por el Reino Unido en 1940 para evacuar a 400.000 soldados aliados de la playa de Dunkerque, controlada en aquel momento por el ejército nazi. Un cuarto de siglo después, afianzado ya como uno de los máximos exponentes de la cinematografía mundial, Nolan se dispuso a acometer la película más compleja de toda su filmografía, y no solo desde un punto de vista estructural: la historia se desarrollaría mediante tres líneas narrativas paralelas (tierra, mar y aire) y en cada una de ellas el tiempo transcurriría de manera diferente —una semana, un día, una hora—. Decir magistral es quedarse corto.

A partir de ahí, claro, entró en escena el gran estratega del cine-espectáculo que es el londinense. Primero se encargó de conseguir a los actores que él quería para cada uno de los papeles, incluyendo un Tom Hardy bastante reticente en interpretar a un piloto con el rostro prácticamente cubierto durante toda la película. Después dispuso un impresionante set sobre la arena de Dunkerque y movilizó a seis mil extras para no tener que retocar ni un solo plano con CGI. A continuación, consiguió aviones y barcos auténticos de la Segunda Guerra Mundial, procedentes de distintos países, y eliminó la mayor cantidad posible de diálogos para que la película pudiera contarse a través de las imágenes. Por último, dio orden a su director de fotografía, el mago neerlandés Hoyte van Hoytema, para que filmara íntegramente con cámaras IMAX (un formato de película con una diagonal de 70 milímetros para ser proyectada en pantallas de gran tamaño) y ofrecer así al público la experiencia más realista e intensa de toda la historia del cine bélico.

Con permiso del arranque de *Salvar al soldado Ryan* —otra playa teñida de muerte—, está claro que lo consiguió.

GALLIPOLI

Gallipoli, Australia, 1981

Paramount Pictures / R&R Films / The Australian Film Commission
Dirección: Peter Weir
Guion: David Williamson, sobre una historia de Peter Weir
Intérpretes: Mel Gibson, Mark Lee, Bill Kerr, Tim McKenzie, Harold Hopkins
110 minutos

El 19 de febrero de 1915, buques de guerra anglo-franceses iniciaban los bombardeos contra los fuertes otomanos situados en la península de Galípoli, en Turquía, dando comienzo a una de las batallas más duras y sangrientas de la Primera Guerra Mundial. Se calcula que, aproximadamente, la mitad de los soldados que participaron en la contienda fallecieron —un total de 250.000—, de los cuales más de 7.000 habían llegado desde Australia para combatir junto a los aliados.

Después de consagrarse como uno de los jóvenes realizadores con mayor proyección de las Antípodas —gracias sobre todo a las sensacionales *Picnic en Hanging Rock* (1975) y *La última ola* (1977)—, Peter Weir quiso plasmar su particular mirada sobre aquellos jóvenes australianos que fueron enviados a una muerte casi segura, y hacerlo además con la producción nacional más ambiciosa hasta entonces. Incluso fue necesaria la contribución de uno de los productores más poderosos de Hollywood, Robert Stigwood, para levantar un proyecto que tardó dos años en cristalizar y que contó con un guion firmado por el dramaturgo más importante de Australia, David Williamson, encargado de aportar a la narración un rigor que sobrepasaba los cánones del cine histórico para adentrarse en una admirable y lúcida veracidad.

En los papeles principales, Weir contrató a la emergente estrella de *Mad Max*, Mel Gibson, y al actor teatral y cantante Mark

Lee. Ambos encarnan espléndidamente a Frank y a Archy, dos amigos que sueñan con convertirse en atletas y acaban alistándose para viajar al frente de Alejandría. Allí descubren que la guerra no es más que una carrera donde no existen ni las metas ni los vencedores; el último plano, antológico, es la representación más poética de la crueldad que se haya hecho nunca para el cine.

LA GRAN EVASIÓN

The Great Escape, Estados Unidos, 1963

United Artists / The Mirisch Company
Dirección: John Sturges
Guion: James Clavell y W. R. Burnett, sobre la novela de Paul Brickhill
Intérpretes: Steve McQueen, James Garner, Richard Attenborough, James Coburn, Charles Bronson
172 minutos

John Sturges llevaba desde 1950 empeñado en hacer una película de *The Great Escape*, novela escrita por un expiloto de guerra australiano llamado Paul Brickhill. En 1944, Brickhill fue recluido como prisionero por los nazis y llegó a colaborar en la famosa huida del campo Stalag Luft III, si bien no pudo participar personalmente en la construcción del túnel —ni tampoco fugarse como otros compañeros— debido a su claustrofobia. Sturges quería rodar una cinta épica en torno a un grupo de reclusos estadounidenses y británicos, con grandes estrellas y en Cinemascope, pero ningún estudio estaba dispuesto a apostar por un proyecto sin historias románticas ni personajes femeninos. Todo cambió en 1960, cuando Sturges dirigió *Los siete magníficos* y demostró que los relatos de camaradería heroica podían rendir fantásticamente en la taquilla; solo entonces United Artists accedió a dar luz verde a *La gran evasión*, no sin asegurarse previamente de que tres de los protagonistas de aquel famoso wéstern (Steve Mc-

Queen, James Coburn y Charles Bronson) participarían también en la cinta.

El proceso de guion fue una pesadilla que se extendió hasta el mismo rodaje en el Bavaria Film Studio de Múnich, donde se erigió el gigantesco campo de prisioneros en que transcurre la película. Aunque solo dos escritores acabaron siendo acreditados, fueron seis los que trabajaron en el libreto, incluyendo el hombre de confianza de Steve McQueen, James Clavell (quien, durante la guerra, había sido confinado en un campo de concentración japonés), que reescribió su personaje con la producción ya en marcha. También fue el mítico actor quien sugirió a Sturges que cambiara la huida del intrépido Hilts en ferrocarril por una espectacular fuga a los mandos de una motocicleta Triumph, en la que se acabaría convirtiendo en una de las escenas más emblemáticas de toda la década. McQueen, eso sí, no consiguió convencer a la aseguradora para que le permitiera realizar personalmente el acrobático salto final, que corrió a cargo de su mejor amigo de juergas moteras (y consumado especialista) Bud Etkins.

Malditos bastardos

Inglourious Basterds, Estados Unidos, Alemania, 2009

Universal Pictures / The Weinstein Company / A Band Apart
Dirección y guion: Quentin Tarantino
Intérpretes: Brad Pitt, Christoph Waltz, Mélanie Laurent, Diane Kruger, Michael Fassbender
153 minutos

Quentin Tarantino comenzó a idear *Malditos bastardos* en 2001, primero como un *spaghetti western* protagonizado por un grupo de renegados en una misión suicida y después como una película de aventuras ambientada en la Segunda Guerra Mundial. Inspirado por clásicos como *Doce del patíbulo* o *Los cañones de Navarone*, el genio de Knoxville construyó un relato épico y ultraviolento sobre unos mercenarios que se dedicaban a asesinar nazis en la Francia ocupada por Hitler. Sin embargo, dejó el proyecto en punto muerto en dos ocasiones —para rodar el díptico *Kill Bill*, primero, y para divertirse junto a su colega Robert Rodriguez en el proyecto *Grindhouse*, después—, hasta que una apuesta durante el Festival de Cannes de 2008 puso la maquinaria en marcha de forma definitiva.

Con un título que homenajeaba a uno de los clásicos del cine de guerra italiano favoritos de Tarantino —*Aquel maldito tren blindado* (1978), conocida en inglés como *Inglourious Bastards*—, *Malditos bastardos* está llena de secuencias magistrales, desde el inconmensurable prólogo hasta el brutal desenlace, donde el cineasta dejó claro que no le temblaría el pulso a la hora de reescribir el curso de la historia desde su particular mirada artística. Christoph Waltz consiguió el Oscar por su temible interpretación del sanguinario coronel de las SS Hans Landa (personaje creado en un primer momento para Leonardo DiCaprio, y que fue a parar directamente al Olimpo de los villanos más atroces del cine contemporáneo), todo mientras Tarantino se lucía con otra potentísima selección musical cuyos derechos, en muchos casos, pagó directamente de su bolsillo; la inclusión de «Cat People (Putting Out Fire)», de David Bowie, para acompañar los prolegómenos de la venganza de Shosanna (Mélanie Laurent) es un absoluto deleite para los sentidos.

El puente sobre el río Kwai

The Bridge on the River Kwai, Reino Unido, Estados Unidos, 1957

Columbia Pictures / Sam Spiegel
Dirección: David Lean
Guion: Carl Foreman y Michael Wilson, sobre la novela de Pierre Boulle
Intérpretes: William Holden, Alec Guinness, Jack Hawkins, Sessue Hayakawa, James Donald
161 minutos

Después de producir títulos legendarios del calibre de *La reina de África* (1951) o *La ley del silencio* (1954), Sam Spiegel estaba considerado como uno de los hombres más poderosos de la industria norteamericana de la época. Su gran obsesión era llevar a la pantalla *El puente sobre el río Kwai*, la novela escrita por Pierre Boulle en 1952 sobre un grupo de prisioneros británicos que, durante la Segunda Guerra Mundial, eran obligados a construir un puente para el ejército japonés. El problema era que la magnífica adaptación venía firmada por Carl Foreman y Michael Wilson, dos guionistas incluidos en la lista negra del senador McCarthy y acusados de colaborar con asociaciones de índole comunista.

Spiegel trató, sin éxito, de convencer a cineastas de la talla de John Ford, Howard Hawks o William Wyler para que dirigieran la película, pero la controversia que rodeaba al proyecto era una presión demasiado grande con la que lidiar. Finalmente, acabó contratando al británico David Lean, convertido desde entonces en el máximo exponente del cine de gran formato exportado desde Hollywood.

Conocido por su meticulosidad, Lean no tardó en imponer sus condiciones. Decidió trasladar el rodaje hasta la isla de Sri Lanka porque su paisaje le parecía más cinematográfico (el terreno que rodea al verdadero río Kwai era totalmente llano), confió el personaje principal a su actor fetiche, Alec Guinness, por delante de estrellas como Cary Grant o Spencer Tracy, y se empeñó en volar por los aires un puente real de 250.000 dólares construido para la ocasión en lugar de una maqueta. Lo que logró fue una película emblemática e inolvidable, paradigma de una época profundamente renovadora.

Salvar al soldado Ryan

Saving Private Ryan, Estados Unidos, 1998

Dreamworks Pictures / Paramount Pictures / Amblin Entertainment
Dirección: Steven Spielberg
Guion: Robert Rodat
Intérpretes: Tom Hanks, Edward Burns, Matt Damon, Tom Sizemore, Barry Pepper
119 minutos

En 1998, yo ya sabía que mi gran pasión era el cine y Steven Spielberg lo más parecido a un dios en la Tierra. Recuerdo las altísimas expectativas que me invadían antes de ver *Salvar al soldado Ryan*; mi ídolo venía de estrenar dos películas realmente decepcionantes *(El mundo perdido* y *Amistad)* y, al parecer, estaba cocinando otra obra maestra cuyo arranque, según contaban, sería una experiencia tan intensa e incluyente que cambiaría para siempre los parámetros del consumo cinematográfico. En una época sin redes sociales, cada crítica que caía en mis manos era un *hype* que disparaba mi entusiasmo por la película. Hasta que llegó el momento y comprobé que no había advertencia capaz de preparar al espectador para lo que estaba a punto de suceder: aquellos primeros 24 minutos no eran el cine que conocíamos, sino un descenso directo al infierno del Día D. Pese a la seguridad que confería la butaca, me sentí arrojado a una contienda asombrosamente real, donde lo único que había a mi alrededor era desesperación, balas cruzadas y una orilla de agua rojiza. Nunca la muerte se sintió tan cercana ni se reflejó una batalla tan cruenta desde la luz de una pantalla.

Aquello podría haber terminado ahí y Spielberg ya habría hecho historia. Pero, justo a continuación, quiere que dejemos la playa, que tomemos aire y percibamos la conmoción de una madre que recibe la peor de las noticias. Pasamos de la muchedumbre de Normandía a la intimidad de un porche cincelado por el mismísimo John Ford. Es entonces cuando *Salvar al soldado Ryan* se zambulle en el dilema moral que implica que un grupo de hombres arriesguen sus vidas para salvar la de uno solo. De repente, lo que había empezado de manera atronadora se convierte en una oda a la fortaleza del espíritu humano, una demostración de lealtad y coraje con la que arrojar algo de sentido a tanta locura. Y Spielberg, que ya era el más grande, se vuelve infinito ante nuestros ojos.

Senderos de gloria

Paths of Glory, Estados Unidos, 1957

United Artists / Byrna Productions
Dirección: Stanley Kubrick
Guion: Stanley Kubrick, Calder Willingham y Jim Thompson, sobre la novela de Humphrey Cobb
Intérpretes: Kirk Douglas, Ralph Meeker, Adolphe Menjou, George MacReady, Wayne Morris
88 minutos

El excelente recibimiento crítico de *Atraco perfecto* había situado a un joven llamado Stanley Kubrick en el punto de mira de los grandes estudios. Contratado por la Metro-Goldwyn-Mayer para desarrollar proyectos cinematográficos a partir de las novelas adquiridas por la compañía, Kubrick centró toda su atención en una obra escrita por Humphrey Cobb en 1935 y basada en un hecho real acaecido durante la Primera Guerra Mundial, y que él mismo había leído cuando tenía solo catorce años.

Senderos de gloria situaba su acción en el frente francés, durante el año 1916. Cuando un grupo de soldados se niega a realizar un ataque suicida contra el ejército alemán, el general Boulard convoca un consejo de guerra para escoger a tres soldados al azar y fusilarlos por cobardía, en nombre de la moral y la disciplina de las tropas. Solo el idealista coronel Dax, que ejerce como abogado en su vida civil, se atreverá a defender a los tres jóvenes para evitar que sean ejecutados.

Kubrick peleó el proyecto pese a las negativas que se encontró por la visión instrumentalizada de la justicia que ofrecía el relato, en un momento en que Estados Unidos se encontraba inmerso en la guerra de Corea y los panfletos contra el comunismo invadían las carteleras. Afortunadamente, la entrada como productor y protagonista de Kirk Douglas, por aquel entonces una de las estrellas más poderosas e influyentes de la industria, fue razón suficiente para hacer realidad una película que, en un alarde de valentía, acabó pasando a la historia como una de las parábolas antimilitaristas más crudas y escalofriantes jamás filmadas.

SIN NOVEDAD EN EL FRENTE

Im Westen nichts Neues, Alemania, Estados Unidos, Reino Unido, 2022

Netflix / Amusement Park / Gunpowder Films / Sliding Down Rainbows / Anima Pictures
Dirección: Edward Berger
Guion: Edward Berger, Lesley Paterson e Ian Stokell, sobre la novela de Erich Maria Remarque
Intérpretes: Felix Kammerer, Albrecht Schuch, Daniel Brühl, Aaron Himler, Moritz Klaus
148 minutos

En 1917, cuando apenas tenía diecinueve años, Erich Paul Remark fue reclutado por el ejército alemán y enviado al Frente Occidental para combatir en la Primera Guerra Mundial. Allí resultó gravemente herido y, tras recuperarse en un hospital militar y regresar a las trincheras, acabó recibiendo la Cruz de Hierro un año después. Su terrible experiencia en el campo de batalla, donde vio morir a amigos por perseguir un falso ideal de patriotismo, la plasmó en un libro titulado *Sin novedad en el frente* y publicado en 1929 bajo el seudónimo de Erich Maria Remarque. Traducido desde entonces a más de medio centenar de idiomas, se convirtió de inmediato en un himno antibelicista e incluso fue quemado en las hogueras nazis por ir en contra de su propaganda.

Sin novedad en el frente tuvo una primera y aclamada versión cinematográfica en 1930, aunque no sería hasta 2022 cuando recibiría una adaptación acorde con su dimensión trágica e histórica. Pese a contar, en comparación con las grandes producciones hollywoodienses, con un exiguo presupuesto de veinte millones de dólares, la película pronto se confirmó como una obra maestra del género gracias a su cuidadísima puesta en escena —la impecable fotografía, fría como la muerte, y el majestuoso diseño de producción así lo demuestran— y el realismo descarnado que preside la odisea de Paul Bäumer (un revelador Felix Kammerer), un muchacho que decide alistarse junto a sus amigos para combatir por su país en el norte de Francia, sin intuir que lo único que les espera allí no es la gloria ni el honor, sino el mayor de los horrores perpetrados por el hombre.

BIOPIC

Bohemian Rhapsody

Bohemian Rhapsody, Reino Unido, Estados Unidos, 2018

20th Century Fox / New Regency / GK Films
Dirección: Bryan Singer
Guion: Anthony McCarten
Intérpretes: Rami Malek, Lucy Boynton, Gwilym Lee, Ben Hardy, Joseph Mazzello
134 minutos

Freddie Mercury falleció en 1991 convertido en un emblema de la lucha contra el SIDA y, de paso, en uno de los *frontman* más extraordinarios de la historia del rock. Su increíble historia, y por extensión la de Queen, poseía un potencial cinematográfico fuera de toda duda, pero no fue hasta 2010 que *Bohemian Rhapsody* comenzó a coger forma. El primer escogido para interpretar a Mercury fue Sacha Baron Cohen, que acabó abandonando por las constantes diferencias creativas con los miembros de la banda. Tres años después, Ben Whishaw fue oficialmente confirmado para encarnar al personaje, si bien el proyecto volvió a paralizarse tras la marcha del director asignado, Dexter Fletcher.

Finalmente, en 2015, cuando muchos daban ya por sepultada la película, la productora GK Films decidió comenzar de cero encargando un nuevo guion al neozelandés Anthony McCarten, especialista en biopics sobre personalidades británicas tan relevantes como Stephen Hawking *(La teoría del todo)* o Winston Churchill *(La hora más oscura)*. Con la maquinaria nuevamente en marcha, Bryan Singer fue contratado como director y se anunció que Rami Malek sería el Mercury definitivo. Su deslumbrante caracterización —que incluía una llamativa prótesis dental para simular los cuatro dientes de más que tenía el cantante— es, sin duda, el corazón de una cinta que alcanza elevadísimas cotas de melomanía durante sus últimos y resonantes veinte minutos.

Bryan Singer fue despedido dos semanas antes de acabar el rodaje por sus enfrentamientos con el reparto y sus repetidas ausencias del set. Dexter Fletcher le sustituyó para terminar la película, pero el Sindicato de Directores obligó a acreditar al responsable de *X-Men* como único realizador. Hoy, ya nadie se acuerda de él, mientras todos, especialmente Brian May y Roger Taylor, seguimos admirando el talento camaleónico de un Malek supremo con su bigote, su brazalete Cartier, sus jeans con zapatillas blancas y su camiseta de tirantes.

Cinderella Man

Cinderella Man, Estados Unidos, 2005

Touchstone Pictures / Universal Pictures / Miramax Films / Imagine Entertainment
Dirección: Ron Howard
Guion: Cliff Hollingsworth y Akiva Goldsman
Intérpretes: Russell Crowe, Renée Zellweger, Paul Giamatti, Craig Bierko, Paddy Considine
144 minutos

James J. Braddock fue la encarnación perfecta del *American Dream*. Considerado como uno de los boxeadores más prometedores de los años veinte del pasado siglo, perdió todo su dinero con el *crack* de 1929 y se vio obligado a trabajar como estibador en el puerto de Nueva York para sacar adelante a su familia. Con la ayuda de su antiguo mánager, logró subirse nuevamente al cuadrilátero y rehacer su carrera como púgil, pese al tiempo que había pasado sin competir y su condición de veterano. La culminación de este increíble regreso tuvo lugar el 13 de junio de 1935, cuando fue capaz de resistir el aluvión de golpes del campeón de los pesos pesados, Max Baer, y se alzó con el título mundial en una de las mayores sorpresas que se recuerdan en la historia del boxeo.

Cinderella Man fue el segundo biopic filmado por Ron Howard y Russell Crowe, tras el éxito de la tramposa y excesivamente sensiblera *Una mente maravillosa* (2001). A diferencia de aquella, esta nueva colaboración supuso uno de los acercamientos más certeros a una de las figuras más apasionantes de la Gran Depresión, un hombre que fue capaz de derribar todos los pronósticos y personificó, mejor que nadie, el triunfo de la determinación. Crowe, para quien Braddock sigue siendo el personaje favorito de su filmografía, se sometió a un duro entrenamiento a las órdenes del boxeador Wayne Gordon y se especializó en técnicas nada sofisticadas, propias de los años treinta, que le llevaron a perder veintidós kilos y a enfrentarse a púgiles profesionales en interminables sesiones diurnas y nocturnas, durante las cuales perdió varios dientes, se lesionó el hombro y sufrió un par de conmociones cerebrales.

Ed Wood

Ed Wood, Estados Unidos, 1994

Touchstone Pictures / Tim Burton
Dirección: Tim Burton
Guion: Scott Alexander y Larry Karaszewski
Intérpretes: Johnny Depp, Martin Landau, Sarah Jessica Parker, Patricia Arquette, Bill Murray
127 minutos

Si Tim Burton había nacido para rodar una película en concreto, esa era, sin ninguna duda, *Ed Wood*. La biografía del considerado como el peor director de todos los tiempos era un proyecto que encajaba como un guante en el imaginario del cineasta californiano: el protagonista extravagante e incomprendido, los problemas de identidad, el humor surrealista, la representación grotesca de la realidad... El propio Wood parecía un personaje sacado de la mente distorsionada de Burton, pero era insólitamente real y su historia resultaba irresistible para alguien acostumbrado a retratar a individuos introvertidos y al margen de lo convencional como Bruce Wayne o Eduardo Manostijeras.

Fue precisamente el protagonista de esta última, Johnny Depp, el encargado de inmortalizar la figura de Wood en la gran pantalla. Su interpretación es delirante y encantadora, como también la de un Martin Landau estratosférico dando vida a otro personaje auténtico que parecía más propio de la chistera de Burton: Bela Lugosi. Las exigencias del director, que reclamaba un absoluto control creativo y filmar la película en blanco y negro, le valió la negativa de estudios como Warner, Paramount o Fox. Hasta que Disney, que la veía como una apuesta barata y poco arriesgada, decidió aportar 18 millones de dólares para su realización (más de lo que costaron en su día todas las películas rodadas por Wood juntas), pero optó por desentenderse incomprensiblemente de la promoción. *Ed Wood* acabó siendo un fracaso absoluto en la taquilla, lo que no impidió que pasara a la historia como uno de los títulos más simbólicos y aplaudidos de su creador.

En la cuerda floja

Walk the Line, Estados Unidos, Alemania, 2005

Fox 2000 Pictures / Tree Line Film / Konrad Pictures
Dirección: James Mangold
Guion: Gil Dennis y James Mangold, sobre los libros autobiográficos de Johnny Cash
Intérpretes: Joaquin Phoenix, Reese Witherspoon, Ginnifer Goodwin, Robert Patrick, Dallas Roberts
136 minutos

Todos tenemos una actuación favorita de Joaquin Phoenix. Muchos señalarían *Joker* como el cénit de su talento, pero habría quien se quedaría sin dudarlo con *Her*, *The Master* o incluso el falso documental con el que convenció al mundo entero de que se había vuelto loco, *I'm Still Here*. La mía, sin dudarlo, es *Walk the Line*, la película en la que un actor que no se parecía en nada a Johnny Cash acabó andando, riendo, sufriendo, fumando, cantando, gritando y amando como Johnny Cash tanto, o más, que el propio Johnny Cash.

El Joaquin favorito del gran mito del *country* era el pérfido Cómodo de *Gladiator*. Por alguna razón, a Cash le fascinaba aquella caracterización de un hombre que, en la cima de su poder, caía devorado por su personalidad volcánica y autodestructiva. Tal vez vio algo de él mismo en aquel emperador ojeroso (nunca lo reconoció), pero cuando James Mangold le puso delante la lista de candidatos a interpretarlo, el dedo índice del viejo Cash señaló al hermano menor de River Phoenix. De algún modo, sabía que aquel muchacho compartiría su mismo sendero de oscuridad y encontraría el camino de vuelta para contarlo. Y vaya si lo hizo, porque, en su opinión, el único modo de abordar una existencia tan turbulenta y formidable era siendo, literalmente, Johnny Cash.

Joaquin no sabía cantar, y en seis meses lo clavó de tal modo que hasta los propios fans del músico de Arkansas se preguntaban si no hacía *playback* al actuar. También dejó de comunicarse con su familia y vestía todo el día de negro, incluso fuera del set. Lo que logró fue tan prodigioso, que el Oscar que le birló Philip Seymour Hoffman por *Capote* pasará a los anales de la infamia. Porque Joaquin Phoenix dejó de ser él mismo, y, aunque en realidad mide 1,73 y Cash rozaba el metro noventa, en pantalla luce igual de gigante.

Los Fabelman

The Fabelmans, Estados Unidos, 2022

Universal Pictures / Amblin Entertainment / Reliance Entertainment
Dirección: Steven Spielberg
Guion: Steven Spielberg y Tony Kushner
Intérpretes: Michelle Williams, Gabriel LaBelle, Paul Dano, Seth Rogen, Judd Hirsch
151 minutos

Steven Spielberg nunca ha tenido ningún problema en reconocer que el divorcio de sus padres fue algo tan traumático para él —tenía entonces diecinueve años— que condicionó para siempre su vida personal y profesional. Resulta curioso que la forma de huir de todo aquello fuese refugiándose en su gran pasión, trasladándose a Los Ángeles y abandonando los estudios por hacer realidad el sueño de ser director. Es posible que, si Arnold y Leah Spielberg hubieran permanecido unidos, hoy él no sería uno de los cineastas más importantes de todos los tiempos. En su caso, la inesperada separación fue el impulso que necesitaba para dejar la universidad, y, con el tiempo, también uno de los temas capitales de una obra llena de padres defectuosos, madres estoicas, niños perdidos y lazos familiares que acaban por recomponerse.

Los Fabelman es el particular homenaje de Spielberg a sus padres. En 2021, meses después del fallecimiento de Arnold (Leah había muerto en 2017), el cineasta se dispuso a contar su historia. Desempolvó sus viejas películas de Super-8, se empapó de un buen puñado de recuerdos —su primera película en el cine, los trenes de juguete que chocaban, aquellas cintas bélicas con sus amigos, su madre sentada al piano, las mudanzas, el antisemitismo que sufrió en el instituto— y comenzó a escribir, con la complicidad de Tony Kushner, su primer guion en más de dos décadas. Para despistar, cambió Spielberg por Fabelman, y a continuación abrió de par en par las puertas de su memoria para mostrarnos por qué el cine salvó su vida.

En *Los Fabelman*, todo fluye con naturalidad hacia el lugar correcto: la partitura sutil de John Williams, la preciosa luz de Janusz Kaminski, las cautivadoras interpretaciones de Michelle Williams, Paul Dano y el joven Gabriel LaBelle... Como bien dice un soberbio David Lynch transmutado en John Ford, esta es una de esas películas donde el horizonte está siempre en el lugar correcto.

Green Book

Estados Unidos, China, 2018

Dreamworks Pictures / Participant / Innisfree Pictures
Dirección: Peter Farrelly
Guion: Nick Vallelonga, Brian Currie y Peter Farrelly
Intérpretes: Viggo Mortensen, Mahershala Ali, Linda Cardellini, Sebastian Maniscalco, Mike Hatton
130 minutos

Hasta mediados de los años sesenta, cualquier afroamericano que deseara recorrer Estados Unidos sin sufrir altercados racistas debía consultar el *Libro Verde*, una guía que recogía todos los establecimientos donde los negros eran aceptados y que, supuestamente, podían visitar sin correr riesgos. En esta época de fuerte segregación, dos hombres de orígenes y culturas antagónicas forjaron una amistad inesperada y duradera: un afamado pianista negro llamado Don Shirley y un rudo italoamericano del Bronx, Tony Vallelonga, a quien contrata como chófer y guardaespaldas para una gira de conciertos por el sur del país.

Pese a tratarse de una historia verídica, *Green Book* solo se puede considerar un relato biográfico del propio Vallelonga. Fue su hijo Nick quien redactó el guion y puso en marcha el proyecto, recreando con detalle la personalidad impetuosa y campechana de su padre. También su afición por comer, hasta el punto de que Viggo Mortensen trabajó su caracterización desde el peso del personaje: no fue hasta que no engordó once kilos que no comenzó a conectar humanamente con él. Y eso que durante el rodaje todavía subió nueve kilos más, entre otras razones porque se empeñó en comerse quince perritos calientes en la escena en que Tony participa en un concurso.

En cuanto a Shirley, al parecer nadie se preocupó por contrastar ni una palabra del guion con los familiares (incluso el actor que le da vida, Mahershala Ali, se disculpó con ellos por no haberles consultado). Por eso debemos entender *Green Book* como una conmovedora, complaciente y jovial recreación de aquel viaje, pero vista únicamente con los ojos del tipo que conduce. Es una película pausada, elegante, poderosa en el manejo de las emociones, perfecta en lo que respecta a la expresividad de la cámara, los matices y los escenarios, pero algo huérfana de ecuanimidad. Y hubiera sido incluso mejor si el personaje de Shirley no hubiera tenido su propio Libro Verde de restricciones narrativas. Pero, aun así, se disfruta con rotunda complacencia.

El hombre elefante

The Elephant Man, Estados Unidos, Reino Unido, 1980

Paramount Pictures / Brooksfilms
Dirección: David Lynch
Guion: David Lynch, Christopher De Vore y Eric Bergren, sobre el libro de Frederick Treves
Intérpretes: John Hurt, Anthony Hopkins, Anne Bancroft, John Gielgud, Wendy Hiller
124 minutos

El cine es algo tan maravilloso que incluso puede unir dos talentos tan dispares como Mel Brooks y David Lynch en un mismo proyecto. En 1979, Brooks comenzó a desarrollar como productor una película sobre la figura de Joseph Merrick, también conocido como «El hombre elefante», y decidió ofrecer la realización a un jovencísimo David Lynch, que acababa de asombrar al mundo con su primer largometraje, *Cabeza borradora* (1977). Desde ese momento, Brooks se encargó de eliminar su nombre de cualquier contenido promocional para que el público no pensara que se trataba de una comedia; en realidad, la película abordaba la trágica historia real de un hombre con terribles malformaciones en todo el cuerpo, que se hizo tremendamente popular en la Inglaterra de finales del siglo XIX. Merrick fue cruelmente exhibido en circos ambulantes hasta que un prestigioso cirujano de Londres lo acogió bajo su protección y demostró que, bajo esa apariencia monstruosa, se hallaba un individuo culto, gentil y lleno de bondad.

Filmada en un majestuoso blanco y negro, *El hombre elefante* supuso la consagración internacional de Lynch, quien, además de director, ejerció las funciones de guionista, diseñador de sonido y supervisor musical. Incluso estuvo a punto de encargarse también del maquillaje, si bien llegó a colocar tantas prótesis en el cuerpo de John Hurt que este no podía mover ni un músculo. Finamente, fue Christopher Tucker el responsable de diseñar la compleja caracterización de Hurt, utilizando los moldes originales de Merrick que se conservaban en el hospital desde su muerte en 1892 (eran necesarias cinco horas diarias para aplicar el maquillaje y dos horas para retirarlo una vez concluida la jornada de filmación). Aunque la película fue nominada a ocho Oscar, fueron muchos los que reclamaron una mención extraordinaria para Trucker por su labor; debido a ello, la Academia decidió crear una categoría específica a partir del año siguiente.

INVICTUS

Invictus, Estados Unidos, 2009

Warner Bros. / Spyglass Entertainment / Malpaso / Revelations / Mace Neufeld
Dirección: Clint Eastwood
Guion: Anthony Peckham, sobre el libro *El factor humano*, de John Carlin
Intérpretes: Morgan Freeman, Matt Damon, Tony Kgoroge, Patrick Mofokeng, Matt Stern
134 minutos

Existen múltiples acercamientos cinematográficos a la vida de Nelson Mandela, algunos de los cuales cubren un período vital bastante extenso de su apasionante biografía. El mejor de todos ellos, sin embargo, se limita a una etapa muy concreta de su trayectoria: los años 1994 y 1995, momento en que fue escogido presidente de Sudáfrica tras pasar veintisiete años encarcelado. Fue entonces, coincidiendo con la celebración del mundial de rugby en el país, cuando estableció una particular alianza con el capitán de la selección nacional, François Pienaar, con el fin de transformar un deporte relacionado desde siempre con las elites blancas en un instrumento de respeto e integración.

Fue el periodista británico John Carlin, que ejerció como corresponsal en Sudáfrica para el diario *The Independent* por aquella época, quien decidió plasmar en un libro esa gesta humana y deportiva que terminó con el sorprendente triunfo del equipo anfitrión. Durante un viaje a Estados Unidos, Carlin coincidió con Morgan Freeman (en palabras del propio Mandela, el único actor del mundo capaz de interpretarlo) y este se ofreció a impulsar una adaptación al cine a través de su productora.

Freeman pensó de inmediato en Clint Eastwood para dirigirla. Había trabajado dos veces a sus órdenes y sabía que era perfecto para retratar una historia de superación tan estimulante, siendo, además, un experto en recrear personajes reales y sucesos históricos en sus películas. Con Eastwood a bordo, Matt Damon se incorporó para interpretar a Pienaar con aplastante verosimilitud, preparándose físicamente junto al exjugador profesional Chester Williams y adoptando el complejísimo acento sudafricano hasta reproducirlo con increíble precisión.

Invictus es un canto a la bondad, una inspiradora reflexión acerca del dolor y el perdón a través de los ojos de un hombre extraordinario. Su título, extraído de un poema escrito por Mandela durante el cautiverio, se ha convertido en un símbolo de rebeldía y fortaleza.

«Soy el amo de mi destino. Soy el capitán de mi alma.»

Lawrence de Arabia

Lawrence of Arabia, Reino Unido, 1962

Columbia Pictures / Horizon Pictures
Dirección: David Lean
Guion: Robert Bolt y Michael Wilson
Intérpretes: Peter O'Toole, Omar Sharif, Alec Guinness, Anthony Quinn, Jack Hawkins
218 minutos

Contemplar los esplendorosos parajes desérticos de *Lawrence de Arabia* por primera vez es una experiencia que se recuerda durante toda la vida. Solo alguien con la ambición y la destreza visual de David Lean podía salir victorioso del mayor reto jamás concebido para la gran pantalla: convertir en imágenes (y no unas imágenes cualesquiera) la odisea del oficial y aventurero británico T. E. Lawrence, enviado durante la Primera Guerra Mundial hasta las profundidades del desierto para encontrar a un príncipe beduino en guerra contra los turcos. Durante su viaje, desarrollará un vínculo inquebrantable con los árabes y se convertirá en el líder de una revuelta contra su propio país.

El proyecto planeaba sobre Hollywood desde los años cuarenta, y ya en 1952 el nombre de Lean comenzó a vincularse con él. Pero no fue hasta el éxito de *El puente sobre el río Kwai,* cuando el maestro londinense vislumbró la posibilidad de embaucar al productor Sam Spiegel en una superproducción sin precedentes y con una logística casi suicida. Aquella película se rodaría mayoritariamente en el desierto, se extendería hasta las tres horas y media y supondría un punto de inflexión en cuanto a la exuberancia cinematográfica. Su presupuesto alcanzaría los 15 millones de dólares —piensen en términos de inflación: hoy serían más de 153— y la mayor estrella de Hollywood luciría la famosa vestimenta *abayeh* y la icónica daga del personaje. Pero resultó que a Marlon Brando no le apetecía recorrerse los desiertos de Marruecos y Jordania subido en un camello, y ahí apareció Peter O'Toole para atrapar el papel que lo catapultó al estrellato. Dicen que para la prueba memorizó 650 líneas de diálogo, se tiñó el pelo de rubio y se presentó vestido de blanco. Imposible decirle que no.

El rodaje, como Brando preveía, fue un ejercicio de supervivencia que se alargó hasta los catorce meses, atravesó temperaturas extremas y vio cómo su actor principal se quemaba los pies, se torcía ambos tobillos, se rompía los ligamentos de muslo y cadera, se dislocaba la columna y se fracturaba dos dedos. Poco peaje para semejante demostración de grandeza, con Lean conquistando lo imposible, Maurice Jarre musicando el infinito y Freddie Young retratando la perfecta tonalidad de lo salvaje.

Lion

Lion, Australia, Reino Unido, Estados Unidos, India, 2016

The Weinstein Company / Screen Australia / See-Saw Films
Dirección: Garth Davis
Guion: Luke Davies, sobre el libro de Saloo Brierley
Intérpretes: Dev Patel, Rooney Mara, Nicole Kidman, David Wenham, Sunny Pawar
118 minutos

Saroo Brierley tenía solo cinco años cuando, una noche, se quedó dormido en un banco de una estación de Khandwa (la India) mientras su hermano Guddu robaba carbón de los trenes de mercancías para intercambiarlo por leche y comida. Al despertar, se encontró completamente solo y volvió a dormirse en el compartimento de un tren vacío en el que buscaba a Guddu. Días más tarde, estaba ya a miles de kilómetros de su hogar.

Finalmente, Saroo fue adoptado por una pareja australiana, pero nunca dejó de pensar en su verdadera familia. Dos décadas después de aquella terrible experiencia, decidió emprender una búsqueda imposible para encontrar a su madre y a sus hermanos biológicos con la única ayuda de Google Earth.

Esta historia increíble —y totalmente cierta— fue plasmada por su protagonista en el libro *A Long Way Home*. Su éxito casi instantáneo llevó a los estudios Miramax a adquirir los derechos y poner en marcha un largometraje bajo la dirección del australiano Garth Davis, conocido por su trabajo para la televisión con la serie *Top of the Lake*. Este decidió respetar al máximo la verosimilitud de la historia, trasladando la filmación hasta las localizaciones reales donde estuvo el pequeño Saroo, incluyendo la ciudad de Calcuta y la aldea originaria de su familia.

Lion es una película profundamente emotiva e inspiracional, en la que Davis reflexiona sobre la pervivencia de los vínculos y la fuerza de nuestras raíces, y donde Dev Patel y Nicole Kidman, especialmente, ofrecen unas interpretaciones contenidas y deslumbrantes.

La lista de Schindler

Schindler's List, Estados Unidos, 1993

Universal Pictures / Amblin Entertainment
Dirección: Steven Spielberg
Guion: Steven Zaillian, sobre el libro *El arca de Schindler*, de Thomas Keneally
Intérpretes: Liam Neeson, Ben Kingsley, Ralph Fiennes, Caroline Goodall, Embeth Davidtz
195 minutos

Posee una de las mejores escenas de la historia del cine. Desde lo alto de una colina, subido a lomos de un imponente caballo, el empresario alemán Oskar Schindler observa la terrible represión del ejército nazi sobre los habitantes judíos de Varsovia. Entre la muchedumbre que huye desesperada, distingue a una niña pequeña con un abrigo rojo —recordemos que la película es en blanco y negro— que deambula sola en busca de una mano amiga o un lugar donde refugiarse. La inocencia de aquella pequeña, sumergida en un caos de gritos, llantos y disparos arbitrarios, remueve la conciencia de Schindler hasta hacerle comprender que debe actuar y hacer valer su poder para salvar las vidas de millones de personas inocentes.

Antes de rodar *La lista de Schindler*, Steven Spielberg venía de dirigir el tercer Indiana Jones, su particular versión adulta de Peter Pan y cierta película sobre dinosaurios. Nadie en su sano juicio podía prever que, en un momento de dorada y lucrativa creatividad *mainstream*, decidiría adentrarse en el peor de los infiernos imaginables para cualquier cineasta. Llevar a la pantalla la milagrosa existencia de Oskar Schindler exigía una implicación emocional y una entereza moral que ni siquiera directores de la enjundia de Martin Scorsese o Roman Polanski se atrevieron a afrontar. Solo Spielberg tenía la voluntad —y la fortaleza dentro de la industria— para doblegar a uno de los principales estudios de Hollywood y convencerles de que recrear el Holocausto desde el pavor y la brutalidad no solo era posible, sino algo totalmente necesario. Por primera vez, las cámaras recorrieron los guetos y los campos de exterminio, se adentraron en los barracones y las cámaras de gas, y decidieron mostrar sin contemplaciones cómo la maldad más pura y monstruosa conocida por el hombre cobró forma de manera imparable.

La lista de Schindler dibuja la sinrazón y la muerte como ninguna otra película lo hizo antes ni lo hará jamás. Pese a todo, nos enseña que, hasta en la oscuridad más profunda, surge un destello capaz de salvar vidas. Y quien salva una vida, salva al mundo entero.

El lobo de Wall Street

The Wolf of Wall Street, Estados Unidos, 2013

Paramount Pictures / Red Granite Pictures / Appian Way / Sikelia / EMJAG Productions
Dirección: Martin Scorsese
Guion: Terence Winter, sobre el libro de Jordan Belfort
Intérpretes: Leonardo DiCaprio, Jonah Hill, Margot Robbie, Matthew McConaughey, Kyle Chandler
180 minutos

Podría decirse que Jordan Belfort nació, triunfó y se estrelló para convertirse en un personaje de Martin Scorsese. Conocido por su origen humilde y una codicia sin límites que le llevó a convertirse en uno de los *brokers* más feroces de Wall Street, su vida era un torbellino constante de adicción y desenfreno. Belfort representaba al icono real tantas veces representado por Scorsese, tipos surgidos de la nada —o arruinados tras despilfarrar su fortuna, como el Howard Hughes de *El aviador* (2004)— que alcanzaban la cima del éxito mientras su vida personal se iba directamente por el desagüe; individuos autodestructivos y extraordinarios que abusaban del Sueño Americano hasta romperlo en mil pedazos.

El lobo de Wall Street fue la primera película rodada por un Scorsese septuagenario, aunque por su energía y ritmo delirante parezca surgida directamente de los tiempos alucinógenos de *After Hours* o *Al límite*. Tras una serie de películas de corte más clásico y acompasado —principalmente *El aviador*, *Shutter Island* y *La invención de Hugo*—, el gran maestro neoyorquino regresaba a los movimientos virtuosos y el montaje frenético, como si su cámara planeara nuevamente sobre el tapete de *El color del dinero* o los turbulentos casinos de Las Vegas.

Nos encontramos, pues, ante una película completamente iconoclasta, una desbordante salvajada de tres horas donde tienen cabida toda clase de drogas de diseño, *majorettes*, gimnastas sobre las mesas de los corredores de bolsa, enanos que son lanzados contra una diana o chimpancés vestidos de oficinistas. Y qué decir de DiCaprio, cuya actuación es la mayor locura de esta oda superlativa a la excentricidad.

MAESTRO

Maestro, Estados Unidos, 2023

Netflix / Sikelia Productions / Amblin Entertainment / Fred Berner Films
Dirección: Bradley Cooper
Guion: Bradley Cooper y Josh Singer
Intérpretes: Bradley Cooper, Carey Mulligan, Matt Bomer, Maya Hawke, Sarah Silverman
129 minutos

Leonard Bernstein fue un genio de excelsa trayectoria y vida apasionante. Además de consagrarse como el primer director de orquesta estadounidense de prestigio mundial, en el plano personal vivió una intensa historia de amor de más de tres décadas con la actriz Felicia Montealegre, madre de sus tres hijos y abnegada esposa obligada a lidiar con los constantes devaneos de Bernstein con otros hombres. Semejante biografía era un caramelo para Hollywood, y, durante años, cineastas como Martin Scorsese o Steven Spielberg se postularon para dirigir una película sobre su figura. Hasta que, un día de 2017, el propio Spielberg vio un pase privado de *Ha nacido una estrella* y, nada más terminar la famosa secuencia de *Shallow*, se dirigió a Bradley Cooper para decirle que él era el hombre indicado.

Comenzaba así una ardua labor de seis años para el actor y realizador, durante los cuales escribió la película junto a Josh Singer y se preparó concienzudamente para encarnar a Bernstein e impregnarse de su ímpetu con la batuta. El resultado es uno de los trabajos más catárticos y completos vistos nunca en la gran pantalla: Cooper no solo se convierte literalmente en el legendario compositor, sino que adopta toda su humanidad y entusiasmo por la música, se empapa de sus conflictos y se enfrenta a sus vicios y fantasmas. No contento con ello, logra un salto de madurez como cineasta absolutamente escandaloso, haciendo gala de un control técnico y una delicadeza formal impropios de alguien que rueda su segundo largometraje; los largos *travellings* rezuman lírica y sofisticación, mientras los colores esconden una simbología entre trágica y hermosa. La ya histórica secuencia de seis minutos y medio en la catedral de Ely, en la que Cooper dirige realmente a la London Symphony Orchestra mientras interpreta en vivo una pieza de Mahler, es el reflejo perfecto de esa ambición sin precedentes.

Aunque Bradley Cooper completa un trabajo majestuoso, lo que hace Carey Mulligan sobrepasa los límites de lo humanamente posible. Su Felicia exhibe candor y desengaño, un amor más grande que el mundo y la inabarcable tristeza de quien sonríe mientras se rompe por dentro. Si su compañero es el corazón que mueve la película, ella es el alma que la llena.

Man on the Moon

Man on The Moon, Estados Unidos, Reino Unido, Alemania, Japón, 1999

Universal Pictures / Mutual Film Company / Jersey Films
Dirección: Milos Forman
Guion: Scott Alexander y Larry Karaszewski
Intérpretes: Jim Carrey, Danny de Vito, Courtney Love, Paul Giamatti, Garry Becker
118 minutos

Hubo un tiempo, a finales de los años noventa, en que muchos pensaron que Jim Carrey podía transformarse en un excelente actor dramático. Tras saltar a la fama interpretando con extenuante desmesura a *nerds* que ejercían como detectives de mascotas, calvos verdosos o idiotas redomados, un buen día comenzó a escoger papeles de alto voltaje existencial y a ganar Globos de Oro en la categoría más insospechada. Para consuelo de sus detractores, la etapa «sensible» de Carrey fue poco más que un espejismo, y pronto regresó a sus personajes de mueca fácil y escasa sustancia, hasta caer devorado por las extravagancias de su propio mito.

Algo parecido le sucedió en su momento a Andy Kaufman, el cómico errante a quien la banda REM dedicó una canción llamada «Man on the Moon» allá por 1992. Años después, Milos Forman construyó alrededor de aquel título una espléndida cinta biográfica protagonizada por un Jim Carrey contenido y conmovedor, capaz de adentrarse en el personaje hasta el punto de no desprenderse de él fuera del set. Tal fue su empeño en ser tratado como Kaufman por todo el equipo, que una vez finalizado el rodaje arrastró varias secuelas psicológicas y llegó a afirmar que el cómico al que interpretaba se había quedado a vivir dentro de su cuerpo para siempre.

Sea como fuere, la película cosechó un éxito notable y su protagonista recibió las mejores críticas de su carrera. *Man on the*

Moon puso a Jim Carrey en órbita, pero olvidó colocarle un paracaídas con que amortiguar el golpe.

OPPENHEIMER

Oppenheimer, Estados Unidos, Reino Unido, 2023

Universal Pictures / Atlas Entertainment / Gadget Films / Syncopy
Dirección: Christopher Nolan
Guion: Christopher Nolan, sobre el libro de Kai Bird y Martin Sherwin
Intérpretes: Cillian Murphy, Emily Blunt, Matt Damon, Robert Downey Jr., Florence Pugh
180 minutos

Christopher Nolan es la gran contradicción del cine moderno. En plena era digital, continúa filmando con películas de gran formato y emplea efectos tradicionales limitando al máximo el uso de CGI. También crea obras narrativamente complejas y extensas, con un fuerte componente psicoemocional, mientras la sociedad se deja llevar por un consumo cada vez más fugaz y los contenidos audiovisuales se reproducen a doble velocidad en los dispositivos. Y lo más increíble de todo: logra generar una expectativa brutal entre los espectadores, deseosos de vivir una experiencia inmersiva y única que el *streaming* nunca será capaz de proporcionar.

Oppenheimer es la película que mejor define esta anomalía. Dura tres horas y habla de física nuclear, y, aun así, casi logró recaudar mil millones de dólares en todo el planeta. En Estados Unidos, algunos espectadores hicieron un viaje de catorce horas y cruzaron varios estados para poder disfrutarla en uno de los contadísimos cines IMAX, tal y como fue concebida en toda su grandeza.

Oppenheimer representa, así pues, la culminación de Nolan como un autor con mayúsculas. Si, hasta ahora, su característico discurso se había beneficiado de una serie de recursos tradicionalmente bien recibidos por el público (superhéroes, astronautas que salvan el mundo, viajes en el tiempo), en esta ocasión el ejercicio de funambulismo doblaba el riesgo y prescindía de cualquier red que amortiguara el golpe: nada menos que la biografía del director del Proyecto Manhattan y padre de la bomba atómica, contada desde una perspectiva deslavazada, con pasajes en blanco y negro, momentos de drama judicial, largos silencios y un desenlace desolador. Aquí no hay héroes ni villanos, solo hombres enfrentados a su megalomanía, sus dudas y a un eterno y maldito sentimiento de culpa.

Nolan cuenta la historia que quiere, del modo que quiere, y consigue en la audiencia el efecto exacto que quiere. *Oppenheimer* es una obra colosal que dignifica el cine, con unas interpretaciones prodigiosas (lo de Murphy y Downey Jr. es pura inmensidad), unos encuadres épicos y memorables y un planteamiento sonoro que excede toda lógica sensorial para, literalmente, hacernos volar desde nuestras butacas.

La red social

The Social Network, Estados Unidos, 2010

Columbia Pictures / Relativity Media / Scott Rudin Productions
Dirección: David Fincher
Guion: Aaron Sorkin, sobre el libro de Ben Mezrich
Intérpretes: Jesse Eisenberg, Andrew Garfield, Justin Timberlake, Max Minghella, Armie Hammer
120 minutos

Por supuesto, la primera reacción que tuvo Mark Zuckerberg cuando supo que se estaba haciendo una película sobre su vida fue negarse rotundamente a verla. Para alguien de su arrogancia y coeficiente intelectual, que Hollywood se hubiera lanzado a contar la historia de Facebook no era más que una patraña con fines puramente lucrativos. Es verdad que, aunque con el tiempo sus ingresos se dispararon hacia los miles de millones de dólares, la noche que Zuckerberg comenzó a tejer su enmarañada red no fue ni mucho menos por dinero, sino por un fin aún más discutible: la venganza hacia la chica que acababa de abandonarle, a quien se dedicó a humillar en Internet mientras, sin esperarlo, el número de visitas se incrementaba en cantidades industriales.

Es posible que, en su valoración inicial, Zuckerberg subestimara el hecho de que *La red social* corría a cargo de dos distinguidos miembros de la aristocracia del cine contemporáneo como David Fincher y Aaron Sorkin. Fue este último quien, desde su posición de guionista con privilegios (bien merecidos), tuvo acceso en primicia al boceto de *The Accidental Billionaires*, un estudio fascinante alrededor de la fundación de Facebook y las guerras internas que provocó tras su estallido de popularidad. A Sorkin le maravilló todo aquel tratamiento acerca de la ambición y la lealtad, y en poco tiempo ya tenía a Sony Pictures llamando a su puerta y a David Fincher paralizando su agenda para sumarse a la causa. El estudio estaba tan emocionado con el interés de Fincher, que le prometió carta blanca si conseguía ceñirse a una duración inferior de dos horas; dado que el guion de Sorkin estaba lleno de diálogos impetuosos y voraces reflexiones, Fincher le atormentó obligándole a leerlo en alto varias veces mientras él le cronometraba.

Al final, la película acabó siendo tan buena, que los propios empleados de Zuckerberg fueron a verla y se la recomendaron de manera encarecida. Y así fue como al pérfido genio de Harvard le picó la curiosidad y decidió pagar una entrada para *La red social*. Debió parecerle demasiado fiel a los hechos, porque no hizo ningún comentario negativo; simplemente dijo que le había parecido «interesante» y que habían clavado su vestuario.

TORO SALVAJE

Raging Bull, Estados Unidos, 1980

United Artists / Chartoff-Winkler Productions
Dirección: Martin Scorsese
Guion: Paul Schrader y Mardik Martin, sobre el libro de Jake LaMotta
Intérpretes: Robert de Niro, Cathy Moriarty, Joe Pesci, Frank Vincent, Nicholas Colasanto
129 minutos

Un día de septiembre de 1978, Martin Scorsese estuvo a punto de morir. El estrepitoso fracaso del musical *New York, New York* (1977) le había sumido en una profunda depresión, que él trató de contrarrestar con una creciente adicción a la cocaína. Además, sufría terribles episodios de asma que le obligaban a tomar diferentes medicamentos. Semejante combinación, unida al hecho de que llegó a pesar únicamente 49 kilos, acabó provocándole una hemorragia interna que le llevó hasta el pabellón de Urgencias del hospital de Nueva York. Allí, mientras se debatía entre la vida y la muerte durante varios días («los más terribles de mi vida»), recibió la visita de Bobby de Niro, que traía bajo el brazo la autobiografía del mítico púgil Jake LaMotta.

LaMotta era conocido tanto por su meteórico ascenso a lo más alto del boxeo como por su posterior descenso a los infiernos, en el que tenían cabida los amaños, la corrupción de menores o los malos tratos a su esposa. El proyecto comprendía más de dos décadas de su vida, desde los inicios en 1941 hasta su caída en 1964, y de algún modo Scorsese encontró una conexión entre la debacle de LaMotta y su propio proceso autodestructivo. Casi sin fuerzas, y convencido de que sería su última película antes de morir, se entregó en cuerpo y alma a aquella historia. Mientras De Niro experimentaba una de las transformaciones físicas más brutales que se recuerdan (primero se preparó para los combates en el quadrilátero noqueando a boxeadores auténticos, y después engordó treinta kilos para interpretar al protagonista en su etapa como monologuista), su viejo amigo sacrificaba hasta el último atisbo de fuerzas para componer una película única, trágica y desgarradora, filmada en un majestuoso blanco y negro para que la sangre de los golpes no distrajera al espectador respecto a lo más importante: la metódica construcción de un monstruo devastador e implacable.

Toro salvaje no fue, afortunadamente, la última película de Scorsese. Llegaron muchas más, entre ellas algunas extraordinarias. Pero ninguna le marcó tanto como esta perturbadora obra maestra, cuyas imágenes todavía se engrandecen de genuina emoción al compás de la *Cavalleria rusticana*.

SCI-FI

Al filo del mañana

Edge of Tomorrow, Estados Unidos, Canadá, 2014

Warner Bros. / Village Roadshow Pictures / RatPac-Dune Entertainment
Dirección: Doug Liman
Guion: Christopher McQuarrie, Jez Butterworth y John-Henry Butterworth, sobre la novela de Hiroshi Sakurazaka
Intérpretes: Tom Cruise, Emily Blunt, Bill Paxton, Brendan Gleeson, Noah Taylor
113 minutos

Hace unos años, si decías que el guion de *Al filo del mañana* te parecía uno de los mejores de la historia de la ciencia-ficción, ibas directo al paredón. Afortunadamente, el tiempo se ha encargado de enmudecer a tanto ilustrado y colocar este peliculón en el lugar privilegiado que le corresponde. Es más, pocas cintas han provocado un efecto mariposa tan bestial durante la última década, hasta el punto de voltear un estreno bastante discreto (cómo se frotaban las manos los eruditos, y qué profundo tuvieron que cavar para esconderse) en un fenómeno imparable que lleva años clamando por una continuación que nunca llega... Pero llegará.

No pensemos que por basarse en un material previo —la novela japonesa *All You Need is Kill*— estamos ante un producto menos meritorio. *Al filo del mañana* funciona con la precisión de un temporizador indefectible, como si hubiera sido trazada por los cirujanos más eminentes de cada materia. Liman borda la espectacularidad, Cruise y Blunt destilan química y heroísmo, pero el plato estrella del menú es esa trama complejísima y febril tan prodigiosamente hilvanada: ante una invasión extraterrestre a gran escala, un acomodado oficial sin experiencia en el campo de batalla (qué chocante es ver a Tom haciendo de pelele) es forzado por sus superiores a participar en un ataque suicida, solo para ser abatido a las primeras de cambio y descubrirse víctima de un bucle temporal que le lleva a revivir una y otra vez el fatídico día. Hasta que el muy pillín decide aprovechar las ventajas de conocer el futuro inmediato y traza un plan para derrotar al enemigo con la ayuda, nada despreciable, de una *killer* descomunal con los rasgos y las malas pulgas de Mrs. Blunt.

Vean esta película, vívanla, y cuando todo haya terminado no duden en repetir hasta que puedan recitar de memoria los diálogos del gran Bill Paxton.

Alien, el octavo pasajero

Alien, Reino Unido, Estados Unidos, 1979

20th Century Fox / Brandywine Productions / Scott Free Productions
Dirección: Ridley Scott
Guion: Dan O'Bannon y Ronald Shusset
Intérpretes: Sigourney Weaver, Tom Skerritt, John Hurt, Harry Dean Stanton, Ian Holm
117 minutos

Dan O'Bannon iba a comerse el mundo. Todavía no había cumplido los treinta años y ya celebraba el éxito de una modestísima película de ciencia-ficción titulada *Dark Star* (1974), escrita con su amigo John Carpenter y en la que, para ahorrar costes, ejerció también como actor y supervisor de efectos especiales. Justo después, recibió dos llamadas: una de George Lucas, para incorporarse al departamento técnico de un proyecto suicida llamado *Star Wars*, y otra de Alejandro Jodorowsky, para encargarse de los efectos de una ambiciosa adaptación de *Dune* que el genio chileno se disponía a filmar en Francia. Eligió la segunda opción, se marchó a vivir seis meses a París y un día, de repente, la producción se canceló. O'Bannon regresó a Los Ángeles arruinado, sin casa ni coche, y acabó durmiendo en el sofá de su colega guionista Ronald Shusset. Fue allí, para matar el tiempo, donde ambos idearon la historia de unos astronautas que, tras pasar varios años en hibernación, descubren una mortífera forma de vida alienígena que se infiltra en su nave y se dedica a despedazarlos cual depredador insaciable.

Aquel guion, de nombre *Alien*, no solo salvó la cuenta corriente de O'Bannon, sino que dio pie a la obra más aclamada en toda la historia del terror sideral. Pocos saben que estuvo a punto de ser una película de serie B, producida por Roger Corman, o que Ridley Scott llegó a la silla de director solo porque Walter Hill estaba demasiado ocupado para rodarla. Tampoco que la teniente Ripley en un principio iba a ser un hombre, y que Paul Newman fue propuesto para interpretarlo. O que Meryl Streep era la opción más fiable hasta que Sigourney Weaver entró en la oficina de Ridley Scott y dio comienzo a la leyenda. Por no hablar de la mítica escena del «alumbramiento», cuya resolución solo era conocida por John Hurt para que el resto del reparto reaccionase con el pavor inmisericorde que vemos en la pantalla.

Ahora bien, ¿hubiera sucedido todo esto si Dan O'Bannon no hubiera ido a parar a aquel sofá?

Aliens. El regreso

Aliens, Reino Unido, Estados Unidos, 1986

20th Century Fox / Brandywine Productions
Dirección: James Cameron
Guion: James Cameron, sobre una historia propia y de David Giler y Walter Hill
Intérpretes: Sigourney Weaver, Michael Biehn, Carrie Henn, Paul Reiser, Lance Henriksen
137 minutos

Si les ha gustado la historia del sofá, ahí va otro ejemplo de serendipia xenomorfa: el verdadero culpable de que *Alien* se acabara convirtiendo en una de las sagas más lucrativas de la ciencia-ficción fue... Schwarzenegger.

Tras el estreno de la película original en 1979, tanto la Fox como la productora Brandywine rechazaron la posibilidad de una secuela debido a unos resultados económicos que, aunque distaban de ser un fracaso, tampoco fueron para echar cohetes. Sin embargo, para un joven director canadiense aquel era un universo lleno de posibilidades, y estaba dispuesto a cualquier cosa para demostrarlo. El problema era que, por aquel entonces, James Cameron se disponía a filmar su segunda película y no tenía tiempo para escribir un tratamiento lo bastante convincente como para conseguir que Fox y Bradywine cambiaran de opinión.

Las opciones de un nuevo *Alien* se evaporaban cuando, de repente, Arnold Schwarzenegger dejó de estar disponible para *Terminator*. Su trabajo en *Conan, el bárbaro* (1982) se estaba alargando demasiado y la única solución para mantenerlo en la película era aplazar nueve meses el rodaje. Y así fue como el retraso de Arnie proporcionó a Cameron el intervalo necesario para desarrollar su idea y dejar boquiabiertos a los responsables de la franquicia. Tal era su poder de persuasión, que convenció a Sigourney Weaver para retomar el personaje de Ripley (a ella no le hacía ninguna gracia) y a los ejecutivos para que le pagaran treinta veces su sueldo de la primera película.

¿Qué hubiera pasado si el chiflado de John Milius no hubiera orquestado un rodaje interminable como el de *Conan* por los pueblos de media España, obligando a Schwarzenegger a montar en camello y en elefante, balancearse y trepar por rocas y morder un buitre muerto real? Probablemente, *Aliens* nunca hubiera sido la tercera película de James Cameron y nadie hubiera vuelto a oír un grito en el espacio.

Armageddon

Armageddon, Estados Unidos, 1998

Touchstone Pictures / Jerry Bruckheimer Films / Valhalla Motion Pictures
Dirección: Michael Bay
Guion: Jonathan Hensleigh y J. J. Abrams, sobre una historia de Hensleigh y Robert Roy Pool
Intérpretes: Bruce Willis, Billy Bob Thornton, Liv Tyler, Ben Affleck, Will Patton
151 minutos

Antes de afilar los cuchillos para rebanar en pedazos a quien les escribe, les pido un momento de reflexión sobre *Armageddon*. Sus fustigadores argumentarán, no sin razón, que no es más que un panfleto sobre el privilegio de ser estadounidense y la suerte que tenemos el común de los mortales de que el Tío Sam vele por nuestro bienestar. Por el contrario, aquellos que la consideramos un delicioso placer culpable seguiremos flipando con su avalancha de efectos especiales, la socarronería de sus personajes y la satisfacción que produce ver cómo la humanidad consigue sobrevivir por un puñetero segundo. Porque de eso va esta película: de querernos como especie, de olvidar las miserias que nos provocamos a nosotros mismos y de actuar conjuntamente por el bien común. De eso, y de idolatrar a Bruce Willis hasta el extremo que solo su accidentada heroicidad merece.

Si estas palabras han conseguido aplacar temporalmente sus iras, concédanme un último razonamiento que justifique mi temeridad. Michael Bay puede poner a cualquiera de los nervios, pero la manera que tiene de rodar epopeyas roza, en ocasiones, la excelsitud. Sus contrapicados mareantes, sus *travellings* circulares, su cámara lenta envuelta en una perfecta armonía estética y su particular sentido de la épica masculina le confirman (pese a que a algunos se les revuelva el estómago solo de pensarlo) como un autor con un estilo visual tan excesivo como integrado al milímetro en el inconsciente colectivo. Incluso sus historias se ajustan a una narrativa claramente reconocible (y absurda), en la que unos tipos muy duros (y sudorosos) que aman a mujeres muy atractivas (y jóvenes) se enfrentan a unos villanos muy pérfidos (y mayoritariamente feos) en un contexto donde el apocalipsis es el pan nuestro de cada día. En *Armageddon*, unos perforadores petrolíferos son reclutados por la NASA para viajar al espacio, aterrizar sobre un asteroide (imposible encontrar un malo más horrendo) como el que se posa en un campo de golf, cavar un agujero e introducir una bomba nuclear que parta el pedrusco en dos y evite una colisión frontal con nuestro planeta.

¿Majadería? Sí. ¿Rigor científico? Nulo. ¿Aparatosa maravilla? Sin duda.

Blade Runner

Blade Runner, Estados Unidos, Reino Unido, 1982

Warner Bros. / The Ladd Company / Shaw Brothers
Dirección: Ridley Scott
Guion: Hampton Fancher y David Peoples, sobre la novela de Philip K. Dick
Intérpretes: Harrison Ford, Rutger Hauer, Sean Young, Edward James Olmos, Daryl Hannah
117 minutos

A Philip K. Dick no le gustaba *Blade Runner*. Ni el título ni la película en sí. O, mejor dicho, lo poco que llegó a ver de ella, porque murió cinco meses antes de que se estrenara. Hasta entonces, se dedicó a pregonar a los cuatro vientos que detestaba la adaptación que Hampton Fancher había hecho de su novelita *¿Sueñan los androides con ovejas eléctricas?* (que, ahora ya podemos decirlo, tampoco era ninguna maravilla), y tuvo más que palabras con Ridley Scott por culpa, precisamente, del término «androide», que el cineasta consideraba demasiado desgastado y se negó a incluir bajo ningún concepto en la película. Que quede claro: a él le debemos, y no a otro, la legendaria nomenclatura de esta obra inabarcable.

Scott, que con solo dos títulos a sus espaldas empezaba a mostrar sus ínfulas de genio loco, también se las tuvo tiesas con un Harrison Ford a quien no le hacía ninguna gracia rodar todas las noches hasta las cinco de la madrugada, ni tampoco que el director se preocupara mucho más del apartado técnico que de mimar a sus actores. Para colmo, Ford (Scott quería a Dustin Hoffman y se quedó con las ganas) no estaba de acuerdo con la supuesta naturaleza replicante de su personaje, teoría que, ya por aquel entonces, Scott se encargaba de propagar para desesperación de su estrella, del colérico Dick y de los ejecutivos de Warner Bros.

Estos, en cuanto tuvieron una excusa lo bastante sólida (que el presupuesto pasara de 15 millones de dólares a 28, sin duda, lo parecía) lo pusieron de patitas en la calle y tomaron el control del material, añadiendo una innecesaria voz en *off* y un final feliz que, en realidad, pertenecía a las tomas descartadas por Kubrick para el principio de *El resplandor*.

Lo que hizo el bueno de Ridley fue fumarse un puro Montecristo y sentarse a esperar el desastre. Había creado una pieza cinematográfica única, visionaria y provocadora, de un valor artístico y sensorial inconcebible, y sabía que el estudio iba a arruinarla por completo. Y así fue, hasta que él mismo la rescató (previo pago de los derechos) y se encargó de redefinirla con un *director's cut* extraordinario. Aquel fue el impulso que *Blade Runner* necesitaba para alcanzar la inmortalidad, esa utopía con que Roy Batty (enorme Rutger Hauer) soñó antes de morir entre unas lágrimas perdidas en la lluvia.

Blade Runner 2049

Blade Runner 2049, Estados Unidos, Canadá, España, 2017

Alcon Entertainment / Columbia Pictures / Scott Free / Torridon Films / 16:14 Entertainment
Dirección: Denis Villeneuve
Guion: Hampton Fancher y Michael Green, sobre la novela de Philip K. Dick
Intérpretes: Ryan Gosling, Harrison Ford, Ana de Armas, Jared Leto, Robin Wright
164 minutos

¿Quién, en su sano juicio, se atrevería a firmar la continuación de una de las obras más celebradas de la historia del cine? Porque, como acabamos de ver, *Blade Runner* fue lo que *sir* Ridley Scott quiso que fuera. Pero cuando los productores Andrew Kosove y

Broderick Johnson adquirieron el *copyright* de la franquicia y le propusieron dirigir una secuela, Scott tuvo que borrarse a última hora debido a su compromiso para rodar *Alien Covenant*. Había un guion extraordinario, una reserva de seis platós en los estudios Korda de Budapest para construir la ciudad de Los Ángeles, 180 millones de dólares para gastar a tutiplén, Ryan Gosling medio apalabrado para interpretar al protagonista y hasta el gruñón de Harrison Ford listo para retomar la mística de Rick Deckard. Pero faltaba el elemento más importante: un maldito director.

Kosove y Johnson tenían claro que contratar a un asalariado curtido en el empaque técnico y la distopía solemne no sería suficiente. Necesitaban un referente, un visionario que significara para el Hollywood del siglo XXI lo mismo que Scott para la ciencia-ficción de principios de los años ochenta. Por un instante se les pasó por la cabeza tantear a Christopher Nolan, aunque la opción más lógica no tardó en caer inexorablemente por su propio peso. Denis Villeneuve siempre se había referido a *Blade Runner* como una obra iniciática de su pasión por el cine, un coloso tecnificado relleno de pura y dolorosa filosofía. Ahora bien, cuando le llegó el ofrecimiento, sintió tanto vértigo que estuvo a punto de echarse atrás, porque pensaba que nadie, salvo el viejo Ridley, debía inmiscuirse en aquel universo de existencialismo cibernético.

Afortunadamente no fue así. Villeneuve aceptó el envite y lo que hizo excede cualquier previsión razonable. Alardeando de un dominio brutal de la atmósfera *noir*, el canadiense supo regresar a la esencia de la película original justo antes de impulsarse hacia lo desconocido y convertir *Blade Runner 2049* en una prolongación todavía más compleja y deslumbrante que, al mismo tiempo, encajaba de manera orgánica con su característico discurso de violencia, caos, maternidad frustrada y redención. El epílogo, bellísimo, es un rayo-C que brilla cerca de la puerta de Tannhäuser.

La cosa

The Thing, Estados Unidos, Canadá, 1982

Universal Pictures / Turman-Foster Company
Dirección: John Carpenter
Guion: Bill Lancaster, sobre la novela de John W. Campbell Jr.
Intérpretes: Kurt Russell, Wilford Brimley, Keith David, Richard Masur, T. K. Carter
109 minutos

La cosa marcó el salto definitivo de John Carpenter a la primera división del cine fantástico, después de años convirtiendo producciones con tramas estrambóticas y presupuestos ridículos —*Dark Star, Asalto a la comisaría del distrito 13* , *La noche de Halloween* o *1997: Rescate en Nueva York*— en clásicos que, inmediatamente, pasaban a ser venerados por fans de todo el planeta. Lo más curioso es que, en este caso concreto, la película fue recibida con algunas de las críticas más duras que se recuerdan (hubo quien la calificó incluso como «la cinta más odiada de todos los tiempos»), y no fue hasta décadas después de su estreno, cuando fue ensalzada por las nuevas generaciones de espectadores como uno de los títulos más importantes de la ciencia-ficción de los años ochenta.

En Universal Pictures sabían que una de las películas favoritas de Carpenter era *El enigma de otro mundo* (1953), y le propusieron dirigir una nueva versión con el mayor presupuesto de toda su carrera, 15 millones de dólares. Temeroso de estropear el legado de aquel clásico, Carpenter aceptó con la condición de reinterpretar directamente la novela original, escrita en 1938 por John W. Campbell Jr., y profundizar en su retrato de la identidad y la paranoia humana. En ella, un grupo de investigadores destinados en la Antártida se encuentra con un extraterrestre capaz de adoptar la forma de otros organismos, incluidos los seres humanos. Al director le seducía especialmente el juego de sospechas que se generaba a partir de entonces, similar al de una novela de Agatha Christie, con todos los científicos desconfiando entre sí ante la posibilidad de que uno de ellos no sea quien dice ser.

Filmada en unos estudios de Los Ángeles que fueron aclimatados con temperaturas bajo cero, *La cosa* es la perfecta demostración del buen hacer *carpenteriano*: dirección pausada, fabuloso dominio de la intriga e instantes escalofriantes que forman parte de nuestra cultura cinéfila, aunque a muchos les pese reconocerlo.

Días extraños

Strange Days, Estados Unidos, 1995

Universal Pictures / 20th Century Fox / Lightstorm Entertainment
Dirección: Kathryn Bigelow
Guion: James Cameron y Jay Cocks, sobre una historia de Cameron
Intérpretes: Ralph Fiennes, Angela Bassett, Juliette Lewis, Tom Sizemore, Michael Wincott
145 minutos

En 1986, mucho antes de que los apocalípticos predijesen el colapso mundial con el llamado *Efecto 2000*, James Cameron (que, como es bien sabido, vive con unos cuantos años de adelanto sobre el resto de la humanidad) ya había imaginado una intriga distópica, ambientada en los convulsos días previos al cambio de siglo. Aunque ahora nos suene a prehistoria, el 1999 que vislumbró el canadiense estaba lleno de oscuras profecías, muchas de ellas totalmente acordes con el mundo caótico en el que vivimos.

Cameron, que además de un pionero es un coleccionista de matrimonios (y divorcios, hasta cuatro), comentó aquel tratamiento con su esposa de entonces, la directora Kathryn Bigelow, que quedó entusiasmada con la lectura social que ofrecía un relato que equiparaba el fin del milenio con el fin del mundo, mediante un contexto de rebelión civil y altercados entre la población de Los Ángeles y las represivas fuerzas del orden. Cameron, por su parte, prefirió centrarse en el componente romántico de la historia, en la que un expolicía reconvertido en traficante de tecnología ilegal (Ralph Fiennes) trata de salvar la vida de la mujer que ama (Juliette Lewis) con la ayuda de la única mujer que le ama a él (Angela Bassett).

En su momento, *Días extraños* pasó a la historia como uno de los fracasos más sonados de los años noventa. Sin embargo, el tiempo la ha convertido en una rareza venerada por legiones de incondicionales, que vieron en ella una provocadora —y visionaria— combinación de *noir* futurista, *thriller* erótico e historia de amor chapada a la antigua. Urge descubrirla.

Doce monos

12 Monkeys, Estados Unidos, 1995

Universal Pictures / Atlas Entertainment
Dirección: Terry Gilliam
Guion: David Peoples y Janet Peoples, sobre el mediometraje *La jetée*, de Chris Marker
Intérpretes: Bruce Willis, Madeleine Stowe, Brad Pitt, Christopher Plummer, David Morse
129 minutos

Cuenta la leyenda que Terry Gilliam nunca trabaja con guiones ajenos, salvo que sean escandalosamente buenos. Por eso, cuando Universal le hizo llegar un libreto titulado *Doce monos*, su primera reacción fue de escepticismo. Sin embargo, a medida que iba consumiendo sus páginas, comprobó que estaba ante una de las mejores historias de viajes temporales jamás realizadas. En realidad, aquel trabajo de David Peoples (con muescas en su revólver del calibre de *Blade Runner* y *Sin perdón*) y su esposa Janet era una adaptación libre y extendida del mediometraje clásico *La jetée*, escrito y dirigido por Chris Marker en 1962, pero a Gilliam le daba exactamente igual. Estaba tan aturdido por la fuerza de aquel relato que firmó de inmediato su contrato, sin haber visto siquiera la obra original en que se inspiraba.

La cuestión era cómo levantar una producción tan compleja logística y argumentalmente con un presupuesto de apenas 29 millones de dólares, una cantidad grotesca para los parámetros del género. Ni siquiera la presencia asegurada de dos superestrellas como Bruce Willis y Brad Pitt —aunque Gilliam prefería a Jeff Bridges y a Johnny Depp— fue suficiente para convencer al estudio de que aportarse más dinero, sin duda debido a la desconfianza que el cineasta despertaba tras el estrepitoso fiasco de *Las aventuras del barón Münchausen* (1988). Gilliam terminó disciplinándose frente a su habitual desmesura, respetando las limitaciones que le habían impuesto y convenciendo a sus protagonistas de que trabajaran prácticamente gratis. A cambio, extrajo de ellos dos de sus caracterizaciones más aclamadas: supo dotar a un tipo duro, Willis, de una adorable humanidad —llegó a proporcionarle un listado de clichés típicos de sus interpretaciones para que los evitara a toda costa— y condujo a Pitt hasta su primera nominación al Oscar, privándole de sus cigarrillos para alterar su discurso e incrementar su sensación de angustia.

Al final, *Doce monos* fue un éxito, y Terry Gilliam pudo responder a sus agoreros al más puro estilo del personaje de Jeffrey Goines: con una buena peineta.

Dune: Parte dos

Dune: Part Two, Estados Unidos, Canadá, 2024

Warner Bros. / Legendary Entertainment
Dirección: Denis Villeneuve
Guion: Denis Villeneuve y Jon Spaihts, sobre la novela de Frank Herbert
Intérpretes: Timothée Chalamet, Zendaya, Rebecca Ferguson, Javier Bardem, Austin Butler
166 minutos

En *Dune*, la inmensurable epopeya creada por Frank Herbert en 1964, los fremen —nativos del desierto que protegen la codiciada especia de las ávidas manos de los Harkonnen— esperan desde hace siglos la llegada del *Lisan Al-Graib*, el Mesías que, tal y como profetizaron las Bene Gesserit, devolverá al planeta Arrakis su esplendor y traerá la paz y la libertad al Universo Conocido. Esta figura salvadora, representada en la novela por el joven Paul Atreides, bien podría utilizarse para describir la irrupción de Denis Villeneuve en el género; desde 2016 solo ha filmado películas de ciencia-ficción (nunca antes lo había hecho) y todas y cada una de ellas ha resultado ser una obra maestra. Nadie, en toda la historia, había alcanzado una gesta semejante. Y, probablemente, nadie lo hará.

Por ello, no basta con tildar a Villeneuve de visionario. Hay que ir más allá. Porque lo que logra en *Dune: Parte dos* es de una armonía inconcebible y aplastante: todo es escandalosamente grandioso, con un nivel de perfección estética nunca visto y un calado dramático que pulveriza los sentidos. Los personajes evolucionan de un modo completamente orgánico, sin importar que pertenezcan a mundos remotos e improbables. La lealtad es una fuerza inquebrantable y la traición un veneno lento y doloroso. Hay amor, serenidad y muerte, y también una vida gestada desde el poder más temible. Y, mientras todo esto sucede, un sinfín de instantes antológicos desafían nuestra razón: la cabalgada sobre los gusanos, el circo romano de los Harkonnen en blanco y negro, la lucha a cuchillo frente al crepúsculo de Arrakis... Esta no es una película colosal más. Es un compendio de magnificencias, una experiencia que traspasa el espíritu, un regalo inabarcable hecho para encaramarse directamente en la cúspide.

Es muy probable que Denis Villeneuve sea el *Lisan Al-Graib* que estábamos esperando, un elegido llamado a cambiar el curso de los acontecimientos y restituir el verdadero fulgor del cine. Y puede que *Dune: Parte dos* sea la mejor película de ciencia-ficción que hayamos visto en nuestra vida.

E.T. EL EXTRATERRESTRE

E.T. The Extra-Terrestrial, Estados Unidos, 1982

Universal Pictures / Amblin Entertainment
Dirección: Steven Spielberg
Guion: Melissa Mathison
Intérpretes: Henry Thomas, Dee Wallace, Peter Coyote, Robert McNaughton, Drew Barrymore
115 minutos

Creo que no sabría decir cuántas veces he visto *E.T.* a lo largo de mi vida. Ni siquiera aproximarme. De hecho, si ustedes se hacen esa misma pregunta, muy pocos serán capaces de aportar una cifra exacta. Lo que sí recuerdo vivamente es la sensación que experimenté la primera vez que se manifestó en todo su esplendor ante mis ojos de niño de cuatro años; recuerdo el asombro, la magnificencia de su música y sus efectos especiales, y la ternura de aquella criatura que mi mente adoptó como real. Es curioso, porque no solemos conservar recuerdos de momentos tan remotos, pero, por alguna extraña razón, los que éramos muy pequeños cuando se estrenó todavía saboreamos los ecos de aquella primigenia revelación.

E.T. fue durante quince años la película más taquillera de la historia. Y no deja de ser paradójico que muchos la citen como el perfecto epítome del *mainstream* cuando, en realidad, lo que Spielberg quiso hacer fue una obra personal, prácticamente minimalista, acerca del divorcio de sus padres. Elliott es, claro está, aquel joven Steven que acabó recluyéndose en su fértil imaginación como vía de escape al drama que supuso la separación. Él también era un muchacho solitario, incapaz de conectar con los niños terrestres, y, en el refugio de su habitación, inventaba amigos llegados de otros mundos mientras soñaba con regresar al hogar donde un día fue feliz. Su «casa».

E.T. disparó aún más si cabe la consideración mesiánica de Spielberg y confirmó el hechizo de una puesta en escena propia de un superdotado. Pero, sobre todo, dejó al descubierto su latente capacidad para dirigir fabulosamente a los actores. Spielberg planeó el rodaje de manera cronológica para que los niños protagonistas pudieran percibir el mismo proceso emocional que sus personajes: rio con ellos, lloró con ellos cuando su amigo se apagó y vibró con el entusiasmo de aquel regreso que les hizo volar junto a la Luna. Esa imagen en concreto, con la música de Williams resonando en el cenit de su grandeza, ha sabido perdurar como un tesoro de la infancia que hemos transmitido con increíble naturalidad a nuestros hijos, y que ellos entregarán a los suyos. Y cuando muchos ya no estemos y un niño vea *E.T.* por primera vez, aquel recuerdo le acompañará para siempre.

Encuentros en la tercera fase

Close Encounters on the Third Kind, Estados Unidos, Reino Unido, China, 1977

Columbia Pictures / EMI Films / Julia Phillips — Michael Phillips Productions

Dirección y guion: Steven Spielberg

Intérpretes: Richard Dreyfuss, François Truffaut, Teri Garr, Melinda Dillon, Bob Balaban

138 minutos

Steven Spielberg tenía solo siete años cuando, una noche, su padre le despertó para que presenciara una lluvia de meteoritos. Desde ese momento, los grandes misterios del cosmos le fascinaron y alimentaron su febril imaginación, hasta el punto de escribir y dirigir una película casera en Super-8, titulada *Firelight,* alrededor de un grupo de visitantes de otro planeta. En 1973, nada más terminar el rodaje de su segunda película, Spielberg convenció a Columbia Pictures de que podía desarrollar aquella idea en un largometraje de bajo presupuesto, alrededor de 2,7 millones de dólares. Por supuesto, él sabía que hacer realidad la película que tenía en su mente iba a costar muchísimo más. Pero eso era algo que nadie en el estudio necesitaba saber en aquel momento.

Cuando *Tiburón* se convirtió en la película más taquillera de la historia, Spielberg supo que había llegado el momento de apretar las tuercas a Columbia. Subió el presupuesto hasta los 9 millones —al final fueron 22— y logró que los ejecutivos se plegaran a todas sus peticiones: Paul Schrader en el guion, Carlo Rambaldi para diseñar a los extraterrestres, Douglas Trumbull *(2001: Una odisea del espacio)* al frente de los efectos especiales, el mismísimo François Truffaut interpretando a un científico francés, el plató más grande de todos los tiempos levantado en un hangar de las Fuerzas Aéreas, once directores de fotografía diferentes... Solo faltó que alguna de las estrellas propuestas por el realizador (Steve McQueen, Al Pacino o Jack Nicholson) aceptara el papel de Roy Neary, aunque la cascada de respuestas negativas le llevó a recurrir a su amigo Richard Dreyfuss, que no paraba de postularse para el trabajo recordándole a Spielberg los principales defectos de sus contrincantes.

Al final, el director de Cincinnati prescindió del «vergonzoso» guion de Schrader y optó por firmarlo él mismo en solitario... Con el asesoramiento de otros cinco escritores con sus respectivos sueldos. Bendito despilfarro: *Encuentros en la tercera fase* fue, es y será un clásico en constante resplandecencia donde Spielberg disecciona magistralmente la incomunicación humana y apela, una vez más, al poder de desear las estrellas.

Ex Machina

Ex Machina, Reino Unido, 2014

Universal Pictures / A24 / Film4
Dirección y guion: Alex Garland
Intérpretes: Domnhall Gleeson, Alicia Vikander, Oscar Isaac, Sonoya Mizuno, Corey Johnson
108 minutos

En un momento en que el debate sobre el futuro de la IA y su capacidad para suplantar la conducta humana se encuentra en su punto más álgido, descubrir o recuperar una película tan adelantada a su tiempo como *Ex Machina* es casi una obligación sociológica. Su impresionante razonamiento sobre los límites de la tecnología y la inserción de emociones en seres artificiales, en medio de un entorno aislado y por momentos claustrofóbico, la sitúa directamente entre las obras más complejas y vanguardistas de la ciencia-ficción más reciente.

Después de pasarse más de una década escribiendo guiones para otros realizadores —sobre todo para Danny Boyle, firmante de las sensacionales *28 días después* (2002) y *Sunshine* (2007)—, Alex Garland llegó a la conclusión de que solo él podía dirigir la mejor idea que se le había ocurrido jamás. Llevaba persiguiéndola desde los 11 años, cuando jugaba con la computadora de sus padres y sentía que, de algún modo, aquel fascinante objeto era capaz de pensar por su cuenta. Muchos libros y disertaciones sobre neurociencia después, Garland estaba listo para mostrar al mundo a Ava, una androide creada por el multimillonario científico Nathan Bateman, un individuo de errático comportamiento que vive obsesionado con la posibilidad de que una máquina pueda desarrollar conciencia de manera autónoma. El encargado de dictaminar si eso es posible será un brillante trabajador de su compañía, Caleb Smith, que recibe una misteriosa invitación para pasar una semana en el centro de investigación de Bateman, sin saber que será él mismo quien acabe poniendo en duda su propia naturaleza.

Ex Machina presume, con razón, de una huella visual y existencial profundamente *kubrickiana*. Posee la admirable capacidad para transitar el camino de lo asombroso mientras deposita su mensaje en nuestra mente, y lo hace germinar hasta que nos sobrecoge y nos paraliza. Peliculón.

GATTACA

Gattica, Estados Unidos, 1997

Columbia Pictures / Jersey Films
Dirección y guion: Andrew Niccol
Intérpretes: Ethan Hawke, Uma Thurman, Jude Law, Loren Dean, Gore Vidal
106 minutos

Gattaca, debut como guionista y realizador del neozelandés Andrew Niccol, ha pasado a la historia como uno de los fracasos más injustos de los años noventa y, al mismo tiempo, como una de las obras más visionarias de la ciencia-ficción distópica. Hoy en día, nadie pone en duda el inmenso valor filosófico y artístico de una película que se atrevió a reflexionar sobre la manipulación genética y reproductiva, mucho antes de que el mundo la percibiera como una amenaza real.

Niccol llegó incluso a acuñar un término para la película, «geonismo», que con los años sería utilizado en el ámbito científico para describir a aquellas personas que son discriminadas de manera ilegal debido a una particularidad en sus genes. *Gattaca* muestra una civilización futura cuyos habitantes se dividen en personas válidas e inválidas; estas últimas son rechazadas hasta el punto de constituir un verdadero excedente humano para la sociedad. El protagonista, Vincent (Ethan Hawke), sueña con viajar al espacio, pero posee un trastorno cardíaco que se lo impide. Cuando conoce a Jerome (Jude Law), ídolo de la natación que quedó paralizado tras un accidente, decide suplantar su código genético y es asignado para viajar a una de las lunas de Saturno. Sin embargo, un crimen inesperado le convertirá en sospechoso y amenazará con sacar a la luz su secreto.

Con una fotografía y un diseño de producción deslumbrantes, *Gattaca* es de esas películas que tienen bien merecida su condición de culto. Para la NASA, se trata de la cinta de ciencia-ficción más verosímil jamás filmada, porque percibimos su terrorífica advertencia de un modo tan real, tan posible, que sobrecoge por completo.

GRAVITY

Gravity, Reino Unido, Estados Unidos, 2013

Warner Bros. / Esperanto Filmoj / Heyday Films
Dirección: Alfonso Cuarón
Guion: Alfonso Cuarón y Jonás Cuarón
Intérpretes: Sandra Bullock, George Clooney, Ed Harris (voz), Orto Ignatiussen (voz), Phaldut Sharma (voz).
91 minutos

El comienzo de *Gravity* no se filmó en el espacio, pero lo que vemos durante ese plano secuencia es tan apabullante, y está tan lejos de cualquier experiencia cinematográfica previa, que creeríamos ciegamente en Alfonso Cuarón si nos dijera que realmente salió del planeta para rodarla. La escena, que empieza con un agradable paseo espacial de dos astronautas y acaba con uno de ellos a la deriva tras una virulenta avalancha de residuos, comprende trece minutos de fascinación y asfixia, planificados a lo largo de muchos meses, durante los cuales Emmanuel Lubezki desarrolló todos los elementos del plano a partir de fotografías y descripciones de la NASA. El mítico operador mexicano también se aseguró de que la luz cambiara de un fotograma a otro y que la brillante majestuosidad del plantea adoptara, progresivamente, un tono mucho más sombrío, preparando la retina del espectador para la inminente irrupción de la amenaza. Todo ello con los actores girando alrededor de la lanzadera y la Tierra orbitando alrededor del Sol de manera simultánea, y Lubezki entregado en cuerpo y alma al perfeccionismo estratosférico del *sensei* Cuarón: hasta los rostros de los dos personajes debían iluminarse de modo que pudieran encajar en el entorno digital, obligando a que cada pequeño gesto estuviera acorde con el movimiento del planeta, la posición del Sol y todas las estrellas del fondo.

Si hicieron todo esto para menos de un cuarto de hora, imaginen la cantidad de filigranas que estos dos superdotados se sacaron de la manga para los 78 minutos restantes. Un despliegue de ingeniería, percepción y fuerza narrativa al que, si añades una interpretación de Sandra Bullock capaz de congelar el aliento, acabas obteniendo una obra maestra que ya quisiera para sí el mismísimo James Cameron.

LA GUERRA DE LAS GALAXIAS

Star Wars, Estados Unidos, 1977

20th Century Fox / Lucasfilm
Dirección y guion: George Lucas
Intérpretes: Mark Hamill, Harrison Ford, Carrie Fisher, Alec Guinness, Peter Cushing
121 minutos

Es probable que los lectores más jóvenes se sientan algo desconcertados al leer el título de esta película. ¿Solo *Star Wars*? ¿Dónde está el número del episodio? ¿Se refiere a *Una nueva esperanza*? Y ya puestos, ¿qué narices es *La guerra de las galaxias*? Me van a permitir que me refiera a este clasicazo mediante su nomenclatura original, sin estridencias, que fue la que conocimos los que, siendo muy niños, disfrutábamos con el carácter excepcional de cada nueva entrega como si de un nuevo advenimiento de Cristo se tratase. Las nuevas generaciones —por desgracia para ellas— han experimentado *Star Wars* desde la perspectiva de la franquicia, exprimida hasta la última gota a base de precuelas, secuelas, recuelas, requetecuelas, series, *spin-offs* y toda clase de variantes destinadas a engordar los bolsillos y rebajar el mito a la categoría de lujosa churrería.

Dicho esto, los fans de la película original somos muy conscientes del milagro que supuso. George Lucas se inventó aquel universo como pataleta por no poder conseguir los derechos de *Flash Gordon*, y en Hollywood todos le tomaban por loco. Todos menos Alan Ladd Jr., presidente de los estudios Fox y el único capaz de jugarse el puesto y la reputación apostando 8,5 millones a aquel desvarío de galaxias lejanas, caballeros Jedi y bolas de pelo de dos metros y medio. Pero aquello fue solo el primer milagro, pues la verdadera quimera fue hacer realidad aquella historia (que los propios actores consideraban ridícula) a mediados de los años setenta, con localizaciones donde una tormenta de arena podía destruir todos los decorados y un equipo de efectos especiales (Industrial Light & Magic se hacían llamar) compuesto por veinteañeros más interesados en fumarse el presupuesto que en completar aquellos trucajes a base de maquetas y patatas que simulaban ser asteroides.

El pobre Lucas acabó en el hospital de puro agotamiento y con síntomas de un infarto inminente. El fin de semana del estreno, huyó a Hawái con su amigo Spielberg para no presenciar el histórico fiasco que se cernía sobre aquella desastrosa producción.

Entonces, sucedió. Un cataclismo que cambió el cine para siempre. Colas bloqueando el tráfico. Récords de recaudación pulverizados. Y un tipo flacucho, barbudo y agorero con los beneficios del *merchandising* asegurados y el mundo entero a sus pies.

Hijos de los hombres

Children of Men, Reino Unido, Estados Unidos, Japón, 2006

Universal Pictures / Strike Entertainment / Hit & Run Productions
Dirección: Alfonso Cuarón
Guion: Alfonso Cuarón, Timothy J. Sexton, David Arata, Mark Fergus y Hawk Ostby, sobre la novela de P. D. James
Intérpretes: Clive Owen, Julianne Moore, Michael Caine, Clare-Hope Ashitey, Chiwetel Ejiofor
109 minutos

Londres, 2027. Tras dieciocho años de infertilidad humana, el mundo se encuentra al borde de la extinción. El Reino Unido se ha convertido en un país militarizado que trata de controlar, mediante la fuerza, la llegada masiva de inmigrantes desde diferentes lugares en conflicto. En este contexto, un desencantado individuo llamado Theo Faron recibirá la misión de proteger a una joven que, misteriosamente, ha quedado embarazada y puede esconder la clave para la supervivencia de todo el planeta.

Bajo esta interesantísima premisa, la escritora de género negro P. D. James desarrolló en 1992 su primera novela ambientada en un futuro distópico. *Hijos de los hombres* no solo era sumamente entretenida, sino que, además, se adentraba en terrenos resbaladizos (guerra, ecología, inmigración) con absoluta brillantez. Una década más tarde, Universal Pictures adquirió los derechos para el cine y propuso a Alfonso Cuarón —recién salido del triunfo global que supuso *Y tu mamá también*— que se hiciera cargo de la adaptación. Este, conocido por el fuerte compromiso social de sus historias y por aportar una sublime impronta visual, prefirió dilatar la producción y filmar antes la excelente *Harry Potter y el prisionero de Azkabán* (2004), con mucho la mejor película de la saga sobre el niño mago de Hogwarts.

Una vez la maquinaria de Cuarón se puso en marcha, *Hijos de los hombres* se encaminó irremediablemente hacia la excelencia. El soberbio guion, las interpretaciones memorables, la crudeza de su propuesta —ese mundo sin risas de niños— y el colosal dominio de la técnica (el plano secuencia de casi siete minutos, coreografiado al milímetro y grabado en tomas que abarcaban hasta cinco horas, es un órdago a los sentidos) son razones más que suficientes para garantizarle un lugar destacado en nuestra memoria colectiva.

El Imperio contraataca

The Empire Strikes Back, Estados Unidos, 1980

20th Century Fox / Lucasfilm
Dirección: Irvin Kershner
Guion: Leigh Brackett y Lawrence Kasdan, sobre una historia de George Lucas
Intérpretes: Mark Hamill, Harrison Ford, Carrie Fisher, Billy Dee Williams, Anthony Daniels
124 minutos

El éxito sin precedentes de *La guerra de las galaxias* permitió a George Lucas establecerse como uno de los productores —y hombres de negocios— más poderosos de Hollywood. Tal era su influencia, que hasta el Bank of America llegó a prestarle 18 millones de dólares para que pudiera financiar él mismo la continuación y no depender de las exigencias del estudio. Sin embargo, lo que al principio parecía una apuesta segura estuvo a punto de convertirse en uno de los fiascos más sonados que se recuerdan, con Lucasfilm al borde de la bancarrota en pleno rodaje y una sucesión de infortunios que parecía no tener fin: desde las muertes repentinas de la guionista Leigh Brackett y el director de segunda unidad John Barry hasta un accidente automovilístico de Mark Hamill poco antes de arrancar la producción, sin olvidar las terribles nevadas de la localización en Noruega o el incendio de uno de los platós en Inglaterra.

Sin embargo, Lucas era consciente de la fuerza —nunca mejor dicho— de una historia mucho más trágica que la original, en la que los héroes quedaban al borde de la destrucción y se producía una de las revelaciones de paternidad más inesperadas y famosas de la historia, aunque en su momento solo Hamill tenía la página correcta del guion: hasta David Prowse, el actor embutido en el traje de Vader, cayó en la treta de Lucas y acabó pronunciando la frase equivocada. James Earl Jones dobló su voz en posproducción y el ingenuo de Prowse se enteró de quién era el verdadero padre de Luke mientras veía la película el día del estreno (tres años antes, durante la *premier* de la anterior entrega, se había llevado otro chasco considerable al comprobar que habían sustituido su acento de Bristol por la profunda dicción de Jones).

Su halo atormentado y el magnetismo de sus protagonistas (el «lo sé» de Han Solo es puro deleite) convierten a *El Imperio contraataca* no solo en el mejor episodio de los nueve que conforman la saga central de *Star Wars*, sino también en la mejor secuela jamás filmada con el permiso de *El Padrino. Parte II.*

*I*NTERSTELLAR

Interestellar, Estados Unidos, Reino Unido, Canadá, 2014

Paramount Pictures / Warner Bros. / Legendary Entertainment / Syncopy / Lynda Obst
Dirección: Christopher Nolan
Guion: Jonathan Nolan y Christopher Nolan
Intérpretes: Matthew McConaughey, Anne Hathaway, Jessica Chastain, Michael Caine, Matt Damon
169 minutos

Dentro de varias décadas, se hablará de *Interstellar* como una obra tan influyente y trascendental como *2001: Una odisea en el espacio.* O puede que incluso más. El hecho de sobresalir especialmente dentro de una trayectoria tan excepcional como la de Christopher Nolan, compuesta por más obras maestras que títulos comunes, deja bien claro que estamos ante una película única, cuyo visionado se acerca más a un ensayo intelectual y sensorial que a una sencilla proyección cinematográfica.

Lo más curioso es que Nolan, que suele gestar cada uno de sus largometrajes con mimo a lo largo de varios años, llegó casi de rebote al que acabaría resultando su trabajo más fabuloso como director. *Interstellar* era un proyecto desarrollado inicialmente por la productora Lynda Obst y el reputado astrofísico Kip Thorne, quienes idearon una aventura épica partiendo de los agujeros de gusano, unos hipotéticos portales que se forman en la galaxia y que, supuestamente, servirían de conducto para viajar en el tiempo y el espacio. La primera elección obvia para dirigir la película fue Steven Spielberg, que de inmediato contrató al hermano menor de Christopher Nolan, Jonathan, para que redactara un guion basado en la Teoría de la Relatividad de Albert Einstein.

En 2012, después de haber dirigido cuatro superproducciones en cuatro años, Spielberg se desligó del proyecto y Jonathan sugirió el nombre de su hermano para la dirección. Un año después, se confirmaba su participación en la película y su implicación en un nuevo guion, más próximo a su sensibilidad artística y a su fascinación por los individuos atormentados y la dinámica del tiempo narrativo. El resultado final superó todas las expectativas, con Nolan firmando para la posteridad un espectáculo glorioso que, a su vez, era también un drama con trasfondo ecologista sobre nuestro papel en el mundo y sobre la fuerza más poderosa de cuantas nos rodean: el amor entre un padre y una hija, capaz de recorrer todo el cosmos para terminar en una pequeña habitación donde se decidirá el destino de toda la humanidad.

La llegada

Arrival, Estados Unidos, Canadá, 2016

Lava Bear Films / FilmNation / 21 Laps
Dirección: Denis Villeneuve
Guion: Eric Heisserer, sobre la novela *Story of Your Life* de Ted Chiang
Intérpretes: Amy Adams, Jeremy Renner, Forest Whitaker, Michael Stuhlbarg, Mark O'Brien
116 minutos

Una de las películas más hermosas y sorprendentes de los últimos tiempos. Basada en una novela corta publicada por Ted Chiang en 1998, *La llegada* era un proyecto personal del guionista Eric Heisserer, que pasó diez años buscando financiación hasta que el productor canadiense Shawn Levy decidió aceptar el envite, contratando para la dirección a su compatriota Denis Villeneuve.

Enamorado de las historias complejas y los personajes femeninos poderosos, Villeneuve seleccionó personalmente a Amy Adams para el papel principal, el de una lingüista que es requerida por el Ejército para establecer contacto con unos extraterrestres recién llegados a nuestro planeta y descubrir las intenciones de su viaje. La actriz brinda una interpretación sutil y prodigiosa, convirtiéndose en el nexo común entre la historia y un espectador que asiste aturdido al cúmulo de maravillas que se suceden ante sus ojos.

La llegada es una de esas obras que permanecen en nuestra mente hasta mucho después de ser disfrutadas, y que se redescubren ingeniosamente con cada nuevo visionado. Su halo filosófico y su profunda reflexión sobre el tiempo y la incomunicación la convierten en una obra maestra de la ciencia-ficción más poética e intrincada. Sin olvidar, por supuesto, el soberbio giro final y ese empleo narrativo de la fotografía y la música —en especial de la pieza de Max Richter *In the Nature of Daylight*— que debería ser estudiado en todas las facultades de Cine. Una joya.

Looper

Looper, Estados Unidos, China, 2012

TriStar Pictures / FilmDistrict / Endgame Entertainment
Dirección y guion: Rian Johnson
Intérpretes: Joseph Gordon-Levitt, Bruce Willis, Emily Blunt, Jeff Daniels, Paul Dano
119 minutos

Las sensacionales *Brick* (2005) y *Los hermanos Bloom* (2008) acreditaron a Rian Johnson como uno de los talentos emergentes del *indie* norteamericano. Contra todo pronóstico, su tercera película le catapultaría hacia una nueva dimensión: la del cine de autor con alma de *blockbuster*, capaz de satisfacer por igual los deseos de los críticos más sibaritas y de un público ávido de grandes emociones. *Looper* rompió todos los esquemas de los viajes temporales gracias a una trama audaz y adictiva, donde la premisa de ciencia-ficción se fusionaba con total naturalidad con géneros tan dispares como el *noir* o el melodrama. Hoy, es un título de culto y el gran responsable de la expansión de Johnson hacia cotas aún mayores, como *Star Wars* o la franquicia *Puñales por la espalda*.

En 2044, una serie de sicarios o *loopers* se encargan de eliminar a individuos que la mafia les envía directamente desde 2074. El protagonista, Joe (un sobrio e inquietante Joseph Gordon-Levitt), cumple con su cometido mientras amasa una fortuna en lingotes para iniciar una nueva vida en Francia. Hasta que, un día, su «yo» del futuro (Bruce Willis en una de sus interpretaciones más conmovedoras) se aparece ante él y consigue escapar antes de ser ajusticiado. Desde ese momento, ambas versiones de la misma persona se enfrentarán por fines muy distintos: la supervivencia propia, por un lado, y la de toda la humanidad —y una mujer muy especial—, por otra. Bendita locura.

Y, para colmo, sale Emily Blunt.

MAD MAX: FURIA EN LA CARRETERA

Mad Max: Fury Road, Australia, 2015

Warner Bros. / Village Roadshow Pictures / Kennedy-Miller Productions
Dirección: George Miller
Guion: George Miller, Brendan McCarthy y Nick Lathouris
Intérpretes: Tom Hardy, Charlize Theron, Nicholas Hoult, Zoë Kravitz, Hugh Keays-Byrne
120 minutos

En 1979, George Miller era un joven médico australiano que soñaba con rodar una película ambientada en un futuro postapocalíptico y ultraviolento, donde un vengativo policía llamado Max Rockatansky impartía su particular justicia contra las bandas motorizadas de criminales. Finalmente, consiguió sacar adelante *Mad Max* con un ridículo presupuesto de 350.000 dólares —muchos de ellos aportados por él mismo con el dinero de sus guardias— y pagando al equipo con paquetes de 24 cervezas. La película lanzó a la fama a Mel Gibson y propició un fenómeno global que superó los 100 millones de dólares en taquilla, convirtiéndose, hasta 1999, en la cinta más rentable de todos los tiempos.

Durante los años ochenta, Miller continuó las hazañas de su popular antihéroe con dos nuevas entregas, la excelente *Mad Max: El guerrero de la carretera* (1981) y la demasiado pretenciosa *Mad Max: Más allá de la Cúpula del Trueno* (1985). Después de ellas, decidió aparcar la saga para ampliar su prestigio en terrenos inexplorados como la comedia, el melodrama o el cine de animación, hasta que, bien entrado el siglo XXI, sintió que era el momento de pisar nuevamente el acelerador y recorrer las carreteras del distópico desierto de las Antípodas.

Y así fue como Tom Hardy se convirtió en el nuevo Max, y Charlize Theron le igualó en carisma y presencia con su antológica interpretación de Furiosa (quién diría, vista la excelente química, que se odiaron profundamente durante el rodaje). De repente, *Mad Max* regresaba con una nueva aventura donde la acción no da tregua y Miller se divierte como nunca, pero que se detiene también (y de manera admirable) en cuestiones como la igualdad de género, el cambio climático o los peligros de las dictaduras. Sin duda, un clásico moderno que se sigue agigantando con los años.

Matrix

The Matrix, Estados Unidos, Australia, 1999

Warner Bros. / Village Roadshow Pictures / Silver Pictures
Dirección y guion: Lana Wachowski y Lilly Wachowski
Intérpretes: Keanu Reeves, Laurence Fishburne, Carrie-Anne Moss, Hugo Weaving, Joe Pantoliano
136 minutos

En 1999, una sociedad cada vez más dependiente de la tecnología vivía con expectación las posibles consecuencias del cambio de siglo. Las voces más catastrofistas hablaban de un error informático en cadena que, el 1 de enero de 2000, sumiría al mundo en un caos con tintes apocalípticos. En ese contexto de enorme fragilidad frente al poder de las máquinas, un misterioso tráiler irrumpió en las salas de cine: una película ambientada en un futuro indeterminado y hostil, donde una mujer saltaba entre azoteas y esquivaba balas caminando sobre una pared, Keanu Reeves no tenía boca y su mano se fundía en un espejo líquido, pasillos enteros llenos de armas se desplegaban sobre la nada, los trenes se esquivaban con acrobacias sobrehumanas y el tiempo se detenía mientras el protagonista describía un escorzo imposible. Un rótulo invitaba a la audiencia a olvidar todo lo que habían visto hasta ese momento, mientras una pregunta retumbaba en la mente de un público extasiado: «¿Qué es *Matrix*?».

Matrix, claro está, fue un fenómeno sin precedentes en toda la historia del cine. La gente, hechizada por aquella sensacional campaña de marketing, acudió en masa a descubrir su milagrosa combinación de fábula mesiánica con toques de Lewis Carroll y estética *cyberpunk* con unos efectos visuales fuera de toda lógica. Para la posteridad quedaron un sinfín de anécdotas, como que las Wachowski decidieron gastarse los 10 millones asignados para toda la película solo en la primera escena (así consiguieron que Warner contribuyera con 50 millones más), que Will Smith se arrepintió toda su vida de haber rechazado el papel de Neo, que Keanu Reeves tuvo que memorizar libros de filosofía y aprender kung fu, o que el legendario *bullet time* estaba inspirado en un videoclip de Björk.

Ver *Matrix* es una experiencia que desborda los límites de nuestra imaginación. Aunque debió quedarse como estaba, porque sus tres secuelas a punto estuvieron de convertir una majestuosa pastilla azul en una indigesta —y repetitiva— pastilla roja.

Metrópolis

Metropolis, Alemania, 1927

Universsum Film-UFA
Dirección: Fritz Lang
Guion: Thea von Harbou y Fritz Lang
Intérpretes: Brigitte Helm, Alfred Abel, Gustav Fröhlich, Rudolf Klein-Rogge, Fritz Rasp
153 minutos

Reconocida como una de las películas más influyentes de la historia, además de uno de los últimos hitos del cine mudo, *Metrópolis* representa la culminación del movimiento expresionista alemán, surgido tras la derrota en la Primera Guerra Mundial, a modo de catarsis creativa ante el creciente desencanto de la población y el temor por el auge del nacionalsocialismo. La historia, ambientada en una impresionante ciudad-estado del año 2026 cuya sociedad se divide únicamente en dos clases —una privilegiada e intelectual y otra compuesta por trabajadores sin apenas recursos, con la consiguiente rebelión de estos últimos—, recogía algunas de las teorías básicas del marxismo y la Revolución rusa, si bien con el tiempo llegó a ser reivindicada por la ideología nazi y por el propio Adolf Hitler, que la consideraba su película favorita.

Pero, más allá de su imborrable huella filosófica, *Metrópolis* fue el germen de las grandes maravillas que llegaron después. Los efectos especiales, la técnica, el diseño de decorados, la fotografía... Cada uno de sus apartados fue un pionero en sí mismo, perpetuando un legado que excede la ciencia-ficción y abarca toda la concepción artística del oficio cinematográfico. Dicen que Fritz Lang la ideó en 1924, mientras contemplaba los rascacielos y las calles iluminadas de Nueva York desde un barco. Cuando llegó a Alemania, comenzó a trabajar en aquella fugaz inspiración junto a su esposa, la escritora y guionista Thea von Harbou. Solo tres años después, ambos presentaban al mundo una producción sin precedentes en la que participaron 37.000 personas y que tardó más de trescientos días en rodarse. Hitler, deslumbrado con su prodigiosa propuesta visual, le ofreció a Lang un puesto de honor en el cine propagandístico del III Reich. Este, horrorizado, hizo las maletas y emigró a Estados Unidos para seguir filmando obras monumentales e imperecederas.

La naranja mecánica

A Clockwork Orange, Reino Unido, Estados Unidos, 1971

Warner Bros. / Polaris Productions / Hawk Films
Dirección: Stanley Kubrick
Guion: Stanley Kubrick, sobre la novela de Anthony Burgess
Intérpretes: Malcolm McDowell, Patrick Magee, Warren Clarke, Michael Tarn, James Marcus
136 minutos

Para la mayoría de los mortales, decir «Kubrick» y «ciencia-ficción» equivale a pensar en *2001: Una odisea del espacio*. De un modo casi instintivo, se tiende a considerar la película de 1968 como la gran obra del admirado cineasta dentro del género, y motivos no le faltan: sus inconcebibles efectos especiales, su apurada veracidad científica, su visionaria disertación sobre los peligros de la IA, su psicodélica meditación en torno a la existencia humana... Para mí, en cambio, la mayor contribución artística de Stanley Kubrick al terreno de la ficción especulativa no contiene imágenes tecnológicamente abrumadoras ni viajes a la velocidad de la luz ni portentosos clímax enmarcados entre acordes de Richard Strauss.

Después de pasarme media vida leyendo y escribiendo sobre cine, tengo la impresión de que se ha escrito —y leído— muchísimo alrededor de *2001*. La película, que marcó un punto de inflexión en muchos aspectos, lo merece. Pero creo, sinceramente, que no se ha hablado lo suficiente de *La naranja mecánica*, la distopía más brutal y aterradora jamás imaginada por un creador de imágenes en movimiento. Fue el siguiente trabajo de Kubrick, y, sin duda, el más controvertido y envuelto en escándalo. La obra original de Anthony Burgess imaginaba un Londres alternativo y caótico, donde un joven aficionado a la violencia, al sexo y a Beethoven campaba a sus anchas para, acompañado de sus tres *drugos*, cometer las fechorías más atroces jamás vistas en una sala de cine. En su versión, Kubrick quiso retorcer aún más el concepto y mostró imágenes impensables hasta entonces, como aquella que implica un gigantesco pene de porcelana, la terrible paliza que Alex le propina a un escritor mientras canta «Singin' in the Rain» o ese momento del Método Ludovico en el que resulta imposible parpadear.

Medio siglo después, *La naranja mecánica* sigue conmocionando a nuevas generaciones de espectadores que, acostumbrados a la anestesia de la ultracorrección política, se preguntan cómo es posible que alguien se atreviera a rodar algo de semejante explicitud. Y, de paso, también por qué nadie ha tenido el valor de llegar tan lejos desde entonces.

Origen

Inception, Estados Unidos, Reino Unido, 2010

Warner Bros. / Legendary Entertainment / Syncopy
Dirección y guion: Christopher Nolan
Intérpretes: Leonardo DiCaprio, Joseph Gordon-Levitt, Ellen Page, Tom Hardy, Ken Watanabe
148 minutos

Al principio de cada una de sus películas, el logo de la productora de Christopher Nolan y su mujer Emma Thomas, Syncopy, irrumpe en pantalla a modo de un laberinto indescifrable repartido entre las siete letras de la palabra. En una obra tan poblada por símbolos, esta imagen inicial no es ninguna coincidencia: el cineasta nos advierte del intrincado viaje, físico y espiritual, que le espera al protagonista a partir de ese momento.

Los laberintos son, pues, el elemento esencial que contribuye a desenmarañar el misterio *nolaniano*: representan la desorientación existencial de unos personajes que solo encuentran la salida y alcanzan la victoria si son capaces de escapar del tormento de su psique. En este sentido, *Origen* constituye la quintaesencia del laberinto, con una trama fascinante que se desenvuelve en diferentes realidades igual de enmarañadas y conectadas entre sí.

Cobb (Leonardo DiCaprio) es el mayor experto mundial en el robo del subconsciente. Él y su equipo se infiltran de manera sigilosa en los sueños ajenos, para apropiarse de secretos que la víctima guarda en lo más profundo de su mente. Pero Cobb también reprime un trágico suceso que, de un modo u otro, comienza a manifestarse en esos mundos irreales que suele frecuentar, lo que permite a Nolan jugar con un laberinto en tres niveles: el psicológico del protagonista, el onírico (cada sueño se compone a su vez de diferentes capas de las que cada vez es más difícil salir, como unas muñecas rusas que se descubren progresivamente) y el físico, pues en los sueños la arquitectura de las ciudades es tramposa y cambiante, obligando a los personajes a moverse por calles que no llevan a ninguna parte.

Si tras esta perorata freudiana no terminan de convencerse, les propongo un enigma sin *spoilers*. Pregúntense si, llegado el momento, la peonza de Cobb caerá o seguirá girando. Así, sin más. No le busquen el sentido. Analicen con calma todas las opciones. En la respuesta está la clave de esta película apoteósica.

Regreso al futuro

Back to the Future, Estados Unidos, 1985

Universal Pictures / Amblin Entertainment
Dirección: Robert Zemeckis
Guion: Robert Zemeckis y Bob Gale
Intérpretes: Michael J. Fox, Christopher Lloyd, Lea Thompson, Crispin Glover, Thomas F. Wilson
116 minutos

Un buen día, mientras hojeaba un viejo anuario de su padre, el guionista Bob Gale tuvo una idea tan revolucionaria como un Condensador de Fluzo: ¿y si ambos hubieran sido compañeros de instituto? ¿Se habrían enamorado de la misma mujer? Emocionado por las posibilidades de aquella premisa, corrió a contársela a su mejor amigo y colega de escritura, Robert Zemeckis. Solo necesitaron un fin de semana para alumbrar una historia que acabaría significando un antes y un después en el cine de viajes en el tiempo.

No fue complicado convencer a Steven Spielberg, que había financiado las dos primeras cintas dirigidas por Zemeckis, para que se sumara al proyecto como productor ejecutivo. Fue él quien convenció a los directivos de Universal para que apostaran por una película que todos los estudios rechazaban por su falta de sexo —o justo por todo lo contrario, una madre adolescente enamorada de su futuro hijo—, si bien no pudo conseguir que la NBC accediese a liberar a Michael J. Fox, estrella de la serie *Enredos de familia*, para interpretar a Marty McFly. En su lugar contrataron a Eric Stoltz, y, tras cuatro semanas de caótico rodaje, Zemeckis decidió que su vis cómica era inexistente y pidió empezar de nuevo con otro actor. A la desesperada, recurrieron nuevamente a Fox y alcanzaron un acuerdo para que rodara la serie durante el día y la película por las noches, con las escenas diurnas reservadas para el fin de semana.

No importa cuánto tiempo pase: ver *Regreso al futuro* (y sus estupendas secuelas) sigue siendo una de las mejores experiencias del mundo. Su brillantísimo guion, la vibrante dirección de Zemeckis y el carisma de sus dos protagonistas la convierten en una película eterna, la representación perfecta de la nostalgia de un Hollywood donde lo prodigioso siempre era posible.

Rogue One: Una historia de Star Wars

Rogue One: A Star Wars Story, Estados Unidos, 2016

Disney / Lucasfilm
Dirección: Gareth Edwards
Guion: Chris Weitz, Tony Gilroy y John Knoll
Intérpretes: Felicity Jones, Diego Luna, Ben Mendelsohn, Donnie Yen, Forest Whitaker
133 minutos

La compra de Lucasfilm por parte de Disney en 2012 trajo consigo una explosión de júbilo en los fans de *Star Wars*. Tras la nefasta trilogía original rodada por el propio George Lucas entre 1999 y 2005, muchos habían perdido ya la esperanza de visitar nuevamente los dominios de la Fuerza. Sin embargo, la compañía de Mickey Mouse tenía planes a gran escala para la franquicia: una nueva serie de películas que continuarían los acontecimientos de *El retorno del Jedi* e infinidad de series con las que expandir el canon hasta los confines del universo. Pese a ello, el entusiasmo acabó derivando en hartazgo, y de la expectación de los episodios VII y VIII (este último el más arriesgado y el mejor con diferencia) se pasó a una saturación de contenidos enmarcados en aquella galaxia tan lejana —las series *The Mandalorian*, *El libro de Bobba Fett*, *Obi-Wan Kenobi*, *Andor* o *Ashoka*, o la cinta sobre la juventud de Han Solo—, cada cual peor que el anterior.

Curiosamente, el producto más brillante de esta irregular remesa era el que menos se parecía a todo aquello que los espectadores conocían. *Rogue One* contaba una historia independiente y autoconclusiva, sin personajes de las anteriores entregas (salvo un Darth Vader inconmensurable) ni protagonistas entregados a la Fuerza. En su lugar, un puñado de perdedores en una misión suicida —robar al Imperio los planos de la Estrella de la Muerte— que bebían más de los forajidos clásicos y de los renegados del cine bélico que del héroe prototípico al más puro estilo Skywalker. Una película trágica, sucia y con agallas, y una gozada de principio a fin.

Super 8

Super 8, Estados Unidos, 2011

Paramount Pictures / Amblin Entertainment / Bad Robot
Dirección y guion: J. J. Abrams
Intérpretes: Joel Courtney, Elle Fanning, Kyle Chandler, Ron Eldard, Riley Griffiths
112 minutos

J. J. Abrams siempre ha sido el albacea perfecto del legado de Steven Spielberg. Ambos se foguearon en televisión, se convirtieron en iconos del cine fantástico y desarrollaron una tendencia natural hacia las separaciones traumáticas envueltas en un formato *blockbuster*. Para colmo, cuando era joven, Abrams y su amigo Matt Reeves ganaron un concurso consistente en restaurar las viejas películas en Super-8 de Spielberg. Casualidad o premonición, todo vale.

Precisamente, Abrams tenía una idea para un guion, basada en un grupo de niños cinéfilos que rodaban una película *amateur* utilizando dicho formato doméstico, pero le faltaba el resto de la historia. Por otra parte, había desarrollado una idea sobre unos trenes de mercancías que transportaban material secreto directamente desde el Área 51, pero no tenía personajes. Alentado por Spielberg, decidió fusionar ambos conceptos en un mismo relato... Y, de repente, todo encajó a la perfección.

El gran logro de *Super 8* es justo ese, que parece una película perdida en un cajón de Amblin Entertainment que, un buen día, alguien decidió desempolvar. Porque tiene todo lo que caracterizaba aquel cine mágico de los años ochenta auspiciado por el Rey Midas de la gorra, la barba y las gafas: los jóvenes protagonistas enfrentados a un desafío que escapa a toda lógica, la camaradería, las bicicletas, los adultos negligentes, el inconfundible *sense of wonder* que es capaz de proporcionar una luz casi celestial y un excelso *score*... Hasta la magnitud de la producción, con un presupuesto de 35 millones de dólares (una nimiedad para el Hollywood comercial) y un reparto repleto de actores desconocidos, parecía ajustarse milimétricamente al estándar de grandes clásicos como *E.T.*, *Gremlins*, *Los Goonies* o *Regreso al futuro*.

Super 8 es mucho más que una bomba de nostalgia. Es un tributo a una época, a una manera de contar historias, a las películas que nos hicieron felices. Es entretenidísima, graciosa, épica, y hasta tierna cuando debe serlo. Puro regocijo.

Terminator 2: El juicio final

Terminator 2: Judgment Day, Estados Unidos, 1991

Carolco Pictures / Pacific Western / Lightstorm Entertainment
Dirección: James Cameron
Guion: James Cameron y William Wisher
Intérpretes: Arnold Schwarzenegger, Linda Hamilton, Edward Furlong, Robert Patrick, Joe Morton
137 minutos

Terminator 2 representa una de las contadísimas excepciones en el tópico de las segundas partes. No solo supera a su predecesora en cuanto a complejidad y sentido del espectáculo, sino que argumentalmente resulta mucho más profunda y llena de derivaciones: años después de los sucesos de la primera entrega, Sarah Connor y su hijo John, ahora adolescente, son perseguidos por un nuevo androide llegado desde el futuro, esta vez con la misión de eliminar al joven y evitar que un día se convierta en el líder de la resistencia contra las máquinas. A su vez, un segundo Terminator más rudimentario es enviado también para protegerles.

Tras el éxito de *Terminator* en 1984, James Cameron ideó una continuación en la que el villano era un *cyborg* de metal líquido, el T-1000, capaz de adoptar cualquier forma humana o material. Ello, unido a una disputa por los derechos del personaje, provocó que el proyecto se retrasara hasta 1991, momento en que los técnicos de Industrial Light & Magic fueron capaces de crear unos efectos visuales nunca contemplados, tan asombrosos que sentaron las bases de toda la animación cinematográfica generada por ordenador. Con Arnold Schwarzenegger y Linda Hamilton retomando sus icónicos papeles, la película significó una revolución a todos los niveles e incluso estableció una visionaria reflexión en torno a un mundo dominado por las inteligencias artificiales que hoy, transcurridas más de tres décadas desde su estreno, continúa más vigente que nunca.

La película fue un triunfo comercial atronador, con unos beneficios que multiplicaron por cinco su presupuesto de 102 millones de dólares, el más alto jamás utilizado hasta entonces. El fenómeno acabaría generando otras cuatro secuelas, si bien Cameron siempre renegaría de ellas y solo volvió a implicarse en la producción de la última, *Terminator: Destino oscuro* (2019).

COMEDIA

Amarcord

Amarcord, Italia, Francia, 1973

FC Produzioni / PECF
Dirección: Federico Fellini
Guion: Federico Fellini y Tonino Guerra
Intérpretes: Magali Noël, Bruno Zanin, Pupella Maggio, Armando Brancia, Ciccio Ingrassia
123 minutos

Existe un dato que define a la perfección el impacto que Federico Fellini tuvo en todo el mundo, especialmente en un país tan poco dado a ensalzar a autores y cinematografías extranjeras como Estados Unidos. Las cuatro veces que una obra suya se situó entre las finalistas al Oscar a la mejor película internacional, Fellini acabó ganando. Además, fue nominado en otras doce ocasiones como director y guionista, y en 1993, meses antes de morir, recibió una estatuilla honorífica en reconocimiento a su trayectoria. Si buscan otro cineasta no norteamericano que haya conseguido cinco Oscar, no lo encontrarán. A decir verdad, lo más probable es que nunca exista nadie más capaz de lograr nada remotamente parecido.

Los cuatro títulos *fellinianos* condecorados por Hollywood representan, con absoluta paridad, las dos etapas del gran maestro italiano. Mientras *La strada* (1954) y *Las noches de Cabiria* (1957) ilustran la quintaesencia neorrealista, *Ocho y medio* (1963) y *Amarcord* reflejan magníficamente el espíritu autobiográfico y satírico de sus años de madurez. Esta última, de hecho, puede considerarse su obra más personal, porque en ella Fellini recrea su infancia en la localidad ficticia de Borgo San Giulano, levantada en un enorme plató a imagen y semejanza de la ciudad que lo vio nacer, Rímini. Por mucho que él insistiera en que la película simplemente se inspiraba en algunos pasajes de su propia vida, lo cierto es que fueron sus propios recuerdos de juventud los que poblaron aquel lugar a base de personajes esperpénticos y caricaturizados, con la arrebatadora y melancólica Gradisca como gran estandarte de toda aquella fauna ocurrente y carnavalesca, pero también abatida por el auge escalofriante del fascismo.

Fellini y el poeta Tonino Guerra escribieron el guion en el dialecto de la Romaña, proporcionando a la historia un tono costumbrista donde todo, hasta el más mínimo detalle, se supedita al poder de la memoria.

A m'arcòrd. Yo me acuerdo.

ARIZONA BABY

Raising Arizona, Estados Unidos, 1987

20th Century Fox / Circle Films
Dirección y guion: Joel Coen y Ethan Coen
Intérpretes: Nicolas Cage, Holly Hunter, John Goodman, William Forsythe, Frances McDormand
94 minutos

En 1984, dos jóvenes hermanos de Mineápolis consiguieron que una modestísima película titulada *Sangre fácil* tuviera un paso triunfal por Sundance, Toronto y Cannes, y se convirtiera en objeto reverencial para los críticos de medio mundo. Tres años después, las expectativas de cara a su segundo largometraje estaban por las nubes; lo que nadie esperaba era que Joel y Ethan Coen fueran capaces de pasar de un *noir* sombrío y virulento a una comedia llena de personajes entrañables.

Arizona Baby (ilógica adaptación española del mucho más estimulante título original) arranca con el frenesí y el encanto de las películas de Preston Sturges: un ladrón calamitoso (Nicolas Cage en un papel para el que Kevin Costner llegó a hacer hasta tres pruebas) se enamora de la agente de policía (Holly Hunter) que le fotografía cada vez que es detenido. Tras convencerle de que será un hombre de provecho, ambos se mudan a Arizona con la esperanza de formar una familia, pero ven truncado su deseo cuando ella descubre que no puede tener hijos. Decididos a ser padres cueste lo que cueste, se llevan consigo a uno de los quintillizos de un poderoso magnate, dando pie a una serie de situaciones desquiciadas y absurdas que implicarán a dos exconvictos, al jefe del protagonista y a un peligroso cazarrecompensas.

La película es un delirio sin tregua donde se dan cita la comedia surrealista, el wéstern, las *road movies* y hasta la animación de Tex Avery, y en ella se aprecia ya el espíritu mordaz que, una década después, presidirá la obra cumbre de los dos hermanos más prolíficos e imaginativos del cine norteamericano.

Arsénico por compasión

Arsenic and Old Lace, Estados Unidos, 1944

Warner Bros.
Dirección: Frank Capra
Guion: Julius J. Epstein y Philip G. Epstein, sobre la obra teatral de Joseph Kesselring
Intérpretes: Cary Grant, Priscilla Lane, Raymond Massey, Jack Carson, Peter Lorre
118 minutos

Frank Capra tenía solo 42 años cuando consiguió su tercer Oscar como mejor director. Corría el año 1939 y el genio de origen siciliano podía presumir de ser uno de los pocos cineastas capaces de usar su nombre como gran reclamo para una película, sin tener que preocuparse por la presencia de grandes estrellas en el reparto. Tal era su consideración e influencia, que incluso fue capaz de rodar la adaptación de una obra de teatro antes incluso de que pudiera representarse sobre las tablas; en 1941, filmó su esperado regreso a la comedia con *Arsenic and Old Lace*, basada en una pieza escrita solo dos años antes por el dramaturgo Joseph Kesselring. Sin embargo, tuvo que esperar a que el montaje escénico finalizara su temporada en Broadway para que la película viera la luz.

La espera, eso sí, mereció la pena. *Arsénico por compasión* representa una de las cúspides indiscutibles de la *screwball comedy*, principalmente por su capacidad para resultar alocada, tierna y sofisticada con una simetría casi perfecta. Un periodista conocido por sus alegatos contra el matrimonio (insuperable Cary Grant) decide casarse por sorpresa y antes viaja a casa de sus tías para comunicarles la noticia. Allí descubre que las adorables viejecitas son, en realidad, unas asesinas en serie que se dedican a envenenar a ancianos solitarios para procurarles una muerte rápida y dulce. Todo lo que sucede a continuación es pura antología, con tipos que se creen Theodore Roosevelt, psicópatas que se parecen a Boris Karloff, cirujanos borrachuzos y una fusión irresistible de amoríos, humor negro y cine de misterio. Probablemente, el último gran título de un género que nació para que los espectadores olvidaran las penurias de la Gran Depresión, y que acabó alzándose como el paradigma de la exquisitez cinematográfica.

Aterriza como puedas

Airplane!, Estados Unidos, 1980

Paramount Pictures / Howard W. Koch Productions
Dirección y guion: Jim Abrahams, David Zucker y Jerry Zucker
Intérpretes: Robert Hays, Julie Hagerty, Leslie Nielsen, Lloyd Bridges, Robert Stack
88 minutos

Aterriza como puedas surgió como la creación de tres chavales aficionados a las *spoof comedies*, en respuesta a la avalancha de películas de catástrofes estrenadas en los años setenta, especialmente la icónica *Aeropuerto* (1970) y sus interminables secuelas. Jim Abrahams y los hermanos David y Jerry Zucker se habían dado a conocer como guionistas de *Made in USA* (1977), dirigida por John Landis, y consiguieron que los estudios Paramount dieran luz verde a un proyecto aún más disparatado, repleto de gags absurdos e hilarantes, que los tres pensaban dirigir de manera conjunta. La frase que utilizaron para convencer a los ejecutivos fue que la película sería como «*Desmadre a la americana* a bordo de un avión».

Abrahams y los Zucker también tenían un método muy peculiar para seleccionar a los actores. El protagonista, Robert Hays, era también piloto en la vida real, mientras que Lloyd Bridges, Robert Stack y Peter Graves eran conocidos por sus trabajos en televisión y porque no tenían ninguna experiencia previa en la comedia. Los directores estaban seguros de que, al colocar unos rostros tan conocidos como los suyos en medio de un contexto tan surrealista y desenfrenado, la audiencia respondería con entusiasmo. Incluso ofrecieron el personaje del Dr. Rumack a dos veteranos del cine de terror como Christopher Lee y Vincent Price, que rechazaron el papel porque no entendían el guion y permitieron que Leslie Nielsen se convirtiera, contra todo pronóstico, en un referente del género a sus 54 años.

Cuatro décadas después, *Aterriza como puedas* sigue siendo una de las locuras más rebeldes y gozosas jamás rodadas, y algunas de sus escenas —la conversación sobre gladiadores, la mujer histérica a la que todos calman a su manera y Bridges escogiendo un mal día para dejar de oler pegamento— figuran entre los momentos más celebrados de la comedia norteamericana.

Atrapado en el tiempo

Groundhog Day, Estados Unidos, 1993

Columbia Pictures / Trevor Albert / Harold Ramis
Dirección: Harold Ramis
Guion: Danny Rubin y Harold Ramis
Intérpretes: Bill Murray, Andie MacDowell, Chris Elliott, Stephen Tobolowsky, Angela Paton
101 minutos

En 2003, el MoMA de Nueva York programó un ciclo de películas sobre el componente religioso y la figura de Dios en el cine. Tres de los cuatro títulos pertenecían a directores tan insignes como Buñuel, Bergman o Tarkovski. El cuarto se llamaba *Groundhog Day* o *El día de la marmota* (obviaremos su pésima adaptación al español) y estaba firmada por todo un especialista en comedias como Harold Ramis.

¿Cómo puede una película que muchos consideran un pasatiempo familiar gozar de semejante consideración dentro de la esfera filosófica? Fácil. Además de ser una comedia sobresaliente, *Groundhog Day* ha sido interpretada por los expertos como una reescritura de la historia de Jesucristo, una fábula nietzscheana, una alegoría sobre la reencarnación o una nueva lectura del mito griego de Sísifo. Sea como fuere, la historia de este meteorólogo displicente y sarcástico, condenado a revivir el mismo día una y otra vez por menospreciar una marmota, se ha convertido con el paso de las décadas en un objeto de estudio y veneración por parte de críticos, espectadores y eruditos del plano metafísico.

Cuesta creer que semejante joya tuviera un rodaje tan encarnizado, principalmente por las disputas entre dos viejos amigos como Ramis y Murray debido al tono de la película: mientras uno prefería hacer una comedia pura, el otro abogaba por enfatizar en la carga existencial. Que a Murray hubiera que administrarle la vacuna contra la rabia, después de ser mordido dos veces por la marmota, pudo ser la gota que colmó el vaso, ya que ambos se retiraron la palabra hasta poco antes de la muerte de Ramis en 2014.

Austin Powers: La espía que me achuchó

Austin Powers: The Spy Who Shagged Me, Estados Unidos, 1999

New Line Cinema / Gratitude / Moving Pictures / Team Todd
Dirección: Jay Roach
Guion: Mike Myers y Michael McCullers
Intérpretes: Mike Myers, Heather Graham, Michael York, Robert Wagner, Seth Green
95 minutos

Aunque nació y se crio en Ontario (Canadá), Mike Myers siempre se ha sentido británico hasta la médula. Sus padres, originarios de Liverpool, veneraban cualquier vestigio cultural llegado desde el Reino Unido, por lo que Myers creció entre canciones de los Beatles, las películas disparatadas de Peter Sellers y, por supuesto, las aventuras de James Bond. Toda esa explosión de orgullo anglosajón, pasada por el filtro de un cómico tan irreverente y genial, acabó dando como resultado uno de los personajes más deslenguados, imitados e idolatrados del cine contemporáneo. Eso sí, tan famoso como Austin Powers —trasunto de 007 con dentadura deformada y un *sex-appeal* inexplicable— era su némesis, el patético, iracundo y rematadamente divertido Dr. Maligno, también interpretado por Myers.

La primera entrega de la saga, estrenada en 1997, era un psicodélico festín de referencias pop que incluían, además de las ya citadas, al Harry Palmer encarnado por Michael Caine en *The Ipcress File* (1965), los Monty Phyton, los *sketches* de *Saturday Night Live* o el mismísimo Benny Hill. El público respondió con entusiasmo y, de inmediato, Myers comenzó a idear una secuela, sin imaginar que su éxito sobrepasaría todas las expectativas y situaría a Austin Powers entre las diez películas de 1999 más vistas en todo el mundo.

Mucho más provocadora y salvaje que su predecesora, *La espía que me achuchó* alcanza la excelencia desde la absurdidad más clamorosa: el *reality* al que acude el Dr. Maligno con su hijo, la gloriosa irrupción de Mini-Yo, el juego subido de tono con las palabras encadenadas, el robo del «mojo», el mítico «¿por qué pedir trillones cuando podemos pedir billones?»... Todo en esta película es excesivo, soez, imponente y contagioso. Tanto que, con solo escribir sobre ella, dan ganas de volver a disfrutarla. *Yeahhh Baby!*

Barbie

Barbie, Estados Unidos, 2023

Warner Bros. / Heyday Films / LuckyChap Entertainment
Dirección: Greta Gerwig
Guion: Greta Gerwig y Noah Baumbach
Intérpretes: Margot Robbie, Ryan Gosling, America Ferrara, Will Ferrell, Rhea Perlman
114 minutos

Cuando el proyecto de *Barbie* comenzó a fraguarse en 2009, Hollywood era un lugar muy diferente al actual. Antes del estallido del movimiento #MeToo, la industria norteamericana seguía relegando a un buen número de personajes femeninos a meros accesorios de decoración frente al poder implacable del macho alfa. Por aquel entonces, la idea era hacer una película donde la famosa muñeca de Mattel fuese una especie de hada madrina que transmitiera buenos sentimientos a la gente, una gurú del buen rollo que viviría ajena a las reivindicaciones feministas y las críticas al patriarcado. Mary Poppins en formato rubio platino.

Por suerte, la caída del monstruo Weinstein generó un efecto mariposa que, años después, continúa alentando la lucha por la igualdad en una industria tradicionalmente masculinizada y sectaria. En este nuevo contexto, una cinta sobre Barbie adquiría una dimensión totalmente distinta, y ofrecía la posibilidad de denunciar desde la parodia las simulaciones de un sistema obsoleto y podrido. Greta Gerwig, estandarte de la nueva ola de mujeres cineastas que se abre paso a base de codazos de talento, fue escogida para liderar un proyecto que haría tambalearse los cimientos del conservadurismo más rancio. Porque en Barbie todo es idílico y muy rosa, pero queda claro desde el principio que las mujeres están dispuestas a luchar contra los tópicos y que los hombres deben aceptar su verdadero lugar en una sociedad donde ya no vale creerse un personaje de *El Padrino*, hacer como si cabalgas todo el tiempo o sentirse el terrateniente de una *Mojo Dojo Casa House*.

En realidad, el fenómeno de *Barbie* no ha hecho más que comenzar, porque el cine, como el arte y la propia vida, ha iniciado un proceso imparable donde los Kens y aquellos que los representan están condenados a una lenta y plastificada agonía. ¡Larga vida a los Allan de este mundo!

BOWFINGER, EL PÍCARO

Bowfinger, Estados Unidos, 1999

Universal Pictures / Imagine Entertainment
Dirección: Frank Oz
Guion: Steve Martin
Intérpretes: Steve Martin, Eddie Murphy, Heather Graham, Terence Stamp, Christine Baranski
97 minutos

Además de contar con un apellido mágico y manejar marionetas tan emblemáticas como Miss Peggy o el maestro Yoda, Frank Oz fue (ahora parece estar felizmente retirado) un estupendo director de comedias. Títulos como *Un par de seductores* (1988), *¿Qué pasa con Bob?* (1991) o *In & Out* (1997) dejaron claro su talento para retratar a individuos mentalmente inestables desde una perspectiva disparatada, casi caricaturesca. Uno de sus colaboradores habituales era el actor Steve Martin, autor de un guion al que Oz no pudo resistirse y que, asombrosamente, estaba basado en un suceso real.

En 1927, la legendaria actriz Mary Pickford, que se encontraba de vacaciones, fue filmada sin saberlo por un director ruso que llegó a montar una película entera a su alrededor. Martin trasladó la premisa al mundillo de Hollywood, donde un cineasta de tercera categoría llamado Bobby Bowfinger (él mismo) decide rodar una película con la superestrella del momento, Kit Ramsey (tronchante Eddie Murphy), sin que él llegue a ser consciente, siguiéndole a todas partes y haciendo que el resto de los actores interactúe con él sin desvelar el engaño.

La trama ya es de por sí surrealista, pero la puntilla de Oz y Martin llega cuando aparece el otro personaje encarnado por Murphy: un idiota de campeonato que guarda un increíble parecido con Ramsey, y al que Bowfinger «contrata» para que ruede las escenas de riesgo y ejerza como doble de posaderas. De semejante berenjenal metanarrativo solo podía resultar una película de culto categórico, ingeniosa y divertida hasta la extenuación.

Caro diario (*Querido diario*)

Caro diario, Italia, Francia, 1993

Sacher Film / Banfilm / La Sept Cinéma
Dirección y guion: Nanni Moretti
Intérpretes: Nanni Moretti, Renato Carpentieri, Antonio Neiwiller, Claudia Della Seta, Lorenzo Alessandri
100 minutos

Fuimos muchos los que descubrimos a Nanni Moretti en 1993, cuando, de repente, a todo el mundo le dio por hablar de una película sobre un señor barbudo y bailón que recorría Roma a lomos de una vespa. A los iniciados, no nos quedó otra que ir al cine a ver *Caro diario* para que los supuestos cinéfilos no osaran mirarnos por encima del hombro, y resultó que era fabulosa. Aquella revelación nos abrió los ojos a un tipo lleno de fogosidad creativa y dotado de una originalidad voraz, que, para nuestra sorpresa, ya había firmado un buen montón de obras prominentes en su Italia natal. Y nosotros sin saberlo.

Caro diario es una película que resplandece en la sabia mezcolanza: la de su autobiografía ficcionada, la de su pátina documental, y, por encima de todo, la de una miscelánea cinéfilo-artística donde caben Woody Allen, Pier Paolo Pasolini, Leonard Cohen, Silvana Mangano y hasta *Flashdance* (amor) y *Henry, retrato de un asesino* (odio). Una película exótica y dominguera, hermosa y pequeña, socarrona y ácida incluso cuando avista la posibilidad de la muerte. A Moretti le cogimos la matrícula desde entonces, y con los años nos hizo reír nuevamente con las divinas *Abril* (1998), *El Caimán* (2006) o *Habemus papam* (2011), y hasta nos partió el alma en mil pedazos con la tremenda *La habitación del hijo* (2001). Lo que nos hubiéramos perdido.

Los cazafantasmas

Ghostbusters, Estados Unidos, 1984

Columbia Pictures / Dephi Films / Black Rhino Productions
Dirección: Ivan Reitman
Guion: Dan Aykroyd y Harold Ramis
Intérpretes: Bill Murray, Dan Aykroyd, Sigourney Weaver, Harold Ramis, Rick Moranis
105 minutos

El éxito de *Granujas a todo ritmo* (1980) convirtió a John Belushi y a Dan Aykroyd en el dúo de moda de la comedia norteamericana, capaces no solo de dar a vida a personajes desternillantes sino también de escribir ellos mismos los guiones de sus películas, bagaje que adquirieron durante su formación en *Saturday Night Live*. La siguiente jugada que Aykroyd tenía en mente era una cinta paranormal sobre un grupo de científicos que capturaba a espectros problemáticos por las calles de Nueva York, pero las expectativas le cegaron de tal modo que, en un primer momento, concibió una distopía futurista que el director Ivan Reitman calculó en 300 millones de dólares... de la época. Harold Ramis llegó para pulir el guion y pronto quedó claro que los cuatro protagonistas serían interpretados, además de por Aykroyd y Belushi, por John Candy y Eddie Murphy.

Sin embargo, en 1982 John Belushi fallecía a causa de una sobredosis, dejando la producción de *Los cazafantasmas* en un punto muerto. Poco después, Candy y Murphy abandonaron el proyecto por problemas de agenda, por lo que Reitman recurrió a su amigo Bill Murray y ayudó a convencer a Ramis para que interpretara también a Egon Spengler. El personaje destinado a Eddie Murphy se reescribió para que no apareciera hasta la mitad de la película, y poder contratar al desconocido Ernie Hudson en su lugar. Por su parte, Sigourney Weaver, que ya era una gran estrella por aquel entonces, buscaba desesperadamente trabajar en una comedia para alejarse de la etiqueta de actriz dramática, y se preparó a conciencia para las audiciones del personaje de Dana Barrett. Dicen que Reitman se decidió por ella cuando interpretó la transformación en perro y empezó a ladrar con extraordinario realismo.

Lo que vino después fue un fenómeno que ni los propios implicados pudieron predecir, menos aún cuando, durante el rodaje, a Murray le dio por improvisar todas sus frases y el resto decidió seguirle para desesperación del director. *Los cazafantasmas* se convirtió en un clásico repentino y todo el mundo empezó a tararear la canción de Ray Parker Jr. Cuarenta años después, todavía sabemos a quién llamar para pasar un estupendísimo rato.

El ciudadano ilustre

El ciudadano ilustre, Argentina, España, 2016

Arco Libre / Televisión Abierta / Magma Cine / A Contracorriente Films
Dirección: Mariano Cohn y Gastón Duprat
Guion: Andrés Duprat
Intérpretes: Óscar Martínez, Dady Brieva, Andrea Frigerio, Manuel Vicente, Nora Navas
118 minutos

Daniel Mantovani (un Óscar Martínez cuya interpretación sobrepasa los calificativos más elevados) es un escritor de éxito internacional. Aunque a simple vista podría decirse que lo tiene todo —incluido un Premio Nobel de Literatura—, él siente que ya no le queda nada, que ha perdido la inspiración para crear y que se encuentra en el ocaso de su vanagloriada trayectoria. Cuando el pequeño pueblo de Argentina donde nació le invita a recibir la distinción de ciudadano ilustre, decide regresar después de cuarenta años de ausencia. Allí se reencuentra con viejos amigos y antiguos amores, y descubre que el resentimiento es una enfermedad silenciosa que aguarda el momento oportuno para vengarse.

Que Mariano Cohn y Gastón Duprat son dos de los autores más brillantes del cine argentino actual es algo tan obvio que sobra recordarlo. Su incisiva disección de las elites culturales es un espejo perfecto de la sociedad posmoderna, repleta de viejas glorias que buscan perpetuarse en la magnanimidad mientras cacarean sus virtudes desde las alturas. El contraste de todos ellos con la gente real, con aquellos hombres y mujeres que sufren la verdadera tiranía de la vida, genera un choque de egos y animadversiones cuyo resultado es ese humor seco, cortante y pesaroso que se ha convertido en la principal seña identitaria de la dupla. En *El ciudadano ilustre*, Cohn y Duprat apelan a una retórica mordaz y hasta berlanguiana por momentos (la entrevista en el programa de radio, la inauguración de la escultura) y la hacen confluir con momentos incómodos y asfixiantes, casi de terror hacia el tramo final. El desenlace, sin destripar demasiado, es tan provocador que embelesa y desconcierta por igual, invitando al espectador a reinterpretar la historia desde la eterna duda que una simple cicatriz es capaz de transmitirle.

Érase una vez... en Hollywood

Once Upon a Time... in Hollywood, Estados Unidos, Reino Unido, China, 2019

Columbia Pictures / Bona Film Group / Heyday Films
Dirección y guion: Quentin Tarantino
Intérpretes: Leonardo DiCaprio, Brad Pitt, Margot Robbie, Al Pacino, Kurt Russell
161 minutos

Normalmente, cuando un espectador mira varias veces el reloj durante una película es porque ansía que termine. En mi caso, sucede justo lo contrario: cuánto más estoy disfrutando de la sesión, más tiendo a comprobar la hora para cerciorarme de que todavía dispongo de margen suficiente para saborear la exquisitez. La última vez que deseé congelar el tiempo fue presenciando *Érase una vez... en Hollywood*. Frente a una primera proyección de Tarantino, mis expectativas siempre están muy altas; algunas veces —pocas— se rebajan conforme avanza la película, y otras —la mayoría— se mantienen en la cima. En este caso concreto, supe de inmediato que lo que veían mis ojos excedía la mejor de las confianzas. Ni siquiera un *taratiniano* tan entusiasta como yo pudo prever que aquella película sería tan rematadamente perfecta, tan jodidamente insuperable, como para desear que no terminara nunca.

Tarantino, cuya escuela fueron los videoclubs y las sesiones golfas de serie Z, sabía que 1969 fue el año más importante de la historia de Hollywood. La industria se desplomaba, las historias mutaban hacia la opresión y la rebeldía, los viejos ídolos eran derrocados y las estrellas acostumbraban a emigrar para sobrevivir. Rick Dalton, el icono caído de la pantalla que interpreta de manera superlativa Leonardo DiCaprio, simboliza el fin de una era en la que todo, hasta los dobles de acción, comenzaba a ser prescindible. Brad Pitt, con su ajustada mixtura de Robert Redford y Chuck Norris, clava uno de los personajes más redondos, canallas, imponentes y divertidos que haya maquinado nunca la mente de este singular creador (su duelo/humillación con Bruce Lee y el terrorífico pasaje en el rancho de Charles Manson poseen una intensidad cinematográfica aplastante). Y qué decir de Margot Robbie, capaz de llenar de encanto a una figura tan fatídica como Sharon Tate. En el mundo de Tarantino, ella nunca murió: triunfó, envejeció y fue inmensamente feliz. Igual que todos nosotros cuando el reloj se detiene y solo existe el arte que se proyecta ante nuestra mirada.

Good Bye, Lenin!

Good Bye, Lenin!, Alemania, 2003

X-Filme Creative Pool / Westdeutscher Rundfunk (WDR) / ARTE
Dirección: Wolfgang Becker
Guion: Bernd Lichtenberg y Wolfgang Becker
Intérpretes: Daniel Brühl, Katrin Sass, Chulpan Khamatova, Maria Simon, Florian Lukas
121 minutos

Bernd Lichtenberg era un joven estudiante de veintitrés años cuando, un 9 de noviembre de 1989 y de manera sorpresiva, la población alemana derribaba el Muro de Berlín, poniendo fin a tres décadas de aislamiento entre el sector capitalista (Occidental) y el comunista controlado por la URSS (Oriental). Fascinado por la vorágine de cambios que los habitantes de mayor edad de la RDA se vieron obligados a aceptar, Lichtenberg comenzó a idear una tragicomedia cuyo protagonista, Alex, sería un muchacho del lado Oriental cuya madre, Christine, fervorosa militante socialista, se encuentra en coma durante la caída del Muro. Cuando despierta meses después, la ciudad que ella conocía ha cambiado para siempre, pero Alex está dispuesto a cualquier cosa con tal de evitar un nuevo sobresalto en la débil salud de Christine, aunque ello suponga hacerle creer que todo sigue igual a como estaba antes de aquel 9 de noviembre.

Una de las inspiraciones principales de Lichtenberg al desarrollar la historia tenía que ver con el propio Vladimir Lenin. Durante sus dos últimos años de vida, su estado era tan delicado que Stalin ordenó mantenerlo en un entorno cerrado y aislado del resto del mundo, haciendo que sus hombres imprimieran un periódico diario, solo para él, en el que se censuraban todas las noticias que pudieran alterarle. Con la entrada del director Wolfgang Becker, el proyecto inició un tortuoso proceso de reescritura que abarcó tres años y múltiples borradores hasta dar con el tratamiento definitivo.

Good Bye, Lenin! armoniza espléndidamente las situaciones disparatadas (cuánto habría disfrutado Billy Wilder dirigiéndola) con la reflexión política acerca de un país, y una sociedad, en plena metamorfosis ideológica y estructural. Daniel Brühl, fantástico, se doctoró como estrella internacional con una interpretación deliciosa, y Yann Tiersen demostró que el espíritu de *Amélie* también tenía cabida en aquella ciudad rota, erigida en símbolo, cuyas heridas apenas habían comenzado a cicatrizar.

El gran dictador

The Great Dictator, Estados Unidos, 1940

United Artists / Charles Chaplin Productions
Dirección y guion: Charles Chaplin
Intérpretes: Charles Chaplin, Paulette Goddard, Jack Oakie, Reginald Gardiner, Henry Daniell
125 minutos

Cuenta la leyenda que a Charles Chaplin se le ocurrió la idea de *El gran dictador* cuando veía una película de Leni Riefenstahl en el MoMA de Nueva York. Mientras el público en su mayoría salía atemorizado de la proyección, a Chaplin aquello le pareció casi una comedia; de hecho, la figura de Hitler le fascinó de tal modo que, a partir de aquel día, se dedicó a ver la película una y otra vez para imitar sus amaneramientos y la virulencia de su oratoria. No en vano, a ambos les unía una curiosa concordancia: habían nacido en la misma semana del mes de abril de 1889, tuvieron una infancia difícil y se decantaron por vocaciones artísticas (Hitler llegó a formarse como pintor). Por no hablar del famoso bigote que compartían, una circunstancia que irritaba especialmente al Führer desde una visita de Chaplin a Berlín en 1931, en la que fue recibido entre alabanzas y hubo quien acusó al futuro canciller de copiarle el mostacho.

El gran dictador puede considerarse la culminación artística de uno de los artistas (no solo cineastas) más importantes e influyentes de todos los tiempos. Su mirada descarnada al auge de los totalitarismos desde la sonrisa y la defensa de los derechos humanos, en un momento en que millones de judíos eran asesinados en los campos de concentración, es tan rotunda y temeraria que todavía hoy, camino de su siglo de vida, continúa retorciendo el alma de quien la mira y la siente con el fervor que solo despiertan las obras incunables. Años después de escribirla, dirigirla, protagonizarla y financiarla de su propio bolsillo, Chaplin se arrepintió de haberla rodado; no porque, desde entonces, se le tachase de ser procomunista en Estados Unidos (lo que le valió tener que exiliarse a Suiza), sino porque en aquel momento no era consciente de la magnitud del genocidio que se estaba cometiendo.

Aquella fue, además, la primera película sonora que realizó. Se había pasado media vida reivindicando el poder de la expresión y el gesto, y, de repente, nos brindaba un discurso apoteósico de casi cinco minutos sobre la igualdad, el respeto y la tolerancia entre seres humanos. Él, que siempre se estremecía al pensar en la maldad infinita de aquel reverso tenebroso, lo tenía claro: el destino de Hitler era hacer llorar a millones, el suyo, hacer reír al mundo entero.

La gran estafa americana

American Hustle, Estados Unidos, China, 2013

Columbia Pictures / Annapurna Pictures / Atlas Entertainment
Dirección: David O. Russell
Guion: Eric Warren Singer y David O. Russell
Intérpretes: Christian Bale, Amy Adams, Bradley Cooper, Jennifer Lawrence, Jeremy Renner
138 minutos

La Black List es una plataforma internacional donde guionistas de todo el mundo pueden subir sus obras en inglés —lo que se suele conocer como *Speculative Scripts*— con la esperanza de que alguna empresa productora decida transformarlos en una película. En el Hollywood reciente, títulos tan emblemáticos como *Argo*, *El discurso del rey* o *Pequeña Miss Sunshine* surgieron de este inabarcable catálogo, si bien hay algunas historias especialmente atractivas que, por una u otra razón, nunca llegan a filmarse. *La gran estafa americana*, escrita por Eric Warren Singer con el título inicial de *American Bullshit*, estuvo a punto de ser en uno de esos títulos que se quedan perdidos en el limbo, hasta que los productores Charles Roven y Richard Suckle decidieron desempolvarlo y convertirlo en una de las comedias criminales más brillantes de los últimos tiempos.

Tras un leve flirteo con Ben Affleck, Roven y Suckle ofrecieron la película a David O. Russell, y el proyecto comenzó a tomar velocidad de crucero. El director neoyorquino convocó para los papeles principales a cuatro bestias interpretativas de sus anteriores filmes, y de repente la historia adquirió una dimensión estratosférica. Christian Bale pasó de los 66 kilos de *The Fighter* a 103 para convertirse en Irving Rosenfeld, un estafador que construye un pequeño imperio de malversación con la ayuda de su amante (una despampanante Amy Adams), hasta que ambos son sorprendidos por un agente del FBI que se hace la permanente (superlativo y muy divertido Bradley Cooper) y les chantajea para que le ayuden a capturar a los peces gordos de la corrupción política. Mientras, la incendiaria mujer de Rosenfeld (Jennifer Lawrence en su papel más loco e imponente) juega hábilmente sus cartas para mantenerle a su lado e inmiscuirse con sigilo en sus negocios turbios. Fabulosa.

El gran hotel Budapest

The Grand Budapest Hotel, Estados Unidos, Alemania, 2014

Fox Searchlight Pictures / Indian Paintbrush / Studio Babelsberg
Dirección: Wes Anderson
Guion: Wes Anderson, sobre una historia propia y de Hugo Guinness basada en los relatos de Stefan Zweig
Intérpretes: Ralph Fiennes, Tony Revolori, Saorsie Ronan, Jude Law, Adrien Brody
100 minutos

Con Wes Anderson no suele haber término medio: o se le ama hasta la extenuación, o se le odia con tanta intensidad que algunos no pueden ni escuchar su nombre. En mi caso —mucho más cercano al primer grupo que al segundo—, Anderson me ha despertado desde siempre una fascinación estética imponderable, y reconozco en él una curiosa y pintoresca cualidad para recrear el humor absurdo de los grandes clásicos desde el surrealismo y la excentricidad más desatadas. Eso sí, cuando te topas con una película suya que te empieza aburriendo, su tendencia a la linealidad argumental (nunca hay grandes subidas ni bajadas en sus historias) hace que te resulte imposible remontar las expectativas.

Mi problema con Anderson es que sus cintas más aclamadas me suelen producir infinitos bostezos *(Los Tenembaums*, *Life Aquatic*, *Moonrise Kingdom)* y al revés; las que pasan más de puntillas entre críticos y adeptos tienden a entusiasmarme con ardor y desenfreno. Me pasó con *Viaje a Darjeeling* y, especialmente, con *El gran hotel Budapest*, ese ingenioso prodigio en el que el texano soltó todas las riendas de su estilo visual para crear una obra de arte a la altura de *El niño con manzana*, ese cuadro ficticio que sitúa en el centro de esta fábula sobre la amistad, la guerra y la grandeza de un pasado que siempre fue mejor.

Ralph Fiennes borda el papel de Monsieur Gustave, el seductor y eficiente conserje del despampanante Hotel Budapest, que resulta falsamente acusado de asesinar a una aristócrata y debe probar su inocencia con la ayuda de su inseparable mozo de portería (Tony Revolori). Todo envuelto en colores pastel, planos simétricos hasta rozar la locura y el embriagador encanto de los perdedores *andersonianos*. Una película con la que todos deberíamos deleitarnos cada cierto tiempo durante el resto de nuestras vidas.

El gran Lebowski

The Big Lebowski, Estados Unidos, Reino Unido, 1998

Polygram Filmed Entertainment / Working Title
Dirección y guion: Joel Coen y Ethan Coen
Intérpretes: Jeff Bridges, John Goodman, Julianne Moore, Steve Buscemi, John Turturro
117 minutos

Mientras buscaban financiación para su primera película, los Coen conocieron a Jeff Dowd, un productor de películas de serie B popular por su activismo político, su afición a beber «rusos blancos» y su espíritu despreocupado, a quien todos llamaban *The Dude*. Fascinados por su extravagante personalidad, los hermanos se juraron que algún día escribirían una película inspirada en él. Años después, decidieron incorporar al personaje algunas referencias reales de otro amigo, Pete Exline, un veterano de Vietnam que vivía en un cuchitril y se jactaba de su buen gusto para la decoración. Casi sin darse cuenta, acababan de crear a uno de los tipos más peculiares y adorados de las últimas décadas.

La plácida vida de Jeff Lebowski, alias *The Dude* (nosotros lo conocimos como *El Nota*), vago profesional, *hippie* y jugador de bolos, da un vuelco en el momento en que unos matones le confunden con un millonario que tiene el mismo nombre. Cuando acude a su mansión a pedirle explicaciones, acaba implicado en una delirante trama criminal donde no faltan los maletines llenos de ropa sucia, los dedos cortados y las cenizas de un muerto que acaban esparcidas en el lugar equivocado.

Los Coen muestran en *El gran Lebowski* su comicidad más salvaje y psicodélica, moldeando tanto a un protagonista antológico (nunca Jeff Bridges, que aportó su propia ropa al personaje, ha estado tan cerca de la eternidad) como a una galería de secundarios absolutamente primorosos (mención especial para el chiflado de las armas interpretado por John Goodman y el estrafalario Jesús Quintana de John Turturro). Un clásico que siempre pone de buen humor y nos hace apreciar la importancia de una buena alfombra.

GREMLINS

Gremlins, Estados Unidos, 1984

Warner Bros. / Amblin Entertainment
Dirección: Joe Dante
Guion: Chris Columbus
Intérpretes: Zach Galligan, Phoebe Cates, Hoyt Axton, Corey Feldman, Dick Miller
106 minutos

La mejor película navideña de todos los tiempos —en empate técnico con *Jungla de cristal*— surgió de la mente de un joven guionista de veinticuatro años llamado Chris Columbus. Aterrorizado por el ruido nocturno que hacían los ratones de su apartamento, ideó una historia sobre unas criaturas adorables que, si comían después de medianoche, se convertían en unos monstruillos verdes sádicos e incontrolables. En realidad, el término *gremlin* surgió en los años veinte del siglo pasado, y fue popularizado durante la Segunda Guerra Mundial por los pilotos de la RAF, que culpaban a unos extraños seres de los fallos mecánicos en sus aviones. En 1943, el legendario escritor —y expiloto— Roald Dahl decidió transformar aquel mito en uno de sus primeros éxitos literarios.

El guion de Columbus, eso sí, se alejaba por completo de cualquier relato para niños. Su visión era una irresistible confluencia entre comedia negrísima y cine de terror, con pasajes especialmente escabrosos y violentos, pero tuvo la inmensa suerte de que Steven Spielberg le apoyase hasta las últimas consecuencias frente al lógico temor de los directivos del estudio. Spielberg incluso llegó a considerar a Tim Burton como realizador, decantándose finalmente por un icono del fantástico más cafre: Joe Dante. Al final, se eliminaron algunas secuencias demasiado explícitas —los *gremlins* comiéndose a los clientes de un McDonald's y decapitando al perro de Billy—, pero, en esencia, el tono aterrador y gamberro se preservó para estupor de muchos padres que llevaron a sus hijos al cine convencidos de ir a ver una película infantil... Y se encontraron con un relato protagonizado por unas bestias psicópatas que disfrutaban de lo lindo con sus atrocidades.

Cuarenta años después, *Gremlins* conserva intacta su fama de suculenta barbaridad, no apta para los que deseen unas Navidades blancas con cascabeles y buenos sentimientos.

El guateque

The Party, Estados Unidos, 1968

United Artists / Mirisch-Geoffrey / Blake Edwards
Dirección: Blake Edwards
Guion: Blake Edwards, Tom Waldman y Frank Waldman
Intérpretes: Peter Sellers, Claudine Longet, Gavin MacLeod, Steve Franken, Stephen Liss
99 minutos

Peter Sellers y Blake Edwards fueron dos genios volcánicos, irascibles e imposibles de amarrar. Se admiraban con locura, pero cada vez que unían sus talentos, la cosa acababa saltando por los aires. Edwards era un despilfarrador, un sibarita de la alta comedia que no reparaba en gastos para vestir sus películas de sofisticación, colores y glamour. Sellers, por su parte, era el mejor en lo suyo, una estrella con una capacidad camaleónica sobrehumana y un talento insolente para la improvisación, además de un coleccionista de escándalos, rabietas y ataques cardíacos (llegó a sufrir trece seguidos en 1964, y el siguiente se lo llevó de este mundo en 1980). Juntos filmaron seis películas de *La Pantera Rosa*, aunque ninguna de ellas tan buena, provocadora y decididamente loca como *El guateque*.

Edwards no necesitaba guion. Su plan era entregarse a la inventiva de Sellers, dejarse llevar por su irresistible anarquía y arrastrar a todo el equipo a aquel delirio sin diálogos (durante mucho tiempo la idea era hacer una película muda), pero el estudio pidió un libreto al que aferrarse y Edwards les entregó una nimiedad de 56 páginas con algunas réplicas y descripciones rudimentarias. La magia consistía en soltar a la bestia, dejarle improvisar una escena tras otra en la piel —oscurecida y muy políticamente incorrecta— de un actor hindú, proclive a las catástrofes, que es invitado por error a una fiesta de alto *standing* hollywoodiense.

Al final, la cosa se desmadró tanto que *El guateque* acabó convertida en mucho más que una comedia: es una celebración psicodélica de la vida, la estupidez, las piscinas con espuma y los camareros etílicamente descacharrantes.

Intocable

Intouchables, Francia, 2011

Quad / Ten Films / Canal+
Dirección y guion: Olivier Nakache y Éric Toledano
Intérpretes: François Cluzet, Omar Sy, Anne Le Ny, Audrey Fleurot, Clotilde Mollet
87 minutos

Antes incluso de dirigir su primera película en común, Éric Toledano y Olivier Nakache tenían claro que un día contarían la extraordinaria historia del conde Phillipe Pozzo di Borgo. Fue en 2004 cuando descubrieron el documental *À la vie, à la mort*, donde se describía la relación de amistad entre Pozzo di Borgo, tetrapléjico desde 1993 debido a un accidente de parapente, y un inmigrante de los suburbios al que contrató como ayudante. Por aquel entonces, Toledano y Nakache no se veían preparados para un desafío de esa magnitud, pero en 2008 —ya con dos títulos a sus espaldas— pensaron que había llegado el momento. Viajaron hasta Marruecos, lugar de residencia del conde, y le convencieron para llevar a la pantalla aquel pasaje tan determinante de su vida. Eso sí, Pozzo di Borgo les puso una condición: no quería que aquella fuera una película compasiva, sino una historia divertida e inspiradora.

Y así fue como esta dupla de cineastas parisinos comenzó a fraguar uno de los mayores fenómenos del cine europeo en el siglo XXI. Escogieron a toda una eminencia nacional como François Cluzet para dar vida al protagonista (el actor también viajó hasta el norte de África para conocer a Pozzo di Borgo y estudiar cada uno de sus gestos) y confiaron el papel del asistente a un espigado intérprete franco-senegalés llamado Omar Sy. Entre ellos surgió desde el principio una química tan prodigiosa, que los directores se dedicaron a improvisar escenas y diálogos sobre la marcha, adaptándolos a las particularidades y la complicidad de ambos y fabricando a su alrededor un relato entrañable, vivaz y magistralmente campechano.

Luego llegó el delirio, salpicado por un gran clásico de Earth, Wind & Fire y coronado por un aluvión de récords y millones. Gracias a su maravilloso canto a la igualdad y las segundas oportunidades, *Intocable* se había ganado su lugar en la historia.

EL JOVENCITO FRANKENSTEIN

Young Frankenstein, Estados Unidos, 1974

20th Century Fox / Gruskoff-Venture Films / Crossbow Productions / Jouer Limited
Dirección: Mel Brooks
Guion: Gene Wilder y Mel Brooks, sobre la novela de Mary Shelley
Intérpretes: Gene Wilder, Peter Boyle, Marty Feldman, Madeline Kahn, Cloris Leachman
106 minutos

Un día, mientras tomaban un café durante una pausa del rodaje de *Sillas de montar calientes* (1974), Gene Wilder le propuso a Mel Brooks volver a trabajar juntos en un proyecto que se le acababa de ocurrir sobre el mito de Frankenstein. «¡Otro no! —fue la primera reacción de Brooks—. Ya ha habido un hijo de, un primo de, un cuñado de... No necesitamos otro Frankenstein.» Wilder, sin embargo, supo jugar las cartas para que su viejo amigo cambiara de opinión: su idea tendría como protagonista al nieto de Victor Frankenstein, un reputado investigador médico que reniega del desquiciado pasado de su familia, pero que, tras heredar el castillo de su abuelo en Transilvania, acaba retomando sus experimentos para revivir el cadáver de un criminal que ha sido ejecutado.

Aunque la película estaba concebida como una parodia, Brooks quería otorgarle el empaque de los grandes clásicos del terror de los años treinta. Tenía claro que la rodaría en blanco y negro, con unos títulos de crédito y unas transiciones propias de la época, y que incluso emplearía los materiales originales diseñados por Kenneth Strickfaden para el *Frankenstein* dirigido por James Whale en 1931. Toda esta atmósfera retro ahuyentaba a los grandes estudios, convencidos de que la película sería un rotundo fracaso, hasta que finalmente la Fox se decidió a poner sobre la mesa los 2,3 millones de dólares de presupuesto que Brooks demandaba para arrancar el rodaje.

El jovencito Frankenstein representa una de esas contadísimas muestras en las que los astros parecen alinearse para forjar la obra perfecta. Gene Wilder se lo pasaba tan bien, que había que repetir sus tomas una y otra vez porque no podía aguantar la risa. La joroba mágica de Marty Feldman y el número a lo Fred Astaire del Monstruo (un encantador Peter Boyle) hicieron el resto para alcanzar la inmortalidad. Lógico que, conforme se acercaba el final de la producción, decidieran escribir nuevas escenas solo para seguir rodando.

Luces de la ciudad

City Lights, Estados Unidos, 1931

United Artists / Charles Chaplin Productions
Dirección y guion: Charles Chaplin
Intérpretes: Charles Chaplin, Virginia Cherrill, Florence Lee, Harry Myers, Hank Mann
87 minutos

Regresemos a Charles Chaplin, pero viajando en el tiempo hasta finales de los años veinte del siglo pasado. Con el estreno de *El cantante de jazz* en 1927, el cine vivió una revolución sin precedentes por la irrupción del sonido y el final de las películas mudas. Todo Hollywood recibió aquel avance con entusiasmo, salvo su estrella más visible. Enamorado del lenguaje gestual, Chaplin había hecho confluir dos de sus grandes pasiones —el mimo y el melodrama— en el personaje de Charlot, un vagabundo de refinados modales y gran corazón cuyo humor consideraba inconcebible para un relato sonoro. Por esa razón, el gran genio británico rechazó en un principio las ventajas de aquel invento y decidió seguir rodando historias mudas durante toda la década siguiente. Fueron muchos los apocalípticos que predijeron entonces el fin de su carrera... Pero Chaplin era único e incomparable.

La maravillosa *Luces de la ciudad* fue su primera película estrenada en la época del sonoro. Por supuesto, es totalmente muda, y en ella Chaplin realiza una de sus caracterizaciones más deslumbrantes y hermosas con el bastón y el bombín de Charlot. En esta ocasión, el encantador vagabundo se enamora locamente de una joven violetera ciega cuya casa está a punto de ser embargada. Para ayudarla, prueba suerte en varios trabajos y convence a un amigo millonario (que solo le reconoce cuando está borracho) de que le preste los mil dólares que la chica necesita. El entuerto, cómo no, acabará con el protagonista entre rejas y su amada salvando la casa y recuperando la vista tras una complicada operación; el encuentro final entre ambos, en el que ella le observa por primera vez y le reconoce como su benefactor, es uno de los instantes más mágicos y conmovedores de todos los tiempos.

Chaplin pasó cuatro años preparando *Luces de la ciudad*, y la respuesta del público —por aquel entonces acostumbrado ya a las películas dialogadas— no pudo ser más entusiasta. Los agoreros que lo sepultaron antes de hora corrieron a refugiarse en sus escondrijos, consternados ante el tremendo talento de un creador que todavía era capaz de dar una lección sobre el amor y la solidaridad, sin necesidad de pronunciar ni una sola palabra.

El maquinista de La General

The General, Estados Unidos, 1926

United Artists / Buster Keaton Productions
Dirección y guion: Buster Keaton y Clyde Bruckman
Intérpretes: Buster Keaton, Marion Mack, Glen Cavender, Jim Farley, Frederick Vroom
78 minutos

Buster Keaton fue, probablemente, la primera superestrella de Hollywood. Obligado a trabajar en el espectáculo circense de su padre desde los tres años, y apodado *Buster* por el mismísimo Houdini, en los años veinte se convirtió en el actor más conocido del planeta, gracias a su genial inexpresividad y su afición por jugarse la vida realizando acrobacias y protagonizando gags inverosímiles. La irrupción del cine sonoro y del sistema de grandes estudios le hizo caer en el olvido y ganarse la vida escribiendo *sketches* para los Hermanos Marx, aunque, por suerte, el tiempo le concedería un lugar privilegiado en la historia del cine y se convertiría en una influencia reconocida por grandes intérpretes y cineastas, desde Jackie Chan a Wes Anderson pasando por Bill Murray o el mismísimo Tom Cruise.

El maquinista de La General, basada en el secuestro real de un tren durante la Guerra Civil entre el Norte y el Sur, marca el cénit profesional de Keaton. Al frente de su propia productora y ejerciendo también como guionista y director, la película es el mejor ejemplo de la envergadura de su cine: filmada en Oregón durante dieciocho semanas —algo impensable por aquel entonces—, con una locomotora real (aunque la intención de Keaton era contar con la que había protagonizado la historia real en 1862) y unos efectos especiales revolucionarios para la época. Pese al tono humorístico, Keaton fue también muy cuidadoso con la verosimilitud de la historia, lo que incluía cuidar los decorados, los vestuarios, la utilería y hasta los cañones. Tan riguroso fue su trabajo, que muchos historiadores la consideran la mejor película sobre la Guerra de Secesión.

NO MIRES ARRIBA

Don't Look Up, Estados Unidos, 2021

Netflix / Hyperobject Industries / Bluegrass Films
Dirección: Adam McKay
Guion: Adam McKay, sobre una historia propia y de David Sirota
Intérpretes: Leonardo DiCaprio, Jennifer Lawrence, Meryl Streep, Jonah Hill, Cate Blanchett
138 minutos

Sin hacer demasiado ruido, Adam McKay se ha convertido en el retratista más certero de la falsa moral americana. En *El reportero: La leyenda de Ron Burgundy* (2004) mostraba la cara más mentirosa y rancia del periodismo televisivo; en *La gran apuesta* (2015) se adentraba sin reparos en el lado tétrico de la primera economía mundial; y *En el vicio del poder* (2019) revelaba los chanchullos más caricaturescos de la surrealista administración Bush. Todo mediante un espíritu tremendamente cínico y desenfadado, capaz de transformar temas serios y muy preocupantes en satíricas moralejas del mundo moderno.

No mires arriba representa la particular mirada de McKay a cuestiones como la preservación del planeta y la supervivencia de la especie humana, además de ser su película más redonda hasta la fecha. Cuando dos astrónomos descubren la existencia de un meteorito capaz de extinguir toda forma de vida en La Tierra, ni los políticos ni los medios de comunicación parecen tomarse en serio sus advertencias, dejando aflorar la parte más interesada y ruin de nuestra propia naturaleza. En realidad, la inminente llegada del cometa y la indiferencia de la población mundial simbolizan la pasividad generalizada frente al cambio climático y sus efectos devastadores para un planeta que, hablando claro, parece importarnos un comino.

En su disertación, McKay no deja títere con cabeza y se muestra más corrosivo que nunca. Pocas veces en el cine actual se ha visto juntas a tantas estrellas dispuestas a reírse de sí mismas para apretar las tuercas a los políticos y aportar su granito de arena a la causa medioambiental. Una película, en definitiva, para disfrutar muchísimo y pensar más todavía, con unos títulos de crédito que nadie en su sano juicio debería perderse.

LA NOCHE AMERICANA

La nuit américaine, Francia, Italia, 1973

Les Films du Carrosse / PECF / Produzione Intercontinentale Cinematografica (PIC)
Dirección: François Truffaut
Guion: François Truffaut, Jean-Louis Richard y Suzanne Schiffman
Intérpretes: Jacqueline Bisset, Jean-Pierre Léaud, François Truffaut, Valentina Cortese, Dani
116 minutos

Cuando *La noche americana* se proyectó por primera vez en Cannes el 15 de mayo de 1973, François Truffaut era ya el director francés más influyente de la historia. Ni siquiera Jean-Luc Godard, su antiguo camarada en los años revolucionarios de la Nouvelle Vague, había logrado un reconocimiento internacional tan unánime como el alcanzado por el responsable de títulos como *Los cuatrocientos golpes* (1958), *Jules y Jim* (1962) o *Fahrenheit 451* (1966). No parece casual que, para su particular carta de amor al cine, Truffaut escogiese como título una técnica clásica de filmación, originaria —de ahí el nombre— de Estados Unidos, consistente en rodar escenas nocturnas durante el día aplicando un filtro de color azul a la cámara. Muchos vieron en la película un guiño al cine norteamericano, pues en ella se recrea un rodaje ficticio (con Truffaut, que era un solvente actor, interpretando al realizador) donde todo parece estar fuera de control y el éxito de la producción depende casi de un milagro.

La noche americana es una película trepidante, hilarante y nostálgica, en la que el gran maestro parisino imprime un componente mágico a la trama desvelando, precisamente, la verdadera naturaleza de un decorado, de un efecto óptico o de una insoportable estrella de cine. En este contexto, el director se erige como el único capaz de liderar semejante locura y evitar que todo salte por los aires; en cierto modo, Truffaut homenajea a sus idolatrados iconos del *mainstream*, como Hitchcock o Howard Hawks. La cinta, por supuesto, se coronó con un merecidísimo Oscar a la mejor película de habla no inglesa, algo que no gustó nada a Godard, quien escribió una carta a su viejo amigo acusándole de arrodillarse frente a la maquinaria yanqui e invitándole a rodar juntos un largometraje que recuperase la esencia de la Nouvelle Vague. Truffaut, genio y figura, le llamó esnob, impostor y «mierda», y nunca más volvió a dirigirle la palabra.

Ocean's Eleven

Ocean's Eleven, Estados Unidos, 2001

Warner Bros. / Village Roadshow Pictures / NPV Entertainment / Jerry Weintraub / Section Eight
Dirección: Steven Soderbergh
Guion: Ted Griffin, sobre el original de Harry Brown y Charles Lederer
Intérpretes: George Clooney, Brad Pitt, Matt Damon, Andy Garcia, Julia Roberts
116 minutos

A principios de siglo XXI, alguien en Warner Bros. tuvo la brillante idea de activar el *remake* de *La cuadrilla de los once* (1960), una elegante comedia de atracos ambientada en Las Vegas y protagonizada por un espectacular elenco que incluía a los miembros más notorios del *Rat Pack* de Frank Sinatra. La intención era actualizar aquella historia con George Clooney reclutando para la causa a ilustres amiguetes como Brad Pitt, Matt Damon o el director Steven Soderbergh. Tal era su poder de convocatoria, que llegó a convencer a la actriz más cotizada del planeta a base de puro *charme*: Julia Roberts acababa de ganar el Oscar y lucía unos honorarios de veinte millones de dólares por trabajo, así que, ni corto ni perezoso, Clooney le hizo llegar el guion de *Ocean's Eleven* junto a un billete de veinte dólares y una nota que decía «me han dicho que cobras veinte por película». A la Novia de América aquello le hizo tanta gracia que dijo sí al instante.

Esta anécdota, tan encantadoramente verídica, define a la perfección el espíritu juguetón y canalla que preside la película de principio a fin. Ante nuestros ojos desfilan algunos de los rostros más idolatrados del celuloide, pero lo hacen con un cachondeo y una naturalidad tan contagiosos (ese Pitt comiendo sin parar hasta que llega el inevitable golpe de acidez) que nos acaban pareciendo nuestra pandilla de colegas de toda la vida. Se ríen, les sobra empaque y son tan guapos que aturden. Con semejantes mimbres, no es de extrañar que el público adorase la cinta y «obligara» a sus responsables a reunirse nuevamente para dos secuelas casi igual de arrebatadoras. La primera de ellas, *Ocean's Twelve* (2004), incluye un magistral pasaje de metaficción en el que Tess (el personaje de Julia Roberts) se hace pasar por Julia Roberts para engatusar a Bruce Willis... mientras se interpreta a sí misma.

OTRA RONDA

Druk, Dinamarca, Suecia, Países Bajos, 2020

Zentropa Entertainments / Film i Väst / Zentropa International Sweden
Dirección: Thomas Vintenberg
Guion: Thomas Vinterberg y Tobias Lindholm
Intérpretes: Mads Mikkelsen, Thomas Bo Larsen, Magnus Millang, Lars Ranthe, Maria Bonnevie
117 minutos

Se dice que Winston Churchill ganó la Segunda Guerra Mundial bajo los efectos conscientes del alcohol. De hecho, existe una teoría que afirma que el ser humano posee un déficit del 0,05 por ciento de alcohol en sangre, y que un mínimo estado de embriaguez es capaz de cambiar nuestra percepción del mundo y desarrollar nuestra creatividad. Esto es, precisamente, lo que deciden experimentar los cuatro profesores de instituto que protagonizan *Otra ronda*: beber a escondidas en el trabajo lo justo para pasar desapercibidos y, de paso, mejorar todos y cada uno de los aspectos de sus anodinas vidas.

Thomas Vinterberg concibió la historia como una obra de teatro, hasta que, por insistencia de su hija Ida, prefirió desarrollarla en formato de largometraje con ella interpretando a la hija de Mads Mikkelsen. Cuatro días antes de iniciar el rodaje, Ida Vinterberg fallecía en un accidente de tráfico a los diecinueve años, una tragedia que estuvo a punto de cancelar el proyecto para siempre. Pero el cineasta danés entendió que aquella era la oportunidad perfecta para rendirle tributo, mostrando el proceso de los personajes como un «despertar a la vida», por lo que reescribió el guion y se trasladó a la escuela donde estudiaba la joven para filmar en su misma clase y con sus mismos compañeros. La película está dedicada a su memoria.

Otra ronda se sirve del típico pretexto cómico de la borrachera entre colegas para contarnos una historia ocurrente y juguetona, tras la cual se esconde un poso de desolación que, poco a poco, emerge hasta dominar completamente el relato. También hay, eso sí, un espacio para la compadrería y la reivindicación del amor perdido en esta fábula sobre el sentido biológico de la felicidad. El baile final, epítome del *Feel Good Dogma*, es una invitación a vivir por mucho que el mundo diga lo contrario.

Paddington 2

Paddington 2, Reino Unido, Francia, Estados Unidos, Canadá, 2017

StudioCanal / Anton / Bona Film Group
Dirección: Paul King
Guion: Paul King y Simon Farnaby, sobre los personajes creados por Michael Bond
Intérpretes: Ben Whishaw, Hugh Bonneville, Sally Hawkins, Hugh Grant, Julie Walters
103 minutos

En 2014, el joven cineasta Paul King asumió el reto de llevar a la pantalla las aventuras de Paddington, el entrañable personaje creado por Michael Bond a finales de los años cincuenta y verdadero icono de la literatura infantil y juvenil del Reino Unido. Pese al cambio de última hora de Colin Firth por Ben Whishaw para la voz del protagonista, la película se convirtió en una de las sorpresas del año, gracias a su primorosa combinación de humor e inocencia, con una estética londinense repleta de colores vivos y un diseño de producción mágico y sutil. Su fenómeno alcanzó tal magnitud que acabó convirtiéndose en la película familiar independiente más taquillera de la historia.

Tres años después, el esforzado osito peruano regresó con una secuela todavía más jovial e imaginativa, en la que Paddington y la familia Brown se enfrentaban a un actor sin escrúpulos magníficamente encarnado por Hugh Grant (el propio intérprete lo considera su mejor trabajo hasta la fecha). Repleta de guiños cinéfilos y homenajes a Charles Chaplin —la escena de la barbería y el momento en que el protagonista queda atrapado entre los engranajes de un reloj—, *Paddington 2* es una de esas películas que nos recuerdan por qué el cine es, ante todo, una invocación de lo maravilloso. No olviden verla con un buen sándwich escondido en el sombrero.

Pequeña Miss Sunshine

Little Miss Sunshine, Estados Unidos, 2006

Searchlight Pictures / Big Beach / Bona Fide Productions
Dirección: Jonathan Dayton y Valerie Faris
Guion: Michael Arndt
Intérpretes: Greg Kinnear, Toni Collette, Steve Carell, Abigail Breslin, Alan Arkin
101 minutos

Michael Arndt nunca había escrito un guion cuando escuchó a Arnold Schwarzenegger, por aquel entonces gobernador de California, decir por televisión que detestaba a los perdedores. En este instante, Arndt pensó que servía para algo más que ser el asistente del actor Matthew Broderick, mandó el trabajo al garete y se sentó a escribir una historia en la que un puñado de personajes frustrados terminaba ganando la partida a los supuestos vencedores. Lo que acabó creando fue una de las familias más disfuncionales y estrafalarias que se recuerdan en el cine norteamericano, una especie de clan Simpson marcado por los traumas recónditos y la huella insoportable del fracaso.

Los Hoover tienen pocos motivos para la esperanza. El padre es un motivador que ha perdido la motivación, la madre está saturada física y anímicamente, el hijo es un nihilista que se niega a hablar, el tío quiere suicidarse y el abuelo es un veterano de guerra cocainómano. El único miembro de la familia que parece perseguir un futuro mejor es la pequeña Olive, que sueña con ganar un concurso de belleza infantil llamado Pequeña Miss Sunshine. Cuando es escogida para ser una de las participantes, todos se ofrecen a acompañarla en un estrambótico viaje por carretera a bordo de una vieja Volkswagen Combi amarilla.

Al final, los casi dos mil kilómetros del recorrido se transforman en una travesía emocional de autodescubrimiento y mutua comprensión. Una oportunidad para amar, para cambiar y para aprender de la fuerza indómita de una niña de siete años. Y también para que aquellos que aborrecen a los perdedores se pregunten si valió la pena el precio que pagaron por su triunfo.

EL PRÍNCIPE DE ZAMUNDA

Coming to America, Estados Unidos, 1988

Paramount Pictures / Eddie Murphy Productions
Dirección: John Landis
Guion: David Sheffield y Barry W. Blaustein, sobre una historia de Eddie Murphy
Intérpretes: Eddie Murphy, Arsenio Hall, James Earl Jones, Shari Headley, John Amos
117 minutos

En la década de los ochenta, Eddie Murphy era el príncipe de la comedia norteamericana. Todavía en la veintena, cada película que protagonizaba se convertía en un éxito instantáneo, cobraba una media de 8 millones por título (una salvajada para la época) y su radio de influencia era tan amplio que incluso podía permitirse el lujo de ser el artífice de sus propias historias y escoger personalmente a los directores. Por aquel entonces, John Landis, que lo había dirigido en uno de sus primeros taquillazos *(Entre pillos anda el juego)* vivía una situación diametralmente opuesta: tras erigirse como uno de los grandes renovadores del género desde finales de los años setenta, se había visto envuelto en un controvertido proceso judicial tras la muerte del actor Vic Morrow y dos niños en un accidente de helicóptero, mientras rodaba su episodio para el filme coral *En los límites de la realidad* (1983) (Landis fue imputado por negligencia, aunque finalmente quedó libre de los cargos). Murphy sabía que la carrera de su antiguo mentor pendía de un hilo, y le ofreció la posibilidad de dirigir una película que él mismo había ideado acerca de un príncipe africano que viajaba a Nueva York para encontrar a la mujer de sus sueños.

La cosa acabó como el rosario de la aurora. Landis no podía soportar que Murphy fuera el verdadero cabecilla de la producción, y los enfrentamientos entre ambos se sucedieron a lo largo del rodaje. «Se había convertido en el cerdo más grande del mundo», se quejaba el realizador, a lo que la estrella replicaba afirmando que «le di una oportunidad y se dedicó a joderme». Curiosamente, aquella película resultó ser un bombazo en taquilla y acabó convertida en una de las comedias más idolatradas de la década... Porque ambos ejecutaron su cometido a la perfección. Landis exhibió todo su *punch* cómico y Murphy dejó claro por qué era el tipo más divertido del planeta. Si el duelo de egos fue la causa de unos rendimientos tan espléndidos, bravo entonces por las rencillas.

Resacón en Las Vegas

The Hangover, Estados Unidos, Alemania, 2009

Warner Bros. / Legendary Entertainment / Green Hat Films
Dirección: Todd Phillips
Guion: Jon Lucas y Scott Moore
Intérpretes: Bradley Cooper, Ed Helms, Zack Galifianakis, Justin Bartha, Heather Graham
100 minutos

El mayor fenómeno de la comedia contemporánea nació como una pequeña película, aparentemente del montón, en la que cuatro amigos viajaban hasta Las Vegas para correrse la mayor juerga de sus vidas aprovechando la inminente boda de uno de ellos. Nada nuevo bajo el sol, si no fuera por el originalísimo planteamiento narrativo que sigue a esa noche de desenfreno: el novio ha desaparecido y los tres colegas no recuerdan absolutamente nada de lo que sucedió. Es entonces cuando el desmadre etílico tantas veces visto en el cine se transforma en una hilarante revisión del género detectivesco, con los protagonistas enlazando una pista tras otra para encontrar a su amigo y llevarlo a tiempo hasta el altar. Por el camino, se encuentran con un tigre, un bebé, un diente en paradero desconocido, un mafioso chino, una *stripper* de gran corazón y hasta el mismísimo Mike Tyson tocando la batería como Phil Collins.

Por increíble que parezca, la película se basa en un percance real que le sucedió al productor Tripp Vinson, quien, durante su despedida de soltero en Las Vegas, desapareció sin dejar rastro y amaneció en un club de *striptease*, sin acordarse de lo sucedido y con una factura considerable que pagar. Jon Lucas y Scott Moore se inspiraron en aquella historia para escribir uno de los guiones más solicitados de Hollywood en aquel momento, que Warner adquirió finalmente por dos millones de dólares y confió a las sabias manos de todo un referente de la comedia salvaje norteamericana como Todd Phillips.

Dejemos los rodeos: *Resacón en Las Vegas* es una maldita genialidad. Cien minutos de puro vértigo donde se dan cita desde Preston Sturges y John Landis a Ivan Reitman, pasando por el loquísimo Scorsese de *Jo, qué noche* (1985), y donde Bradley Cooper, Ed Helms y el desternillante Zach Galifianakis establecen una de las químicas masculinas más portentosas de los últimos tiempos. La película fue un éxito colosal, generó dos secuelas muy resultonas y se llevó por sorpresa el Globo de Oro a la mejor comedia del año.

Sopa de ganso

Duck Soup, Estados Unidos, 1933

Paramount Pictures
Dirección: Leo McCarey
Guion: Bert Kalmar y Harry Ruby
Intérpretes: Groucho Marx, Harpo Marx, Chico Marx, Zeppo Marx, Margaret Dumont
69 minutos

Escoger la mejor película de los Hermanos Marx es tan difícil como quedarse con una sola pintura de Goya, una única pieza de Beethoven o una obra arquitectónica de Frank Lloyd Wright. Su colección de magistrales salvajadas es tal, que bien merecen ser considerados como unos de los artistas más genuinos e influyentes de todo el siglo XX. Sería fácil decantarse por maravillas como *Plumas de caballo* (1932), *Una noche en la ópera* (1935) o *Un día en las carreras* (1937), pero si existe una película de los grandes genios del vodevil que despunte por encima del resto esa es, sin duda, *Sopa de ganso*.

A principios de la década de los años treinta, nadie rentabilizaba las ventajas del recién llegado cine sonoro como los Marx. Sus películas estaban llenas de diálogos chispeantes y vertiginosos que, en boca del inefable Groucho, se transformaban en armas arrojadizas del ingenio y la anarquía. Cuando *Plumas de caballo* se convirtió en el título más taquillero de 1932, los mandamases de Paramount se apresuraron en encargar a los Marx una nueva y provechosa ración de humor descacharrante. Los hermanos propusieron una historia que transcurriría en una nación ficticia, Freedonia, y consistiría en una sátira de las dictaduras que, por aquel entonces, comenzaban a asolar el viejo continente. Ernst Lubitsch fue tanteado por el estudio para la dirección, aunque la fijación de los Marx por contratar a Leo McCarey terminó dando sus frutos. «Lo más sorprendente es que conseguí mantenerme cuerdo porque no quería trabajar con ellos —reconocería el cineasta décadas después—. Estaban completamente locos.»

Sopa de ganso fue una decepción comercial y significó el final de la relación de los cómicos con Paramount. Hubo incluso quien los acusó de ególatras y repetitivos, pero el tiempo convirtió sus argumentos en humo. La película es de tamaña ocurrencia, y tiene tan mala leche, que hasta Mussolini se sintió ofendido por ella y la prohibió en Italia, algo que enorgulleció enormemente a los hermanos. Tampoco hizo mucha gracia en la localidad de Fredonia, Nueva York, que se quejó de las posibles implicaciones negativas que les pudiera ocasionar el término «Freedonia». Groucho, genio y figura, replicó pidiendo que cambiaran el nombre del pueblo porque estaba perjudicando a su película.

Uno, dos, tres

One, Two, Three, Estados Unidos, 1961

United Artists / The Mirisch Corporation / Pyramid Productions / Bavaria Film
Dirección: Billy Wilder
Guion: Billy Wilder e I. A. L. Diamond, sobre la obra teatral de Ferenc Molnar
Intérpretes: James Cagney, Horst Buchholz, Pamela Tiffin, Arlene Francis, Lilo Pulver
104 minutos

A comienzos de la década de los sesenta, la Guerra Fría atravesaba uno de sus momentos más frágiles debido a la creciente carrera armamentística entre Estados Unidos y la Unión Soviética. Con todo el planeta conteniendo la respiración ante un posible conflicto nuclear, a Billy Wilder no se le ocurrió otra cosa que trasladar un equipo de rodaje hasta Berlín (en aquel momento, un verdadero polvorín por la presión soviética para forzar la retirada de las fuerzas occidentales) y ponerse a rodar una de las comedias más vertiginosas, contundentes y fascinantemente construidas de su opulenta filmografía.

James Cagney, sesentón y malhumorado, era perfecto para personificar a C. R. «Mac» MacNamara, un alto ejecutivo de Coca-Cola destinado en la capital alemana que, como el Jack Lemmon de *El apartamento*, sueña con un jugoso aumento que le permita convertirse en el máximo responsable de la compañía a nivel continental. Cuando su jefe en Atlanta, W. P. Hazeltine, le telefonea para anunciarle la llegada a Berlín de su hija de diecisiete años, Mac vislumbra la oportunidad que estaba esperando. Sin embargo, la joven acaba contrayendo matrimonio con un apuesto revolucionario comunista, y Mac se verá obligado a convertirlo en el yerno ideal ante el inminente viaje de Hazeltine a la ciudad.

Una mañana, el equipo de la película descubrió que alguien había levantado un muro que atravesaba todo el set de rodaje, situado junto a la Puerta de Brandeburgo. Al parecer, la intención era dividir Berlín en dos partes incomunicadas entre sí. Ni corto ni perezoso, Wilder se llevó la producción hasta unos estudios de Múnich e hizo levantar una réplica de la Puerta en el aparcamiento para poder terminar la filmación. Con la difícil coyuntura internacional a punto de saltar por los aires, él, que había perdido a su madre en Auschwitz, decidió entregarse a la misión más difícil de todas: hacer que el mundo siguiera riendo.

EL VERDUGO

España, Italia, 1963

Naga Films / Zebra Films
Dirección: Luis García Berlanga
Guion: Luis García Berlanga y Rafael Azcona
Intérpretes: Nino Manfredi, Emma Penella, José Isbert, José Luis López Vázquez, Ángel Álvarez
87 minutos

El verdugo fue una de las pedorretas más ilustres y ruidosas recibidas nunca por el franquismo. De sobra era conocido el talento de Luis García Berlanga para disfrazar de comedia sus mordaces reflexiones sobre la sociedad española de la época, si bien resulta inconcebible que una crítica tan explícita a la pena de muerte —todavía vigente por aquel entonces— lograse pasar los múltiples filtros de una censura con potestad para recortar guiones y cercenar —si no prohibir directamente— las obras una vez filmadas.

Lo cierto es que hubiera sido una tragedia que alguien hubiese decidido meter en un cajón el surrealista, sarcástico y perfecto guion propuesto por Berlanga y Azcona. En él, un empleado de una funeraria (Nino Manfredi) inicia una relación con la hija de un funcionario (Emma Penella) encargado de ajusticiar a los reos con el garrote vil, viéndose obligado a contraer matrimonio cuando ella queda embarazada. Para conservar el piso en el que viven junto al veterano verdugo (Pepe Isbert) una vez este se jubile, el joven decide ocupar su puesto con la esperanza de no tener que dar muerte a ningún condenado. Sin embargo, tras recibir una orden de ejecución desde Mallorca, tendrá que ser llevado a rastras para cumplir con su cometido.

Sin duda, si *El verdugo* pudo ver la luz con toda esa carga explosiva camuflada en el guion de Berlanga y Rafael Azcona, fue porque el director valenciano era, antes que director, genio. Al enfocar la historia desde la perspectiva del verdugo y no del ajusticiado, los censores se confiaron y «solo» acabaron imponiendo un total de catorce cortes a la película. Cuando la Mostra de Venecia la recibió con júbilo y los premios empezaron a caer, las autoridades franquistas mostraron su indignación por la miopía de los calificadores. Pero ya era tarde. El propio Franco, tras verla, llego a decir que Berlanga era «algo peor que un comunista: un mal español».

La vida de Brian

Life of Brian, Reino Unido, 1979

HandMade Films / Phyton (Monty) Pictures
Dirección: Terry Jones
Guion: Graham Chapman, John Cleese, Terry Gilliam, Eric Idle, Terry Jones y Michael Palin
Intérpretes: Graham Chapman, John Cleese, Terry Gilliam, Eric Idle, Michael Palin
94 minutos

Los Monty Phyton fueron, con todo merecimiento, el mejor grupo cómico de la historia del Reino Unido. Convertidos en un fenómeno mundial desde que su mítico *Flying Circus* se estrenó en la BBC en 1969 (muchos los llamaban «Los Beatles de la comedia»), generaron un impacto artístico tan considerable que superó la pequeña pantalla y se propagó por otros ámbitos como el teatro, la música y, sobre todo, el cine. Sus dos primeros largometrajes —*Se armó la gorda* (1971) y *Los caballeros de la mesa cuadrada y sus locos seguidores* (1975)— tuvieron tanto éxito que cualquier productor estaba dispuesto a extenderles un cheque con el que dar rienda suelta a su humor absurdo y vanguardista. El problema llegó cuando, a pocos días de comenzar a rodar en Túnez su siguiente proyecto, el propietario de EMI Films leyó el guion y se encontró con una incorrectísima sátira sobre un pobre desgraciado, de nombre Brian, que nacía el día de Navidad en el portal contiguo al de Jesús y se pasaba la vida siendo confundido con el Mesías, hasta el punto de acabar crucificado por los romanos.

Escandalizado ante lo que consideraban una blasfemia, EMI se retiró de la película y dejó a todo el equipo colgado a la espera de un milagro. Fue entonces cuando uno de los fans más distinguidos de los Monty Phyton, el ex beatle George Harrison, se ofreció a financiar la producción solo porque le apetecía «ver aquella película», aunque ello implicara fundar una productora e hipotecar su casa y su estudio de grabación. Suerte que pasaba por allí, porque cuesta imaginar qué sería de la humanidad sin *La vida de Brian*, una expresión tan genuina de talento que incluso su protagonista, Graham Chapman, dejó temporalmente su adicción a la bebida y retomó su profesión de doctor para pasar consulta al equipo al final de cada jornada.

La película, faltaría más, hirió algunas susceptibilidades y enfureció sin distinciones a todas y cada una de las ramas del cristianismo planetario (las cuales, como muy bien señaló John Cleese, consiguieron ponerse de acuerdo por primera vez en dos mil años), propiciando hasta una manifestación de rabinos en Nueva York. Una lástima, porque ninguno de ellos probó a mirar el lado reluciente de la vida (silbido).

VOLVER

España, 2006

El Deseo / Canal+ España / TVE / Ministerio de Cultura
Dirección y guion: Pedro Almodóvar
Intérpretes: Penélope Cruz, Carmen Maura, Lola Dueñas, Blanca Portillo, Yohana Cobo
121 minutos

Desde la maravillosa y despreocupada *Mujeres al borde de un ataque de nervios* (1988), la carrera de Pedro Almodóvar se había visto atravesada por el dolor en sus múltiples formas, desde una despiadada violencia física hasta unas heridas emocionales profundísimas e imposibles de cicatrizar. Secuestros, asesinatos, violaciones, pérdidas de un hijo, abusos de menores... La época de plenitud *almodóvariana* fue un verdadero deleite en cuanto a la construcción de personajes y el desarrollo de las historias, pero escondía un poso trágico que cada vez nos distanciaba más de aquel cineasta surrealista y chispeante de los primeros años.

Por todo ello, *Volver* significó un radiante punto de inflexión en la trayectoria del manchego. Almodóvar abrió de par en par las ventanas de su cine y la luz comenzó a entrar a borbotones, como si llevara demasiado tiempo esperando para volver a irrumpir en aquella habitación oscura. El título no es baladí: con ella, el realizador volvía a la comedia ingeniosa, a los personajes llevados al límite, a la influencia de los neorrealistas italianos, a los paisajes y costumbres de su tierra. También volvía a Penélope Cruz, esplendorosa, y a Carmen Maura, con quien llevaba distanciado desde, precisamente, *Mujeres al borde de un ataque de nervios.*

Lo más curioso es que *Volver*, con toda la vida que rezuma, habla sobre todo de la muerte. Pero es una muerte serena, ceremonial y festiva, que propicia reencuentros y suministra libertades. Una muerte que, paradójicamente, invita a vivir con más fuerza que nunca.

CRIMINAL

AMERICAN GANGSTER

American Gangster, Estados Unidos, Reino Unido, 2007

Universal Pictures / Imagine Entertainment / Relativity Media / Scott Free Productions
Dirección: Ridley Scott
Guion: Steven Zaillian, sobre el artículo de Mark Jacobson
Intérpretes: Denzel Washington, Russell Crowe, Josh Brolin, Chiwetel Ejiofor, Lymari Nadal
157 minutos

Durante la década de los setenta, Frank Lucas llegó a ser el capo de la droga más importante y temido de Harlem. Su némesis, Richie Roberts, era un tenaz policía capaz de rechazar sobornos de un millón de dólares mientras sus compañeros se vendían al mejor postor. Cuando finalmente logró capturar a Lucas, Roberts abandonó el cuerpo, se convirtió en abogado y se encargó de defenderle hasta rebajar considerablemente su condena. Esta historia de rivalidad y mutua admiración fue totalmente real, y así lo recogió el periodista Mark Jacobson en un artículo publicado en el año 2000. Ante sus más que lógicas posibilidades cinematográficas, el productor Brian Grazer compró los derechos e inmediatamente pensó en Ridley Scott para que dirigiera la película. Pero el británico estaba comprometido con otro proyecto y tuvo que rechazarlo, dando comienzo a uno de los procesos de gestación más tortuosos del Hollywood reciente.

Primero, Grazer intentó convencer, sin éxito, a David Fincher y a Brian de Palma. Cuando por fin pudo contratar a Antoine Fuqua, Universal se quejó de divergencias presupuestarias y lo despidió, dejando el proyecto en suspenso y compensando a los dos actores protagonistas (Denzel Washington y Benicio del Toro) con el pago íntegro de su sueldo: veinte millones por cabeza. Tiempo después, mientras filmaban *Un buen año* (2006) en la Provenza, Ridley Scott sugirió a Russell Crowe rescatar la película y contactar nuevamente con Washington para ver si seguía interesado en el papel. El actor neoyorquino no solo respondió que sí, si no que, además, renunció a cobrar salario alguno (estaba en todo su derecho de exigir uno nuevo) y comenzó a trabajar estrechamente con el propio Frank Lucas, estudiando su comportamiento y asimilando sus enseñanzas sobre el Harlem de los años setenta.

American Gangster no es *Alien* ni *Blade Runner*. No alcanza su excelencia, pero es tan fabulosa, trepidante y seductora que conviene situarla en el siguiente escalón de maravillas firmadas por su director. Qué bueno y qué camaleónico era Russell Crowe por aquel entonces. Pero, sobre todo, qué imponente se muestra Denzel Washington cuando hace de malo malísimo. La película, si no toda, es prácticamente suya.

As bestas

España, Francia, 2022

Arcadia Motion Pictures / Caballo Films / Cronos Entertainment / Le Pacte
Dirección: Rodrigo Sorogoyen
Guion: Isabel Peña y Rodrigo Sorogoyen
Intérpretes: Marina Foïs, Denis Ménochet, Luis Zahera, Diego Anido, Marie Colomb
137 minutos

Rodrigo Sorogoyen es uno de los talentos más aplastantes del nuevo *thriller* europeo. Desde su debut con *Stockholm* en 2011, su cine ha estado poblado por individuos monstruosos que representan lo peor de una sociedad a la deriva, donde la violencia impone su ley sin contemplaciones y la podredumbre moral —llámese homicidio, maltrato, secuestro o corrupción— se propaga como un virus incontrolable y mortal. En este sentido, *As bestas* es como un animal indomable para el que Sorogoyen llevaba años preparándonos; una mirada sórdida al sueño (imposible) de una vida mejor en la que las pulsiones humanas, en el sentido más despreciable del término, acaban imponiéndose a la compasión y la cordura.

Basada en un suceso real, la película cuenta la historia de una pareja francesa (enormes Foïs y Ménochet) que se instala en una recóndita aldea de Galicia para llevar una vida tranquila y cultivar productos ecológicos. Pero un conflicto con sus vecinos, los temibles hermanos Anta (Diego Anido y un Luis Zahera convertido en el diablo sigiloso de lo agreste), les sumergirá en una espiral de tensión y cuentas pendientes donde, tarde o temprano, alguien deberá convertirse en un cadáver.

En *As bestas*, Sorogoyen traspasa las fronteras del *noir* y lo hace convivir con el wéstern y el drama corporativista sin renunciar a la esencia de su discurso, en el que la verdad se impone mediante el aplomo del plano secuencia y una hermosa historia de amor y descubrimiento generacional emerge desde la oscuridad más profunda. También se nota, una vez más, la mano firme de Isabel Peña en el guion, confrontando la irracionalidad de los hombres con el talante conciliador de las mujeres cuando ambos encaran los mismos problemas. Así pues, una película que comienza siendo angustiosamente masculina termina de un modo resplandecientemente femenino, y *As bestas*, con todo su sufrimiento y su esperanza, se confirma como una de las experiencias cinematográficas más brutales del cine español de los últimos tiempos.

El asesino

The Killer, Estados Unidos, 2023

Netflix /Archaia Entertainment / Boom! Studios / Panic Pictures
Dirección: David Fincher
Guion: Andrew Kevin Walker
Intérpretes: Michael Fassbender, Tilda Swinton, Arliss Howard, Charles Parnell, Kerry O'Malley
118 minutos

En *The Killer*, ese actor estratosférico que es Michael Fassbender interpreta al asesino a sueldo más infalible del planeta. Un tipo solitario, de presencia casi fantasmal, cuya única muestra de relativa humanidad es su devoción por The Smiths. Cuando un trabajo aparentemente rutinario sale mal, alguien trata de borrar todas las huellas atacando a la única persona que parece importarle. Desde luego, se trata de una malísima decisión; desde ese momento, este hombre de rostro impertérrito y conciencia silenciada se dedicará a ajustar cuentas sin importar quién sea su objetivo.

Dicho así, podría parecer un Fincher menor; no una obra catedralicia llamada a perdurar como *Seven*, *El club de la lucha* o *Zodiac*, sino más bien un sofisticado y liviano entretenimiento, con una trama turbia y criminal y una importante estrella de Hollywood como protagonista absoluto. En su día, *The Game*, *La habitación del pánico*, *El curioso caso de Benjamin Button*, *Millennium* y *Perdida* parecían seguir un patrón similar. El problema, como ya sucediera con todas ellas, es que no existen los Fincher menores.

The Killer es un ejercicio de estilo para *gourmets* del buen cine. Visualmente hechizante, con esa fotografía tenue y casi monocromática tan característica del director de Denver, supone también un reencuentro con el mundo decadente y poblado de seres inmundos que preside cada una de sus historias. El protagonista rehúye de sus emociones (atención a la brutal composición de un Fassbender que no parpadea en todo el metraje), y en consecuencia elige no sentir ni sufrir. Solo respira y mata. Como John Doe, Zodiac o incluso el Mark Zuckerberg de *La red social*.

No existen los Fincher menores, solo los descomunales.

ATRACO PERFECTO

The Killing, Estados Unidos, 1956

United Artists / Harris-Kubrick Productions
Dirección: Stanley Kubrick
Guion: Stanley Kubrick y Jim Thompson, sobre la novela de Lionel White
Intérpretes: Sterling Hayden, Coleen Gray, Vince Edwards, Jay C. Flippen, Ted DeCorsia
84 minutos

Que, con solo veintiocho años, Stanley Kubrick fuese capaz de dirigir una de las obras maestras del cine negro dice mucho de su precoz maestría, confirmada solo un año después con *Senderos de gloria*. En realidad, *Atraco perfecto* era ya su tercera película, si bien sus dos trabajos previos habían pasado casi desapercibidos para el público. Decidido a lanzar su carrera de una vez por todas, Kubrick se hizo con los derechos de una novela de atracos escrita por Lionel White, *Clean Break*, y la adaptó él mismo con la ayuda en los diálogos de Jim Thompson. Finalmente, lograron reunir un presupuesto irrisorio, 320.000 dólares, de los cuales la United Artists aportaba 200.000, el productor James B. Harris 80.000 y el padre de este 50.000 a modo de préstamo. En manos de alguien tan talentoso como Kubrick, aquel dinero era suficiente para lograr una película casi tan perfecta como el crimen que relataba.

Las comparaciones con *La jungla de asfalto* (1950) fueron inevitables, principalmente porque ambas compartían protagonista —Sterling Hayden— y porque mostraban una historia de perdedores marcada por la fatalidad. En *Atraco perfecto*, un grupo de tipos corrientes une sus fuerzas para llevar a cabo un golpe calculado al milímetro por el exconvicto Johnny Clay (Hayden), convencido de poder robar la recaudación del hipódromo en uno de los días de mayor afluencia. Sin embargo, la gran virtud de la película —y que no existía en el clásico de John Huston— residía en la revolucionaria estructura no lineal, que permitía a Kubrick jugar con el tiempo de la narración como si fuera un rompecabezas. En los primeros pases de prueba, los espectadores se quejaron de que no entendían el argumento y hubo que volver a editarla en orden cronológico, aunque, por suerte, el criterio del cineasta se impuso y la versión que llegó a los cines fue la inicial. Décadas más tarde, nombres como Quentin Tarantino y Christopher Nolan reconocerían la huella de *Atraco perfecto* en sus respectivas obras.

ATRAPADO POR SU PASADO

Carlito's Way, Estados Unidos, 1993

Universal Pictures / Epic Productions / Bregman-Baer Productions
Dirección: Brian de Palma
Guion: David Koepp, sobre las novelas de Edwin Torres
Intérpretes: Al Pacino, Sean Penn, Penelope Ann Miller, John Leguizamo, Luis Guzmán
144 minutos

Por mucho que se empeñe en ser el discípulo aventajado de Hitchcock —una reputación engañosa y desmedida, pues nadie ha manejado ni manejará jamás el suspense como el genio de Leytonstone—, lo que Brian de Palma borda de verdad es el género criminal. Y, aunque para una gran mayoría tanto *El precio del poder* (1983) como *Los Intocables de Eliot Ness* (1987) representan el culmen de dicha afirmación, algunos nos atrevemos a afirmar que *Atrapado por su pasado* es ya no solo la mejor película *noir* dirigida por De Palma, sino la mejor película dirigida por De Palma.

Paradojas de la vida, Al Pacino venía de ganar un Oscar por su exageradísima caracterización en *Esencia de mujer* (1992), pero pocos se percataron en que su trabajo en *Atrapado por su pasado* era, en realidad, mucho más visceral, sobrio y brillante que el militar ciego y gritón de la película de Martin Brest. Aquí, Pacino imparte una clase magistral en la piel de Carlito Brigante, un antiguo matón que, tras pasar cinco años en prisión, sueña con emprender un camino honrado y retirarse a un lugar tranquilo junto a Gail, la mujer que ama y a la que tiene que convencer de que ha cambiado. Sin embargo, no tardará en descubrir que, durante los años que ha pasado en la cárcel, se ha producido un cambio en David Kleinfeld (ojo, Sean Penn), su abogado defensor y responsable de su libertad. Desesperado y amenazado de muerte, el corrupto letrado propondrá participar a Carlito en un asunto ilegal que pondrá en peligro su futura vida como hombre de bien.

El último acto de *Atrapado por su pasado* es puro vértigo. La narración se ajusta a la cámara frenética de De Palma, y el resultado es apabullante y demoledor. Curiosamente, la película gustó poco o nada a los críticos norteamericanos —los mismos que hoy la consideran un clásico de la época—, pero en Europa fue recibida como una verdadera obra de arte. Especialmente en Francia, ese país donde De Palma siempre dice que tanto él como Woody Allen deberían mudarse tarde o temprano.

Bonnie & Clyde

Bonnie & Clyde, Estados Unidos, 1967

Warner Bros. / Seven Arts / Tatira-Hiller Productions
Dirección: Arthur Penn
Guion: David Newman, Robert Benton y Robert Towne
Intérpretes: Warren Beatty, Faye Dunaway, Gene Hackman, Michael J. Pollard, Estelle Parsons
111 minutos

Bonnie & Clyde estaba predestinada a convertirse en la perfecta fusión entre Hollywood y la Nouvelle Vague. Los guionistas David Newman y Robert Benton se inspiraron en la historia real de Bonnie Parker y Clyde Barrow, dos jóvenes y carismáticos atracadores de bancos en la América de la Gran Depresión, con la intención de crear una película más próxima a la sensibilidad europea que a los convencionalismos del cine criminal estadounidense. Decidieron enviarle una versión inicial a François Truffaut, que, entusiasmado con la idea, hizo unos cuantos retoques y propuso a su amigo Jean-Luc Godard para que lo dirigiera. Este, sin embargo, comenzó a exigir una serie de extravagantes cambios que contradecían la veracidad de los hechos (rodar en Nueva Jersey en lugar de hacerlo en Texas y convertir a la pareja protagonista en unos adolescentes) y su participación pronto fue descartada por los desconfiados ejecutivos de Warner Bros.

Fue precisamente Truffaut quien mostró el guion a Warren Beatty durante una visita a París. El actor, deseoso por recuperar la popularidad de otros tiempos, se reservó el papel de productor y protagonista, lo que le llevó a descartar a su hermana, Shirley MacLaine, como una de las opciones potenciales para interpretar a Bonnie. Finalmente fue Faye Dunaway quien, en uno de los mejores debuts que se recuerdan, se adueñó de un personaje que la acompañaría durante el resto de su carrera. Arthur Penn, por su parte, firmó el que, posiblemente, sea su título más aclamado y estableció una serie de parámetros fundamentales para la transición que se avecinaba: desde la violencia explícita de la escena final (un prodigio del montaje y un punto de inflexión en cuanto a la concepción cinematográfica de la policía) hasta la libertad en la ejecución de los diálogos y los asesinatos, ya que, por primera vez, disparo y víctima aparecían en un mismo plano para componer una poética y mordaz representación de la muerte.

CAMINO A LA PERDICIÓN

Road to Perdition, Estados Unidos, 2002

20th Century Fox / Dreamworks Pictures / The Zanuck Company
Dirección: Sam Mendes
Guion: David Self, sobre la novela gráfica de Max Allan Collins y Richard Piers Rayner
Intérpretes: Tom Hanks, Paul Newman, Jude Law, Daniel Craig, Jennifer Jason Leigh
117 minutos

Con *American Beauty* (1999), Sam Mendes hizo historia al convertirse en el más joven de los cinco directores que han conseguido el Oscar por su primera película. Sobre su mesa se amontaban las ofertas para su siguiente largometraje, todas con presupuestos astronómicos e imponentes estrellas al frente del reparto. Pero el británico buscaba un proyecto a la altura de su ciclópeo debut: una película radicalmente distinta que le permitiera profundizar en la estética por encima de los diálogos, y que demostrase que aquella ópera prima tan poco convencional no era flor de un solo día.

La indecisión de Mendes llegó a su fin el día en que Richard D. Zanuck y el mismísimo Steven Spielberg le propusieron adaptar una novela gráfica poco conocida, cuya acción se ambientaba en los años de la Gran Depresión y seguía los pasos de un matón a sueldo que buscaba vengarse de su antiguo jefe tras el asesinato de su esposa e hijo menor, mientras emprendía un viaje de redención acompañado de su otro vástago hacia un lugar llamado Perdition. El cineasta quedó entusiasmado con la idea y las posibilidades formales de un *noir* épico y poético, en el que los personajes hablaban realmente poco, había largos silencios y la intensidad dramática se focalizaba en sutiles gestos y miradas. Nada más estampar su firma en el contrato, se puso manos a la obra para convencer a todos los actores que tenía en mente, incluyendo un semiretirado Paul Newman que acabaría firmando su última —y arrebatadora— caracterización frente a la cámara antes de fallecer en 2008.

Mendes no se equivocaba. El tiempo ha conferido a *Camino a la perdición* una estampa de fino clasicismo, con secuencias tan memorables como el tiroteo bajo la lluvia o el majestuoso *travelling* que acompaña a Michael Sullivan (Tom Hanks en su culmen) poco antes de resarcir su alma.

Casino

Casino, Estados Unidos, 1995

Universal Pictures / Syalis / Légende Enterprises / Cappa-De Fina
Dirección: Martin Scorsese
Guion: Martin Scorsese y Nicholas Pileggi, sobre la novela de este último
Intérpretes: Robert de Niro, Sharon Stone, Joe Pesci, James Woods, Don Rickles
178 minutos

Tras haber encumbrado el género de gangsters hasta dimensiones cósmicas con *Uno de los nuestros* (próximamente en este mismo capítulo), Martin Scorsese y Nicholas Pileggi se hicieron buenos amigos. Que tarde o temprano volvieran a unir sus fuerzas parecía algo inevitable, y la oportunidad surgió cuando el escritor le contó a Marty el libro que estaba preparando. En 1980, había leído un artículo en el periódico acerca de una acalorada discusión doméstica entre el director de uno de los principales casinos de Las Vegas y su esposa, bailarina de striptease. Pileggi fue estirando del hilo hasta descubrir que el tipo en cuestión, Frank Rosenthal, había sido requerido por la mafia para supervisar las actividades del complejo, y que uno de sus mejores compinches era un temible delincuente que extorsionaba y atemorizaba a toda clase de banqueros y apostadores de la ciudad. Con esos prometedores mimbres, comenzó a dar forma a un libro llamado *Casino: Love and Honor in Las Vegas*, que de inmediato captó la atención de su colega cineasta.

Ambos redactaron un guion a cuatro manos que voló la cabeza a los mandamases de Universal, dispuestos a desembolsar 52 millones de dólares para que Scorsese pudiera hacer realidad su nueva epopeya criminal. Para los papeles principales, echó mano de sus dos *fellas* infalibles, Robert de Niro y un Joe Pesci tan pasado de rosca (o más) como el psicópata al que encarnaba en *Uno de los nuestros*, mientras que para la protagonista femenina se decantó por una sensacional Sharon Stone en detrimento de otras aspirantes como Melanie Griffith, Michelle Pfeiffer o la mismísima Madonna.

Con todo listo para empezar a rodar, Scorsese se llevó a su equipo a la ciudad del juego y estableció su centro de operaciones en el imponente Hotel Casino Riviera, donde, noche tras noche, se dedicaba a poner en práctica su compilación de *travellings* impetuosos y *zooms* alucinógenos bajo el centelleo de las luces de neón. Y así nació otra obra maestra —la enésima— sobre los falsos profetas del *American Dream*, la forma más abyecta de traición y el desierto como inmenso queso gruyere repleto de agujeros mal disimulados.

CIUDAD DE DIOS

Cidade de Deus, Brasil, Francia, Alemania, 2002

O2 Filmes / VideoFilmes / Globo Filmes
Dirección: Fernando Meirelles y Kátia Lund
Guion: Bráulio Mantovani, sobre la novela de Paulo Lens
Intérpretes: Alexandre Rodrigues, Leandro Firmino, Alice Braga, Phellipe Haagensen, Douglas Silva
130 minutos

La mejor película brasileña de todos los tiempos es también un retrato cruel, exuberante e implacable sobre lo que supone crecer y vivir —en realidad, sobrevivir— en uno de los lugares más peligrosos del planeta. En las favelas de Río de Janeiro, donde la violencia y el crimen campan a sus anchas y la muerte acecha en cada esquina, los caminos de dos muchachos se cruzan en direcciones opuestas. Uno sueña con ser fotógrafo y salir de allí, mientras el otro, como si de una versión sórdida y desventurada del Henry Hill de *Goodfellas* se tratara, ansía fervientemente encaramarse a la cima del crimen organizado.

Antes de convertirse en el guionista más solicitado del país, la experiencia de Bráulio Mantovani se reducía a una simple telecomedia. Y, aún con ello, realizó una labor de ingeniería narrativa al convertir una novela de setecientas páginas y trescientos personajes en una película de 130 minutos que no concede ni un segundo de respiro al espectador. Fernando Meirelles —un estupendo y muy desaprovechado director— construyó una pieza memorable a base de acrobacias formales, un ritmo demoledor y unas interpretaciones tan transparentes que estremecen. Al parecer, hubo que pedir permiso al capo de la mafia local para poder filmar allí sin morir en el intento, y este, como si fuera el director de *casting* más intuitivo del mundo, impuso como condición que los propios habitantes interpretaran a los personajes marginales que aparecen en la película. Meirelles aceptó —qué remedio—, no sin antes levantar un taller de interpretación en plena favela que estuvo funcionando durante los ocho meses previos al rodaje. Nunca una orden emitida por un gangster tuvo una repercusión artística tan grande en toda la historia de la humanidad.

Collateral

Collateral, Estados Unidos, 2004

Paramount Pictures / DreamWorks Pictures / Parkes-MacDonald / Edge City
Dirección: Michael Mann
Guion: Stuart Beattie
Intérpretes: Tom Cruise, Jamie Foxx, Jada Pinkett Smith, Mark Ruffalo, Javier Bardem
120 minutos

El guionista Stuart Beattie tenía diecisiete años cuando, cierto día, regresaba en taxi a su casa de Sídney desde el aeropuerto. Mientras charlaba con el conductor durante el trayecto, se le ocurrió imaginar qué pasaría si, en su lugar, el cliente de aquel taxi fuera un asesino dispuesto a cumplir con un terrible encargo. Quince años más tarde, Beattie acababa de firmar el guion de *Piratas del Caribe* y todo Hollywood quería invitarle a sus fiestas. Ni corto ni perezoso, recuperó aquella vieja idea y se dedicó a exponerla ante productores y directivos de los estudios, uno de los cuales —Mark Haimes, de DreamWorks Pictures— quedó tan entusiasmado que a las pocas horas ya había leído el guion y presentado una oferta formal por los derechos.

De este modo, *Collateral* iniciaba su particular viacrucis logístico. Primero, pasaron por el proyecto directores como Mimi Leder o Fernando Meirelles, empeñado en hacer una comedia nocturna al estilo de *After Hours*. No fue hasta que Russell Crowe firmó para interpretar a Vincent, el sicario decidido a cumplir con su ronda macabra en una sola carrera de taxímetro, cuando Michael Mann se sumó a la película como posible director. Pero Crowe tuvo que apearse por razones de agenda y Mann telefoneó entonces a Tom Cruise. Este, pletórico ante la posibilidad de explorar a su primer villano desde *Entrevista con el vampiro* (1994), respondió afirmativamente y la película, al fin, empezó a coger velocidad. Hasta que el actor encargado de interpretar al pacífico taxista, Adam Sandler, se quitó de en medio para rodar un bodrio titulado *Spanglish* (2004) y obligó a los productores a buscar una opción de emergencia. Beattie propuso a Robert de Niro, por la posibilidad de interpretar a un personaje totalmente opuesto al Travis Bickle de *Taxi Driver*, sin embargo, los ejecutivos querían a alguien más joven y apostaron por Jamie Foxx, que venía de interpretar extraordinariamente a Ray Charles en el *biopic* dirigido por Taylor Hackford.

Una vez confirmados los protagonistas, era el turno de Mann. Maestro de los planos imposibles, los montajes endiablados y los paisajes urbanos especialmente turbulentos (aquí con coyotes y todo), el cineasta se sacó de la chistera un *thriller* monumental destinado a sentar cátedra dentro del género. ¿Lo hizo? Vean, juzguen y cerciórense de la evidencia.

Diamantes en bruto

Uncut Gems, Estados Unidos, 2019

A24 / Elara Pictures / IAC Films / Scott Rudin Productions / Sikelia Productions

Dirección: Bernie Safdie y Josh Safdie

Guion: Ronald Bronstein, Bernie Safdie y Josh Safdie

Intérpretes: Adam Sandler, Julia Fox, Idina Menzel, LaKeith Stanfield, Eric Bogosian

135 minutos

Como actor, Adam Sandler puede ser uno de los tipos más irritantes del planeta. Convertido en estrella gracias a productos tan poco recomendables como *El aguador* (1998), *Un papá genial* (1999), *Mr. Deeds* (2002) o la inclasificable *Zohan, licencia para peinar* (2008), este neoyorquino surgido de la cantera del *Saturday Night Live* no tuvo reparos en explotar un prototipo de comedia burda, llena de gags fáciles, que en su conjunto recaudaron más de 2.000 millones de dólares e hicieron de él alguien asquerosamente rico. Sin embargo, aquellos que solemos repeler su humor estereotipado también reconocemos el insólito potencial dramático que atesora, y que aflora cuando, en algún arrebato puntual, decide ponerse a las órdenes de autores como Paul Thomas Anderson, Jason Reitman, Noah Baumbach o los hermanos Safdie.

Fueron estos últimos —dos de los cineastas más estimulantes del cine independiente actual— quienes se empeñaron en que protagonizara *Diamantes en bruto*, la historia de un joyero adicto a las apuestas deportivas que debe dinero a todo el mundo y acaba siendo amenazado por unos mafiosos, mientras su consideración como marido y padre se hunde de manera inexorable. Sandler rechazó el papel de Howard Ratner hasta en dos ocasiones, y tuvo que ser su mujer quien le convenciera para que protagonizara una película cuyo presupuesto era de solo 19 millones de dólares... cuando el sueldo base del actor por cada trabajo es de 20 millones.

Sandler me sigue pareciendo igual de insoportable (es más: si es capaz de ofrecer interpretaciones así de buenas y tiene dinero para siete vidas, ¿por qué no deja de una vez de hacer chorradas?), pero que no le nominaran al Oscar por esta película es una de las mayores injusticias de los últimos tiempos. Su personaje es patético, pero transmite una humanidad difícil de explicar; los diálogos son volátiles y apasionados, la cámara es puro vértigo, y lo más increíble de todo es que Sandler está en el 98 por ciento de las escenas, como un diamante en bruto que no se deja pulir.

DRIVE

Drive, Estados Unidos, 2011

FilmDistrict / Bold Films / Madison Wells
Dirección: Nicolas Winding Refn
Guion: Hossen Ameini, sobre la novela de James Sallis
Intérpretes: Ryan Gosling, Carey Mulligan, Bryan Cranston, Albert Brooks, Oscar Isaac
100 minutos

A Nicolas Winding Refn le traen sin cuidado los coches. Incluso desistió de conseguir el carnet de conducir después de suspender ocho veces el examen. Por eso, cuando un buen día recibió una llamada de Ryan Gosling mientras se encontraba en su Dinamarca natal, no mostró excesivo entusiasmo por dirigir un proyecto que se titulaba *Drive* y cuyo protagonista era un tipo solitario de increíble pericia al volante. Pero Gosling fue muy tozudo: era la primera vez que le concedían poder para escoger al director de una de sus películas, y nunca se planteó otro nombre que no fuera el del responsable de títulos tan aclamados como *Pusher* (1996), *Bronson* (2008) o *Valhalla Rising* (2009).

Winding Refn es un autor exquisito y temperamental, y estaba seguro de que su primera experiencia en Hollywood debía estar a la altura de su (auto)elevado talento. De pronto, un detalle de la historia propuesta por Gosling captó su atención: que el protagonista se dedicara a trabajar como mecánico y especialista de escenas de riesgo durante el día, y que por las noches ejerciera como conductor para huidas en atracos y toda clase de golpes criminales. A partir de esa dualidad, el cineasta danés comenzó a imaginar una trama crudísima y retorcida, en la que los coches eran solo un pretexto para alcanzar un propósito mucho mayor. Y fue así como *Drive* se acabó erigiendo en uno de los grandes *thrillers* de nuestro tiempo, capaz de arrancar con un romance atravesado por los rayos del sol y de evolucionar hacia cotas próximas al terror *slasher*. Si añadimos el nervio maestro de Scorsese y Mann, una impronta ochentera coronada por rótulos en ¡rosa!, una fotografía policromada que evoluciona hasta las tinieblas, y el inabarcable magnetismo de Gosling y Carey Mulligan (pausa para suspiro), obtendremos como resultado el *neo-noir* más cercano a la perfección que uno es capaz de imaginar.

Winding Refn, el escéptico del automovilismo, se coronó como mejor director en Cannes con una de las ovaciones más largas que se recuerdan por los alrededores de La Croisette, y aun así siguió sin sacarse el carnet.

Érase una vez en América

Once Upon a Time in America, Estados Unidos, Italia, 1984

Warner Bros. / The Ladd Company / PSO
Dirección: Sergio Leone
Guion: Leonardo Benvenuti, Piero De Bernardi, Enrico Medioli, Franco Arcalli, Franco Ferrini y Sergio Leone, sobre la novela de Harry Grey (Harry Goldberg)
Intérpretes: Robert de Niro, James Woods, Elizabeth McGovern, Treat Williams, Joe Pesci
229 minutos

Pocas veces un director ha perseguido con tanto ímpetu la realización de un proyecto casi imposible —y además ha vivido para contarlo— como Sergio Leone con *Érase una vez en América*. Tras su aclamadísima *Trilogía del dólar*, le llovieron las ofertas para dar el salto a Hollywood. Pero el gran icono del *colossal* y el wéstern polvoriento tenía entre ceja y ceja un evento sin precedentes que significaría un antes y un después en la representación cinematográfica del Sueño Americano. Esa, y ninguna otra, sería su insigne contribución a la historia del celuloide estadounidense.

Leone quería rodar la película desde que, a mediados de los años sesenta, cayó en sus manos el libro *The Hoods*, en el que el antiguo gangster de origen judío Harry Goldberg relataba su ascenso y posterior caída en el mundo del hampa de Nueva York. Insistió tanto en conocerle que, finalmente, Goldberg accedió a encontrarse con él en un bar de Manhattan, sin imaginar que aquello sería el comienzo de una amistad que se extendería durante años. Después de filmar la injustamente infravalorada *¡Agáchate, maldito!* en 1971, el realizador romano decidió entregarse en cuerpo y alma a una producción que tardaría más de diez años en poner en pie (un período durante el cual contó con el apoyo incondicional de Robert de Niro, primer actor confirmado tras barajarse las candidaturas de Al Pacino y Jack Nicholson). Tal fue su dedicación que, por el camino, se permitió el lujo de rechazar una oferta de Paramount para dirigir *El Padrino*.

Érase una vez en América tuvo un rodaje complejísimo a lo largo de diez meses, tras los cuales Leone logró reunir diez horas de material filmado completamente útil. Tras un arduo proceso junto al editor Nino Baragli, dejó la película en seis horas e instó a los productores a estrenarla en dos partes. No solo lo rechazaron, sino que le obligaron a fijar el metraje final en algo menos de cuatro horas, con una versión especialmente exigua de solo 139 minutos para estrenar en cines. Un crítico la vio y calificó la película como la peor de 1984. Años después, una vez visionado el montaje inicial de 229 minutos, afirmó que era una de las mejores cintas de la década.

The Gentlemen: Los señores de la mafia

The Gentlemen, Reino Unido, Estados Unidos, 2019

STX Films / Miramax / Toff Guy Films
Dirección: Guy Ritchie
Guion: Guy Ritchie, sobre una historia propia y de Ivan Atkinson y Marn Davies
Intérpretes: Matthew McConaughey, Charlie Hunnam, Michelle Dockery, Hugh Grant, Colin Farrell
113 minutos

Que a Guy Ritchie le va la marcha es algo que salta a la vista. Sin poner en duda su estilo furioso y deslumbrante ni su talento nato para los relatos sobre los bajos fondos londinenses, lo cierto es que su carrera ha fluctuado mucho más de lo que prometía el fulgurante debut de *Lock & Stock* (1998). Tras ella y *Snatch*, quiso pegarse un tiro en el pie con las espeluznantes *Barridos por la marea* (2002) y *Revolver* (2005). Consiguió alzar el vuelo con *RocknRolla* (2008) y el díptico de Sherlock Holmes (2009-2011), pero volvió a dejar a sus fans en entredicho por culpa de *Operación U.N.C.L.E.* (2015), *Rey Arturo: La leyenda de Excalibur* (2019) y su desliz Disney con *Aladdín* (2019). Afortunadamente para Ritchie, el viento volvió a soplar en la dirección correcta con la muy estimulante y deleitable *The Gentlemen*.

La historia, en efecto, suponía un regreso a las raíces canallas de los primeros filmes. Un poderoso capo norteamericano de la droga instalado en Londres (soberbio y temible Matthew McConaughey) planea vender su imperio de marihuana para vivir un retiro dorado junto a su mujer, lo que les enfrentará a las bandas rivales, a un enigmático especulador e incluso a un ambicioso periodista. Bajo esta premisa, Ritchie construye una trama frenética y disparatada por momentos —el tipo que cae de un balcón, el ajuste de cuentas en el restaurante chino, la barbacoa o la noche loca con un cerdo gigante— que bien merece un lugar en el mejor cine criminal de los últimos tiempos. Lástima que, a continuación, la carrera del rey de los apodos (aquí hay unos cuantos y muy ocurrentes) volviera a desplomarse sin remedio, aunque esa, por suerte, es otra historia.

GOMORRA

Gomorra, Italia, 2008

Fandango / RAI Cinema / Sky
Dirección: Matteo Garrone
Guion: Matteo Garrone, Roberto Saviano, Maurizio Braucci, Ugo Chiti, Gianni Di Gregorio y Massimo Gaudioso, sobre la novela de Roberto Saviano
Intérpretes: Salvatore Cantalupo, Gianfelice Imparato, Maria Nazionale, Toni Servillo, Gigio Morra
137 minutos

Cuando el periodista y escritor italiano Roberto Saviano publicó su novela *Gomorra* en 2006, poco podía imaginar que aquel ejercicio de valentía supondría también el comienzo de su particular condena. Partiendo de investigaciones reales, Saviano describía con enorme precisión el poder y la influencia de la camorra napolitana, cuyos negocios alcanzan cualquier ámbito social y se expanden impunemente a otros países con el beneplácito de empresarios y gobernantes. *Gomorra* se convirtió en un fenómeno editorial sin precedentes en Italia, superando los diez millones de copias vendidas en más de cincuenta países, pero también condenó a su autor a una muerte en vida; amenazado de muerte por la mafia, desde entonces se encuentra bajo protección permanente de la policía.

Dos años después, el prometedor cineasta Matteo Garrone convenció a Saviano para que le cediera los derechos de la novela y que, además, colaborara con él en la redacción del guion. Durante los meses previos al rodaje, Garrone se trasladó a vivir al barrio de Scampia —el más temido y peligroso de Nápoles, y probablemente de toda Italia, debido a los omnipotentes tentáculos de la camorra— y seleccionó a la mayoría del reparto entre sus habitantes, jóvenes criados entre la podredumbre, que se desenvolvían a diario en aquel escenario infernal y que, con toda esa verdad, eran capaces de transmitir a la historia un realismo tan rotundo como sobrecogedor. Entre las calles y la arquitectura desmesurada de Scampia, Garrone mueve la cámara con el ímpetu de quien se sabe en el epicentro del Mal y ansia seguir los pasos de los maestros neorrealistas mostrando la vida con toda su crudeza.

El impacto de *Gomorra* continuó tras su estreno, cosechando más de veinte premios internacionales y alzándose con el Gran Premio del Jurado del Festival de Cannes. Dieciséis años después, Roberto Saviano sigue alzando la voz contra el imperio del crimen organizado.

Heat

Heat, Estados Unidos, 1995

Warner Bros. / New Regency / Forward Pass
Dirección y guion: Michael Mann
Intérpretes: Al Pacino, Robert de Niro, Val Kilmer, Jon Voight, Tom Sizemore
170 minutos

Dos tipos comparten mesa en una cafetería cualquiera de Los Ángeles. Por lo animado de su conversación, sus medias sonrisas y las miradas cargadas de respeto, se diría que existe una evidente complicidad entre ellos. Tal vez sean viejos amigos, o unos parientes lejanos que acaban de reencontrarse. Lo que nadie diría, a simple vista, es que el más elegante es un implacable policía y el otro un escurridizo y sofisticado ladrón. Ni tampoco podríamos imaginar que, entre tanta palabrería, se dedican a intercambiar lecciones de vida y mutuas amenazas. «Si estoy allí y tengo que matarte, no me gustará —le dice uno al otro— Pero te aviso. Si es entre tú o algún pobre desgraciado a cuya mujer vas a convertir en viuda, hermano... vas a palmarla.»

Este legendario encuentro entre Al Pacino y Robert de Niro constituye el punto más álgido de una película donde prácticamente cada escena es un momento cumbre. Cuando se estrenó a finales de 1995, pocos intuían que *Heat*, con sus casi tres horas de metraje y su clásico (y en apariencia muy manido) enfrentamiento entre cazador y presa en medio de la jungla urbana, iba a convertirse en una de las obras más monumentales e influyentes del género. La extraordinaria definición de los múltiples personajes —con esos arcos que se construyen fabulosamente a lo largo de 170 minutos que pasan en un suspiro—, y toda esa amalgama de conexiones existenciales, sentimentales y pasionales entre ellos, es solo la más notoria de las incontables virtudes que atesora esta película.

Sumergirse en *Heat* es una vivencia antológica que nunca pierde su intensidad. La larguísima secuencia del atraco y posterior tiroteo es un ejemplo de planificación y estilismo que debería estudiarse obligatoriamente en todas las escuelas de cine. La relación entre los dos protagonistas, en lados diferentes de la ley y al mismo tiempo tan similares, es un prodigio al alcance de muy pocos autores del cine criminal.

Michael Mann —reverencia— es uno de ellos.

INFILTRADOS

The Departed, Estados Unidos, Hong Kong, 2006

Warner Bros. / Plan B / IEG / Vertigo Entertainment / Media Asia Films
Dirección: Martin Scorsese
Guion: William Monahan, sobre el guion original de Alan Mak y Felix Chong
Intérpretes: Leonardo DiCaprio, Matt Damon, Jack Nicholson, Martin Sheen, Mark Wahlberg
151 minutos

Incluso un dios como Martin Scorsese tuvo que sufrir su particular travesía por el desierto. Tras el éxito de *Casino* en 1995, el pequeño genio de Little Italy se pasó más de una década intentando dar sentido a una trayectoria cada vez más descompensada y abocada a vivir de los viejos laureles: fábulas budistas, relatos noctámbulos y depresivos y dos fallidas (y aburridísimas) superproducciones llegaron a poner en riesgo su solemne legado. Pero un nuevo Scorsese, más imperecedero y vigoroso, comenzó a forjarse un día de 2004, cuando Brad Pitt le ofreció dirigir el *remake* de la cinta de culto hongkonesa *Internal Affairs*. El actor había comprado los derechos a través de su productora, y había encargado al guionista de Boston William Monahan una adaptación ambientada en la ciudad de Massachussets, conocida por ser el destino de miles de emigrantes irlandeses a mediados del siglo XIX.

Scorsese encontró en aquel proyecto una vía de redención hacia su cine de siempre: épica criminal, antihéroes vengativos, asfaltos cubiertos de sangre y unos ajustes de cuentas más grandes que la vida misma. Reclutó a Leonardo DiCaprio, su actor fetiche desde 2002, para que acompañara a Pitt en este emocionante juego de traiciones cruzadas entre un policía infiltrado en la mafia irlandesa y un cachorro del capo de turno (un Jack Nicholson exorbitante) que se hace pasar por agente modélico. Al final, Pitt cayó por razones de agenda y Matt Damon le sustituyó a última hora, no sin antes patrullar varios días junto a policías reales y participar incluso en una batida antidroga por las calles de Boston.

Infiltrados no es la mejor obra de Scorsese, pero se saborea con la distinción de aquellos chefs que solo preparan platos exquisitos. Es salvaje, dura, excesiva y tan vibrante en su ejecución como solo una película del viejo Marty sabe ser.

L. A. Confidential

L.A. Confidential, Estados Unidos, 1997

Warner Bros. / New Regency / The Wolper Organization
Dirección: Curtis Hanson
Guion: Curtis Hanson y Brian Helgeland, sobre la novela de James Ellroy
Intérpretes: Russell Crowe, Guy Pearce, Kevin Spacey, Kim Basinger, Danny de Vito
138 minutos

La historia de los Oscar está llena de injusticias memorables. *Rocky* fue escogida mejor película frente a *Taxi Driver*, *Carros de fuego* en lugar de *En busca del arca perdida*, *Shakespeare in Love* se impuso incomprensiblemente a *Salvar al soldado Ryan*... Todas estas decisiones controvertidas tienen sus defensores y sus detractores, pero hay una en la que este último grupo es mayoría: *L. A. Confidential*, una película de majestuosa esencia *noir* que acabó sucumbiendo, en términos de reconocimiento, al fenómeno global de *Titanic*. En una de las galas más disparatadas que se recuerdan, la película de James Cameron —un cineasta sensacional con, al menos, cinco títulos mejores en su haber— se alzaba con once premios y dejaba sin apenas recompensa a esta obra maestra basada en la novela de James Ellroy.

En 1953, tres detectives de metodologías muy diferentes —uno es leal y violento, otro carismático y mediático, y el último de ellos escrupulosamente estricto— se ven envueltos en una turbia conspiración de asesinatos y corrupción que parece salpicar directamente al Departamento de Policía de Los Ángeles. El libro original tenía muchas más subtramas, pero Curtis Hanson y el guionista Brian Helgeland concentraron todo el peso dramático en las historias que afectaban a los tres protagonistas, entremezclándolas y retorciéndolas con elegancia y precisión. Tanto Russell Crowe como Guy Pearce mostraron dudas a la hora de interpretar a dos personajes moralmente cuestionables, si bien ninguno ofreció la resistencia de Kim Basinger. Hasta tres veces rechazó el papel de la prostituta Lynn Bracken antes de dar su brazo a torcer y firmar una interpretación memorable, merecedora del Oscar a la mejor actriz de reparto. Aquella noche kafkiana de finales de marzo en la que Cameron se autoproclamó rey del mundo, *L. A. Confidential* solo consiguió una estatuilla más, la de mejor guion adaptado. Afortunadamente, el tiempo le ha otorgado un aura de grandeza capaz de resistir frente a cualquier iceberg.

Memento

Memento, Estados Unidos, 2000

Summit Entertainment / Newmarket Capital Group / Team Todd / I Remember Productions
Dirección: Christopher Nolan
Guion: Christopher Nolan, sobre una historia de Jonathan Nolan
Intérpretes: Guy Pearce, Carrie-Anne Moss, Joe Pantoliano, Mark Boone Junior, Stephen Tobolowsky
113 minutos

Para hablar de *Memento*, conviene empezar por el final. Por el éxito y la categoría de culto que cosechó tras su estreno. Por los ecos de su revolucionaria propuesta, tantas veces imitada y tan imposible de alcanzar. Y, sobre todo, por poner en el mapa a un joven director británico, apuesto y retraído, con una facultad ímproba para diseñar complejísimas historias, expresarlas de un modo abrumador y distorsionar la cronología a su antojo.

Antes de todo ese reconocimiento, Christopher Jonathan James Nolan ya había sentado con este relato las bases de una naturaleza artística totalmente anómala. Alimentándose de los tejidos clásicos —y algo manidos— del género negro, convirtió la sempiterna búsqueda de venganza en un experimento temporal sin precedentes. Porque *Memento* termina donde da comienzo la tragedia de Leonard Shelby (Guy Pearce), un hombre aquejado de un raro tipo de amnesia que le impide crear nuevos recuerdos. La última imagen que su mente pudo retener fue la de su esposa asesinada, y, desde entonces, malvive en moteles, se tatúa pistas y hace fotografías de personas y lugares que, por alguna razón, son importantes para su investigación.

Antes de volar por los aires los preceptos del *storytelling*, Nolan llegó a considerar a Brad Pitt para el papel protagonista, pero se decantó por un actor semidesconocido que le había dejado boquiabierto en *L. A. Confidental* (más información en la página anterior). Y, antes incluso de plantearse ningún nombre para el reparto, se esforzó por convencer a posibles inversores de que tenía entre manos el título más revolucionario del cine posmoderno. Logró reunir un presupuesto de 9 millones de dólares. No se equivocaba con su pálpito.

Antes de todo eso, antes incluso de escribir su primera línea de guion, Nolan y su hermano compartieron un viaje por carretera durante el cual gestaron la idea de *Memento*, una película de la que siempre conviene acabar por el principio.

MUERTE ENTRE LAS FLORES

Miller's Crossing, Estados Unidos, 1990

20th Century Fox / Circle Films
Dirección y guion: Joel Coen y Ethan Coen
Intérpretes: Gabriel Byrne, Albert Finney, John Turturro, Marcia Gay Harden, Jon Polito
115 minutos

Los estudios Fox quedaron muy satisfechos con *Arizona Baby*. La segunda película de los Coen encandiló de tal modo a los críticos y fue un éxito tan incontestable (las ganancias casi multiplicaban por cuatro el presupuesto) que los hermanos recibieron carta blanca con su siguiente proyecto. Decidieron construir una historia alrededor de una idea que les obsesionaba: un sombrero negro abandonado en el claro de un bosque, mecido por el viento entre un sendero de hojas otoñales. Pero les invadió un terrible bloqueo creativo, del que solo pudieron librarse aparcando aquella idea y escribiendo —esta vez sí, a un ritmo febril— otra película sobre un dramaturgo en su misma situación de parálisis intelectual. Una vez completada, la llamaron *Barton Fink*, la guardaron en un cajón y regresaron al cuento del sombrero. De repente, su ingeniosa bicefalia comenzó a fluir de un modo imparable, deparando una avalancha de situaciones intrincadas que discurrían en paralelo y se entremezclaban con una escrupulosidad casi quirúrgica.

Muerte entre las flores es espesa, incómoda, tortuosa en su recorrido y sobrecogedora en el tratamiento moral de los personajes. Uno de ellos, el lugarteniente de la mafia irlandesa encarnado por Gabriel Byrne, es probablemente el más maquiavélico y fascinante que hayan engendrado nunca las superdotadas mentes de esta dupla. A su alrededor orbitan las disputas, los celos y las traiciones de quienes, sin saberlo, son muertos en vida, y lo hacen con una maestría propia de las novelas policiacas de Dashiell Hammett (en especial de *La llave de cristal*, publicada en 1931) y la distinción del *polar* francés de Jean-Pierre Melville.

La película fue un fracaso y algunos se ensañaron con ella por pura diversión, y porque preferían al Correcaminos de *Arizona Baby* que a tipos con sombrero negro cuya alma se consume en la soledad del bosque.

Mystic River

Mystic River, Estados Unidos, Australia, 2003

Warner Bros. / Village Roadshow Pictures / NPV Entertainment / Malpaso
Dirección: Clint Eastwood
Guion: Brian Helgeland, sobre la novela de Dennis Lehane
Intérpretes: Sean Penn, Tim Robbins, Kevin Bacon, Laurence Fishburne, Laura Linney
138 minutos

No hace mucho, tuve ocasión de asistir a una charla de Dennis Lehane en la que, entre otras cosas, explicaba su negativa a que *Mystic River* fuera llevada algún día al cine. Hasta que apareció Clint Eastwood y el autor de Boston se lo pensó mejor. «Estuvo varios días intentando convencerme —recordaba Lehane aquel día—. De repente, me di cuenta de que entendía la historia a un nivel muy profundo. Me dijo que no le importaba el misterio, sino la tragedia clásica que había en ella. Y pensé que esa fue exactamente mi intención cuando lo escribí.»

Eastwood llevaba treinta años demostrando que, cuando se colocaba tras la cámara, su personalidad como artista se disparaba hacia cotas inconcebibles en el cine norteamericano. Desde que la novela cayó en sus manos, supo que quería convertir en imágenes aquella disertación *shakesperiana* acerca de la traición y la infancia corrompida, y dio su palabra a los ejecutivos de Warner Bros. —convencidos de que una película sobre el abuso de menores tenía muchas papeletas para sufrir un rechazo mayoritario— de que se ceñiría a un presupuesto muy limitado. Para los papeles principales, contrató a cuatro excelentes intérpretes que también habían trabajado como realizadores (Sean Penn, Tim Robbins, Kevin Bacon y Laurence Fishburne) para darles únicamente las indicaciones justas y que ellos, desde su propia experiencia, fueran capaces de autodirigirse. A cambio de esa confianza, todos aceptaron cobrar el salario mínimo para formar parte del proyecto.

En *Mystic River*, Clint pasea su cámara curtida en mil batallas por las calles de un Boston sucio y desangelado, donde las aguas del río se convierten en un símbolo de la parte más infecta y miserable de la condición humana. Y así, el trazo característico del viejo maestro se apodera del relato hasta amoldarlo a su habitual antología de almas torturadas. Una obra esencial.

La noche del cazador

The Night of the Hunter, Estados Unidos, 1955

United Artists / Paul Gregory Productions
Dirección: Charles Laughton
Guion: James Agee, sobre la novela de Davis Grubb
Intérpretes: Robert Mitchum, Shelley Winters, Lilian Gish, James Gleason, Evelyn Varden
92 minutos

Hace setenta años, que una estrella del cine quisiera dar el salto a la dirección era algo bastante insólito. A diferencia de hoy, donde a los actores y a las actrices consagrados les resulta mucho más sencillo hacer carrera tras la cámara, en el Hollywood de los años dorados los realizadores eran, en muchos casos, los grandes reclamos de las producciones, por encima incluso de unas estrellas cuyos contratos leoninos con los estudios las convertían en meros instrumentos para ganar dinero. Por eso, cuando a mediados de los años cincuenta un actor de categoría mundial como Charles Laughton —ganador de un Oscar y forjado a las órdenes de Cecil B. De Mille, Alfred Hitchcock, Jean Renoir o David Lean, entre otros— anunció que estaba desarrollando su primer trabajo como realizador, el escepticismo comenzó a correr como la pólvora.

El proyecto escogido, *La noche del cazador*, era un descorazonador relato negro basado en la novela homónima de Davis Grubb, publicada en 1953. Ambientada en los años de la Gran Depresión, seguía los pasos de un peligroso criminal, fanático religioso y asesino en serie por la gracia de Dios, que amenazaba a una viuda y a sus hijos pequeños para conseguir un botín que su antiguo compañero de celda —ajusticiado en la horca— había escondido en la muñeca de juguete de su hija. Con una templanza inconcebible para un debutante, Laughton supo retratar una atmósfera profundamente asfixiante y turbadora, donde la presencia de un descomunal Robert Mitchum (las palabras LOVE y HATE tatuadas en sus nudillos forman parte de lo más selecto del imaginario cinematográfico) se convierte en la atracción principal de una cacería que, en todo momento, se percibe como un cuento infantil perturbador y funesto.

La película fue un sonoro fracaso y Laughton nunca más volvió a dirigir. Jamás hubiera imaginado que, con el paso del tiempo, aquella obra sombría sería venerada con la misma furia depredadora que su protagonista.

El Padrino

The Godfather, Estados Unidos, 1972

Paramount Pictures / Albert S. Ruddy Productions
Dirección: Francis Ford Coppola
Guion: Francis Ford Coppola y Mario Puzo, sobre la novela homónima de Puzo
Intérpretes: Marlon Brando, Al Pacino, James Caan, Diane Keaton, Robert Duvall
175 minutos

No podía faltar. *El Padrino* es la película con mayúsculas, así, sin más. Una obra colosal con un legado incalculable que catapultó la carrera de Francis Ford Coppola, por aquel entonces un joven de 32 años que acumulaba dos fracasos como productor y cuatro títulos, poco o nada relevantes, como realizador. Gracias a la reputación lograda por escribir junto a Edmund North el guion de *Patton* (Franklin J. Schaffner, 1970), por el que acababa de ganar el Oscar, consiguió que Paramount Pictures pusiera su nombre sobre la mesa para dirigir la adaptación del *bestseller* de Mario Puzo, después de que los experimentados Arthur Penn, Peter Yates y el mismísimo Sergio Leone declinasen el ofrecimiento. Pero Coppola pronto convirtió el encargo en una demostración sin precedentes de talento cinematográfico, asumiendo la escritura del guion junto al propio Puzo e imponiendo a Marlon Brando y a Al Pacino por delante de Frank Sinatra y Warren Beatty, los preferidos del estudio.

El resto es historia. Medio siglo después de su estreno, *El Padrino* constituye la catedral del cine de gangsters, un ejercicio majestuoso de precisión artística con uno de los mejores repartos nunca vistos y un Coppola cercano a la perfección. Nunca antes un personaje como Vito Corleone había representado con tanta magnanimidad el poder divino en la Tierra, y nunca antes los espectadores habían presenciado una visión tan exquisita y poética de la maldad. Una película, en definitiva, para disfrutar del cine desde los detalles más pequeños y sublimes.

El Padrino. Parte II

The Godfather. Part II, Estados Unidos, 1974

Paramount Pictures / The Coppola Company / American Zoetrope
Dirección: Francis Ford Coppola
Guion: Francis Ford Coppola y Mario Puzo, sobre la novela homónima de Puzo
Intérpretes: Al Pacino, Robert de Niro, Robert Duvall, Diane Keaton, John Cazale
202 minutos

Cuando parecía imposible rebasar la majestuosidad de la película original, Francis Ford Coppola entregó al mundo una continuación aún mejor. *El Padrino II* es más grande, compleja, oscura y perfecta si cabe que su —ya de por sí impecable— predecesora. Transcurrido medio siglo desde su estreno, se mantiene con admirable resiliencia en lo más alto del firmamento cinematográfico, como una efigie omnipotente y eterna a la que las sucesivas generaciones acuden en busca de iluminación.

La trascendencia sociocultural de *El Padrino* llevó a Paramount a poner un cheque en blanco sobre la mesa de Coppola. Este, hastiado de la experiencia, propuso mantenerse como productor y recomendó a su amigo Martin Scorsese para la dirección. Pero el estudio lo quería a él tras la cámara y estaba dispuesto a cubrirlo de oro si era necesario. Al final, accedió a continuar con la épica criminal de los Corleone a cambio de una suculenta colección de contraprestaciones: un millón de euros de salario, un 13 por ciento de las ganancias en taquilla, escribir una adaptación de *El gran Gatsby*, financiar un guion propio titulado *La conversación* y también una producción para la ópera de San Francisco. Pocas veces una *major* ha claudicado con tanta rotundidad a los designios de un creador, pero, en este concretísimo caso, valía la pena colmar al cineasta más icónico del Nuevo Hollywood con todo aquello que se le antojase.

Sin embargo, la exigencia más estricta e innegociable de Coppola no tenía nada que ver con lo material. Su condición para rodar la segunda entrega era otorgarle una nueva dimensión temporal que permitiese contar, al mismo tiempo, la historia de un padre y un hijo que tenían exactamente la misma edad. Así fue como cosió un relato en torno a dos representaciones yuxtapuestas del Sueño Americano: una próspera, que mostraba el ascenso del joven Vito Corleone a las altas esferas del crimen organizado, y otra ruin y decadente sobre la caída de Michael a los infiernos de la codicia y la perversión.

Quien diga que una película no merece ser considerada una obra de arte, que vea *El Padrino II* y después se vaya de pesca al lago Tahoe.

El Padrino. Parte III

The Godfather. Part III, Estados Unidos, 1990

Paramount Pictures / Zoetrope Studios
Dirección: Francis Ford Coppola
Guion: Francis Ford Coppola y Mario Puzo
Intérpretes: Al Pacino, Diane Keaton, Andy García, Talia Shire, Eli Wallach
162 minutos

No es fácil ser la tercera parte de una trilogía. Si las dos primeras entregas gozan de una reputación considerable —en especial la segunda, que siempre es la más agraciada argumentalmente—, las expectativas siempre están demasiado altas respecto a la conclusión de la historia. Si además esas dos películas previas se encuentran en el Top 5 de todos los tiempos, entonces tienes mucho que perder y muy poco que ganar.

Coppola lo sabía y por eso siempre rechazó un tercer *Padrino*. Hasta que le sobrevino la bancarrota por culpa de *Corazonada* y no tuvo más remedio que aceptar encargos por pura supervivencia. Los dirigentes de Paramount contaban con ese as en la manga, y cuando le prometieron absoluta libertad creativa y un presupuesto de 54 millones de dólares (casi el triple de lo que habían costado los dos capítulos anteriores juntos), Coppola hincó la rodilla. Eso sí, antes se cercioró de que la plana mayor de los Corleone (Pacino, Keaton, Puzo) estaría de vuelta para el epílogo. Todos excepto Robert Duvall, que tuvo un arrebato salarial de protagonista y se tuvo que conformar con una palmadita en la espalda por los servicios prestados.

Si uno es capaz, por un momento, de procesar *El Padrino III* desentendiéndose de todo el yugo precedente, descubrirá una espléndida y vibrante tragedia con tintes épico-operísticos. Su último acto, gracias a ese *crescendo* de tensión que provoca la conspiración vaticana, se encuentra entre los mejores pasajes de toda la trilogía. La mala noticia fue que los críticos lo tuvieron muy fácil para lincharla cuando Coppola sustituyó a Winona Ryder por su hija Sofía, y las acusaciones de nepotismo ensombrecieron de un modo irremediable el potentísimo conjunto. La buena, que el tiempo le ha terminado otorgando el lustre que su nombre merecía.

Perdición

Double Indemnity, Estados Unidos, 1944

Paramount Pictures / Buddy G. DeSilva
Dirección: Billy Wilder
Guion: Billy Wilder y Raymond Chandler, sobre la novela de James M. Cain
Intérpretes: Fred MacMurray, Barbara Stanwyck, Edward G. Robinson, Byron Barr, Porter Hall
107 minutos

Billy Wilder apenas había dirigido tres películas —dos comedias ligeras y la cinta bélica *Cinco tumbas a El Cairo*— cuando quedó atrapado por la novela de James M. Cain *Double Indemnity*, basada en un crimen real acontecido en Nueva York en 1927. El punto de partida era ciertamente sugerente: un agente de seguros es requerido por una ambiciosa mujer para que asesine a su marido, aprovechando la atracción que siente hacia ella. De ese modo, podrán cobrar también la cláusula que especifica que, en caso de muerte accidental, la indemnización alcanzará el doble de su valor.

Convencido de que se trataba del material idóneo para su primera incursión en el *thriller*, Wilder comenzó a redactar el guion con la ayuda de uno de los grandes referentes de la novela negra de la época, Raymond Chandler. Sin embargo, la inexperiencia de este a la hora de escribir para el cine y su tendencia al alcoholismo acabaron con la paciencia del cineasta, que llegó a afirmar que Chandler «tenía mucho de Hitler» en lo que a relaciones personales se refería. En cualquier caso, el propio James M. Cain quedó entusiasmado con el trabajo de ambos, y, ochenta años después, la película se sigue considerando como una de las mejores adaptaciones jamás realizadas.

Aunque en el futuro volvería a abordar el género con suma brillantez, Wilder consiguió con *Perdición* un relato criminal de precisión milimétrica, con unos diálogos inolvidables y un *crescendo* fervoroso y astuto. También consiguió que dos actores encasillados en registros muy diferentes —MacMurray era conocido por sus musicales y Stanwyck por sus comedias y melodramas— ofrecieran dos sobrias y excelentes interpretaciones. Hasta Hitchcock, después de verla, cayó rendido ante semejante exhibición de talento.

El precio del poder

Scarface, Estados Unidos, 1983

Universal Pictures / Martin Bregman
Dirección: Brian de Palma
Guion: Oliver Stone, sobre la película original escrita por Howard Hawks y Ben Hecht
Intérpretes: Al Pacino, Steven Bauer, Michelle Pfeiffer, Mary Elizabeth Mastrantonio, Robert Loggia
170 minutos

Al Pacino era ya una de las estrellas más influyentes de Hollywood cuando, un buen día de principios de los años ochenta, descubrió el clásico negro de Howard Hawks *Scarface, el terror del hampa* (1932). Nada más terminar la película, llamó a su agente Martin Bregman y le dijo que había que comprar los derechos para una adaptación que dirigiría Sidney Lumet. Bregman quería que Oliver Stone escribiera el guion, pero a este no le gustaba la cinta de

Hawks y no le interesaba reinterpretarla desde la perspectiva del cine de época (la primera intención de Pacino era mantener el convulso contexto del Chicago de los años treinta). Sin embargo, cuando Lumet le propuso convertir al protagonista en un exiliado cubano que llegaba a ser el narcotraficante más poderoso de Miami, Stone recapacitó y aceptó el encargo. Antes tuvo que librarse de una banda real que planeaba asesinarle porque le confundió con un policía, y también desprenderse de una severa adicción a las drogas que le impedía escribir con lucidez.

Lumet abandonó el proyecto por desavenencias con Bregman, y también con un Stone cada vez más volcánico y enfrascado en su investigación sobre el hampa de Miami. Fue entonces cuando Pacino recurrió a Brian de Palma, que había intentado contratarle sin éxito para su anterior película, *Impacto* (1981). De Palma tampoco era un entusiasta de la película original, pero entendió que aquella era una oportunidad única para reflotar su carrera tras una serie de catastróficos fracasos. Decidió aparcar su estilo barroquizante y desmedido y centrarse en una contención más clásica, sin renunciar a la violencia ambiciosa y distinguida que había exhibido en cintas como *Vestida para matar* (1980) o la propia *Impacto*.

Así las cosas, *El precio del poder* es una magistral detonación de plomo, carne, dinero y cocaína (en realidad, laxante en polvo para bebés) con un clímax tan pasmoso que necesitarás pellizcarte para comprobar si sigues vivo.

El profesional (Léon)

Léon, Francia, Estados Unidos, 1994

Columbia Pictures / Gaumont / Les Films du Dauphin
Dirección y guion: Luc Besson
Intérpretes: Jean Reno, Gary Oldman, Natalie Portman, Danny Aiello, Peter Appel
110 minutos

Luc Besson es uno de esos tipos geniales e irritantes por naturaleza, alguien con una personalidad tan volátil que, según el día, puede embelesarte de puro talento o cabrearte hasta límites que escapan a tu control. Su cine me ha parecido siempre una montaña rusa supersónica y monstruosa, en la que los puntos álgidos (muchos) y los descarrilamientos mortales (más) se suceden en medio de una continuidad absurda y desbocada.

Con el pequeño *enfant terrible* del cine francés puedes adorar *(El gran azul, El quinto elemento)* y repudiar *(Juana de Arco, Valeria)* como si ambas sensaciones formasen parte de una misma gama cromática. En mi caso, Besson me despierta pocas simpatías por no decir ninguna, y me chirrían sus ruidosos alardes de autor omnipotente que se cree elegido por los dioses. Pero, por una extraña razón, me enternezco cuando pienso en aquel jovencito que, a base de firmar obras extraordinarias en sus inicios, fue capaz de ofrecer un discurso propio y envolverlo con un embalaje pirotécnico sin nada que envidiar a las superproducciones de Hollywood. *Nikita* (1991) fue el gran precedente, pero la sublimación definitiva le llegaría por su obra más aclamada y sofisticadamente violenta, aquella en la que Jean Reno inmortalizó a un sicario solitario de Little Italy que convertía a una adolescente descarriada en su protegida y más que probable sucesora.

Lo más alucinante (aunque no suene tan extraño viniendo de Besson) es que escribió *El profesional* para matar el tiempo mientras esperaba que Bruce Willis estuviera disponible para *El quinto elemento*. Valoró a Al Pacino, a Mel Gibson y a Keanu Reeves para el protagonista, pero se mantuvo fiel a su amigo Reno, verdadero precursor de la historia. A su lado, una Natalie Portman de solo doce años se presentaba al mundo con una interpretación desgajada y memorable, mientras Gary Oldman nos regalaba a un sádico villano a mitad de camino entre Beethoven y Tony Montana. Lástima que Besson nunca rodara una segunda parte que diera sentido a su errática carrera.

UN PROFETA

Un prophète, Francia, Italia, 2009

Why Not Productions / Chic Films / Page 114
Dirección: Jacques Audiard
Guion: Thomas Bidegain y Jacques Audiard, sobre un guion original de Adbel Raouf Dafri y Nicolas Peufaillit
Intérpretes: Tahar Rahim, Niels Arestrup, Adel Bencherif, Reda Kateb, Hichem Yacoubi
155 minutos

Jacques Audiard es el verso libre del cine francés. Sus historias son desesperanzadas, naturalistas y sucias. Sus personajes, perdedores tragados por la marginalidad. Su ritmo, un crescendo acelerado y aplastante. No sigue ningún patrón establecido más allá de su propio instinto; si aquello que crea es capaz de golpear al espectador en la boca del estómago, de aturdirle desde la sobreexposición de los sentidos, entonces adelante.

Kamikaze de las causas perdidas y superdotado captador de la esfera más real de la ficción, Audiard alcanzó la gloria profesional cuando ya contaba 57 años. Solo había rodado cuatro películas previas, algunas tan espléndidas como *De latir, mi corazón se ha parado* (2005), pero su obra maestra definitiva esperaba pacientemente el momento adecuado para manifestarse. En realidad, la inspiración para hacer *Un profeta* le vino en una de sus exploraciones sobre la parte más rastrera de la sociedad, concretamente mientras asistía a la proyección de un documental centrado en la situación de las cárceles francesas y las guerras de bandas que tenían lugar detrás de sus muros. La tentación de colocar a uno de los pobres desgraciados de su repertorio argumental en aquel ambiente infernal fue imposible de aplacar.

El infeliz de turno, Malik (sobrecogedor y tempestuoso Tahar Rahim), es un ratero de origen árabe que, con solo diecinueve años, acaba en prisión con una condena de seis años. Su analfabetismo y su juventud pronto le convierten en el blanco perfecto de la mafia corsa, pero Malik es un hombre paciente. Sabe que, si logra ganarse la confianza del viejo cabecilla y asimila sus enseñanzas, acabará convertido en el nuevo líder que aquel lugar repudiado por el mundo necesita. Un profeta.

Porque para Malik, al igual que para los protagonistas de Jacques Audiard, la evolución —si realmente puede llamarse así— solo es posible si está impregnada de dolor.

Promesas del Este

Eastern Promises, Reino Unido, Canadá, 2007

Focus Features / Kudos Pictures / BBC Film / Serendipity Point Films / Corus Entertainment
Dirección: David Cronenberg
Guion: Steven Knight
Intérpretes: Viggo Mortensen, Naomi Watts, Vincent Cassel, Armin Mueller-Stahl, Josef Altin
100 minutos

Mucho antes de indagar en los pormenores de la mafia de los años veinte del siglo pasado con la sobresaliente *Peaky Blinders*, Steven Knight escribió uno de los mejores guiones sobre crimen organizado de este siglo. Se titulaba *Promesas del Este* y era el resultado de años de investigación, durante los cuales Knight tuvo varios encuentros tanto con miembros de las fuerzas del orden como con integrantes de la mafia rusa londinense. El guion contaba la historia de una enfermera que, mientras intenta resolver el misterio en torno a una joven fallecida después de dar a luz, descubre una peligrosa red de tráfico sexual y conoce a un enigmático chófer del hampa lleno de secretos.

Cuando el director David Cronenberg leyó el trabajo de Knight, decidió embarcarse de inmediato en el proyecto, consciente de que su particular enfoque del horror y la violencia —con un tratamiento muy particular de los monstruos que habitan en lo más profundo de los hombres— era el idóneo para abordar un *thriller* de ese calibre. Tras su fructífera colaboración en *Una historia de violencia* (2005), Cronenberg recurrió nuevamente a Viggo Mortensen para encarnar a otro antihéroe con múltiples capas emocionales e identitarias, un proceso que el actor asumió con una preparación tan escrupulosa como temeraria: viajó solo hasta la zona de los Urales para conocer personalmente a los criminales de la zona, se empapó de programas y libros rusos y aprendió a hablar el idioma con sorprendente soltura. También estudió con detalle los famosos tatuajes de los expresidiarios del país, creando junto al responsable de maquillaje las marcas exactas que debía lucir su personaje, cada una con un significado concreto. Fuera del set, eso sí, debía cubrir los tatuajes para no ser confundido con un auténtico criminal.

Promesas del este es una disertación magistral acerca de la miseria humana y la necesidad intrínseca de redención, con un Mortensen gigantesco y una Naomi Watts cuya interpretación exhibe el perfecto equilibrio entre tenacidad y delicadeza. La pelea a cuchillo de los baños es una *delicatessen* cinéfila en toda regla.

PULP FICTION

Pulp Fiction, Estados Unidos, 1994

Miramax / A Band Apart / Jersey Films
Dirección: Quentin Tarantino
Guion: Quentin Tarantino y Roger Avary
Intérpretes: John Travolta, Samuel L. Jackson, Bruce Willis, Uma Thurman, Harvey Keitel
154 minutos

Han pasado tres décadas desde su estreno y *Pulp Fiction* sigue siendo una de las películas más revolucionarias de la historia del cine. Antes de su advenimiento, el término «autor» se relacionaba en Estados Unidos con los directores europeos, y nadie en su sano juicio apostaba sus millones a una historia tan extravagante y violenta, con diálogos vertiginosos y discordantes y una estructura narrativa irresistiblemente anárquica. Sin embargo, cuando logró recaudar en taquilla veinticinco veces su presupuesto y se alzó con galardones impensables hasta entonces para una producción norteamericana, algo cambió para siempre dentro de la industria. *Pulp Fiction* abrió el camino para una generación de cineastas forjados ante las pantallas y lejos de las elites académicas, enamorados de las corrientes europeas y dispuestos a dar una dimensión *cool* a lo políticamente incorrecto, convirtiendo el arte en riesgo y el riesgo, en arte.

Quentin Tarantino tenía 31 años cuando el terremoto sacudió los cimientos de un Hollywood adormecido, entregado todavía a los últimos coletazos de los maravillosos años ochenta. Él no podía saberlo, pero aquel cine hecho de retales de videoclub, con su violencia estilizada, su elegante visión de la drogodependencia y su humor deslenguado y negrísimo, estaba estableciendo las bases para una época de gloriosa agitación contracultural: sin *Pulp Fiction*, es muy probable que títulos como *Trainspotting*, *El club de la lucha*, *Magnolia*, *Réquiem por un sueño* o *Memento* hubieran gozado de una trascendencia mucho menor o que, posiblemente, ni siquiera hubieran existido.

Tres décadas depués, *Pulp Fiction* sigue cautivando a generaciones de espectadores que ni siquiera habían nacido cuando se estrenó, incluso a algunos cuyos padres ni se conocían por aquel entonces. No importa cuántas veces la disfrutes, porque su iconografía y sus frases siempre te van a parecer alucinantes: el baile sensual al ritmo de Chuck Berry, el rescate de Marsellus Wallace, Samuel L. Jackson recitando pasajes bíblicos antes de vaciar el cargador, las diferentes acepciones del Big Mac, la irrupción del Señor Lobo... Una obra maestra de este calibre te conmociona hasta dejarte sin aliento, y solo deseas que el chute de puro cine dure para siempre.

RESERVOIR DOGS

Reservoir Dogs, Estados Unidos, 1992

Miramax / Live America / Dog Eat Dog Productions
Dirección: Quentin Tarantino
Guion: Quentin Tarantino y Roger Avary
Intérpretes: Harvey Keitel, Tim Roth, Michael Madsen, Chris Penn, Steve Buscemi
99 minutos

Ya que estamos con Tarantino, dentro *flashback*.

Érase una vez en Hollywood un muchacho cuya única formación cinematográfica eran las películas que consumía mientras trabajaba en un videoclub. Allí, entre VHS polvorientos y evocadoras carátulas, el rebelde autodidacta de Knoxville pasaba las horas visionando películas de cualquier época, género o procedencia. Pronto empezó a escribir sus propios guiones, aunque nadie parecía prestarle demasiada atención. Solo logró vender uno que se llamaba *Amor a quemarropa*. Pero esa es otra historia.

Tarantino también trataba de colocar un guion titulado *Reservoir Dogs*. En él, una banda de ladrones de diamantes se refugiaba en un viejo almacén al ser descubiertos por la policía, con las consecuencias más imprevisibles. El productor Lawrence Bender se fijó en su potencial, pero solo tenía 30.000 dólares para rodarlo, por lo que Quentin se ofreció a dirigirlo él mismo, sin cobrar, con actores no profesionales y en blanco y negro. Pero apareció un mito, Harvey Keitel, y se enamoró de aquel guion hasta el punto de reunir 1,3 millones de dólares y reservarse uno de los papeles principales.

El resto de la banda lo completaron intérpretes de indudable enjundia *indie* como Michael Madsen, Steve Buscemi o Tim Roth, a quien Tarantino quería sí o sí para encarnar al Señor Naranja, pero que se negaba a hacer *castings* porque los consideraba indignos de alguien de su nivel. Como la prueba era condición *sine qua non*, Tarantino se lo llevó de fiesta, lo emborrachó y a las dos de la madrugada Roth le dijo que interpretaría cualquier cosa para él. Al final, acabaron bebiendo en el apartamento del actor, que representó cinco veces el guion entero.

Pero hubo más. Aquel verano hacía tanto calor en Los Ángeles que el sirope que simulaba la sangre de Roth se adhería al suelo con tanta fuerza —la temperatura media era de 43 °C— que tardaban quince minutos en despegarlo. Y el viejo Lawrence Tierney, conflictivo donde los haya y encargado de interpretar al cerebro del golpe, decidió liarse a tiros con su vecino y hubo que pagar su fianza para que volviera a rodar.

Meses después, aquella era la mejor ópera prima alumbrada por el cine norteamericano.

Sed de mal

Touch of Evil, Estados Unidos, 1958

Universal Pictures / Albert Zugsmith
Dirección: Orson Welles
Guion: Orson Welles, sobre la novela Badge of Evil, de Whit Masterson
Intérpretes: Charlton Heston, Janet Leigh, Orson Welles, Joseph Calleia, Marlene Dietrich
95 minutos

Aunque Orson Welles nunca ha sido uno de mis directores predilectos —disculpen la blasfemia—, reconozco que su legado roza, en ocasiones, lo visionario: el discurso visual de *Ciudadano Kane* (1941), la obsesión por la técnica, las personalísimas revisiones de Shakespeare o Kafka, las películas inacabadas... Persiguió la experimentación con tanto fervor que, inevitablemente, acabó construyendo una carrera demasiado inestable, donde las obras maestras se alternaban con trabajos artificiosos y la personalidad artística se dispersaba entre infinidad de nacionalidades e influencias.

Por eso, siempre he defendido que el mejor Welles es el que sabía ir directamente al grano. Cuando dirigía cine negro, se convertía en un autor determinado y sin fisuras, capaz de alumbrar títulos tan majestuosos como *El extraño* (1946), *La dama de Shanghái* (1947), *Mr. Arkadin* (1955) o mi favorito de siempre, *Sed de mal*. La película supuso el regreso del realizador a Hollywood tras su marcha a Europa huyendo de la Caza de Brujas, aunque en realidad todo se debiera a una equivocación: el estudio quería a Charlton Heston para protagonizar la adaptación de la novela criminal de Whit Masterson, y para convencerle le dijeron que Welles —que había sido contratado solo como actor— trabajaría con él. Cuando Heston descubrió que no era el director previsto, el productor Albert Zugsmith se apresuró a ofrecerle también el mando de la producción para no perder a su estrella.

Lo que Zugsmith no sabía era que Welles iba a dar una vuelta de tuerca a la historia, consiguiendo que un vulgar relato sobre mafia fronteriza y corrupción policial se transformara en una obra esplendorosa y técnicamente impecable —el plano secuencia inicial es uno de los mejores comienzos nunca vistos—, cuyos sucesivos montajes (el último, de 1998) no hicieron más que alimentar su leyenda.

Snatch. Cerdos y diamantes

Snatch, Reino Unido, Estados Unidos, 2000

Columbia Pictures / Screen Gems / SKA Films

Dirección y guion: Guy Ritchie

Intérpretes: Jason Statham, Brad Pitt, Stephen Graham, Vinnie Jones, Dennis Farina

104 minutos

Ya hemos visto en *The Gentlemen* que, en un momento dado, Guy Ritchie escogió lanzarse al pozo de Sarlacc y poner en serio riesgo la viabilidad de su prometedora carrera por culpa de su encoñamiento con Madonna. Eso sí, conviene no olvidar que, justo antes de caer en los brazos de la diva del pop, se destapó como uno de los cineastas más vanguardistas y feroces de la escena londinense, una suerte de Tarantino de las cloacas con un sentido del humor todavía más retorcido. Su segunda película, la trastornada y fabulosa *Snatch*, sigue siendo a día de hoy el diamante más cegador de su filmografía. Y eso que está repleta de porquería, sudor, barro, sangre y disertaciones acerca del proceso digestivo de los cerdos.

Como en *Lock & Stock*, aquí no hay ni un maldito personaje que merezca una redención espiritual. Todos son escoria. Escoria con poder, escoria estúpida, escoria yanqui, escoria rusa o sencillamente escoria de la escoria. Ritchie teje a su alrededor una trama tan inspirada de traiciones, cercenamientos, perros y despropósitos, que proporciona al espectador una experiencia rebosante de imaginería pendenciera. Porque, aunque la suerte es un componente capital de *Snatch*, aquí nada es fruto del azar. Cada pequeño elemento —da igual si se trata de una pistola de fogueo, una joyería regentada por un falso judío o un puñado de gitanos de indescifrable verborrea— existe gracias a otro y contribuye a que otros existan, como un dominó desplazándose en múltiples direcciones y convergiendo en un final que también es un principio. Es lo que tienen el ciclo de la vida y las digestiones rápidas.

Y ya que hablamos de suerte, o de mala suerte, hay un momento en que suena el tema «Lucky Star», de Madonna. Entonces, uno de los tipos más moralmente detestables que hay en esta historia, que acaba de torturar a un pobre desgraciado con la ventanilla de su coche, dice que le encanta esa canción. ¿Puede haber un presentimiento más escalofriante?

Sospechosos habituales

The Usual Suspects, Estados Unidos, Alemania, 1995

PolyGram Filmed Entertainment / Spelling Films / Blue Parrot / Bad Hat Harry
Dirección: Bryan Singer
Guion: Christopher McQuarrie
Intérpretes: Gabriel Byrne, Kevin Spacey, Chazz Palminteri, Stephen Baldwin, Benicio del Toro
106 minutos

Sospechosos habituales es una película construida en torno a la mística de un nombre. ¿He dicho película? Perdón, quise decir una puñetera y gloriosa obra de arte.

Nunca antes —y mucho menos después— el cine negro había jugado con tanta maestría con la identidad de un villano cuyo alias provoca espanto con solo pronunciarse: Keyser Söze. Cuenta Christopher McQuarrie que se inspiró en un jefe que tuvo cuando trabajaba en un bufete de abogados, llamado Kayser Sume, y que le cambió el apellido cuando supo que Söze, en turco, significa algo así como «hablar demasiado». Poco podía imaginar el futuro compinche de Tom Cruise que en esas diez letras estaría la clave de todo.

La historia no es en absoluto extraordinaria: un grupo de delincuentes de poca monta que suele coincidir en las ruedas de reconocimiento decide dar un golpe en común. Pero se topan con un asesino de origen turco a quien todos temen y a quien nadie ha visto jamás. Söze es un fantasma, un personaje al que nunca distinguimos, pero cuya presencia impregna cada sombra, cada rincón, cada sonido lejano que acontece en la pantalla. Un cuento de terror, el demonio hecho carne. Y es así como, desde la agitación que provoca no saber qué aspecto tiene, el espectador se ve arrastrado a una sacudida de profunda incertidumbre; no solo es que Keyser Söze aceche desde la penumbra, es que todos los personajes principales nos parecen, en algún momento, sospechosos de ser el mayor y más esquivo genio criminal de la historia.

Qué decir del final. Pocas veces una película (disculpen, obra de arte) ha propinado a su audiencia un golpe tan brutal en la boca del estómago. Es uno de esos desenlaces que, más que recordarse durante días, se recuerdan para siempre. Es absurdo negar que, cada vez que asoma frente a nuestros ojos, nos quedamos sin aliento ante semejante demostración de ingente clarividencia.

«El mayor truco del diablo fue convencer al mundo de que no existía.» Amén.

TARDE DE PERROS

Dog Day Afternoon, Estados Unidos, 1975

Warner Bros. / Artists Entertainment Complex
Dirección: Sidney Lumet
Guion: Frank Pierson, sobre el artículo de P. F. Kluge y Thomas Moore
Intérpretes: Al Pacino, John Cazale, Charles Durning, Chris Sarandon, Penelope Allen
125 minutos

El 22 de agosto de 1975, dos ladrones novatos intentaron robar un banco de Brooklyn para costear la operación de cambio de sexo de la pareja de uno de ellos. Lo que en principio debía ser un atraco rápido y limpio, se convirtió en un verdadero caos por la ineptitud de los atracadores y la retransmisión en directo llevada a cabo por los informativos de televisión. Los periodistas P. F. Kluge y Thomas Moore relataron la historia en un artículo publicado por la revista *Life*, el cual alcanzó tanta repercusión que los estudios Warner no tardaron en encargar al experimentado Frank Pierson la elaboración de un guion centrado en la figura de uno de los atracadores, John Wojtowicz, cuyo nombre fue sustituido por el de Sonny Wortzik.

Por aquel entonces, el productor Martin Bergman era el representante de Al Pacino, y decidió ofrecerle de inmediato el papel principal. Pacino aceptó en un primer momento, pero el desgaste psicológico generado por su reciente trabajo en *El Padrino. Parte II*, unido a su fidelidad al famoso Método Stanislavski, le llevó a rechazar a un personaje sometido a semejante nivel de histeria. Más tarde, Bergman y el director Sidney Lumet volvieron a convencerle, pero esta vez Pacino declinó debido a la reticencia que las estrellas de la época tenían a la hora de interpretar a personajes homosexuales. Bergman envió entonces el guion a Dustin Hoffman, a quien Pacino consideraba su gran rival, y fue entonces cuando se comprometió definitivamente para el papel. Eso sí, durante el rodaje el actor dormía dos horas diarias, comía a cuentagotas y se daba duchas de agua fría para sumergirse en la compleja psicología de Wortzik. Llegó a estar varios días hospitalizado tras sufrir un colapso, y cuando acabó la película, decidió retirarse tres años del cine para trabajar en el teatro.

Tarde de perros es trágica, penetrante, conmovedora, incluso divertida. El trabajo de Pacino y John Cazale es escandaloso, y Lumet dirige con la pasión de un maestro en su máximo apogeo. Cine de muchos muchos quilates.

TAXI DRIVER

Taxi Driver, Estados Unidos, 1976

Columbia Pictures / Bill-Phillips / Italo-Judeo Production
Dirección: Martin Scorsese
Guion: Paul Schrader
Intérpretes: Robert de Niro, Jodie Foster, Cybill Sheperd, Harvey Keitel, Albert Brooks
114 minutos

Hacia 1972, el escarnio estadounidense en Vietnam era ya de dominio público. Desesperado ante la presión internacional, el 8 de junio Richard Nixon ordenó el lanzamiento de una bomba de napalm en la región de Trang Bang, sin saber que un fotógrafo de Associated Press captaría la imagen que sirvió para acelerar el fin del conflicto: una niña de nueve años lloraba desnuda, con el cuerpo lleno de graves quemaduras, tras haberse liberado de su ropa en llamas.

Muy lejos de allí, un guionista estadounidense de 29 años, Paul Schrader, recogía el estupor del mundo entero y el resentimiento hacia su país, y los hacía converger en un borrador que tituló *Taxi Driver*. En él, un veterano de la guerra regresaba a Nueva York traumatizado e insomne, lo que le llevaba a trabajar como taxista por las noches mientras fantaseaba con eliminar cualquier atisbo de inmundicia social de las calles. Aunque el guion fue adquirido al poco tiempo por Columbia Pictures, pasaron cuatro años y una infinidad de nombres (Robert Mulligan, Brian de Palma y hasta Neil Diamond para interpretar a Travis Bickle) hasta que Schrader conoció a Martin Scorsese y, de repente, todo pareció ensamblarse cósmicamente. Aquel encuentro no solo significó el inicio de una de las relaciones artísticas de amor/odio más excepcionales del cine, sino que marcó un antes y un después en la concepción tradicional del *noir*, más enfocado desde entonces a un contexto sociopolítico que, directa o indirectamente, condicionaba la psicología torturada de los protagonistas.

Sobra decir que *Taxi Driver* otorgó a Scorsese el rango de evangelista del Nuevo Hollywood, y a Robert de Niro el de mesías del Método, capaz de plantarse delante de un espejo e improvisar una de las preguntas retóricas más chulescas y feroces que se haya proyectado nunca a 24 fotogramas por segundo.

En nada, regresamos con ambos al cielo de las obras maestras.

UNO DE LOS NUESTROS

Goodfellas, Estados Unidos, 1990

Warner Bros. / Irwin Winkler Productions
Dirección: Martin Scorsese
Guion: Martin Scorsese y Nicholas Pileggi, sobre la novela de este último
Intérpretes: Ray Liotta, Robert de Niro, Joe Pesci, Lorraine Bracco, Paul Sorvino
145 minutos

En *Uno de los nuestros*, la cámara no se limita a rodar, sino que se agita, vuela y se desliza en un arrebato incontrolable de maestría. Los años ochenta habían sido muy irregulares para Scorsese, con la desmedida polémica de *La última tentación de Cristo* como colofón a unos años de cierto (e injusto) desprestigio dentro de la industria. Por eso, cuando su amigo Irwin Winkler le ofreció dirigir una película basada en una novela cuyos derechos acababa de adquirir —*Wiseguy*, de Nicholas Pileggi—, el bueno de Marty supo que había llegado el momento de volver a divertirse. La trama gangsteril, centrada en un mafioso vocacional que acaba convertido en confidente del FBI, le permitía regresar al cine callejero y violento de sus primeros títulos, y hacerlo además desde la perspectiva de un veterano capaz de mover el angular y coordinar los elementos del encuadre de un modo que muchos no podrían ni soñar.

Sirva como ejemplo el mítico plano secuencia en el que Henry Hill (Ray Liotta) trata de impresionar a su novia entrando por la puerta trasera del restaurante Copacabana. Mediante una opulenta exhibición de técnica (le bastó una sola mañana y ocho intentos para completarlo), Scorsese fue capaz de planificar una coreografía que incluía un centenar de extras y constantes cambios de luz, y de definir al mismo tiempo la personalidad embaucadora de un tipo que actúa saltándose todas las normas. El resultado fue una obra maestra en la que confluyen todas las cuestiones narrativas y vanguardistas de sus anteriores películas, como si cada una de ellas hubiera sido realizada para servir a un propósito aún mayor. La secuencia en la que Joe Pesci improvisa un diálogo entero («¿te parezco gracioso?») frente a un perplejo Ray Liotta o la sucesión de cadáveres al ritmo de la guitarra de Eric Clapton, son solo dos de las infinitas grandezas de esta película inabarcable. Para quien escribe, la mejor de uno de los mejores.

DRAMA

21 GRAMOS

21 Grams, Estados Unidos, 2003

Focus Features / This Is That / Y Productions
Dirección: Alejandro González Iñárritu
Guion: Guillermo Arriaga
Intérpretes: Sean Penn, Naomi Watts, Benicio del Toro, Danny Huston, Melissa Leo
124 minutos

En 1907, un médico escocés llamado Duncan MacDougall trató de demostrar científicamente la existencia del alma tras comprobar, a través de diferentes pacientes a punto de morir, que el cuerpo humano perdía veintiún gramos en el momento exacto de la expiración. Con el tiempo, dicha teoría acabó siendo más una creencia popular que una evidencia científica, y sirvió de inspiración a diferentes artistas a la hora de representar la dimensión de la muerte y la existencia de una vida posterior en sus obras.

Uno de ellos era un cineasta mexicano que en el año 2000 había dejado perplejo a más de uno con un debut fulgurante titulado *Amores perros*, donde las vidas de varias personas se entrecruzaban a raíz de un suceso traumático relacionado con la muerte, el cual era relatado a través de una primorosa narración no lineal. Tres años después, Alejandro González Iñárritu y su guionista de cabecera, Guillermo Arriaga, quisieron ir más allá en su exploración de la tragedia como un elemento ligado al destino de los personajes. Para ello, tomaron como punto de partida el estudio de MacDougall y trazaron una historia repleta de dolor, amor y esperanza, en la que dos hombres y una mujer encadenan sus existencias en un efecto dominó fortuito e imparable.

21 gramos es una de las mejores películas de principios de siglo, y deja al descubierto el talento colosal de un creador que, desde entonces, ha hecho de cada nueva película un salto al vacío dentro de la observación formal y narrativa. Aquí, su cámara al hombro penetra hasta el corazón de cada personaje, mientras la paleta de colores de Rodrigo Prieto contribuye a describir la naturaleza y el momento vital de cada uno de ellos. Para colmo, el trío principal —esplendorosa Naomi Watts— se come la pantalla.

ALGUIEN VOLÓ SOBRE EL NIDO DEL CUCO

One Flew Over the Cuckoo's Nest, Estados Unidos, 1975

United Artists / Fantasy Films
Dirección: Milos Forman
Guion: Lawrence Hauben y Bo Goldman, sobre la novela de Ken Kesey
Intérpretes: Jack Nicholson, Louise Fletcher, William Redfield, Brad Dourif, Danny de Vito
133 minutos

Menlo Park es una ciudad californiana situada en el Condado de San Mateo, a unas cinco horas y media en coche desde Los Ángeles. A finales de los años cincuenta, Ken Kesey era solo un veinteañero que soñaba con llegar a ser escritor, pero, un buen día, alguien le dijo que un hospital de la zona buscaba voluntarios para experimentar con drogas, supuestamente con fines terapéuticos. Kesey se ofreció como cobaya humana y pasó un tiempo internado, bajo la supervisión de psiquiatras que le atiborraban de LSD, peyote y mescalina. Al terminar el experimento, los médicos le invitaron a marcharse, pero él seguía preso de una adicción irrefrenable que le llevó incluso a enrolarse en el hospital como ATS para tener acceso directo a las drogas.

Mientras daba rienda suelta a su vertiente más alucinógena, Kesey se puso a escribir una novela sobre un delincuente que se hace pasar por enfermo mental para no cumplir una condena, pero que acaba en un psiquiátrico que resulta ser mucho peor que cualquier cárcel. Nueve meses después estaba terminada, y en 1962 la editorial Viking Press la sacaba a la calle sin demasiadas expectativas. Como suele ser habitual en estos casos, lo que sucedió fue justo lo contrario: el libro tuvo un éxito abrumador y muchos comenzaron a considerar a Kesey —que por aquel entonces se dedicaba a viajar por todo Estados Unidos en una furgoneta cochambrosa y hasta arriba de drogas— como una especie de profeta contracultural.

Kirk Douglas compró los derechos del libro con la esperanza de protagonizar una adaptación, pero la lentitud del proceso hizo que acabara desistiendo y vendiendo los derechos a su hijo Michael. Fue este quien, a mediados de la década de los setenta, puso en marcha una película destinada a convertirse en un clásico sobre los límites de nuestro propio juicio; no solo logró que el rodaje tuviera lugar en un psiquiátrico real, sino que, para dirigirla, se trajo de Checoslovaquia a un hombrecillo que identificaba la dictadura de la enfermera Ratched con la represión comunista de su país. Solo faltaba Jack Nicholson para transformar cualquier atisbo de razón en locura, y la locura, en arte.

American Graffiti

American Graffiti, Estados Unidos, 1973

Universal Pictures / Lucasfilm / The Coppola Company
Dirección: George Lucas
Guion: George Lucas, Willard Huyck y Gloria Katz
Intérpretes: Richard Dreyfuss, Ronny Howard, Paul Le Mat, Charles Martin Smith, Cindy Williams
110 minutos

Modesto, California, finales del verano de 1962. Cinco jóvenes celebran su última noche juntos antes de separar sus caminos para ir a la universidad e intentar labrarse un futuro. Entre malentendidos y carreras urbanas de coches, asistimos a sus últimos coletazos de ingenuidad y al inicio de su inevitable transformación en adultos. Los momentos de diversión se entrecruzan con otros de melancolía y añoranza, y los protagonistas viven sus horas finales de juventud mientras se debaten entre relaciones amenazadas por la distancia, amores platónicos y la búsqueda de un legendario y misterioso locutor de radio.

George Lucas tenía veintiséis años cuando comenzó a escribir *American Graffiti* por recomendación de su amigo Francis Ford Coppola. Llenó la historia de elementos autobiográficos y la ambientó en su localidad natal, reservando un protagonismo especial para su pasión por los automóviles y el famoso *cruising* —una forma de entablar relaciones con los demás desde el volante de un llamativo vehículo— que practicaba los fines de semana cuando salía con sus amigos. Para su sorpresa, ningún estudio parecía decidido a invertir en el proyecto, hasta que Coppola anunció su entrada como productor y consiguió que Universal aprobara un presupuesto de 770.000 dólares, buena parte del cual se destinó a pagar los derechos de autor de los más de cuarenta clásicos del *rock'n'roll* que integraban la banda sonora.

El rodaje transcurrió en tiempo récord: apenas veintiocho días, en pleno invierno y casi siempre de noche, lo que obligaba a los actores a filmar sus escenas con ropas de verano y a cubrirse con mantas en cuanto Lucas gritaba «¡corten!». Tras su estreno, la película fue aclamada por crítica y público, alcanzando una recaudación global de 140 millones de dólares. Toda una exquisitez para cinéfilos y nostálgicos de una era irrepetible.

EL AMOR EN SU LUGAR

Love Gets a Room, España, Reino Unido, 2021

Nostromo Pictures / A Contracorriente Films
Dirección: Rodrigo Cortés
Guion: David Safier y Rodrigo Cortés, sobre la obra de Jerzy Jurandot
Intérpretes: Clara Rugaard, Ferdia Walsh-Peelo, Mark Ryder, Valentina Bellè, Jack Roth
103 minutos

El amor en su lugar es como un rayo de luz en medio de la oscuridad más profunda. La película recrea la representación que un grupo de actores judíos llevó a cabo en el gueto de Varsovia, en 1942, donde se subieron al escenario para interpretar una comedia musical que fuera capaz de transmitir esperanza a un pueblo confinado, oprimido y asesinado al azar por el ejército alemán. Durante una noche gélida, los miembros de la compañía tratan de vencer al miedo y la enfermedad en busca de ese aplauso final que dé sentido a su instinto de supervivencia.

Fue el novelista alemán David Safier quien descubrió la obra original, titulada *Milosc Szuka Mieszkania*, escrita en el propio gueto por el dramaturgo y compositor polaco Jerzy Jurandot. Tras realizar una exhaustiva investigación sobre aquel texto, Safier escribió un primer borrador que acabó en las manos de Rodrigo Cortés, quien de inmediato se puso en marcha para completar la historia e incluso componer la música de las canciones de Jurandot, de las cuales únicamente se conservaba la letra. Con el pesimismo romántico de Billy Wilder como punto de partida, Cortés fue dando forma a una producción que mereció un reconocimiento mucho más amplio del que recibió durante la difícil postpandemia de la industria.

La película es formalmente virtuosa, como no podía ser menos viniendo del autor de *Buried* y *Luces rojas*. Pero su gran hallazgo es el abanico de emociones que desvela paulatinamente, y que el espectador, sentado en el patio de butacas del teatro Fémina, hace suyas al instante. *El amor en su lugar* hace reír, y también llorar, golpea y conmueve, resiste y apasiona. Cuando baje el telón, aplaudan hasta que sus manos duelan.

Big Fish

Big Fish, Estados Unidos, 2003

Columbia Pictures / Jinks-Cohen Company / Zanuck Company
Dirección: Tim Burton
Guion: John August, sobre la novela de Daniel Wallace
Intérpretes: Ewan McGregor, Albert Finney, Billy Crudup, Jessica Lange, Helena Bonham Carter
125 minutos

Recién inaugurado el siglo XXI, Tim Burton parecía haber dejado atrás su aura de autor inclasificable para someterse sin condiciones a las reglas del *blockbuster*. *El planeta de los simios* (2000) fue, de largo, su peor película hasta la fecha, y, aunque resultó un gran éxito comercial, le dejó sumido en una fuerte depresión durante un año. Todo cambió cuando Steven Spielberg rechazó, por razones de agenda, la adaptación de la novela de Daniel Wallace *Big Fish*, y los productores no dudaron en ofrecer a Burton un proyecto que iba a requerir de su particularísimo estilo. Este, decidido a demostrar que la sumisión a la industria era algo incompatible con su obra, encontró en la historia el vehículo perfecto para regresar a su cine mágico, a los protagonistas fuera de lo común y a la fábula repleta de romanticismo.

Big Fish es, ante todo, la historia de reencuentro entre un padre y un hijo. Tiempo atrás, el periodista Will Bloom decidió distanciarse de su progenitor, harto de soportar los relatos fantásticos que le contaba sobre su vida como si hubieran ocurrido realmente. Ahora, ante la inminente muerte del viejo Ed Bloom, Will viaja junto a él para descubrir al fin qué hay de cierto en aquellas historias tan hermosas e increíbles.

Cuando la película llegó a sus manos, Tim Burton acababa de perder a su padre, Bill, y de inmediato sintió una conexión muy profunda con el libro de Wallace y su particular manera de reconstruir las relaciones paternofiliales a través de la imaginación. Todo este torrente creativo fluyó de manera descontrolada, hasta el punto de que *Big Fish*, con su delicada intimidad y su cautivador *sense of wonder*, acabó convirtiéndose en una de las obras más queridas y ejemplificantes de su director. Pura poesía cinematográfica.

Billy Elliot

Billy Elliot, Reino Unido, Francia, 2000

Universal Pictures / StudioCanal / Working Title / BBC Films
Dirección: Stephen Daldry
Guion: Lee Hall
Intérpretes: Jamie Bell, Julie Walters, Gary Lewis, Jamie Draven, Stuart Wells
110 minutos

Un niño de once años desciende por las calles empinadas del pueblo de Easington Colliery, situado en el condado inglés de Durham y conocido por su tradición en la minería del carbón. Lleva un par de zapatillas de ballet colgadas del cuello y sus piernas se mueven con agilidad y efervescencia, dibujando elegantes y complejos pasos de baile sobre el asfalto. Se le ve feliz. Por primera vez en su corta vida, se siente realizado.

Esta secuencia, tan sencilla en cuanto a planificación y ejecución, se basta por sí misma para definir la esencia de esa estupenda y contagiosa película llamada *Billy Elliot*. El protagonista, un muchacho de clase obrera a quien su autoritario padre obliga a tomar clases de boxeo, se escapa a hurtadillas para dedicarse a lo que de verdad le apasiona: la danza. La escena en sí es ya un icono de las coreografías de la gran pantalla, equiparable, por qué no decirlo, al baile pasado por agua de Gene Kelly en *Cantando bajo la lluvia*.

Jamie Bell llevaba dando clases desde los seis años, y había sufrido muchas veces las burlas de sus compañeros por su particular afición. Escogido de entre más de dos mil aspirantes, Bell se transmutó en Billy con el corazón de un muchacho lleno de ternura y la rabia de quien persigue ajustar cuentas con el pasado. Su actuación, como la de la gran Julie Walters, es cálida y primorosa, un brillante destello en medio de una realidad —la huelga de mineros de 1984— aplastante, dolorosa y tremendamente *kenloachiana*.

Boyhood

Boyhood, Estados Unidos, 2014

IFC Productions / Detour Filmproduction
Dirección y guion: Richard Linklater
Intérpretes: Ellar Coltrane, Patricia Arquette, Ethan Hawke, Lorelei Linklater, Elijah Smith
165 minutos

Nunca ha habido y nunca habrá otra película como *Boyhood*. Antes de ella, el cine había ofrecido infinidad de reflexiones sobre el periplo vital de un muchacho de clase media, perdido en un rincón cualquiera de América, experimentando los sueños propios de la infancia y las amargas decepciones que comporta la madurez. Hasta que un día llegó Richard Linklater y decidió convertir aquel concepto en algo literal. Aquella sería su obra más introspectiva y comprometida, la más difícil de crear y por la que sería recordado durante el resto de la historia. Eso, claro está, siempre que aquel experimento no resultase un completo desastre. Y papeletas no le faltaban.

La intención de Linklater era filmar los doce años de experiencias vitales del protagonista a lo largo de doce años naturales, para apreciar de manera insólita la transformación física y emocional de un niño pequeño en mayor de edad. Escogió a un actor de seis años llamado Ellar Coltrane, lo rodeó de intérpretes acostumbrados al riesgo como Patricia Arquette y Ethan Hawke, consiguió un modestísimo presupuesto de 2,4 millones de dólares y se conjuró para filmar durante un par de semanas cada año entre 2002 y 2013. El equipo creía tanto en el proyecto que aceptó trabajar sin contrato, ya que existe una ley en Hollywood que impide emplear a alguien por más de siete años para no considerarlo explotación. No había guion, lo único que existía era un mínimo desarrollo y un final en la mente del realizador. Cada año, después de reencontrarse con los actores y rodar las nuevas escenas, Linklater incorporaba los cambios que había apreciado en cada uno de ellos a los personajes y escribía el siguiente capítulo de sus historias. Tal era su determinación por completar aquella épica, que le pidió a Hawke que continuara el proyecto si él fallecía durante el proceso.

Afortunadamente, Richard Linklater no murió haciendo *Boyhood*. Es más: supo captar la cualidad milagrosa de la vida y el paso del tiempo como ningún otro artista pudo ni siquiera concebir. El mundo recordará para siempre su homérica y radiante insensatez.

Cadena perpetua

The Shawshank Redemption, Estados Unidos, 1994

Castle Rock Entertainment
Dirección: Frank Darabont
Guion: Frank Darabont, sobre la novela de Stephen King
Intérpretes: Tim Robbins, Morgan Freeman, Bob Gunton, William Sadler, Clancy Brown
142 minutos

¿Qué pasó con Frank Darabont? Su caso es un claro ejemplo de cómo Hollywood tiende a arrinconar a algunos de sus héroes con la misma facilidad con la que una vez los glorificaba. Pocos directores a lo largo de la historia pueden presumir de haber rodado una ópera prima tan sólida, aclamada e influyente como la que él firmó con *Cadena perpetua*. Todo eran aplausos y reconocimientos. Su siguiente película, *La milla verde* (de la que hablaremos más adelante), elevó todavía más su nombre hasta la estratosfera cinéfila. Nelson Mandela, Steven Spielberg y la realeza británica reconocían su profunda admiración hacia su trabajo. Pero entonces, llegó un sonoro fracaso con Jim Carrey (la no tan mala *The Majestic*), y Darabont pasó a engrosar la lista de repudiados. Desde entonces, solo una película más en su currículum... rodada en 2007.

Darabont fue, desde el principio, la fuerza motora que puso en marcha *Cadena perpetua*. Había firmado algunos encargos menores como guionista y estaba empeñado en adaptar una novela breve de Stephen King que le apasionaba, *Rita Hayworth y la redención de Shawshank*. El escritor de Maine no le veía ningún potencial cinematográfico, y le vendió los derechos por 5.000 dólares. Darabont se apresuró a redactar un primer borrador que entusiasmó a la productora Castle Rock y a uno de sus socios principales, Rob Reiner, que ya había adaptado con éxito a King en *Cuenta conmigo* y *Misery*. Este le ofreció 2,5 millones de dólares por los derechos del guion si accedía a que él lo dirigiera (su intención era contar con Tom Cruise y Harrison Ford para los papeles principales), pero Darabont resistió la tentación. Lo que sucedió a continuación es la historia de la que, para muchos, es la mejor película de todos los tiempos. Incluso King le devolvió el cheque a Darabont después de verla.

Cadena perpetua es una película contada a corazón abierto, desde una sensibilidad asombrosa y profunda, en la que dos hombres de caracteres opuestos forjan una hermosa amistad tras los muros del infierno.

Captain Fantastic

Captain Fantastic, Estados Unidos, 2016

Electric City Entertainment / ShivHans Pictures
Dirección y guion: Matt Ross
Intérpretes: Viggo Mortensen, George MacKay, Samantha Isler, Annalise Basso, Frank Langella
118 minutos

Hay un momento en *Captain Fantastic* en que el protagonista y sus seis hijos exhuman un cadáver, lo suben a un autobús escolar y cruzan varios Estados en perfecta armonía con semejante polizón. No revelaré de quién se trata ni qué sucede a continuación para no desentrañar demasiado, pero sí les diré que la cosa acaba en medio de la montaña con una reconfortante celebración poético-budista. Lo más chocante es que, aunque acabamos de presenciar un acto sumamente aborrecible, minutos después compartimos con los personajes —no lo olvidemos, unos profanadores de tumbas en su acepción más categórica— una extraña y envolvente sensación de bienestar. Aunque los hemos visto cometer actos terribles, deseamos de un modo instintivo que todo les vaya bien, que sean felices dentro de su particular filosofía. Porque esa es la gran virtud de esta retadora y formidable película: revertir los conceptos en cuestión de segundos, hacer que lo hermoso sea temible y viceversa. Convencernos, en definitiva, de que en el fondo de la locura se esconde una poderosa justificación racional.

Luego, claro, está lo de Viggo Mortensen. El actor, cuyos orígenes responden a una curiosa mezcolanza danesa, estadounidense, canadiense y rioplatense, ofrece aquí el trabajo más impecable e introspectivo de su filmografía en la piel, los tatuajes y las vestimentas (todas aportadas por él mismo) de un hombre que ha perdido la fe en el mundo y cree que la única forma de salvar a su familia es manteniéndola al margen de su imparable declive. Mortensen hace suyo a Ben Cash, lo impregna del espíritu nómada y autodidacta de su juventud y le otorga una entidad ante nuestros ojos. Igual odiamos su severidad como amamos su ejemplar dedicación a una causa en la cree sin fisuras. Queremos que pierda, pero a los pocos segundos ya queremos que gane. Es un monstruo y un ángel, alguien tan capaz de normalizar sus rarezas que hasta parece que los inadaptados sean todos los demás.

Matt Ross, guionista y director, agarró la Thermomix por los cuernos y la llenó de ingredientes altamente inflamables (Chomsky, *Maus*, Guns N' Roses), a sabiendas de que la cosa podía estallarle en las narices o, algo poco frecuente, emitir una melodía abstraída y cautivadora.

Por suerte, hay películas donde lo improbable es lo único que parece posible.

Cinema Paradiso

Nuovo Cinema Paradiso, Italia, Francia, 1988

Cristalidifilm / Les Films Ariane / Rai 3
Dirección y guion: Guiseppe Tornatore
Intérpretes: Philippe Noiret, Salvatore Cascio, Marco Leonardi, Antonella Attili, Jacques Perrin
124 minutos

Si hubiera que nombrar una película como la más querida de la historia, esa sería, con bastante probabilidad, *Cinema Paradiso.* Transcurridas más de tres décadas desde su lanzamiento, sigue siendo tremendamente difícil concretar las razones de ese vínculo emocional con la audiencia, como si, en realidad, estuviera hecha a base de retales de pura magia: la honestidad de sus interpretaciones, el sentido homenaje al cine, la descripción ensoñada de la infancia... Todo lo que se mueve alrededor de ella es hermoso y perdurable, como esas experiencias que te acompañan a lo largo de una vida y ayudan a definir quién eres y aquello que amas.

Giuseppe Tornatore tenía poco más de veinte años cuando ideó la historia, en una época en la que trabajaba como proyeccionista en el pequeño pueblo de Sicilia donde nació, Bagheria. Fue allí, rodeado de barcas pesqueras de colores y fachadas de piedra amarilla, donde concibió una de las amistades más conmovedoras que haya reflejado nunca la pantalla, la que unía al viejo Alfredo —encarnado por el prominente Phillipe Noiret, que recitó todos sus diálogos en francés y después fue doblado al italiano— y al pequeño Totò, que perdió a su padre en la Segunda Guerra Mundial y acaba descubriendo en el tacto áspero del celuloide la pasión que guiará toda su existencia.

Cuesta creer que, en el momento de su estreno, está película milagrosa fuese un rotundo fracaso en los cines de Italia. Pero así fue, entre otras cosas porque la gente no quería pasarse 155 minutos contemplando la relación entre un niño y un proyeccionista. La clave fue reducir el metraje más de media hora para su distribución internacional y exaltar, aún más si cabe, la magnánima partitura de Morricone. Lo que sucedió a continuación, imprevisto y asombroso, pertenece a la eternidad.

Closer

Estados Unidos, Reino Unido, 2004

Columbia Pictures / Inside Track 2 / Aquarium Productions
Dirección: Mike Nichols
Guion: Patrick Marber, sobre su propia obra
Intérpretes: Julia Roberts, Jude Law, Natalie Portman, Clive Owen, Nick Hobbs
104 minutos

Han pasado veinte años desde su estreno y *Closer* sigue diseccionando la sociedad actual con una escrupulosidad absoluta. Su mirada en torno a la traición y la falsa búsqueda de la verdad (los personajes exigen sinceridad mientras mienten y, en su fuero interno, desean que les mientan) es perfectamente aplicable al mundo farsante de nuestros días, mientras que algunas cuestiones que se atrevía a aventurar de una manera casi inaudita —como la dependencia de Internet a la hora de establecer relaciones personales y el desafío de la mujer frente a la masculinidad tóxica— han terminado convirtiéndose en una realidad tan desagradable como patética.

No era sencillo llevar a la pantalla la obra de teatro que Patrick Marber escribió a finales de los años noventa. La acción recaía únicamente en cuatro personajes, cuyas disputas y amoríos se entrecruzaban entre largas secuencias y espacios casi siempre cerrados, minúsculos en algunos casos. En este sentido, la dilatada experiencia de Mike Nichols en la dirección de actores —tanto en el escenario como frente a la cámara— fue fundamental a la hora de acercar al espectador a estas cuatro almas corroídas por la culpa. Julia Roberts y Jude Law brillan en sus interpretaciones, pero lo de Clive Owen y Natalie Portman pertenece a otra dimensión: él, manipulador, engreído y astuto, personifica el triunfo del hombre virulento en una sociedad podrida hasta el tuétano; ella, inocente y desnortada, representa el prototipo de mujer que encuentra la libertad tras sufrir un sometimiento físico y emocional. Alice, o Jane si se prefiere, es la luz en la frondosa oscuridad de esta magnífica película.

EL CLUB DE LA LUCHA

Fight Club, Estados Unidos, Alemania, 1999

Fox 2000 Pictures / Regency Enterprises / Linson Films
Dirección: David Fincher
Guion: Jim Uhls, sobre la novela de Chuck Palahniuk
Intérpretes: Brad Pitt, Edward Norton, Helena Bonham Carter, Meat Loaf, Jared Leto
133 minutos

Durante un día de acampada, el novelista Chuck Palahniuk recibió una paliza que le dejó la cara hecha un poema. Cuando el lunes regresó al trabajo, se sorprendió de que nadie le interrogase sobre su aspecto y que, en cambio, algunos sí le preguntaran qué tal había pasado el fin de semana. Fue entonces cuando tuvo la idea de escribir una novela sobre la sociedad anestesiada de nuestro tiempo, en la que los individuos prefieren vivir en su burbuja de comodidad a establecer relaciones sociales con sus semejantes.

El director David Fincher comenzó a leer aquel libro, titulado *El club de la lucha*, una noche antes de irse a dormir, y lo acabó devorando hasta el amanecer. Exquisito retratista de la decadencia humana, Fincher se apresuró a averiguar quién poseía los derechos e inició una campaña a su favor para que Laura Ziskin, productora de Fox 2000 Pictures, le contratase a él antes que a Peter Jackson o a Bryan Singer. Al parecer, lo que terminó por convencerla fue la idea de arrancar la película con unos títulos de crédito que se sucedían dentro del cerebro del protagonista.

Dicho personaje, encarnado magistralmente por un taciturno Edward Norton, es un oficinista insomne que, hastiado de su vida monótona y asfixiante, se alía con un vendedor de jabón llamado Tyler Durden (un Brad Pitt de dientes picados y talento desbocado) para crear un club de lucha clandestino que le sirva de terapia. Lo que sucede a continuación, y hasta el bestial desenlace, es una sucesión de momentos descomunales en los que la genialidad formal de Fincher se funde con una punzante deliberación acerca de la neurosis y el instinto de autodestrucción, perfectamente extrapolable a los tiempos que corren. Una maravilla.

EL CLUB DE LOS POETAS MUERTOS

Dead Poets Society, Estados Unidos, 1989

Touchstone Pictures / Silver Screen Partners IV / Steven Haft
Dirección: Peter Weir
Guion: Tom Schulman
Intérpretes: Robin Williams, Ethan Hawke, Robert Sean Leonard, Josh Charles, Gale Hansen
128 minutos

A mediados de los años sesenta, Tom Schulman era un adolescente que cursaba sus estudios de secundaria en la exclusiva Academia Montgomery Bell de Nashville, conocida por su filosofía elitista y extremadamente conservadora. Allí, en medio de aquel ambiente de intensa contención, un profesor llamado Samuel Pickering comenzó a transmitir a los alumnos un concepto vital, basado en la libertad creativa y la necesidad de romper con los esquemas establecidos.

Schulman, como muchos de sus compañeros, se sintió absolutamente iluminado por todo aquel discernimiento. Tanto fue así, que optó por orientar su labor profesional hacia un ámbito tan volátil como la escritura cinematográfica. Pickering le había enseñado a no pensar en las posibles consecuencias de sus actos; simplemente, debía aprovechar el momento. *Carpe diem.*

Aquella experiencia de juventud estaba destinada a plasmarse, tarde o temprano, en las líneas de un guion. Así nació *El club de los poetas muertos*, una historia profundamente autobiográfica en la que el *alter ego* de Schulman estaba interpretado por un bisoño Ethan Hawke, mientras Pickering asumía los rasgos y la pasmosa expresividad de Robin Williams —si bien es sabido que los productores preferían al mucho más sobrio Liam Neeson—. Con Peter Weir al mando, la película trascendió hasta el infinito, perpetuándose como referente de sensibilidad narrativa e influencia directa de futuras obras protagonizadas por docentes quijotescos. Su desenlace, con toda la clase citando el poema de Walt Whitman a modo de agradecida despedida, eleva nuestras almas hasta más allá de cualquier inspiración.

«Oh, capitán, mi capitán...»

EL COLOR PÚRPURA

The Color Purple, Estados Unidos, 1985

Warner Bros. / Amblin Entertainment / The Guber-Peters Company
Dirección: Steven Spielberg
Guion: Menno Meyjes, sobre la novela de Alice Walker
Intérpretes: Whoopi Goldberg, Danny Glover, Margaret Avery, Oprah Winfrey, Willard Pugh
154 minutos

El color púrpura fue la novena película dirigida por Steven Spielberg, si incluimos como tal *El diablo sobre ruedas* (1971). Basada en la escalofriante y hermosísima novela de Alice Walker, ganadora del Premio Pulitzer, aquel proyecto significaba el desafío más complejo para un director que había convertido nuevamente a Hollywood en una imparable fábrica de sueños. Hasta entonces,

Spielberg había asombrado a millones de espectadores gracias a sus historias repletas de imaginación y su deslumbrante puesta en escena, pero sin adentrarse nunca en los terrenos pantanosos del cine socialmente displicente. En 1985, tuvo claro que había llegado el momento de trascender, de demostrar al mundo que su talento iba mucho más allá de los entretenimientos grandilocuentes.

Spielberg escogió la novela de Walker después de quedarse absorto y sobrecogido con su lectura. Tuvo que convencer a la propia escritora, y también a algunas de las personalidades afroamericanas más influyentes del país, de que era el hombre adecuado para recrear la historia de una joven que, a principios del siglo XX, debía enfrentarse a la doble maldición que significaba nacer negra y mujer. Y lo que hizo fue filmar una obra prodigiosa, rebosante de dolor y esperanza, que fue recibida con incredulidad (y cierta envidia) por la misma industria a la que él había cubierto de oro con sus películas. La Academia nominó a *El color púrpura* en un total de once categorías, excluyendo a Spielberg de los cinco finalistas al mejor director. No contenta con eso, le aplicó una ruin *vendetta* al no concederle ninguno de los premios. La lectura estaba clara: Spielberg no podía jugar en la liga de los más grandes, porque aquella cinta extraordinaria no era más que un accidente dentro de su meteórica trayectoria como el *showman* favorito de las masas.

Pero él perseveró. El resto, es leyenda.

COWBOY DE MEDIANOCHE

Midnight Cowboy, Estados Unidos, 1969

United Artists / Jerome Hellman Productions
Dirección: John Schlesinger
Guion: Waldo Salt, sobre la novela de James Leo Herlihy
Intérpretes: Jon Voight, Dustin Hoffman, Sylvia Miles, John McGiver, Brenda Vaccaro
113 minutos

Sin duda, 1969 fue uno de los años más convulsos de la historia de Estados Unidos. El país todavía no se había recuperado de los recientes asesinatos de Bob Kennedy y Martin Luther King cuando comenzaron a sucederse algunos de los movimientos sociales más multitudinarios que se recuerdan, primero en defensa de los derechos civiles y después para condenar el conflicto interminable de Vietnam. En medio de este clima enrarecido, decadente e incierto, se sucedían los acontecimientos históricos —la llegada a la Luna— y las noticias funestas, como la terrible muerte de Sharon Tate o la victoria electoral de Richard Nixon.

Aquel año, una película iba a poner patas arriba una industria que se encontraba al borde del cataclismo. Los años setenta transformaron Hollywood para siempre, pero justo antes *Cowboy de medianoche* irrumpió para conmocionar la esfera cultural y convertirse en el emblema de una época. Sus protagonistas eran dos perdedores a quienes la vieja cantinela del Sueño Americano les huele a podrido: un texano rubio y espigado que tiene que ganarse la vida como gigoló, y un estafador tuberculoso que sueña con dejar Nueva York y marcharse a Miami. Las caracterizaciones de Jon Voight y Dustin Hoffman (su momento *I'm Walkin' Here!* es historia con mayúsculas) son tan compasivas y viscerales que resulta imposible no estremecerse con su errático instinto de supervivencia.

Cowboy de medianoche significó una ruidosa detonación —y, al mismo tiempo, un rayo de esperanza— dentro de un sistema herido de muerte. Hoy, ninguna otra película calificada X ha sido capaz de lograr el Oscar principal, y su tema central, «Everybody's Talkin'», sigue siendo la banda sonora de una generación confusa y excepcional.

Danzad, danzad, malditos

They Shoot Horses, Don't They?, Estados Unidos, 1969

ABC Pictures / Palomar Pictures / Chartoff-Winkler-Pollack
Dirección: Sydney Pollack
Guion: James Poe y Robert E. Thompson, sobre la novela de Horace McCoy
Intérpretes: Jane Fonda, Michael Sarrazin, Susannah York, Gig Young, Red Buttons
129 minutos

Horace McCoy fue un escritor, periodista y actor estadounidense que en 1935 publicó su novela más conocida, *¿Acaso no matan a los caballos?*, un retrato desesperanzado y brutal de los años de la Gran Depresión en torno a una de las prácticas más comunes de la época: la organización de una serie de concursos en los que diferentes parejas bailaban de manera ininterrumpida, de día y de noche, realizando únicamente las pausas mínimas. Los participantes solían ser hombres y mujeres desesperados y sin recursos que buscaban la salvación gracias al premio en metálico; para ello, debían ser los últimos que se mantenían en pie.

El pretexto, tan cierto como desgarrador, llamó la atención de prestigiosos cineastas a lo largo de los años posteriores —Charles Chaplin, François Truffaut o Bob Fosse—, aunque el que finalmente logró convencer a los estudios Warner para poner en marcha el proyecto fue Sydney Pollack, un joven y prometedor director, curtido en televisión y ya por aquel entonces con cinco largometrajes en su haber. Acreditado también como productor, Pollack fue además el responsable de mantener en el guion la crudeza de la obra original, y el encargado de seleccionar a Jane Fonda para el papel protagonista.

Danzad, danzad, malditos —acertadísimo título para su estreno en España— es una película áspera y extenuante, casi tanto como el cruel espectáculo que muestra. Fue un éxito comercial y ostenta el dudoso récord de ser la cinta con más nominaciones al Oscar (nueve) sin ser candidata a la mejor película.

LA DECISIÓN DE SOPHIE

Sophie's Choice, Reino Unido, Estados Unidos, 1982

Universal Pictures / ITC / Keith Barish Productions
Dirección: Alan J. Pakula
Guion: Alan J. Pakula, sobre la novela de William Styron
Intérpretes: Meryl Streep, Kevin Kline, Peter MacNicol, Rita Karin, Stephen D. Newman
150 minutos

A finales de los años setenta, Meryl Streep ya había ofrecido sobradas muestras de su talento en *El cazador* o *Kramer contra Kramer*. Pero fue en 1982 cuando dejó al mundo entero boquiabierto con una de las mejores interpretaciones alcanzadas nunca en una película. Basada en la aclamada novela homónima de William Styron, *La decisión de Sophie* no solo confirmó que Streep iba a marcar una época como actriz, sino que se adentró en un terreno conscientemente inexplorado por Hollywood —el exterminio nazi— desde una perspectiva tan temeraria que asustaba solo con pensarlo. ¿Quién no se ha puesto alguna vez en el lugar de esa mujer polaca, superviviente del peor horror imaginable, a quienes sus captores le obligan a decidir cuál de sus dos hijos debe vivir y cuál debe morir? ¿Cómo se puede mirar hacia adelante después de experimentar semejante tragedia?

Alan J. Pakula tenía una amplia trayectoria en historias complejas y de una gran exigencia intelectual *(Klute, El último testigo, Todos los hombres del presidente)*, que obligaban al espectador a cuestionarse su propio posicionamiento moral y le colocaban siempre en un lugar incómodo y activo, cerca de las tribulaciones de los personajes. Por eso, de su confluencia con una actriz con tantas capas emocionales y tanta riqueza de recursos solo podía resultar una película delicada, desgarradora, poderosísima hasta ese monólogo final que comprime el corazón. Meryl Streep aprendió a hablar alemán y polaco para poder incorporar este último acento a sus diálogos en inglés, y, una vez filmada, se negó a repetir la famosa escena de la «decisión» por la enorme carga psicológica y sentimental que conllevaba. Cuatro décadas después, su actuación, insuperable, es un legado para el porvenir.

Días del cielo

Days of Heaven, Estados Unidos, 1978

Paramount Pictures / Bert Schneider
Dirección y guion: Terrence Malick
Intérpretes: Richard Gere, Brooke Adams, Sam Shepard, Linda Manz, Robert Wilke
98 minutos

Nunca he entendido esa manía de encumbrar a Terrence Malick, independientemente de lo que haga. Puedo comprender que un tipo que solo rodó cuatro películas en treinta y dos años, que se niega a aparecer en público y que nunca concede entrevistas tenga cierta consideración de genio maldito. Sin embargo, en las dos décadas siguientes no solo se mostró mucho más prolífico —hasta siete largometrajes—, sino que también aparcó la épica fatalidad de sus comienzos para adentrarse en un discurso excesivamente filosófico, místico y pedante. Consigue unas imágenes alucinantes, sí, pero se pierde tanto en la espiritualidad que cada cosa que hace termina siendo devorada por su propia dimensión cósmica.

En el lenguaje de los simples mortales, diremos que el joven Terrence era mucho más audaz que el viejo y soporífero Malick. Sus tres primeras películas hablan de generaciones desencantadas y quebradas por los engaños del Sueño Americano, y también de un concepto de heroicidad etéreo e inexistente. *Malas tierras* (1973) fue un excelente preámbulo, pero con *Días del cielo* sobrepasó todos los presagios para confirmarse como un artista de increíble sensibilidad, alguien capaz de convertir la tragedia de dos amantes y un granjero enfermo en una poderosísima y poética representación de la vida.

Malick fue el artífice, pero esta película sería otra muy distinta sin la mirada de su director de fotografía, el español Néstor Almendros. La colisión de sus respectivos talentos derivó en algo tan depurado, tan visionario, que muchos se siguen preguntando cómo buena parte de aquella película pudo filmarse en la denominada «hora mágica»: los poco más de veinte minutos que transcurren entre la puesta de sol y la llegada de la noche. Un tiempo exiguo que, en manos de Almendros, fue suficiente para captar imágenes asombrosas con una intensísima fuerza pictórica. Ojalá Malick, el joven e inconformista, se hubiera quedado en aquel cielo para siempre.

El dilema

The Insider, Estados Unidos, 1999

Touchstone Pictures / Forward Pass
Dirección: Michael Mann
Guion: Eric Roth y Michael Mann, sobre un artículo de Marie Brenner publicado en Vanity Fair
Intérpretes: Al Pacino, Russell Crowe, Christopher Plummer, Diane Venora, Philip Baker Hall
157 minutos

Visualmente esplendorosa, *El dilema* supuso la cumbre cinematográfica para un Michael Mann que acababa de reformular el *thriller* con la colosal *Heat*. A partir de un suceso real descrito en el programa de la CBS *60 minutos*, el guionista Eric Roth desarrolló una hábil y emocionante trama que Mann se encargaría de convertir en un regalo para los sentidos, tanto por las magníficas interpretaciones de sus actores como por su puesta en escena, donde cada plano y cada movimiento de cámara subliman talento y elegancia.

Una vez más, Mann contó con dos pesos pesados al frente del reparto: Al Pacino, con el que repetía tras *Heat*, y, sobre todo, un inconmensurable Russell Crowe que «envejeció» veintidós años y engordó veintidós kilos para transformarse en Jeffrey Wigand, el solitario hombre que emprende una cruzada personal contra una de las grandes corporaciones tabacaleras de Estados Unidos, tratando de sacar a la luz unos datos esenciales para la salud pública con la única ayuda de un productor televisivo. El auténtico Wigand colaboró con los responsables de la película, fijando como únicas condiciones que se cambiasen los nombres de sus hijas y que ningún personaje apareciera fumando en la pantalla.

Michael Mann —dicho sea de paso, fumador compulsivo por aquel entonces— rodó esta dura reflexión sobre el papel social del tabaco y el poder de las grandes empresas con 68 millones de dólares de presupuesto y la inspiración de los grandes maestros. Una película inteligente, llena de diálogos intensos y vertiginosos, estéticamente impecable (atención a la fotografía de Dante Spinotti) y merecedora de algunas de las mejores críticas de 1999, lo que le llevó a ser nominada para siete Oscar, incluida la primera candidatura para Mann como mejor director.

EN EL NOMBRE DEL PADRE

In the Name of the Father, Irlanda, Estados Unidos, 1993

Universal Pictures / Hell's Kitchen Films
Dirección: Jim Sheridan
Guion: Terry George y Jim Sheridan, sobre el libro de Gerry Conlon
Intérpretes: Daniel Day-Lewis, Pete Postlethwaite, Emma Thompson, John Lynch, Mark Sheppard
133 minutos

Los terribles atentados de Guilford que tuvieron lugar el 5 de octubre de 1974, en los que un comando del IRA detonó dos bombas causando la muerte de cuatro soldados y un civil, derivaron en uno de los procesos judiciales más infectos y bochornosos de la historia del Reino Unido. Un ladronzuelo de Belfalst llamado Gerry Conlon fue acusado, junto a tres amigos, de ser el responsable de los atentados sin ninguna prueba fehaciente que lo incriminara. Obligados a firmar una confesión tras ser torturados física y psicológicamente durante varios días, fueron condenados a cadena perpetua, aun cuando el verdadero autor de los crímenes acabó reconociendo su culpabilidad. Solo la lucha de Gerry por vengar la muerte de su padre en prisión, junto a la tenacidad de una abogada convencida de su inocencia, pudo desafiar al sistema y sacar a la luz la injusticia y los abusos que se habían cometido.

En 1990, poco después de ser puesto en libertad, Conlon convirtió su autobiografía en un *bestseller* que conmocionó profundamente al cineasta irlandés Jim Sheridan, que por aquel entonces disfrutaba del éxito de su primer largometraje, *Mi pie izquierdo* (1989). Redactó un guion con la ayuda de Terry George, y acto seguido le propuso a su amigo Daniel Day-Lewis que asumiera el papel principal. Este, que venía de asombrar al mundo con su interpretación del artista con parálisis cerebral Christy Brown, se sometió a una preparación extrema que incluía pasar tres días y tres noches en una celda, pedirles a los guardias que aporreasen la puerta si se dormía y le arrojasen cubos de agua helada sin previo aviso, y hasta someterse durante nueve horas a un interrogatorio real a cargo de tres equipos diferentes de las Brigadas Especiales.

¿Significa eso que Day-Lewis, ese tipo que fue capaz de renunciar a la gloria para trabajar como zapatero en Italia, está loco de atar? ¿O es un genio incomprendido? Si observamos cada detalle de su trabajo en esta película, la increíble —y arrolladora— exhibición de agallas y desgarro afectivo que nos brinda, llegaremos a una conclusión incontestable.

Forrest Gump

Forrest Gump, Estados Unidos, 1994

Paramount Pictures / The Steve Tisch Company / Wendy Finerman Productions
Dirección: Robert Zemeckis
Guion: Eric Roth, sobre la novela de Winston Groom
Intérpretes: Tom Hanks, Robin Wright, Gary Sinise, Mykelti Williamson, Sally Field
142 minutos

Forrest Gump era una simpática novela escrita en 1986 por Winston Groom, acerca de un joven con un bajo coeficiente intelectual que superaba todas las barreras para erigirse en un héroe de guerra, un deportista consagrado o un empresario de éxito. Cautivada con esta representación tan particular y bucólica del Sueño Americano, la productora Wendy Finerman se apresuró a poner en marcha una versión cinematográfica y contrató al prestigioso guionista Eric Roth para profundizar en la parte emocional del personaje. Por aquel entonces, era incapaz de imaginar que la película se convertiría en un fenómeno mundial y un referente esencial de la cultura norteamericana.

Antes de ofrecer la dirección a Robert Zemeckis, Finerman intentó convencer a Terry Gilliam y a Barry Sonnenfeld, mientras veía cómo sus dos opciones principales para el papel protagonista —Bill Murray y John Travolta— rechazaban el trabajo ante el desafío —y la incertidumbre— que suponía encarnar a una persona con una deficiencia mental: literalmente, pensaban que una historia así estaba abocada al fracaso (Travolta se arrepintió el resto de su vida por la decisión). Fue así como el personaje recayó en Tom Hanks, que lo hizo suyo desde el principio y para la posteridad.

La película, como bien es sabido, tuvo una acogida extraordinaria por parte de críticos y espectadores. Ganó seis Oscar (entre ellos mejor película, director y actor principal) y recaudó cerca de 700 millones de dólares, consolidándose como el título más taquillero de la historia de los estudios Paramount. Pese a ello, lo realmente importante —y perdurable— fue su extraordinaria capacidad para transmitir un viaje físico y emocional desde la épica y la inocencia de un personaje inolvidable.

LA GRAN BELLEZA

La grande bellezza, Italia, Francia, 2013

Indigo Film / Medusa Film / Babe Film / Pathé / France 2 Cinéma
Dirección: Paolo Sorrentino
Guion: Paolo Sorrentino y Umberto Contarello
Intérpretes: Toni Servillo, Carlo Verdone, Sabrina Ferilli, Carlo Buccirosso, Iaia Forte
141 minutos

En las películas de Paolo Sorrentino, la felicidad es siempre algo efímero, tan intenso cuando sucede como fugaz en su percepción. Sus protagonistas son capaces de distinguir esa instantánea plenitud, de embriagarse de ella, pero al mismo tiempo se ven condenados a una existencia insulsa que todavía se hace más insoportable cuando aparece el recuerdo de aquel pequeño éxtasis. Nada es comparable. Eso es exactamente lo que le sucede a Jep Gambardella, el personaje central de la obra magna *sorrentiniana*: *La gran belleza*.

El cineasta ideó la historia a partir de una idea de Gustave Flaubert: escribir una novela sobre «la nada», entendiendo como «nada» el cinismo y la superficialidad de quien se cree afortunado, pero, de hecho, vive una realidad vacía y desdichada. Así surgió el fascinante Gambardella (encarnado espléndidamente por el actor fetiche de Sorrentino, Toni Servillo), un hombre que, lejos de aceptar la llegada de la vejez, se resiste a explotar sus días entre opulentas fiestas, bellas mujeres y falsas amistades. Hace mucho tiempo, encontró esa genuina inspiración —la gran belleza— y escribió una novela que le consagró para siempre y le permitió una vida acomodada y llena de lujo y excesos. Pero también le condenó a una vida hueca, absurda, donde no hay nada a lo que aferrarse salvo la lejana esperanza de volver a escribir y atrapar nuevamente esa hermosura perecedera.

Como su adorado Fellini, Sorrentino envuelve este viaje interior de la grandiosidad de una Roma tan perfecta como decadente, y alcanza con ello una genial redundancia: una película tan grande en su concepción como bella —bellísima— en su descubrimiento.

Gran Torino

Gran Torino, Estados Unidos, Alemania, 2008

Waner Bros. / Village Roadshow Pictures / Malpaso / Gerber Pictures
Dirección: Clint Eastwood
Guion: Nick Schenk, sobre una historia propia y de Dave Johannson
Intérpretes: Clint Eastwood, Bee Vang, Ahney Her, Christopher Carley, Brian Haley
116 minutos

Cuando hizo *Gran Torino*, Clint Eastwood se encontraba en un momento artístico superlativo cuyas diferentes manifestaciones se encargaban de enterrar, uno tras otro, el cúmulo de prejuicios que le acompañaba desde sus tiempos como pistolero y curtido ejecutor. Su discurso, sereno y conciliador, se adentraba en terrenos tan inhóspitos para un republicano de gatillo fácil como la eutanasia o la infinita crueldad de las guerras. Sin embargo, existía todavía un estereotipo de «macho alfa» que Eastwood, pese a su probada sensibilidad como cineasta, continuaba arrastrando como una bendita maldición. Su nombre, Harry «El Sucio» Callahan.

Por ello, cuando el guion de esta película majestuosa cayó en sus manos, Clint distinguió la oportunidad perfecta para saldar cuentas con el rudo e intransigente policía de San Francisco. Walt Kowalski, su personaje en *Gran Torino*, comienza la historia como un Callahan jubilado y malhumorado que rememora sus años de superioridad racial, mientras observa cómo su vecindario se llena de inmigrantes asiáticos. Su único tesoro es un imponente Gran Torino que conserva en el garaje, como el símbolo de una época gloriosa que nunca volverá. Pero, a diferencia del troglodita de Harry, Walt sí está a tiempo para cambiar su visión de las cosas y aceptar como propia a una familia *a priori*, «diferente». En el ocaso de su heroico viaje (o eso cree este resentido veterano de Corea), le llega la posibilidad de ser un héroe de verdad, uno de esos que antepone las emociones y la lógica al lugar de procedencia o el color de la piel.

Conteniendo la tentación del *spoiler*, solo añadiré que el clímax de la película es histórico: se trata de la primera vez, y probablemente la última, que vemos con nuestros ojos cómo Eastwood hace algo que no había hecho nunca en casi seis décadas de carrera como actor. Después de pasarse media vida empuñando revólveres de todos los calibres, la imagen que realmente perdurará, la que le identificará como protector justo y vulnerable, será la de esa pistola formada con sus propios huesos temblorosos.

El imperio del sol

Empire of the Sun, Estados Unidos, 1987

Warner Bros. / Amblin Entertainment
Dirección: Steven Spielberg
Guion: Tom Stoppard, sobre la novela de J. G. Ballard
Intérpretes: Christian Bale, John Malkovich, Miranda Richardson, Nigel Havers, Joe Pantoliano
153 minutos

Lejos de desanimarse por el injusto recibimiento —especialmente por parte de muchos compañeros de profesión— que había sufrido con su primera experiencia alejado del *mainstream* (*El color púrpura*), Steven Spielberg seguía decidido a demostrar que era mucho más que un gigante del cine espectacular y el entretenimiento. Cuando el legendario David Lean rechazó hacerse cargo de la adaptación al cine de la novela autobiográfica de J. G. Ballard *El imperio del sol*, el Rey Midas de Hollywood supo de inmediato que estaba ante el vehículo perfecto para continuar explorando su faceta más comprometida como director.

Jim Graham (Christian Bale en su gran descubrimiento con solo trece años) es un niño británico de clase alta, fascinado con los aviones, que vive con sus padres en Shanghái. Cuando, en diciembre de 1941, el ejército japonés ocupa la ciudad, Jim es separado de sus progenitores y acaba recluido en un campo de concentración cerca de un aeropuerto militar.

Spielberg relata el fin de la inocencia desde una perspectiva brillante y sobrecogedora, demostrando que solo él podía llevar a la pantalla una historia donde la magia, la épica y la muerte se entremezclan de un modo casi natural —ese impactante momento de la bomba atómica— y donde la majestuosidad del cine se aprecia en cada fotograma y en cada nota compuesta por John Williams. La película fue un fracaso en su momento (es evidente que a Spielberg le costó reafirmarse también como un superdotado de las historias humanas), pero hoy son muchos los que la reivindican como una de las producciones más grandiosas e incomprendidas de los años ochenta.

Incendies

Incendis, Canadá, Francia, 2010

Micro_scope / TS Productions / Phi Group / CBC
Dirección: Denis Villeneuve
Guion: Denis Villeneuve y Valérie Beaugrand-Champagne, sobre la obra teatral de Wajdi Mouawad
Intérpretes: Lubna Azabal, Mélissa Désormeaux-Poulin, Maxim Gaudette, Rémy Girard, Allen Altman
131 minutos

Hace más de cuatro décadas que veo películas, y ningún desenlace me ha producido un *shock* emocional tan demoledor como el de *Incendies*. De hecho, la primera vez me pilló tan a contrapié que tardé varios días en recuperarme. No conocía la obra teatral, y me sumergí en la historia con tanta profundidad que, llegado el momento de afrontar la resolución, el golpe sacudió todos y cada uno de mis sentidos como un martillo implacable. Me quedé tan conmocionado ante lo que acababa de presenciar, que desde entonces siempre vuelvo a ella con el temor de que la historia me conduzca, irremediablemente, hasta el rincón más oscuro de mi alma.

Denis Villeneuve llevaba tres películas rodadas en su Canadá natal cuando descubrió la pieza escénica de Wajdi Mouawad *La mujer que cantaba*, y se obsesionó con ella hasta el punto de no considerar ningún otro trabajo que no fuera una adaptación. En ella, el autor de origen libanés relataba la odisea de una inmigrante que, tras fallecer de manera repentina, deja a sus hijos mellizos unos misteriosos sobres que deberán entregar a su padre, a quien creían muerto, y a un hermano cuya existencia ignoraban por completo. A partir de aquí, la investigación de ambos por reconstruir la tragedia de su madre se entrelazaba con la odisea de la propia protagonista, una mujer decidida a encontrar al hijo que le arrebataron y saldar las cuentas necesarias para conseguirlo.

En manos de Villeneuve, *Incendies* trasciende los límites de la dramaturgia y se revela como una colosal obra cinematográfica donde cada elemento, desde la acompasada penumbra fotográfica de André Turpin al réquiem musical impuesto por Grégorie Hetzel, se sublima al poderío arrollador de la imagen. Imprescindible, inolvidable, absolutamente única.

LADRÓN DE BICICLETAS

Ladri di biciclette, Italia, 1948

Produzioni De Sica / Ente Nazionale Industrie Cinematografiche
Dirección: Vittorio de Sica
Guion: Oreste Biancoli, Suso D'Amico, Vittorio de Sica, Adolfo Franci, Gherardo Gherardi, Gerardo Guerrieri y Cesare Zavattini
Intérpretes: Lamberto Maggiorani, Enzo Staiola, Lianella Carell, Elena Altieri, Gino Saltamerenda
89 minutos

Aunque nacido de la tragedia, el Neorrealismo italiano fue una de las corrientes más prodigiosas del cine del siglo XX. En un país desolado por la guerra, un grupo de directores decidió sacar las cámaras a la calle y hacer del arte un instrumento de crítica más allá del mero entretenimiento. Decorados reales, luz natural y personas de verdad, casi sin actores profesionales, para denunciar las desigualdades de una sociedad reducida a cenizas. Entre sus máximos exponentes se encontraban Rossellini, Visconti o unos jóvenes Fellini o Pasolini, y, por encima de todos ellos, un genio llamado Vittorio de Sica, capaz de alargar al máximo sus rodajes para evitar que los extras judíos que había contratado fueran deportados por los nazis.

Autor de obras tan representativas como *El limpiabotas* (1946), *Milagro en Milán* (1951) o *Umberto D.* (1952), De Sica alcanzó la inmortalidad con *Ladrón de bicicletas*, para muchos la gran joya neorrealista y auténtico eje del movimiento. A mitad de camino entre el alegato social y una bellísima y desgarradora historia de amor entre un padre y un hijo, la película sigue los pasos de un obrero romano que consigue trabajo pegando carteles, con la única condición de disponer de bicicleta propia. Después de que su mujer decida empeñar las sábanas de la familia para que él pueda comprarla, alguien se la roba, dejándole sin el único medio de sustento para los suyos. A lo largo de todo un día, el protagonista y su pequeño tratarán desesperadamente de recuperar la bicicleta, planteándose hasta qué punto merece la pena ocupar ellos mismos el lugar del delincuente.

Ladrón de bicicletas es, todavía hoy, una película tremendamente necesaria. Su mirada acerca de la decencia humana y su brutal capacidad para implicar al espectador hacen de ella no solo una pieza de valor incalculable, sino una verdadera lección de vida.

La ley de la calle

Rumble Fish, Estados Unidos, 1983

Universal Pictures / Zoetrope Studios / Hotweather Films
Dirección: Francis Ford Coppola
Guion: Francis Ford Coppola y S. E. Hinton, sobre la novela de esta última
Intérpretes: Matt Dillon, Mickey Rourke, Diane Lane, Dennis Hopper, Nicolas Cage
94 minutos

Los dos primeros *Padrinos* y *Apocalypse Now* ratificaron a Francis Ford Coppola como el director más importante e influyente de los años setenta. Cegado por su propio éxito, pensó que, si había sido capaz de sobrevivir a un rodaje infernal en Filipinas, podía hacer maravillas filmando su siguiente película en estudio. Así fue como, en una iniciativa estrambótica y suicida, se jugó 24 millones de dólares a que su musical *Corazonada* (1981), con la ciudad de Las Vegas recreada en un plató y Gene Kelly dirigiendo las coreografías, se convertiría en un nuevo triunfo. Lo que sucedió fue lo que todos, excepto él, auguraban: uno de los fiascos más estrepitosos que se recuerdan, su propia compañía al borde de la bancarrota y la necesidad imperiosa de sobrevivir durante los años siguientes a base de encargos de presupuesto ajustado y fácil consumo.

Con *Rebeldes* (1983), Coppola se propuso adaptar una novela generacional escrita por Susan E. Hinton en 1967, cuando la autora apenas tenía quince años. Se trasladó hasta la localidad natal de esta, Tulsa (Arizona), estableció su centro de operaciones en un colegio abandonado y rodó la película con la ayuda de sus colaboradores más fieles, aquellos que estaban dispuestos a trabajar gratis para él si fuera necesario. Y entonces, tras años de excesos faraónicos, le cogió el gusto a las producciones austeras y comenzó a reivindicar el espíritu efectivo de su viejo mentor Roger Corman. Por eso, cuando un buen día Matt Dillon —uno de los jóvenes actores de *Rebeldes*— le recomendó otra novela de Hinton llamada *La ley de la calle*, Coppola decidió que dedicaría los días libres a escribir un guion y que haría la película justo a continuación, en aquel mismo lugar y con la práctica totalidad del equipo. Le salió algo tan formidable, tan rotundamente descorazonador —sirva el adjetivo como un reverso perfecto de aquel musical disparatado—, que era como si llevase toda la vida pergeñándolo.

De este modo, un título que surgió casi por casualidad acabó resultando una de las obras más emblemáticas y admiradas de su director, un tipo prodigioso que, incluso en su época más sombría, nos dejó trabajos inconmensurables. *La ley de la calle* es el particular homenaje que brinda a su hermano August, y, no por casualidad, el hijo de este tiene uno de los papeles principales del elenco. Se llamaba Nicolas, y como Coppola le imponía demasiado, cambió su apellido por el de un superhéroe de Marvel.

Lo imposible

The Impossible, España, Tailandia, Estados Unidos, 2012

Mediaset / Summit Entertainment / Apaches Entertainment / Telecinco Cinema
Dirección: J. A. Bayona
Guion: Sergio G. Sánchez, sobre una historia de María Belón
Intérpretes: Naomi Watts, Ewan McGregor, Tom Holland, Oaklee Pendergast, Samuel Joslin
114 minutos

En 2007, la productora Belén Atienza todavía saboreaba el éxito de la primera película dirigida por J. A. Bayona, *El orfanato*, cuando escuchó en la radio un testimonio que la conmocionó por completo. Quien hablaba era María Belón, una doctora española que se encontraba de vacaciones en Tailandia con su familia, cuando un terrible tsunami sacudió gran parte de la costa del sudeste asiático, la fatídica mañana del 26 de diciembre de 2004. Arrastrados por la gigantesca ola, ella, su marido y sus tres hijos lucharon por sobrevivir con la firme esperanza de volver a encontrarse, cosa que, milagrosamente, terminó sucediendo.

Aquel mismo día, Atienza llamó a Bayona para contarle aquella historia, y juntos comenzaron a perfilar la manera de trasladarla a la pantalla con la suficiente verosimilitud y el necesario respeto a las víctimas. Tres años después, *Lo imposible* arrancaba su rodaje en el espectacular tanque de agua de la Ciudad de la Luz de Alicante, con un presupuesto de 30 millones de euros y la presencia de dos estrellas internacionales como Ewan McGregor y Naomi Watts al frente del reparto. Junto a ellos, un jovencísimo Tom Holland de apenas dieciséis años sorprendía al mundo con su desgarradora y portentosa interpretación de Lucas, el mayor de los tres hijos y el verdadero protagonista de esta increíble historia de amor, coraje y persistencia.

Lo imposible fue un éxito sin precedentes en la historia del cine español. Naomi Watts, asombrosa y sobrecogedora, obtuvo una nominación al Oscar por su papel, mientras Bayona era catapultado, con todo merecimiento, hacia el Olimpo de los grandes cineastas del futuro.

Lugares comunes

Argentina, España, 2002

Tornasol Films / Adolfo Aristarain / Pablo Larguia Producciones / Shazam S. A.
Dirección: Adolfo Aristarain
Guion: Adolfo Aristarain y Kathy Saavedra, sobre la novela de Lorenzo F. Aristarain
Intérpretes: Federico Luppi, Mercedes Sampietro, Arturo Puig, Carlos Santamaría, Valentina Bassi
112 minutos

En el año 1789, las clases sociales de Francia, asfixiadas por las constantes subidas de impuestos para afrontar la deuda del país, se morían de hambre mientras el rey Luis XVI nadaba en la opulencia. Poco a poco, los parisinos comenzaron a organizarse hasta desencadenar una histórica revolución contra los abusos de la nobleza; la famosa toma de la Bastilla, el 14 de julio, fue el detonante de un cambio sociológico y político llamado a preservar para siempre los valores de libertad, igualdad y fraternidad.

Más de dos siglos después, en Argentina, el pueblo se rebeló frente a la actitud despótica e irresponsable de unos dirigentes que habían sumido al país en una de las peores crisis de su historia. El famoso «Corralito» dejó a las clases más desfavorecidas al borde de la aniquilación, con revueltas en las calles y un decreto de medidas todavía más severas por parte del Gobierno. En este contexto, *Lugares comunes* nos presenta a Fernando Robles, un veterano profesor de Literatura que es obligado a jubilarse anticipadamente, debido a las penurias económicas que sufre la nación. Añorando los viejos ideales de 1789 que acabaron con la opresión de los ricos sobre los pobres, decide marcharse a vivir al campo junto a su esposa, tratando de encontrar allí un sentido a una existencia que languidece entre el distanciamiento emocional con su hijo y la frustración de los sueños inconclusos.

Una vez más, le debemos a Adolfo Aristarain el certero y exquisito retrato de una sociedad en ruinas, donde el amor es el único asidero hacia la resistencia. Federico Luppi llena la pantalla con su porte sereno y el ritmo firme de sus palabras, pura poesía por momentos, mientras los ojos verdes de Mercedes Sampietro transportan al espectador hasta un cálido refugio de recuerdo y esperanza, símbolo de todas aquellas revoluciones que se libran con el alma.

KRAMER CONTRA KRAMER

Kramer vs. Kramer, Estados Unidos, 1979

Columbia Pictures / Stanley Jaffe Production
Dirección: Robert Benton
Guion: Robert Benton, sobre la novela de Avery Corman
Intérpretes: Dustin Hoffman, Meryl Streep, Justin Henry, Jane Alexander, Howard Duff
105 minutos

Mucho antes de que existieran las custodias compartidas y los padres capaces de compaginar un trabajo con la crianza de sus hijos, *Kramer contra Kramer* dio un golpe sobre la mesa para constituirse como una película visionaria, completamente adelantada a su tiempo. El productor Stanley R. Jaffe y el guionista y realizador Robert Benton quisieron llevar a la pantalla la novela de Avery Corman, poco después de que fuera publicada en 1977. Su disertación acerca del concepto de familia y su revolucionario cambio de roles paternos, con la madre convertida en inesperada villana, se ajustaba perfectamente a una época de plena convulsión conyugal, en la que la mitad de los matrimonios estadounidenses acababan en divorcio.

Jaffe intentó que *Kramer contra Kramer* fuese el debut en Hollywood de François Truffaut, quien declinó cortésmente la oferta y le recomendó a Robert Benton que asumiera también la dirección. Algo similar sucedió con Dustin Hoffman, que se encontraba en pleno proceso de separación y llegó a rechazar varias veces el papel de Ted Kramer, hasta que finalmente Benton y Jaffe se reunieron con él en un hotel de Londres y le convencieron a cambio de una total libertad a la hora de crear y definir el personaje. Quien más sufrió este empoderamiento fue Meryl Streep, contratada para rodar sus escenas en solo doce días y sometida a un constante agotamiento mental por parte de Hoffman, como parte del *Método* que el actor solía aplicar a todas sus interpretaciones (en contraposición, era increíblemente tierno y paciente con el joven Justin Henry y le ayudaba a preparar todos sus diálogos). En la escena del restaurante, Hoffman lanzó la copa de vino contra la pared sin que Streep lo supiera, llenando su pelo de trozos de cristal y provocándole una reacción de auténtico estupor. Por supuesto, nunca volvieron a trabajar juntos.

EL LABERINTO DEL FAUNO

México, España, 2006

Tequila Gang / Estudios Picasso / Esperanto Filmoj
Dirección y guion: Guillermo del Toro
Intérpretes: Ivana Vaquero, Sergi López, Maribel Verdú, Ariadna Gil, Doug Jones
118 minutos

En los mundos imaginarios de Guillermo del Toro, monstruos y humanos conviven en medio de una insólita naturalidad científica. Sus realidades están conectadas y muchas veces enfrentadas, e incluso llega un momento en que sus respectivas biologías parecen confundirse. La atmósfera tenebrosa que les rodea se adapta perfectamente a ambas especies, como si en realidad tuviesen más cosas en común de lo que sus apariencias parecen sugerir. ¿Puede el hombre ser más monstruo que el propio monstruo? ¿Puede el monstruo mostrar más cualidades humanas (añoranza, compasión) que los propios humanos?

Todas estas cuestiones gravitan, una y otra vez, sobre el particular microcosmos del genio de Jalisco, donde los hombres pueden llegar a convertirse en seres totalmente deplorables, y los monstruos, en figuras liberadoras. Por esa razón, el contexto de la dictadura franquista (un país gobernado por bestias diabólicas vestidas de uniforme) se ajustaba como un guante a la fusión histórico-fantástica tan perseguida por Del Toro durante los primeros años del siglo XXI. Si *El espinazo del diablo* (2001) ya resultaba un estupendo esbozo de este discurso, *El laberinto del fauno* se encargó de disipar todas las dudas sobre qué mundo era mejor, si el subterráneo, donde reyes y princesas dirigen a sus súbditos con justicia e integridad, o el terrenal, donde los altos mandos del ejército nacional aplican a los rebeldes republicanos su particular concepto de moralidad.

La película es una maravilla. Estéticamente, nunca Del Toro ha alcanzado, ni probablemente alcanzará, un tono tan retorcido y poético al mismo tiempo. Narrativamente, su mirada al drama de la Guerra Civil a través de los ojos de una niña (recurso que ya empleó en *El espinazo del diablo*), y su búsqueda de refugio en la otredad rozan lo sublime. Como él mismo suele decir: «Los monstruos son los santos patronos de nuestra dichosa imperfección».

El luchador

The Wrestler, Estados Unidos, Francia, 2008

Wild Bunch / Protozoa Pictures / Saturn Films
Dirección: Darren Aronofsky
Guion: Robert Siegel
Intérpretes: Mickey Rourke, Marisa Tomei, Evan Rachel Wood, Mark Margolis, Todd Barry
109 minutos

La de Mickey Rourke fue una de las decadencias más estrepitosas que se recuerdan en Hollywood. En la década de los ochenta, era una de las estrellas más rutilantes de la industria, protagonizando títulos especialmente célebres y representativos de la época —*Nueve semanas y media* siempre estará ahí para recordarnos que fue un icono sexual— y acumulando trabajos a las órdenes de gigantes como Spielberg, Coppola o Michael Cimino. Pero llegaron los años noventa y su popularidad —junto a buena parte de su sentido común— se fue diluyendo por culpa de una enfermiza obsesión por la cirugía estética y un sinfín de extravagancias, como retirarse de la actuación para ser boxeador profesional, apoyar públicamente a George W. Bush y la guerra de Irak, defender los derechos de los perros enanos o pasearse por las alfombras rojas con camisetas de Vladimir Putin.

Semejante currículum hizo que el director Darren Aronofsky se empeñase en contratarlo para el papel principal de su cuarta película, *El luchador*, hasta el punto de maniobrar sibilinamente para dejar fuera del proyecto al candidato favorito del estudio, Nicolas Cage. El pasado de Rourke en los cuadriláteros, donde muchos insistían que era demasiado viejo para pelear, le convertía en la opción idónea para encarnar a Randy «The Ram» Robinson, una antigua gloria de la lucha libre que malvive aceptando combates de exhibición en gimnasios de mala muerte. El actor no veía nada claro el personaje, y solo aceptó cuando Aronofsky le dio vía libre para reescribir todas sus escenas; al final, su interpretación fue sobrecogedora y memorable, acaparando buena parte de los premios más importantes y conduciéndole, al menos por un tiempo, a una de esas historias de redención que tanto gustan en el cine norteamericano.

El último plano de *El luchador*, justo antes de que escuchemos la guitarra de Bruce Springsteen, es verdadera poesía del dolor. Contenemos la respiración y la tristeza se apodera de nuestros sentidos. Como Randy, descubrimos que, en ocasiones, solo existe una salida que tenemos que aceptar.

MATAR A UN RUISEÑOR

To Kill a Mockingbird, Estados Unidos, 1962

Universal Pictures / Pakula-Mulligan / Brentwood Productions
Dirección: Robert Mulligan
Guion: Horton Foote, sobre la novela de Harper Lee
Intérpretes: Gregory Peck, Mary Badham, Brock Peters, Phillip Alford, John Megna
129 minutos

Matar a un ruiseñor fue uno de los grandes fenómenos culturales norteamericanos de comienzos de los años sesenta. En solo tres años, la novela de Harper Lee pasó de publicarse con una mínima previsión de ventas a convertirse en un éxito multitudinario, alzarse con el premio Pulitzer y ver cómo su excelente adaptación cinematográfica se erigía como una de las mejores películas de la época.

Pese a su enorme popularidad y calado social, la traslación del libro a la gran pantalla no fue nada sencilla. Los ejecutivos de Universal Pictures no veían clara la viabilidad de un relato sobre ética y prejuicios raciales, ambientada en una ciudad de Alabama en los años treinta del siglo pasado, sin una historia de amor ni un villano que recibiera su merecido al final de la partida. Además, tanto el productor Alan J. Pakula como el director Robert Mulligan tenían claro que la cinta debía rodarse en blanco y negro para igualar cromáticamente a los personajes. Incluso estrellas como Rock Hudson y James Stewart rechazaron el papel de Atticus Finch por sus ideas liberales y la evidente controversia que podía provocar en un país lleno de reductos conservadores. Finalmente, fue Gregory Peck quien asumió el rol después de leer la novela de un tirón y telefonear rápidamente a Mulligan para que no valorase más opciones.

El propio intérprete reconocería, con los años, que aquel fue el trabajo más emblemático de su carrera, y del que más orgulloso se sentía (su mítico alegato final, de seis minutos y medio, se filmó en una sola toma). Le proporcionó el ansiado Oscar que perseguía desde su primera nominación en 1946 y le catapultó al Olimpo de los grandes héroes nacionales, gracias a un personaje inolvidable que Lee concibió a imagen de su propio padre.

Atticus Finch perdurará en nuestra mente como un ejemplo de moralidad y nobleza dentro de un mundo devorado por el odio. Porque, por desgracia, lo que hace eterna a *Matar un ruiseñor* es que su mensaje sigue —y seguirá— resonando con pavoroso estruendo.

LA MILLA VERDE

The Green Mile, Estados Unidos, 1999

Universal Pictures / Castle Rock Entertainment
Dirección: Frank Darabont
Guion: Frank Darabont, sobre la novela de Stephen King
Intérpretes: Tom Hanks, Michael Clarke Duncan, David Morse, Bonnie Hunt, James Cromwell
189 minutos

Segunda entrega del especial *Pongamos a Frank Darabont en el lugar que merece*. Su colaboración junto a Stephen King en *Cadena perpetua* había rayado la perfección con tanta rotundidad, que ambos estaban deseando cruzar nuevamente sus caminos. La coartada idónea se llamaba *La milla verde*, otro drama que transcurría en una prisión y que King había publicado en seis volúmenes durante el año 1996; en esta ocasión, eso sí, el escritor reservó un espacio para la fantasía dentro de su historia. Durante la Gran Depresión, llega al corredor de la muerte un hombre negro de aspecto temible y tremenda bondad llamado John Coffey, sentenciado a morir en la silla eléctrica tras asesinar, aparentemente, a dos niñas indefensas. Allí, en el pasillo previo al ajusticiamiento final (conocido como «la milla verde» por el color de las baldosas), Coffey establece una relación de extrema complicidad con el guardia jefe del bloque, Paul Edgecomb, quien no tarda en descubrir que, bajo la brutal apariencia de un supuesto asesino, se esconde alguien con un poder inconcebible para percibir y destruir el mal en cualquiera de sus formas.

Lo que nadie esperaba, habida cuenta del listón que había dejado con su anterior película, era que Darabont completara una obra todavía más extraordinaria. Gracias a su poso de desaliento y de generosidad al mismo tiempo, *La milla verde* resplandece como el mayor triunfo de la historia del cine carcelario. Una película donde todo es detallado y hermoso, en la que el estremecimiento sucumbe al poder de la integridad y la compasión. Nadie como Tom Hanks (que se comprometió con el director a protagonizar su siguiente película tras rechazar *Cadena perpetua* en detrimento de *Forrest Gump*) para personificar al individuo intachable, proyección del espectador dentro de un lugar terrible que, paradójicamente, desprende una extraña serenidad.

Dura tres horas, pero ojalá durase muchas más.

Mommy

Mommy, Canadá, 2014

Les Films Seville / Metafilms
Dirección y guion: Xavier Dolan
Intérpretes: Anne Dorval, Antoine Olivier Pilon, Suzanne Clément, Patrick Huard, Alexandre Goyette
139 minutos

Para Xavier Dolan, la vida ha sido siempre una carrera de fondo, un regalo que exprimir sin pensar nunca en el mañana. Con cuatro años, ya era actor de anuncios para una cadena farmacéutica y protagonizaba varias películas infantiles. Con ocho, era tan hiperactivo que su madre lo envió a un internado. Al salir, ya adolescente, escribió un guion titulado *Yo maté a mi madre* (no hace falta rascar mucho para encontrar la inspiración) y a los diecinueve años lo convirtió en su primer largometraje. Ganó tres premios en Cannes que le transformaron, en un tiempo récord, en el niño prodigio del cine de autor: con solo veintinueve años —una edad en la que muchos cineastas todavía sueñan con debutar— ya había rodado ocho películas. Hasta que, un día de verano de 2023, anunciaba por sorpresa su retiro: «No entiendo de qué sirve contar historias cuando todo alrededor se desmorona. El arte es inútil y dedicarse al cine, una pérdida de tiempo». Tenía 34 años.

Durante este breve, pero intensísimo periplo inspiracional, Dolan se confirmó como un retratista superlativo del amor con todo su dolor y magnitud, y también siguió reflejando en sus historias aquella relación maternofilial que definió gran parte de su niñez. *Mommy* es, con toda probabilidad, el punto más álgido de una trayectoria donde odio y pasión, violencia y caricia, se entrelazan en un cóctel forjado entre el corazón y las entrañas. Es una película cruda, esperanzadora, terrorífica, inapelable, sucia, divertida, fracturada, profundamente arrebatadora. Te zarandea con vehemencia y te hacer desear más, no quieres que termine y al mismo tiempo anhelas que lo haga porque lo que estás viendo retuerce cada centímetro de tu ser.

Súfranla, ámenla. Porque *Mommy* es la demostración de que, una vez, existió en Canadá un genio efímero y radiante.

MUD

Mud, Estados Unidos, 2012

Lions Gate Films / Everest Entertainment / Brace Cove Productions
Dirección y guion: Jeff Nichols
Intérpretes: Matthew McConaughey, Tye Sheridan, Sam Shepard, Michael Shannon, Reese Witherspoon
130 minutos

Cuando Matthew McConaughey alcanzó la cuarentena en 2009, su trayectoria se dirigía, cuesta abajo y sin frenos, hacia una inevitable sepultura. La sucesión de comedias románticas vergonzantes en su otrora brillante currículum hacía presagiar una hecatombe inminente, otra estrella de cara bonita devorada por la industria del entretenimiento más despiadada que existe. Todos sabemos lo que sucedió a continuación: el bueno de Matt se cansó de lucir palmito y empezó a decir que sí a los guiones más arriesgados que le llegaban, aunque ello significara rebajar sus honorarios a cantidades mucho más modestas. Llegó el renacer (algún genio del marketing lo llamó la *McConaissance*), los espectadores descubrieron que detrás del guaperas había un actor como la copa de un pino, y muchos analistas se apresuraron a señalar el 2013 como el año en que todo hizo clic: actuación breve y descomunal para Scorsese en *El lobo de Wall Street* y un merecidísimo Oscar por *Dallas Buyers Club*. Sin embargo, el verdadero punto de inflexión para el texano de apellido impronunciable se produjo un año antes con una película minúscula y penetrante, titulada *Mud*.

Tuvo que llegar uno de los cineastas más brillantes del último cine independiente norteamericano, Jeff Nichols, para abofetear y zarandear (simbólicamente) a McConaughey y ofrecerle el mejor papel de toda su carrera: el de un fugitivo que se oculta en una pequeña isla del río Misisipi y establece una hermosa amistad con el joven Ellis (conmovedor Tye Sheridan) mientras espera a la mujer que ama y sueña con adentrarse en el mar a bordo de un viejo barco sin motor.

La película posee un espíritu indómito que te agarra y te cautiva. Nichols se mueve en la mejor tradición de los relatos iniciáticos de Huckleberry Finn o Tom Sawyer, muchachos que, como Ellis, tenían que enfrentarse al golpe que implica una inocencia arrebatada antes de tiempo. Y, de paso, hace brotar de su estrella protagonista un caudal repentino e inagotable de talento reprimido, logrando que, como Mud, encuentre finalmente su lugar en el mundo.

Rain Man (El hombre de la lluvia)

Rain Man, Estados Unidos, 1988

United Artists / Guber-Peters Company / Star Partners II Ltd.
Dirección: Barry Levinson
Guion: Barry Morrow y Ron Bass
Intérpretes: Dustin Hoffman, Tom Cruise, Valeria Golino, Jerry Molen, Jack Murdock
133 minutos

Cuando el guionista Barry Morrow conoció a Kim Peek durante un evento sobre personas con limitaciones y potencialidades especiales, no podía imaginar que aquel encuentro cambiaría su vida y su carrera para siempre. Peek era un joven con síndrome de Savant, una extraña afección en la que una persona con discapacidad mental desarrolla aptitudes excepcionales en campos como las artes o las matemáticas. El caso de Peek era único: siendo ya adulto, era incapaz de abotonarse la camisa, pero podía leer dos páginas de un libro en diez segundos (una con cada ojo) o sumar los números del listín telefónico en tiempo récord.

Morrow investigó sobre los «savants» y su relación con el espectro autista, y creó un personaje llamado Raymond Babbit, un hombre con dificultades cognitivas y una mente extraordinaria que heredaba una fortuna de su padre y era «secuestrado» por su hermano menor, decidido a quedarse con todo el dinero de su progenitor. Ambos iniciaban entonces un viaje físico y emocional a través de Estados Unidos, que les permitiría conocerse mutuamente y obligaría al codicioso Charlie a replantearse la naturaleza de sus sentimientos y la verdadera motivación de sus actos.

El proyecto de *Rain Man* pasó por cineastas como Sydney Pollack o Steven Spielberg —que llegó a trabajar durante cinco meses en su desarrollo— antes de recaer en las manos de Barry Levinson, que venía de demostrar su habilidad para solapar drama y comedia en la excelente *Good Morning, Vietnam* (1987). Levinson contrató a Dustin Hoffman para interpretar a Charlie, pero fue el propio actor quien le pidió interpretar a Raymond por el enorme reto interpretativo que comportaba, y por la posibilidad de conocer personalmente a Kim Peek y estudiar su mímica y su comportamiento.

La película alcanzó un éxito impresionante en todo el mundo —355 millones de dólares en taquilla frente a un presupuesto de 22— y acumuló multitud de galardones, entre ellos el Oso de Oro del Festival de Berlín y cuatro Oscar: película, dirección, guion original y actor para Hoffman. Ver a sus dos protagonistas surcar carreteras infinitas o fundirse con las luces de Las Vegas, al son de los acordes de Hans Zimmer, es una experiencia tan liberadora que no nos cansaremos nunca de repetirla.

Rocky

Rocky, Estados Unidos, 1976

United Artists / Chartoff-Winkler Productions
Dirección: John G. Avildsen
Guion: Sylvester Stallone
Intérpretes: Sylvester Stallone, Talia Shire, Burt Young, Carl Weathers, Burgess Meredith
120 minutos

El truco para disfrutar como un energúmeno de las carreras matutinas de Rocky Balboa, previa ingesta indiscriminada de yemas de huevo, es enfrentarse a ellas desde la pura fantasía. Nadie en su sano juicio debería buscar un mensaje trascendental o una lectura sociopolítica en una historia de estas características. Siendo francos, que un boxeador fracasado acabe derrotando al campeón de los pesos pesados es tan probable como que una calabaza se convierta en un carruaje tirado por ratones transmutados en caballos.

Tratemos, pues, a Rocky como lo que realmente ha sido siempre: un cuento de hadas construido para tocar la fibra sensible del espectador y hacerle creer que hasta los más miserables pueden convertirse en reyes. Solo así podremos adentrarnos en su mágica melancolía, en su épica de perdedores, en su bonita historia de amor entre inadaptados. Solo así valoraremos en su justa medida que alguien como Stallone, que nunca ganará el Nobel de Literatura, escribiera semejante epopeya en solo tres días y medio tras presenciar un mítico combate entre Muhammad Ali y Chuck Wepner en marzo de 1975.

Rocky es una película para sentir en plenitud, sin lastres academicistas ni ínfulas absurdas de *cinema verité*. Es un Forrest Gump del cuadrilátero, una historia que va directamente al corazón, y de ahí al alma, para transportarnos hasta un estado de éxtasis y tragedia controlada. Lo mejor es que, cada vez que la vemos, nos convertimos en una Cenicienta indestructible, capaz de subir a toda velocidad los 72 escalones del Museo de Arte de Filadelfia mientras tarareamos la música de Bill Conti, levantamos los brazos y vemos el mundo despertar a nuestros pies.

EL SHOW DE TRUMAN

The Truman Show, Estados Unidos, 1998

Paramount Pictures / Scott Rudin Productions
Dirección: Peter Weir
Guion: Andrew Niccol
Intérpretes: Jim Carrey, Ed Harris, Laura Linney, Noah Emmerich, Natascha McElhone
103 minutos

De entrada, *El show de Truman* parte de una de las inspiraciones más brillantes del cine contemporáneo: un programa televisivo de máxima audiencia, cuyo protagonista es un pobre desgraciado que lleva toda su vida encerrado en un plató que finge ser una ciudad ficticia de Florida, ignorando por completo que el planeta ha seguido cada uno de sus movimientos desde que nació y que todas las personas con las que interactúa a diario son actores contratados. Andrew Niccol tuvo la idea después de ver un episodio de *Los límites de la realidad (The Twilight Zone)*, y a principios de los años noventa comenzó a desarrollar un guion con toques de ciencia ficción, ambientado en Nueva York y con un planteamiento desesperanzado y oscuro. No fue hasta la incorporación de Peter Weir que la historia hizo un viraje hacia terrenos más complacientes y próximos a la comedia, sin perder ni un ápice de su calado sociológico, centrado en denunciar sin contemplaciones la telerrealidad, el falso estado del bienestar y la mercantilización de las vidas humanas.

Weir se jugó su credibilidad a una carta apostando por Jim Carrey, rey indiscutible del humor grotesco y cuya interpretación en *Ace Ventura* (1993) le recordaba, por alguna extraña razón, a un Charles Chaplin moderno. El actor canadiense le devolvió la confianza con una composición mesurada, ingenua y melancólica, alcanzando un nivel actoral que nunca llegó a repetir y al que únicamente pudo aproximarse, como ya hemos visto, bajo la sabia tutela de Milos Forman en *Man on the Moon*. No fue el único que mereció el aplauso de los críticos: convertido en el todopoderoso Christof —nótese la referencia divina—, Ed Harris nos regala uno de sus mejores y más empáticos villanos, un hombre que dirige desde las alturas el mayor espectáculo del mundo, sin considerar el peaje emocional que conlleva mantener un rehén por dinero, sin coartada posible, con el planeta entero como testigo.

Slumdog Millionaire

Sunday Millionaire, Reino Unido, Estados Unidos, Francia, 2008

Searchlight Pictures / Warner Bros. / Film4 / Pathé / Celador Films / Cloud Eight Films
Dirección: Danny Boyle
Guion: Simon Purefoy, sobre la novela de Vikas Swarup
Intérpretes: Dev Patel, Freida Pinto, Anil Kapoor, Irrfan Khan, Ayush Mahesh Khedekar
120 minutos

Publicada en 2005, *Q&A* era la primera novela del diplomático indio Vikas Swarup. En ella, se narraba la prodigiosa hazaña de un joven huérfano y sin educación, criado en la más absoluta pobreza, que era capaz de acertar todas las preguntas de un famoso concurso de televisión y convertirse, de la noche a la mañana, en millonario ante la atónita mirada de todo el país. Tras leer el libro, el guionista británico Simon Purefoy vio en él una oportunidad idónea para retratar la increíble vitalidad de los suburbios de Mumbai y el optimismo desbordante de sus habitantes. Además, le ofrecía la posibilidad de jugar con una estructura narrativa en la que los *flashbacks* representaban las piezas del puzle, configurando con cada respuesta correcta un fragmento de la increíble existencia del protagonista. Entusiasmado con la idea, Purefoy viajó varias veces a la India y conoció en profundidad la vida de los niños de la calle, construyendo a partir de sus relatos un guion donde la fortaleza del espíritu humano se imponía a cualquier atisbo de desolación.

Cuando el libreto le fue ofrecido a Danny Boyle, este lo rechazó inicialmente porque no estaba interesado en rodar una película que girase alrededor de un concurso. Al saber que Purefoy había escrito una de sus comedias favoritas —*Full Monty*—, decidió leer el guion e inmediatamente quedó atrapado por las posibilidades visuales que ofrecía (con algunos grandes clásicos de Bollywood como fuente de inspiración) y por su facilidad para transformar la miserable realidad de un niño que crece rodeado de penuria en una fantasía resplandeciente y llena de esperanza. La película fue un éxito rotundo, ganó ocho Oscar y conquistó a espectadores de todo el mundo. Hoy, sigue siendo imposible verla sin acabar bailando.

Spotlight

Spotlight, Estados Unidos, 2015

Open Road Films / Entertainment One / Anonymous Content / Rocklin-Faust
Dirección: Tom McCarthy
Guion: Tom McCarthy y Josh Singer
Intérpretes: Mark Ruffalo, Michael Keaton, Rachel McAdams, Liev Schreiber, Stanley Tucci
129 minutos

A principios del siglo XXI, el periodismo tradicional comenzaba a verse seriamente amenazado por el auge de la comunicación *online*. Sin embargo, todavía existían ciertos focos de resistencia, compuestos por reporteros de raza, dispuestos a reivindicar la naturaleza callejera (y analógica) de esta profesión. Uno de ellos era el *Spotlight*, la veterana unidad de investigación de *The Boston Globe* que, en 2001, destapó los múltiples casos de pederastia cometidos por sacerdotes y encubiertos por la Iglesia católica de Massachussets a lo largo de cuatro décadas.

La adaptación a la pantalla fue un proceso desesperante y complejo, debido a que resultaba tremendamente difícil encontrar financiación para una película sobre el lado más oscuro del catolicismo. El propio director Tom McCarthy reconoció los diferentes retrasos en la producción y cómo algunas de sus estrellas principales, entre ellas Michael Keaton o Mark Ruffalo, aprovechaban estos paréntesis de incertidumbre para profundizar en la psicología de sus personajes. Keaton se fue a vivir unos días a casa de Walter Robinson para emular sus movimientos y captar su acento de Boston, mientras Ruffalo se reunía regularmente con el auténtico Michael Rezendes y le pedía que leyera en voz alta todas sus frases del guion.

Spotlight es turbia, incómoda, vertiginosa. Sus duelos dialécticos son música para los oídos de aquellos que amamos y admiramos el periodismo de base, el de los bajos fondos, las amenazas y las pistas concatenadas. Una película que te noquea con el arma más poderosa que uno puede encontrar en un mundo gobernado por el engaño.

La pura verdad.

Trainspotting

Trainspotting, Reino Unido, Estados Unidos, 1996

Miramax Films / Channel Four Films / Figment Films
Dirección: Danny Boyle
Guion: John Hodge, sobre la novela de Irvine Welsh
Intérpretes: Ewan McGregor, Ewen Bremner, Jonny Lee Miller, Kevin McKidd, Robert Carlyle
93 minutos

La novela de Irvine Welsh tenía todas las papeletas para ser adorada únicamente por minorías. Sus protagonistas eran un grupo de jóvenes de los suburbios de Edimburgo, desempleados y heroinómanos, que se dedicaban a cometer pequeños delitos para seguir consumiendo y, por ende, olvidarse de la mierda de vida que les había tocado. Además, el libro tenía una estructura atípica de relatos cortos interconectados entre sí, estaba escrito con acento escocés y mucha jerga callejera, y contenía, bajo su apariencia humorística y enérgica, una disertación devastadora acerca de una generación carente de estímulos y entregada por completo a las adicciones.

Pero sucedió lo que, supuestamente, nunca debió suceder. *Trainspotting* (palabra que sirve para definir la extraña afición de algunos británicos de ver pasar los trenes) fue un éxito de masas, causó euforia entre los críticos y pasó a considerarse una obra de culto prácticamente desde el momento de su publicación. El productor Andrew Macdonald intuyó unas posibilidades cinematográficas tan sólidas que, en un arranque de iluminación, compró los derechos y le preguntó a su amigo Danny Boyle si le apetecería dirigir la película. Este, aunque consciente de que contaría con un presupuesto ínfimo de 1,5 millones de libras y tendría que completar la mayoría de las escenas en una sola toma, supo que tenía algo muy grande entre las manos y se comprometió al instante.

El reparto de *Trainspotting* debía componerse, obligatoriamente, de rostros desconocidos para la audiencia. Para el papel principal, Boyle se fijó en Ewan McGregor, un joven de veinticuatro años con el que acababa de coincidir en su ópera prima, *Tumba abierta* (1994). El director sabía que aquel muchacho podía alcanzar el perfecto equilibrio entre el carisma de Michael Caine en *Alfie* y la brutalidad de Malcolm McDowell en *La naranja mecánica*. No se equivocaba: McGregor se quitó de encima siete kilos a base de no ingerir lácteos, convivió con adictos auténticos, aprendió a cocinar heroína y hasta se planteó inyectarse realmente (para sorpresa de un Boyle que le hizo abandonar aquella majadería). Pese al tiempo, la película resiste como un emblema de su época. Y McGregor, ahora estrella, nunca ha brillado tanto como el día en que se sumergió en el peor retrete de Escocia.

United 93

United 93, Estados Unidos, Reino Unido, Francia, 2006

Universal Pictures / StudioCanal / SKE / Working Title
Dirección y guion: Paul Greengrass
Intérpretes: David Alan Basche, Olivia Thirlby, Liza Colón-Zayas, J. J. Johnson, Gary Commock.
111 minutos

De la corriente de películas surgida a raíz de los atentados del 11-S, esta es, sin ninguna duda, la más categórica e impresionante de todas. En ella, el director Paul Greengrass recreó con absoluta minuciosidad la historia del vuelo 93 de United Airlines que, aquel fatídico día, fue secuestrado por cuatro terroristas con la intención de estrellarse contra el Capitolio. En un increíble acto de heroísmo, los pasajeros, conscientes de que su muerte era inevitable, se enfrentaron a sus captores y consiguieron desviar el aparato hasta un extenso campo de Shanksville, Pensilvania, donde se precipitó sin dejar supervivientes.

Avalado por el excelente recibimiento de su primera película en Hollywood, *El mito de Bourne* (2004), Greengrass se enfrentó a su proyecto más complejo desde el respeto a las víctimas y la reconstrucción escrupulosa de los hechos. Mantuvo un contacto permanente con los familiares de los fallecidos —muchos de los cuales llegaron a hablar por teléfono con sus seres queridos durante el secuestro—, contó con la participación de personas implicadas en los acontecimientos e insistió en alojar en hoteles diferentes a los actores que interpretaban a los terroristas y a los que daban vida a los pasajeros y a los miembros de la tripulación, para capturar así el miedo y la hostilidad que debía manifestarse entre ellos. *United 93* fue nominada a dos Oscar y los críticos la recibieron con entusiasmo, consolidándose con el tiempo como una de las cintas más descarnadas y valientes de la década. Los últimos quince minutos cortan, literalmente, la respiración.

LA VIDA ES BELLA

La vita è bella, Italia, 1997

Melampo Cinematografica / Cecchi Gori Group Tiger Cinematografica
Dirección: Roberto Benigni
Guion: Roberto Benigni y Vincenzo Cerami
Intérpretes: Roberto Benigni, Nicoletta Braschi, Giorgio Cantarini, Giustino Durano, Marisa Paredes
116 minutos

El ídolo de Roberto Benigni siempre ha sido Charles Chaplin. Al célebre actor y director toscano le entusiasmaba el modo en que el gran maestro del *clown* era capaz de conjugar diversión y ternura bajo el mismo paraguas narrativo: «Reír y llorar viene del mismo punto del alma. El quid de la cuestión es llegar a la belleza, a la poesía, no importa si es comedia o tragedia. Son lo mismo si consigues la belleza».

El padre de Benigni, Luigi, pasó dos años en un campo de prisioneros durante la Segunda Guerra Mundial. Cuando contaba aquellas historias a sus hijos, las impregnaba de humor para que los pequeños no se asustaran. Aquella fabulación del peor drama humano del siglo XX sirvió de inspiración al propio Roberto cuando, siendo ya uno de los comediantes más aclamados de Italia, decidió ofrecer un relato diferente del Holocausto y la sinrazón del nazismo a través de un personaje entrañable y conmovedor, igual que su admirado Chaplin hizo en *El gran dictador*. Para ello, tomó como referencia el libro de Rubino Romeo Salmoni *Al final derroté a Hitler*, donde el autor describía con tono irónico su experiencia real en Auschwitz. Y, sin esperarlo, creó una de las historias humanas más emotivas del cine contemporáneo.

La vida es bella (título que tomó prestado de una frase de León Trotsky) sacudió al mundo entero, invitando a los espectadores a reírse del dolor y a llorar frente a la felicidad. Benigni, que no es judío, recibió muchas críticas de esta comunidad cuando se embarcó en el proyecto, pero en todo momento mostró su respeto hacia el doloroso recuerdo de las víctimas. Incluyó inexactitudes históricas para alimentar el espíritu de la fábula y alejarse de la cruda representación de la realidad. Y vinculó mágicamente horror y alborozo haciendo que su personaje luciera el mismo número de prisionero que Chaplin llevaba en su uniforme de *El gran dictador*.

Porque en la vida, a pesar de la crueldad y el sufrimiento, la belleza siempre irrumpe. Solo necesitamos verla.

WHIPLASH

Whiplash, Estados Unidos, 2014

Bold Films / Blumhouse /Right of Way /Sierra-Affinity
Dirección y guion: Damien Chazelle
Intérpretes: Miles Teller, J. K. Simmons, Paul Reiser, Melissa Benoist, Austin Stowell
106 minutos

No muchos saben que Damien Chazelle es un músico frustrado. Antes de decidirse por el cine, el director más fulgurante del último Hollywood soñaba con convertirse en batería de jazz, y cursó estudios de música en Princeton. Sin embargo, su instintiva falta de talento y la enorme presión a la que era sometido por su profesor le obligaron a desistir y decantaron su vocación hacia el objetivo de una cámara.

Para canalizar el desengaño, Chazelle redactó un rabioso y brillantísimo guion acerca de un joven aspirante a batería que, en su camino hacia el éxito, se topaba con un implacable instructor. En realidad, toda la trama giraba en torno al duelo psicológico entre ambos personajes, cada uno de los cuales representaba, a su manera, la cara más amarga de la ambición y la búsqueda de la excelencia. Para lograr financiación, decidió filmar quince páginas del borrador en formato de cortometraje y exhibirlo en el Festival de Sundance, donde tuvo un éxito abrumador que le proporcionó los 3,3 millones de dólares que necesitaba para convertir aquel prometedor esbozo en una película.

Durante la filmación, Chazelle prestó especial atención al equilibrio moral de sus dos actores principales. Miles Teller tocaba la batería desde los quince años, pero nunca lo había hecho de una manera tan vigorosa y bestial como la que exigía el personaje de Andrew; muchas veces, acababa las sesiones con los dedos ensangrentados y llenos de ampollas. J. K. Simmons, por su parte, recibió una indicación muy clara antes de rodar: no debía mostrar a un ser humano, sino a un monstruo. El veterano actor llegó a provocar situaciones de miedo y ansiedad en sus compañeros de reparto, especialmente entre los músicos verdaderos que formaban parte de la banda y que llegaron a temerle con solo divisar su presencia.

Semejante choque de emociones desbordadas derivó en una obra de fuerza aplastante, una película brutal que se contempla desde la más absoluta conmoción. Solo su clímax constituye, por sí mismo, una lección de cine en su máxima expresión.

WONDER

Wonder, Estados Unidos, Hong Kong, Canadá, 2017

Lions Gate Films / Participant / Walden Media
Dirección: Stephen Chbosky
Guion: Stephen Chbosky, Steven Conrad y Jack Thorne, sobre la novela de R. J. Palacio
Intérpretes: Julia Roberts, Owen Wilson, Jacob Tremblay, Izabela Vidovic, Mandy Patinkin
113 minutos

Es probable que, si no han visto *Wonder*, alguien les cuente la milonga de que es una película cursi, sensiblera o estereotipada (y hasta ejemplarmente apostólica), y yo les digo que, en ese caso, lo que ustedes deben hacer es ignorar el criterio de esa persona durante el resto de sus vidas. Porque, si bien es cierto que se mueve siempre en los parámetros de las *feel-good movies* norteamericanas, posee la asombrosa capacidad de extraer optimismo, fortaleza y ganas de vivir de una coyuntura especialmente angustiosa y compleja.

Cuenta R. J. Palacio, la autora del libro en que se inspira la película, que todo surgió cuando una niña con una grave malformación craneofacial se acercó a ella y a su hijo de tres años para sentarse a su lado. Palacio intentó levantarse disimuladamente para marcharse, pero cuando el pequeño la vio, comenzó a llorar. En ese momento, la madre de la niña la cogió de la mano para llevársela de allí. «Me sentí realmente mal, porque, por querer proteger a mi hijo, había hecho daño a aquella familia», recuerda la escritora, que esa misma noche comenzó a imaginar la historia de un niño de diez años aquejado del síndrome Treacher-Collins (enfermedad en la que no se desarrollan algunos huesos y tejidos de la cara) que debe soportar las burlas y los prejuicios de los otros niños, mientras busca en su interior la valentía que le permita llevar una vida normal.

El libro fue un gran éxito, y su traslación a la pantalla resultó ser una de las obras más lúcidas e inspiradoras de los últimos tiempos. Porque *Wonder* triunfa allá donde otras se pierden entre tópicos almibarados, mostrando que la verdadera tenacidad de un niño se encuentra entre el amor y la magia, en algún lugar donde hasta el mismísimo Chewbacca puede convertir el mundo en un lugar maravilloso.

Y TU MAMÁ TAMBIÉN

México, 2001

IFC Films / Anhelo Producciones / Bésame Mucho Pictures
Dirección: Alfonso Cuarón
Guion: Alfonso Cuarón y Carlos Cuarón
Intérpretes: Gael García Bernal, Diego Luna, Maribel Verdú, Diana Bracho, Andrés Almeida
106 minutos

Hasta ahora, a Alfonso Cuarón lo hemos conocido en su máximo esplendor gracias a virguerías como *Hijos de los hombres* o *Gravity*. Sin embargo, mucho antes de implementar su estilo multifacético en la maquinaria de los grandes estudios, Cuarón ya tuvo un primer —y demasiado precoz— acercamiento a Hollywood que derivó en las dos obras más irregulares de su filmografía, *La Princesita* (1995) y *Grandes esperanzas* (1998). Desencantado de la experiencia, regresó a México y al espíritu libre de sus orígenes para dirigir una historia pequeña y experimental, escrita junto a su hermano Carlos, donde extrapolaba la frágil y tambaleante amistad entre dos muchachos a la difícil realidad sociopolítica de un país en caída libre.

Tenoch (Diego Luna) y Julio (Gael García Bernal) son dos amigos que, aprovechando la ausencia de sus novias, inician un viaje por carretera con la firme intención de disfrutar al máximo de la soltería. A ellos se unirá Luisa (Maribel Verdú), una española diez años mayor que esconde un terrible secreto, y que decide acompañarlos en su búsqueda de una paradisíaca playa perdida. Lógicamente, ambos se enamoran de ella, y pronto asistimos a un cartabón de sentimientos que se enmarañan de manera paulatina con ternura y ferocidad. Son tres almas errantes, tres desubicados que a Cuarón le sirven para reflexionar sobre los largos caminos sin rumbo, el desconcierto existencial y el aliento de vida que lucha por imponerse a la muerte.

Y tu mamá también es como esa ráfaga de aire seco que te golpea en la cara mientras bajas la ventanilla del coche y contemplas el azul intenso del cielo. Es tosca, desgarradora y auténtica. Y divertida, con unas carcajadas que emanan directamente del dolor más irreparable.

HISTÓRICO

300

300, Estados Unidos, Canadá, Bulgaria, 2006

Warner Bros. / Legendary Entertainment / Virtual Studios
Dirección: Zack Snyder
Guion: Zack Snyder, Kurt Johnstad y Michael B. Gordon, sobre la novela gráfica de Frank Miller
Intérpretes: Gerald Butler, Lena Headey, Dominic West, David Wenham, Michael Fassbender
117 minutos

La batalla de las Termópilas está considerada, con todo merecimiento, como una de las gestas más increíbles de la Antigüedad. A lo largo de varios días, un puñado de espartanos liderados por el rey Leónidas resistió la invasión del poderoso ejército persa, compuesto por más de cien mil soldados entrenados para la guerra, en un desfiladero estratégico situado en el norte de Grecia. Aunque finalmente sucumbieron a la ira del rey persa Jerjes, su gesta prevaleció y fue transmitida como una representación del valor y la solidaridad entre los hombres libres.

Uno de los herederos de ese legado fue el guionista y dibujante Frank Miller, que en 1998 convirtió el relato de los trescientos espartanos en una novela gráfica que no tardó en ser reverenciada en todo el mundo. El productor italiano Gianni Nunnari era un admirador de la historia de las Termópilas, y en cuanto la obra de Miller cayó en sus manos le impresionó tanto, que se lanzó a comprar los derechos. Bajo el amparo todopoderoso de Warner Bros., Nunnari levantó una producción de 60 millones de dólares y firmó como director a Zack Snyder, un tipo con una intuición estética tan peculiar y transgresora —exhibida de un modo delirante en su prometedor debut, *Amanecer de los muertos* (2004)— que le convertía en la opción perfecta para adentrarse en el universo histórico y mitológico imaginado por Miller.

Al final, el realizador de Wisconsin logró algo único con su adaptación: recrear cada viñeta mediante las infinitas posibilidades técnicas del cine y los efectos especiales. Nunca un cómic ha tenido, ni tendrá, una recreación en celuloide tan fiel a su espíritu original; el resultado fue tan demoledor y antológico que Snyder, cual dios de la cámara lenta, lleva desde entonces imitándose a sí mismo (solo estuvo cerca en la magnífica *Watchmen*) con la tenacidad espartana de quien vende cara su derrota.

Babylon

Babylon, Estados Unidos, 2022

Paramount Pictures / C2 Motion Picture Group / Marc Platt Productions
Dirección y guion: Damien Chazelle
Intérpretes: Brad Pitt, Margot Robbie, Diego Calva, Jean Smart, Li Jun Li
189 minutos

¿Quién puede negar que *Babylon* sea cine histórico? Cierto que aquí no hay conquistadores ni reyes ni emperadores ni guerreros ni castillos medievales. O, en cierto modo, sí los hay, porque esta es la historia del despegue de la industria más implacable del mundo, y, en ella, cualquier recreación histórica era (es) posible. ¿Estamos ante una película de época? Por supuesto: sus coordenadas temporales son tan precisas, que solo puede entenderse como la febril representación de un período completamente real. Hasta el título remite a una ciudad legendaria de Mesopotamia, epicentro del mundo en el siglo VII a.C.

Establecida la ubicación temática, toca hablar de *Babylon* como lo que es: una de las locuras más grandes —por su extensión y por la magnitud del riesgo— jamás vistas en una pantalla de cine. Y recalco esto último porque Damien Chezelle, genio precoz y algo maldito, interpela al espectador que todos llevamos dentro y a la capacidad embaucadora de la luz proyectada sobre un inmenso fondo blanco. Es una película de películas, pero no de su parte grandilocuente y risueña, sino de la más miserable, salvaje y despiadada, la de los suicidios y las drogas, la hipocresía social y las muertes a puerta cerrada. Solo en los primeros diez minutos, vemos a un elefante defecar sobre un inmigrante, a una prostituta (probablemente menor de edad) practicando una lluvia dorada y a un montón de gente fornicando en una fiesta nivel *Eyes Wide Shut*. Aquí no hay glamour, y sí un buen par de lo que hay que tener.

Tres horas dan para mucho, y en todo ese tiempo, *Babylon* avanza desde la comedia más negra y desbordada hasta el terror *lynchiano* (ese encuentro final con un mortecino Tobey Maguire) y la tragedia inconsolable. Con un insurgente como Chazelle a los mandos, el generoso metraje se convierte en un carrusel de secuencias magistrales sin filtros ni ataduras: el rodaje antes de la puesta de sol (con extras atravesados por una lanza), la infernal filmación con sonido (con técnicos desplomados por el calor), la pelea con la serpiente (con el cuello perforado de Margot Robbie)... Y, por encima de todas, la revelación final frente a *Cantando bajo la lluvia*, en la que Manny presiente el futuro del cine como arte excesivo, imparable y absolutamente necesario.

Braveheart

Braveheart, Estados Unidos, 1995

20th Century Fox / Paramount Pictures / Icon Productions / The Ladd Company
Dirección: Mel Gibson
Guion: Randall Wallace
Intérpretes: Mel Gibson, Sophie Marceau, Patrick McGoohan, Catherine McCormack, Angus MacFayden
178 minutos

Un momento... Pero ¿William Wallace no fue el guerrero escocés que lideró a su país contra la ocupación inglesa a finales del siglo XIII? ¿No sería más correcto incluir la película que relata sus hazañas en el apartado biográfico? Seré sincero: mi conciencia me lo impidió. Es verdad que *Braveheart* gira en torno a las gestas revolucionarias de Wallace, pero lo hace con tal desprecio a los acontecimientos, que pierde completamente el rigor histórico y acaba entregándose a la pura y simple invención.

Les justificaré mi dictamen. Para empezar, Wallace era noble, hijo de terrateniente, y no tenía ese origen humilde y asalvajado que Mel Gibson (un australiano ejerciendo de escocés, ahí es nada) se empeña en mostrarnos. Tampoco fue conocido nunca con el apelativo que da título al filme, ya que «Corazón Valiente» solía referirse a Robert Bruce, que en la película es retratado como un vil traidor. Hay más: las famosas franjas azules que lucen los escoceses en sus caras antes de la batalla contra los ingleses era una tradición que llevaba diez siglos sin producirse, concretamente desde la época de los pictos. Y dicha contienda, conocida como la del Puente de Sterling, tiene lugar a ojos de Gibson en un inmenso prado verde donde no hay ríos ni puentes que los crucen.

Y eso por lo que se refiere a los gazapos conscientes y premeditados. En la lista de despropósitos involuntarios y perfectamente identificables, encontramos una furgoneta tras una hilera de caballos y hasta un señor con gorra y chaqueta de cuero que pasa por detrás de Gibson como si la cosa no fuera con él.

Puede que alguno piense que, sabiendo ahora que tiene la misma precisión histórica que *D'artacan y los tres mosqueperros*, jamás podrá ver *Braveheart* con la efervescencia de antes. No era mi intención. Es más: si deciden abordarla desde la perspectiva de una simple ficción de época, les parecerá una película grandiosa, emocionante y estupendamente filmada. Al fin y al cabo, ¿quién necesita rigor en una historia cuyo guionista fue el compositor del himno que sonó en el funeral de Ronald Reagan?

Los diez mandamientos

The Ten Commandments, Estados Unidos, 1956

Paramount Pictures / Motion Picture Associates
Dirección: Cecil B. DeMille
Guion: Aeneas MacKenzie, Jesse L. Lasky Jr., Jack Gariss y Frederic M. Frank
Intérpretes: Charlton Heston, Yul Brynner, Anne Baxter, Edward G. Robinson, Yvonne de Carlo
220 minutos

La década de los cincuenta trajo consigo las primeras dudas en el seno de una industria acostumbrada a vivir en la cima del entretenimiento. Tras el período dorado que siguió a la posguerra, Hollywood comenzaba a dar serias muestras de desgaste mientras trataba de competir con un adversario inesperado: la televisión. La respuesta de los grandes estudios fue priorizar el espectáculo visual frente a las historias complejas, desarrollando nuevos formatos panorámicos y dando especial relevancia al cine histórico y épico, el único capaz de proporcionar al espectador una experiencia lo suficientemente intensa como para hacerle olvidar, por unas horas, el aparato de televisión que le aguardaba en el salón de su casa.

Los diez mandamientos fue el culmen de esta súbita tendencia hacia la desmesura. Paramount convenció a Cecil B. DeMille, rey indiscutible del cine-acontecimiento con tintes bíblicos, para que, a sus 75 años, accediese a rodar una nueva versión de la historia de Moisés (ya había dirigido una adaptación muda en 1923) con el presupuesto más alto manejado hasta la fecha: 14 millones de dólares. La película, además, contaría con el decorado más grande de todos los tiempos —con una extensión de doce kilómetros repartidos a lo largo del desierto de California—, 20.000 extras, 15.000 animales y hasta unas tablas de la ley construidas con piedra auténtica del Sinaí y unos caracteres escritos en cananeo arcaico.

Aunque Charlton Heston ya había aparecido en la anterior película de DeMille, *El mayor espectáculo del mundo* (1952), el veterano cineasta esgrimió como principal motivo para su elección el increíble parecido que el actor guardaba con el Moisés de Miguel Ángel [*sic*]. Al final, tanta megalomanía hizo mella en la salud de DeMille y acabó sufriendo un infarto durante el rodaje en Egipto, mientras subía por una colina.

Por todo esto, y seguramente por mucho más (ese mar Rojo abriéndose de par en par), *Los diez mandamientos* sigue siendo la película perfecta para ver —y digerir— en Semana Santa, entre el empacho de la sobremesa y el renovado apetito de la hora de cenar.

Gladiator

Gladiator, Estados Unidos, Reino Unido, Malta, Marruecos, 2000

Universal Pictures / Dreamworks Pictures / Scott Free Productions
Dirección: Ridley Scott
Guion: David Franzoni, John Logan y William Nicholson
Intérpretes: Russell Crowe, Joaquin Phoenix, Connie Nielsen, Oliver Reed, Richard Harris
155 minutos

Antes de *Gladiator*, la carrera de Ridley Scott estaba a punto de desplomarse definitivamente después de una década aciaga con fiascos como los de *1492* (1992), *Tormenta blanca* (1995) o la inconcebible *La teniente O'Neil* (1997). Peor todavía era la perspectiva del péplum, recurso glorioso del Hollywood dorado que, en los albores del siglo XXI, parecía condenado a la extinción. Pero, un día, el guionista David Franzoni quedó absorto mientras observaba un cuadro de Jean-Leon Gerôme, y el funesto destino de ambos —realizador y género— acabó dando un vuelco inesperado.

La obra en cuestión se llamaba *Pollice Verso* («Pulgar al revés») y databa del año 1872. En él, un gladiador que acaba de derrotar a su oponente en la arena del Coliseo aguarda el veredicto del público, que decide que debe darle muerte señalando con el pulgar hacia abajo. Franzoni era un apasionado de la época, y comenzó a desarrollar un guion acerca de un general romano, hombre de confianza del emperador, obligado a convertirse en gladiador para vengar la muerte de su familia a manos del perverso hijo de este. Después de reescribirlo un total de once veces —con la ayuda de John Logan y William Nicholson—, Franzoni recibió el visto bueno de los estudios Universal y consiguió involucrar a Ridley Scott, mostrándole el mismo cuadro que le había inspirado a él.

A partir de aquí, todos los elementos funcionaron en perfecta sintonía hasta construir una película gigantesca, hermosa, salvaje y exuberante. Habían pasado treinta y seis años desde el último gran clásico del género, *La caída del Imperio romano*, y la fusión del cine de espadas y sandalias con la era digital solo podía deparar dos respuestas en el espectador o la indiferencia más absoluta o una fascinación fuera de toda lógica. Obviamente, se impuso la segunda: la película se llevó cinco Oscar, Russell Crowe se convirtió en estrella y Ridley Scott y el péplum se ganaron una segunda oportunidad muy bien aprovechada.

Master and Commander: Al otro lado del mundo

Master and Commander: The Far Side of the World, Estados Unidos, 2003

20th Century Fox / Miramax / Universal Pictures / Samuel Goldwyn Films
Dirección: Peter Weir
Guion: Peter Weir y John Collee, sobre la novela de Patrick O'Brian
Intérpretes: Russell Crowe, Paul Bettany, James D'Arcy, Billy Boyd, Edward Woodall
138 minutos

Mientras era un ejecutivo más de los estudios Fox, Tom Rothman intentó varias veces poner en marcha una versión a gran escala de las novelas de Patrick O'Brian sobre el capitán Jack Aubrey, un valeroso oficial de la armada inglesa durante las guerras napoleónicas. No fue hasta que ascendió al cargo de CEO, que Rothman tuvo carta blanca para levantar un proyecto para el que solo tenía un director en mente: Peter Weir. Este, que llevaba cinco años sin trabajar y enfilaba ya su retiro dorado, se mostró esquivo en una primera tentativa, pero acabó aceptando cuando Rothman le prometió satisfacer todas y cada una de sus demandas. La primera de todas, contratar para el papel protagonista a Russell Crowe en lugar del favorito de la compañía, Heath Ledger.

Pero rodar con Weir no es cualquier cosa, y en Fox pronto hubo quien acabó agujereando la pared a cabezazos. De entrada, el australiano exigió un tono casi documental a la historia que iba a requerir un tremendo esfuerzo económico y logístico: la mayor parte se filmó durante meses en un tanque de agua de dos hectáreas con un barco a escala real, y, justo después, el equipo se trasladó a mar abierto para completar el rodaje entre la costa de Brasil, el Cabo de Hornos y las Islas Galápagos (mientras Weir y la mayoría de los actores se mareaban todo el tiempo, Crowe imponía realizar sus propias escenas de riesgo sin arnés de seguridad).

Master & Commander terminó costando 150 millones de dólares y apenas recaudó lo justo para recuperar tamaña inversión. Rothman quedó muy tocado por el desengaño y su idea de convertir los libros de O'Brian en una franquicia se truncó de un modo irremediable. Sin embargo, el tiempo ha tratado especialmente bien a esta película excelsa y apasionante, confiriéndole el fulgor y la singularidad de las grandes obras de arte.

Quo vadis?

Quo Vadis, Estados Unidos, 1951

Metro-Goldwyn-Mayer
Dirección: Mervyn LeRoy
Guion: John Lee Mahin, S. N. Behrman y Sonya Levien, sobre la novela de Henryk Sienkewicz
Intérpretes: Robert Taylor, Deborah Kerr, Peter Ustinov, Leo Genn, Patricia Laffan
171 minutos

Tan estrambóticos eran los delirios de grandeza de Mussolini, que durante la década de los treinta mandó edificar a las afueras de Roma los estudios de cine más grandes de toda Europa, Cinecittà. El objetivo: convertir a Italia en la competencia directa de Hollywood, y, de paso, poner en marcha una maquinaria propagandista a imagen y semejanza de la Alemania nazi. Sin embargo, el estallido de la Segunda Guerra Mundial detuvo la producción durante varios años y, cosas del destino, convirtió el complejo en un campo de concentración regentado por los alemanes.

Una vez finalizado el conflicto, fue precisamente la industria norteamericana la que más se benefició de aquellos mastodónticos platós y de los incentivos de un país económica y políticamente despedazado. Fue así como, en 1948, aterrizó en Cinecittà la producción cinematográfica más cara jamás filmada: *Quo vadis?*, la adaptación de una célebre novela de finales del siglo XIX escrita por el laureado autor polaco Henryk Sienkiewicz. Pese a hallarse al borde de la bancarrota, Metro-Goldwyn-Mayer aportó 7,5 millones de dólares para hacer realidad un ambicioso proyecto cuya preproducción abarcó dos años, durante los cuales se construyeron escenarios al aire libre que incluían el imponente Circo de Nerón y una recreación completa de la Roma del siglo I. Se confeccionaron cortinas, alfombras, carromatos y un total de 32.000 vestimentas (una cifra récord que nunca llegó a ser superada) y se trajeron animales exóticos —leones, toros, caballos— desde diferentes puntos del continente.

Quo vadis? fue un éxito tan apabullante que no solo evitó la quiebra del mítico estudio; también significó la expresión culminante del cine-espectáculo y estableció el modelo a seguir para otros péplums más despampanantes, pero decididamente menos interesantes, como *La túnica sagrada* (1953) o *Ben-Hur* (1959). Ninguno de ellos tenía al gran Peter Ustinov desmelenándose como el incendiario más solemne de la Antigüedad, ni a unos jovencísimos Sophia Loren y Bud Spencer (ambos fugazmente reconocibles) entre los miles de extras.

Ran

Ran, Japón, Francia, 1985

Greenwich Film Productions / Herald Ace / Nippon Herald Films
Dirección: Akira Kurosawa
Guion: Akira Kurosawa, Hideo Oguni y Masato Ide, sobre *El rey Lear* de William Shakespeare
Intérpretes: Tatsuya Nakadai, Akira Terao, Jinpachi Nezu, Daisuke Ryu, Mieko Harada
160 minutos

Ran fue, sin duda, el proyecto más anhelado y perseguido por Akira Kurosawa. Influido por las leyendas del señor feudal japonés Mori Motonari y la tragedia familiar del *Rey Lear* de Shakespeare, Kurosawa ideó, a mediados de los años setenta, una historia ambientada en el siglo XVI y protagonizada por un anciano señor de la guerra que decide repartir sus posesiones entre sus tres hijos, desencadenando una enfermiza y sangrienta sucesión de enfrentamientos y traiciones.

El mítico cineasta tuvo que esperar hasta la entrada en escena del productor Serge Silberman —colaborador, entre otros, del español Luis Buñuel— para garantizar el presupuesto necesario con el que hacer realidad su epopeya, que él definía como «la obra de mi vida». Desde la perspectiva narrativa, *Ran* (que equivale a «caos» en japonés) recopila algunas de las cuestiones clave del discurso de Kurosawa, desde las relaciones paternofiliales al vínculo con la naturaleza, pasando por la sinrazón de las guerras o la degradación del alma humana. En el plano formal, la película es un festival para los sentidos, con sus impresionantes planos generales, su puesta en escena casi teatral y esa prominencia del color rojo tan cargada de simbolismo. Gracias al astronómico presupuesto de 11 millones de dólares (el más alto en la historia de su país), Kurosawa pudo filmar en imponentes parajes naturales como el Monte Aso, el Monte Fuji o los antiguos castillos de Kumamoto e Himeji, además de crear durante dos años 1.400 uniformes y armaduras hechas a mano, utilizar a doscientos caballos y miles de extras y hasta quemar una réplica de un castillo medieval valorada en un millón y medio de dólares.

Pese a no ser su película final, *Ran* sí significó la última obra cumbre de Kurosawa; un majestuoso compendio de inquietudes y referencias a sus cintas anteriores que lo elevó, más aún si cabe, hasta las cotas inalcanzables de los grandes maestros.

El último duelo

The Last Duel, Estados Unidos, Reino Unido, 2021

20th Century Studios / Pearl Street Films / Scott Free Productions
Dirección: Ridley Scott
Guion: Nicole Holofcener, Matt Damon y Ben Affleck
Intérpretes: Matt Damon, Adam Driver, Jodie Comer, Ben Affleck, Harriet Walter
152 minutos

Volvamos por un momento a la fascinante carrera de ese visionario llamado Ridley Scott. Si su filmografía fuese un disco doble compuesto por obras referenciales y títulos menores que merecieron mejor suerte, en la cara A nos encontraríamos con *Alien*, *Blade Runner*, *Thelma y Louise*, *American Gangster*, *The Martian* o la citada *Gladiator*, mientras que entre las rarezas de la cara B se situarían *La sombra del testigo*, *Los impostores*, *Red de mentiras*, *Alien: Covenant* o la magnífica, y desconocida para muchos, *El último duelo*.

Francia, 1386. Jean de Carrouges (Matt Damon) es un respetado caballero normando conocido por su destreza en el campo de batalla. Su mejor amigo y antiguo escudero, Jacques Le Gris (Adam Driver) es un encantador y arrogante noble con contactos tan poderosos como el conde d'Alençon (Ben Affleck). Cuando la esposa de Carrouges, Margherite (Jodie Comer), declara haber sido violada por Le Gris, nadie parece creerla. Esta situación obliga a su marido a formular una acusación directa ante el rey de Francia, que autoriza la celebración de un duelo a muerte entre los dos viejos amigos.

Bajo esta premisa, Scott levanta una de sus impecables superproducciones históricas, una obra visualmente apabullante cuya gran aportación es la división de la historia en tres perspectivas: la de Carrouges, la de Le Gris, y finalmente la de Margherite. Mediante la confrontación de los diferentes puntos de vista (Kurosawa estaría orgulloso), el espectador se convierte en juzgador, extrae sus propias conclusiones y dirime quién miente y quién dice la verdad. El director británico incluso convenció a Damon y a Affleck para que, veinticinco años después de su Oscar por el guion de *El indomable Will Hunting*, volvieran a escribir conjuntamente y asumieran cada uno la mirada de un personaje masculino, siendo la excelente Nicole Holofcener la encargada de plasmar el relato de la joven Margherite, víctima y verdadera heroína de la historia.

El último mohicano

The Last of the Mohicans, Estados Unidos, 1992

20th Century Fox / Morgan Creek Entertainment
Dirección: Michael Mann
Guion: Michael Mann y Christopher Crowe, sobre los guiones basados en la novela de James Fenimore Cooper
Intérpretes: Daniel Day-Lewis, Madeleine Stowe, Jodhi May, Wes Studi, Russell Means
112 minutos

Cuenta Michael Mann que la primera película que recuerda haber visto en su vida fue la versión de 1936 de *El último mohicano*, la célebre novela escrita por James Fenimore Cooper en 1826 y que anteriormente había sido adaptada ya en tres ocasiones, incluyendo una película muda de 1912. Por eso, cuando a principios de los años noventa recibió una propuesta para rodar una nueva versión, tuvo claro que no basaría su adaptación en la obra original —que ni siquiera había leído—, sino en los distintos guiones que, previamente, la habían trasladado a la gran pantalla.

El último mohicano significó la entrada de Mann en la elite hollywoodiense tras dirigir tres largometrajes, poco relevantes, y crear una de las series más icónicas de la década de los ochenta, *Corrupción en Miami*. Su fabuloso sentido del ritmo y su habilidad para retratar a individuos solitarios con un fuerte compromiso ético encajaban al milímetro con la historia de Nathaniel (Daniel Day-Lewis), un hombre blanco adoptado por una tribu de mohicanos que, a mediados del siglo XVIII, se convierte en el protector de las hijas de un coronel inglés durante la guerra entre británicos y franceses por el control de las colonias.

Day-Lewis, que ya había ganado el primero de sus tres Oscar cuando asumió el papel, se preparó haciendo uso de su famosa metodología extrema. A lo largo de un mes, se recluyó en los bosques de Carolina del Norte para vivir como los nativos americanos, aprendiendo a cazar y a rastrear y manejando con increíble destreza el hacha Tomahawk. Incomprensiblemente, en esta ocasión ni siquiera fue nominado por la Academia, como tampoco lo fueron los compositores Trevor Jones y Randy Edelman, autores de una banda sonora capaz de elevar el sentido épico de la aventura hasta cotas excelentísimas.

EL ÚLTIMO SAMURÁI

The Last Samurai, Estados Unidos, Nueva Zelanda, Japón, 2003

Warner Bros. / The Bredford Falls Company / Cruise-Wagner Productions
Dirección: Edward Zwick
Guion: John Logan, Edward Zwick y Marshall Herskovirz
Intérpretes: Tom Cruise, Ken Watanabe, Timothy Spall, Hiroyuki Sanada, Koyuki
154 minutos

Dentro de una trayectoria tan gloriosa y repleta de títulos legendarios como la de Tom Cruise, uno tiene la sensación de que *El último samurái* ocupa un lugar bastante discreto, probablemente porque no batió ningún récord de taquilla y porque muestra a un

Cruise irreconocible, convertido en un hombre autodestructivo y atormentado por sus propios demonios. Y es justo ahí donde reside la gran virtud de esta película magnífica: en el viaje interior de un protagonista descreído, un mercenario que acaba encontrando la paz cuando conoce en profundidad a su supuesto enemigo.

El director y productor neozelandés Vincent Ward fue el gran impulsor de una historia que concibió a lo largo de cuatro años, basándose en la hazaña real de un capitán francés que luchó junto a los japoneses en la guerra civil de 1868, fruto de la progresiva occidentalización del país. Aunque llegó a tantear a cineastas como Francis Ford Coppola o Peter Weir, no fue hasta la entrada de Edward Zwick como realizador y productor principal cuando el proyecto, presupuestado en 140 millones de dólares, comenzó a rodar oficialmente. Como no podía ser de otra manera, Cruise se preparó a conciencia para dar vida al capitán Nathan Algren, recibiendo clases de japonés y una severa instrucción en el manejo de espadas y técnicas de combate samurái.

Sin embargo, el alma de *El último samurái* es el personaje de Ken Watanabe, un temido líder tribal que debe asumir el fin de una era y la destrucción de las tradiciones ante el avance imparable de la Revolución Industrial. Su integridad y su admirable filosofía otorgan a la cinta un componente poético que la hace especialmente hermosa y diferente, algo a lo que, sin duda, contribuye también la excepcional banda sonora compuesta por Hans Zimmer.

MUSICAL

Blinded By the Light (*Cegado por la luz*)

Blinded By the Light, Reino Unido, Estados Unidos, Francia, 2019

Warner Bros. / New Line Cinema / Levantine Films / Ingenious Media
Dirección: Gurinder Chadha
Guion: Sarfraz Manzoor, Gurinder Chadha y Paul Mayeda Berges, sobre el libro del primero
Intérpretes: Viveik Kalra, Nell Williams, Aaron Phagura, Hayley Atwell, Dean-Charles Chapman
118 minutos

En 2002, la directora indio-británica Gurinder Chadha relataba en la fenomenal *Quiero ser como Beckham* los intentos de una joven inmigrante por abrirse camino en la difícil y estereotipada sociedad inglesa, tomando como fuente de inspiración a una estrella del fútbol mundial. Diecisiete años más tarde, Chadha retomaría aquella fórmula sustituyendo el deporte por la música, y al ínclito David Beckham por nada menos que Bruce Springsteen.

En realidad, las letras y los acordes del Boss sirvieron de guía existencial al periodista de origen paquistaní Sarfraz Manzoor, que en 2007 publicó sus experiencias en el libro *Greetings from Bury Park*, un juego de palabras que hacía referencia al primer disco de Springsteen, *Greetings from Asbury Park, N. J.*, pero sustituyendo la ubicación de Nueva Jersey por el vecindario de Luton (Inglaterra), en el que se crio sufriendo toda clase de discriminación racial. Alentado por los discos de Bruce, Manzoor llegó a convertirse en redactor del diario *The Guardian* y en uno de los comentaristas culturales más prestigiosos del país.

Blinded by the Light cuenta su historia, solo que aquí el protagonista se llama Javed y sueña con ser escritor, pese a los convencionalismos sociales y la estricta tradición de su familia. En el proceso, Chadha disfraza de comedia musical un drama social y viceversa, componiendo una *feel-good movie* enérgica y contagiosa donde las composiciones del Boss golpean literalmente al espectador como una melódica bofetada, mostrándonos que, al final del túnel, siempre espera una luz potente y cegadora.

CANTANDO BAJO LA LLUVIA

Singin' In the Rain, Estados Unidos, 1952

Metro-Goldwyn-Mayer
Dirección: Gene Kelly y Stanley Donen
Guion: Betty Comden y Adolph Green
Intérpretes: Gene Kelly, Donald O'Connor, Debbie Reynolds, Jean Hagen, Millard Mitchell
103 minutos

Hay pocas cosas en este mundo más hermosas que *Cantando bajo la lluvia*. Es alegre, colorista, romántica y musicalmente insuperable. Sus complejas coreografías son un gozo para los sentidos. Todos son guapos y felices, con unas sonrisas que irradian un blanco inmaculado. Gracias a ella, Stanley Donen se ganó un lugar en el paraíso de los musicales y Gene Kelly se estableció como la estrella definitiva del género. Su frenético baile bajo el aguacero estimula nuestras neuronas hasta proporcionarnos una infinita sensación de bienestar. Se trata, sin duda, de la apoteosis del espectáculo hollywoodiense.

Los años se encargaron de demostrar que no era precisamente oro lo que relucía en aquella lujosa trastienda. Kelly estaba convencido de lograr la película perfecta, y en muchos aspectos se podría decir que así lo hizo. Sin embargo, su férreo comportamiento estuvo a punto de convertir el rodaje en un cataclismo: a Debbie Reynolds, que tenía solo diecinueve años y no sabía bailar, le daba clases de claqué durante las noches hasta que los pies le comenzaban a sangrar, mientras a Donald O'Connor le obligó a subir por una pared y dar una voltereta mortal en el número de «Make 'em Laugh». O'Connor, que fumaba cuatro paquetes de tabaco al día y atravesaba un estado de forma bastante lamentable, se pasó dos días estampándose contra el suelo hasta que logró el volantín, y a continuación necesitó ser trasladado al hospital para recuperarse de sus heridas a lo largo de una semana.

Pero no matemos a Gene Kelly todavía. Él fue el primero en entregar su cuerpo y su alma a un proyecto en el que creía como ningún otro. Cuando se filmó la famosa secuencia de «Singin' In the Rain», tenía 39 grados de fiebre y aun así insistió en cantar y bailar bajo toneladas de agua durante tres días enteros. Con el paso de los años, se arrepintió de su conducta y pidió perdón a sus compañeros. Pese a ello, es probable que, sin ese ímpetu diabólico que le espoleaba a rozar la tiranía, *Cantando bajo la lluvia* se hubiera perdido en una nebulosa de desencanto y artificiosa pomposidad, y nadie la consideraría hoy como la radiante maravilla que es y siempre será.

Casi famosos

Almost Famous, Estados Unidos, 2000

Dreamworks Pictures / Columbia Pictures / Vinyl Films
Dirección y guion: Cameron Crowe
Intérpretes: Patrick Fugit, Billy Crudup, Kate Hudson, Frances McDormand, Jason Lee
122 minutos

Hubo una época en que Cameron Crowe molaba. Sus películas representaban la mezcla perfecta de soñadores en potencia, diálogos ingeniosos, romance y toneladas de grandes clásicos del pop y el rock norteamericano. Estaban llenas de energía, corazón y perseverancia. Hasta que, por alguna extraña razón, a Crowe le dio por hablar de funerales estrafalarios, zoológicos y supersticiones hawaianas, y toda esa personalidad magnética se vino abajo como un castillo de naipes.

Antes de eso, Crowe firmó su particular joya de la corona. *Casi famosos* es un canto de amor a sus años de juventud, en los que trabajó como periodista en prácticas para la mítica revista *Rolling Stone* mientras acompañaba a bandas legendarias como Led Zeppelin o Eagles durante sus giras multitudinarias por Estados Unidos. En la película, el *alter ego* del realizador (interpretado por un estupendo Patrick Fugit) es un reportero adolescente que sueña con escribir crónicas musicales y acaba descubriendo su vocación, mientras recorre el país junto al grupo Stillwater y su irreductible legión de *groupies*... Con los descubrimientos que ello conlleva.

Casi famosos no es estrictamente un musical, pero las canciones son el alma de la historia. Más allá de los elementos dramáticos y humorísticos —que los hay, y en excelente convivencia—, su recreación del Sueño Americano se hace desde las letras y los acordes de Simon & Garfunkel, Fleetwood Mac, David Bowie o Jimi Hendrix, cuyo legado sirve para glorificar una era irrepetible y demostrar que las emociones siempre son más fuertes si se viven a través de la música. La escena del «Tiny Dancer» de Elton John, por ejemplo, es magia.

Cuánto molaba Cameron Crowe...

EMILIA PÉREZ

Emilia Pérez, Francia, Bélgica, México, 2024

Netflix / Why Not Productions / Page 114 / Pathé / France 2 Cinema / Saint Laurent / Logical Content Ventures / Les Films du Fleuve / CNC / La Region Île-de-France / Canal+ / Tax Shelter du Gouvernement Fédéral Belge / Casa Kafka Pictures / France Télevisions / Ciné+ / OCS / Zima / Pimienta Films
Dirección: Jacques Audiard
Guion: Jacques Audiard, sobre la novela de Boris Razon
Intérpretes: Karla Sofía Gascón, Zoe Saldaña, Selena Gomez, Edgar Ramírez, Adriana Paz
132 minutos

Sí, han leído bien. Hasta dieciocho compañías diferentes, entre productoras, distribuidoras e instituciones gubernamentales, fueron necesarias para reunir los 26,8 millones de euros que costó *Emilia Pérez* y proyectar su despampanante imaginería en las pantallas de medio mundo. No es para menos, pues se trata, con mucho, de una de las apuestas más radicales, elevadas y suicidas que servidor haya visto en mucho tiempo: una historia de narcotráfico y transexualidad, concebida inicialmente como una ópera en cuatro actos, narrada al ritmo de canciones escritas con el corazón y las vísceras, dirigida por un erudito de la semántica más contundente y con el peor acento español jamás visto en el cine, cortesía de Selena Gomez. Hay que ser muy hombre, y muy mujer, para lanzarse a semejante quimera en esta época de insoportable corrección política.

Audiard, sin embargo, juega en una dimensión aparte. Solo él es capaz de reconocer que no se molestó en estudiar la realidad de México para huir de los tópicos (que los hay a raudales) y de rodar en unos estudios de París un relato así de chingón sin hablar ni una palabra de inglés ni español. El asombro internacional —encabezado por cineastas como Villeneuve, Cameron, Del Toro o Mann— contrastó irremediablemente con la repulsa de quienes consideraban xenófoba y homófoba la conversión de un implacable capo de la droga en mujer de alma caritativa, como si una fábula musical necesitara impregnarse, por obligación, de sucia y sangrienta verosimilitud. No saben, no entienden, no aceptan, que *Emilia Pérez* nació para demostrar que el cine de verdad funciona a base de estúpido arrojo. Solo la actuación de Zoe Saldaña, despojada para siempre de su atuendo marvelita, justifica dedicarle un par de horas de nuestra rutina: su composición está tan fuera de los márgenes, que ni el derrumbe de la película en los Oscar pudo con ella. Lástima lo de Karla Sofía Gascón, que pasó de hacer historia y de desafiar los cánones más arcaicos a destruirse a sí misma a base de tuits imperdonables.

EL GRAN SHOWMAN

The Greatest Showman, Estados Unidos, 2017

20th Century Fox / Bona Film Group / Chernin Entertainment / TSG Entertainment
Dirección: Michael Gracey
Guion: Jenny Bicks y Bill Condon
Intérpretes: Hugh Jackman, Michelle Williams, Zac Efron, Zendaya, Rebecca Ferguson
105 minutos

Mientras asistían a los ensayos de la ceremonia de los Oscar de 2009, los productores Laurence Mark y Bill Condon se fijaron en el tremendo potencial del presentador Hugh Jackman como *showman* absoluto: cantaba, bailaba, era carismático, magnífico actor y la gente le adoraba. A ambos le vino a la mente la figura de P. T. Barnum, considerado el primer gran empresario de la industria del entretenimiento y el creador del circo como espectáculo multitudinario. Cuando comentaron aquel paralelismo con Jackman, este se entusiasmó tanto que se comprometió de inmediato para protagonizar un musical inspirado en su vida.

El proyecto, sin embargo, pasó años en el limbo y estuvo cerca de desvanecerse para siempre. Jackman se empeñó en contratar como director al debutante Michael Gracey, australiano como él, al que había conocido mientras rodaba un *spot* publicitario. Pese a que el propio Bill Condon —ganador de un Oscar por *Dioses y monstruos* (1999)— se encargó de desarrollar el guion y se contrató a los letristas de *La La Land* para componer las canciones, el estudio se mostraba receloso de dar luz verde a un musical completamente original, dirigido por un desconocido y ambientado a principios del siglo XIX. En una jugada definitiva a todo o nada, el reparto se reunió frente a los ejecutivos de Fox para leer el guion e interpretar en vivo los temas de la película, pero, el día antes, Jackman fue intervenido de un cáncer de piel en la nariz y tenía prohibido cantar por prescripción médica. Se acordó que el actor y cantante Jeremy Jordan asumiría sus temas frente a los productores, sin embargo, en el momento culminante en que el reparto interpretaba «From Now On», Jackman desobedeció las órdenes y se unió a sus compañeros. El momento fue tan emocionante que, nada más finalizar la lectura, la película recibió el esperadísimo *greenlight*.

El gran showman comenzó siendo un fracaso en la taquilla y el boca-oreja terminó haciendo de ella un fenómeno imparable. Fue repudiada por los puritanos y adorada por las masas. Pero es hermosa, deslumbrante y está hecha con el material del que se fabrican los sueños. Ríndanse a ella y disfruten de su abrumador espectáculo.

GREASE

Grease, Estados Unidos, 1978

Paramount Pictures / Robert Stigwood-Allan Carr
Dirección: Randal Kleiser
Guion: Bronthé Woodard, sobre el musical original de Jim Jacobs y Warren Casey
Intérpretes: John Travolta, Olivia Newton-John, Stockard Channing, Jeff Conaway, Barry Pearl
110 minutos

La historia del cine está llena de musicales legendarios —algunos de los cuales se encuentran reseñados en estas mismas páginas—, pero me atrevería a decir que ninguno ha sido tan reverenciado, bailado y fusilado por sus legiones de imitadores como *Grease*. Resulta sorprendente el modo en que esta historia de adolescentes engominados de los años cincuenta es capaz de conectar con las sucesivas generaciones de espectadores, perpetuándose como una especie de tesoro atemporal al que acudir cada vez que necesitamos levantar el ánimo y soltar unas carcajadas entre un torrente de melodías pegadizas.

Grease es ingeniosa y veloz, risueña y bravucona. Su dominio de la comedia es ejemplar, y los números musicales aportan una frescura irresistible a la típica historia de amor (nada del otro mundo, en realidad) entre el rebelde Danny Zuko y la mojigata Sandy Olsson. Nunca John Travolta estuvo tan pletórico (que nadie me hable del dedito hacia arriba y los pantalones campana de *Fiebre del Sábado Noche*, por favor) ni Olivia Newton-John tan encantadora como en los papeles que los transformaron en mitos para la inmortalidad. Qué importa si ella verdaderamente tenía casi treinta años y en la película interpretaba a una adolescente pudorosa y virginal —peor era lo de Stockard Channing, alias Rizzo, que contaba treinta y cuatro tacos y simulaba la mitad—:

nosotros adoraremos para siempre su ingenuidad de las Antípodas, su voz candorosa entonando «Hopelessly Devoted to You» y, sobre todo, su radical mutación en *dominatrix* de melena al viento y cuero ajustado en la canción-culmen que es «You're the One That I Want», durante la cual todos somos ese Travolta embelesado y rendido sin elección ante semejante fuerza de la naturaleza.

La La Land (La ciudad de las estrellas)

La La Land, Estados Unidos, Hong Kong, 2016

Summit Entertainment / Black Label Media / TIK Films
Dirección y guion: Damien Chazelle
Intérpretes: Ryan Gosling, Emma Stone, John Legend, Rosemarie DeWitt, J. K. Simmons
128 minutos

En 2006, Damien Chazelle tenía veintiún años y ni siquiera había dirigido su primera película. Pero ya, por aquel entonces, tenía definido el proyecto de sus sueños: un musical al estilo clásico, en la tradición de títulos como *Sombrero de copa* (1935), *Un americano en París* (1951) o *Los paraguas de Cherburgo* (1964), que al mismo tiempo fuese un canto de amor a la ciudad de Los Ángeles. El unánime —y elogioso— recibimiento de su segundo largometraje, *Whiplash*, le brindó la oportunidad que estaba esperando.

Así nació *La La Land*, un título llamado a perdurar entre los mejores musicales de la historia. El número inicial, una formidable y complejísima coreografía en plano secuencia durante un atasco, constituye por sí solo una declaración de intenciones de lo que vendrá a continuación. Una historia de amor y desamor, de canciones vertiginosas y melancólicas, de ilusiones rotas o colmadas según dicte el destino. Una postal refulgente y alegre de una ciudad monstruosa, donde el caos y la fábula conviven en perfecta armonía.

Emma Stone, maravillosa, ganó el Oscar por su interpretación, mientras Ryan Gosling lo rozó con la yema de los dedos, los mismos que tocaban frenéticamente el piano sin necesidad de dobles, porque el actor se preparó dando clases durante casi tres meses (cuando acababa llegaba el turno de las lecciones de claqué). El compositor Justin Hurwitz, viejo amigo de Chazelle desde sus años en Harvard, creó una de las partituras más hermosas de las últimas décadas, donde tienen cabida un jazz sereno y delicado y la música orquestal de los grandes romances. Extraordinaria.

El mago de Oz

The Wizard of Oz, Estados Unidos, 1939

Metro-Goldwyn-Mayer
Dirección: Victor Fleming
Guion: Noel Langley, Florence Ryerson y Edgar Allan Woolf, sobre el libro de L. Frank Baum
Intérpretes: Judy Garland, Frank Morgan, Ray Bolger, Bert Lahr, Jack Haley
102 minutos

En *El mago de Oz*, existe un mundo mágico donde todo transcurre entre colores intensos y fondos rutilantes. Y también hay otro, mucho más trágico y marchito, donde la vida pasa en blanco y negro. La historia recuerda a Judy Garlard como una estrella de fulgor incomparable, aunque no todos saben que, en realidad, su existencia fue tan triste como un día de ventisca en Kansas.

Su padre, artista ambulante, la explotó laboralmente y la hizo debutar con solo dos años en uno de sus números de vodevil. A los trece ya había firmado su primer contrato con la Metro y era la niña favorita de América, aunque a escondidas se atiborraba de barbitúricos y anfetaminas para soportar las largas sesiones de rodaje. Con dieciséis, fue escogida para protagonizar *El mago de Oz*, aquel musical legendario que acabó para siempre con su estabilidad emocional y la convirtió, durante el resto de su vida, en un juguete resquebrajado.

Se dice, y es bien cierto, que antes de comenzar la producción los jefes del estudio le obligaron a operarse la nariz, la pusieron a dieta y le daban ochenta cigarrillos al día para reprimir el apetito. También la insultaban, la agredían sexualmente y la amenazaban con sustituirla por su doble si osaba protestar o quejarse. Y ella, mientras tanto, alzaba la voz para cantar «Over the Rainbow» y cautivar a millones de espectadores con ese espíritu soñador con el que iluminaba el camino de baldosas amarillas.

Todo lo que rodea a esta película es asombroso y funesto al mismo tiempo. A la actriz Margaret Hamilton le aplicaron un maquillaje verde tóxico que le provocaba broncoespasmos y tardó meses en disolverse. Muchos actores sufrieron quemaduras severas por la intensidad de los focos que había en el plató. Los enanos que interpretaban a los Munchkins se prostituían entre camerinos y amenazaban al equipo con navajas. Y hasta el perro que hacía de Totó terminó con un esguince.

Por encima de todo ese dolor, Judy Garland nos hacía creer en la magia mientras su corazón y su alma sucumbían para siempre.

Mary Poppins

Mary Poppins, Estados Unidos, 1964

Walt Disney Productions
Dirección: Robert Stevenson
Guion: Bill Walsh y Don Da Gradi, sobre el libro de P. L. Travers
Intérpretes: Julie Andrews, Dick Van Dyke, David Tomlinson, Glynis Johns, Karen Dotrice
139 minutos

Nada menos que veintiún años pasó Walt Disney tratando de convencer a P. L. Travers para que le vendiera los derechos del libro favorito de sus hijas, *Mary Poppins*. Desde 1938, el emblemático productor se dedicó a llenar de cartas el buzón de la escritora australiana con la esperanza de hacerle cambiar de opinión, y no fue hasta 1961 cuando ella cedió a sus pretensiones y estampó su firma en un contrato con un membrete en forma de Mickey Mouse. Todavía recelosa por su decisión, Travers intentó ejercer un control creativo sobre la producción que Disney, viejo zorro, había condicionado a su favor en la letra pequeña. Fue por ello por lo que no pudo suprimir ninguna de las canciones de los hermanos Sherman (que odiaba profundamente), ni eliminar el pasaje de dibujos animados (que rechazaba con idéntica vehemencia), ni mantener la perturbadora personalidad literaria de su niñera mágica en detrimento de la inevitable dulcificación marca de la casa.

Lo único que convencía a Travers de la adaptación cinematográfica era su actriz protagonista. Disney había descubierto a Julie Andrews en una representación del musical *Camelot* en Broadway, se enamoró de su voz y apostó por ella frente a opciones con mucho más bagaje como Bette Davis o Angela Lansbury. También se empeñó en contratar a Dick Van Dyke para el papel de Bert, pese a que el actor, natural de Missouri, tenía un forzadísimo acento británico que muchos catalogaron como uno de los peores de la historia. Y, por supuesto, fue él quien ordenó recrear íntegramente el Londres de 1910 en los estudios que la compañía tenía en la soleada California, utilizando fondos pintados de la ciudad.

Travers fue un dolor de muelas tan grande para Disney, que este decidió no invitarla a la *première* en el Teatro Chino de Hollywood Boulevard. Pero ella se presentó igualmente, intentó por enésima vez disuadir al empresario para que eliminara los pasajes animados y acabó la proyección con los ojos llenos de lágrimas.

En adelante, generaciones de niños llorarían de emoción durante los créditos de esa joya llamada *Mary Poppins*. Travers también, pero por pura indignación.

Moulin Rouge

Moulin Rouge!, Australia, Estados Unidos, 2001

20th Century Fox / Bazmark
Dirección: Baz Luhrmann
Guion: Baz Luhrmann y Craig Pearce
Intérpretes: Nicole Kidman, Ewan McGregor, John Leguizamo, Jim Broadbent, Richard Roxburgh
127 minutos

Recuerdo perfectamente el día que vi *Moulin Rouge* por primera vez. En realidad, yo había ido al cine para disfrutar de la última película de Woody Allen, pero las circunstancias y la compañía terminaron por hacerme entrar a regañadientes en la sala equivocada. Yo, que no tenía el cuerpo para musicales y consideraba exagerado el éxito del *Romeo y Julieta* pseudonarco que había rodado Baz Luhrmann, era profundamente escéptico ante lo que mis ojos estaban a punto de ver. Pero entonces se apagaron las luces, un telón se abrió en la pantalla y un director de orquesta comenzó a agitar frenéticamente su batuta al ritmo de la mítica fanfarria de la Twentieth Century Fox. Después, un poco de *The Sound of Music*, algo de The Police y la versión más triste de «Nature Boy» que nadie haya escuchado jamás. Y yo ya estaba totalmente atrapado.

Desde el instante en que Luhrmann nos abre de par en par las puertas del célebre cabaret parisino, asistimos a un apabullante delirio visual repleto de luz, color e imaginación desbordada. Y mucha, muchísima música, pero no la que escucharíamos en un ambiente bohemio de principios del siglo XX, sino un sinfín de clásicos del pop-rock que no serían compuestos hasta varias décadas después: U2, Lennon y McCartney, Madonna, Nirvana, David Bowie, Phil Collins, Queen, Kiss, Elton John... Lurhmann y el compositor Craig Armstrong ensamblaron de manera prodigiosa las letras de todos ellos hasta solaparlas con la historia de amor que viven Christian y Satine, como si, en realidad, se hubieran escrito para aquel cuento de hadas que transcurría entre elefantes, duques naif, diamantes, narcolepsia y tragedia. La increíble habilidad del cineasta para agitar una coctelera donde caben el vodevil, *La bohème*, Émile Zola, Judy Garland o el cine de Bollywood, y crear algo tan puro, tan maravillosamente excepcional, merece la mayor de las consideraciones. Gracias a él, hasta los no creyentes del musical sintieron que su fe resplandecía.

Suddenly the World Seems Such a Perfect Place...

Sing Street

Sing Street, Irlanda, Reino Unido, 2016

FilmNation / FilmWave / PalmStar / Distressed Films / Cosmo Films / Likely Story
Dirección: John Carney
Guion: John Carney, sobre una historia de Simon Carmody
Intérpretes: Ferdia Walsh-Peelo, Lucy Boynton, Mark McKenna, Jack Reynor, Aidan Gillen
106 minutos

Nunca suelo escribir con elementos distractores de por medio, pero considero que, en el caso de *Sing Street*, teclear mientras escucho la portentosa banda sonora de la película puede resultar algo tremendamente sugerente. Así que subamos el volumen.

Suena «Up» y pienso en la sorprendente capacidad de John Carney para, a través de la música, elevar hasta el firmamento las emociones de unos personajes que corren el riesgo de caer aplastados por su propia realidad. Personajes como Conor, ese quinceañero intrépido que, en medio del difícil contexto socioeconómico del Dublín de mediados de los años ochenta, decide formar su propia banda para impresionar a una chica y dejar atrás el divorcio de sus padres. O como la musa en cuestión, Raphina, un ángel de dos caras con un encanto tan inabarcable como para silenciar los ecos de un trágico pasado.

Suena «Drive It Like You Stole It» y me viene a la cabeza el *carpe diem* que Carney siempre logra contagiar a su nómina de fracasados, confiándolo todo al poder de los sentimientos y a un humor desbordante y maravillosamente espontáneo. Un espacio donde, por muy mal que pinte todo, la felicidad siempre es posible. El vibrante número musical que ilustra la canción, en el que todo lo que puede acabar bien termina incluso mejor, es el ejemplo más representativo de esta filosofía.

Suena «Go Now» y recuerdo el alentador y poético final de la película. Una llamada a perseguir los sueños, a capear el temporal sin bajar nunca la cabeza. A equivocarse para aprender y volver a intentarlo. Cada encuadre, cada acorde, son pura inspiración.

Sing Street regresa siempre con la misma fuerza arrolladora, mientras la música sigue inundando mi alma y mis oídos.

West Side Story

West Side Story, Estados Unidos, 1961

United Artists / Mirisch Pictures / Seven Arts Productions
Dirección: Robert Wise y Jerome Robbins
Guion: Ernest Lehman, sobre la obra de Jerome Robbins
Intérpretes: Natalie Wood, Richard Beymer, Russ Tamblyn, Rita Moreno, George Chakiris
153 minutos

¿Y si Romeo y Julieta hubieran vivido en la Nueva York de los años cincuenta y su historia de amor pudiera contarse a través de canciones y coreografías? Solo una premisa tan prometedora podía unir a algunos de los talentos más excepcionales de la escena estadounidense de la época (Bernstein, Sondheim, Robbins) y alumbrar uno de los musicales más legendarios, pioneros, imitados, controvertidos, primorosos y apasionantes de todos los tiempos.

Todos hemos escuchado alguna vez los cotilleos en torno a su creación. Sabemos que Audrey Hepburn estuvo a punto de ser María, pero lo rechazó tras quedarse embarazada, y que el representante de Elvis Presley, el temido coronel Tom Parker, se negó a que el Rey del Rock interpretara a Tony si su cliente solo cantaba en la mitad de los temas. También nos consta que Natalie Wood y Richard Beymer —los actores escogidos finalmente— no tenían ninguna noción de canto ni de baile, y que hubo que doblar sus voces y reducir al máximo sus coreografías para que nadie lo notara. Y, por supuesto, conocemos el curioso dato acerca de las toneladas de maquillaje que se emplearon durante el rodaje, primero para «oscurecer» a los intérpretes que hacían de portorriqueños, y después para «colorear» a los caucásicos hasta el punto de conseguir que sus personajes lucieran más naranjas que blancos.

Los chismes están muy bien y forman parte del mito, pero lo que de verdad eleva *West Side Story* a la categoría de arte, más allá de la exuberancia de sus bailes y la suntuosidad de sus composiciones, es su magnética llamada a la revolución: por cómo la música y las letras se entrelazaban con la narración y fortalecían su dramatismo, por las impresionantes melodías y la explosiva combinación de ritmos, por poner el foco en la segregación racial y la violencia contra las mujeres, y, sobre todo, por atacar a todas y cada una de las mentiras que se ocultaban tras el Sueño Americano.

P. D.: La versión de Steven Spielberg, estrenada seis décadas después, es otra joya inexcusable.

Wonka

Wonka, Estados Unidos, Reino Unido, 2023

Warner Bros. / Village Roadshow Pictures / Heyday Films
Dirección: Paul King
Guion: Simon Farnaby y Paul King, sobre el personaje de Roald Dahl
Intérpretes: Timothée Chalamet, Calah Lane, Olivia Colman, Hugh Grant, Sally Hawkins
116 minutos

Desconfío de las precuelas. Siempre me han parecido burdos intentos de explotar aquellas franquicias que no dan más de sí, y que acaban optando por contar los años de juventud de algún personaje carismático solo para obtener algo más de rédito económico, aunque ello suponga destruir parte de su iconografía. Yo ya no era demasiado entusiasta de *Charlie y la fábrica de chocolate* (2005), un divertimento al servicio de un Tim Burton muy por debajo de sus posibilidades, y por eso me enfrenté a *Wonka* con algo de pereza y bastante recelo.

Una vez más, mi intuición resultó ser una de mis cualidades más ineficaces.

De entrada, la reformulación del personaje me atrapó desde el apoteósico prólogo, donde la imagen —atención al juego de colores propuesto por el coreano Chung Chung-hoon— se sublima ante un número musical fastuoso y exquisito. La adorable ingenuidad de Willy Wonka, su indomable persistencia y su codiciado optimismo (ese momento en que lee una A del revés y dice que es un vaso medio lleno) le convertían en un perfecto y encantador maestro de ceremonias. Ahí estaba Timothée Chalamet dándolo todo, mostrando su impecable talento para reír y hacernos reír, cantando y bailando con la destreza de alguien que tiene las mangas llenas de ases. Y el mundo en que transcurría la historia dejaba claro que Paul King es un joven maestro a la hora de proyectar ciudades de cuento *dicken-*

siano, góticas y ampulosas, cuyo tiempo pertenece a un instante mágico donde se juntan pasado, presente y futuro.

Wonka es dulce e irresistible como el buen chocolate, y está llena de sutiles matices que disparan nuestra emoción hasta los lugares que solo Roald Dahl podía imaginar.

YESTERDAY

Yesterday, Reino Unido, China, Japón, Estados Unidos, 2019

Universal Pictures / Working Title / Perfect World Pictures
Dirección: Danny Boyle
Guion: Richard Curtis, sobre una historia de Jack Barth
Intérpretes: Himesh Patel, Lilly James, Joel Fry, Kate McKinnon, Ed Sheeran
116 minutos

Antes de *Yesterday*, Jack Barth era un guionista de récord. Durante cuatro décadas, había escrito más de veinticinco guiones sin que ninguno fuese llevado nunca a la pantalla. En 2012, concibió una historia titulada *Cover Version* que, irremediablemente, parecía destinada a alimentar esa lista de proyectos fallidos. Hasta que, un buen día, Richard Curtis —responsable de *Cuatro bodas y un funeral*, *Notting Hill* y *Love Actually*, nada menos— se sintió atraído por ella y decidió revertir su tono sombrío para componer una deslumbrante comedia musical sobre el legado inabarcable de los Beatles.

¿Qué pasaría si, de repente, el mundo olvidara a los cuatro de Liverpool y solo una persona recordara sus canciones? Este punto de partida, propio del repertorio más escabroso de *Black Mirror*, se convertía aquí en un *macguffin* hilarante, que nos invitaba a reflexionar sobre nuestros héroes y nuestra propia integridad. ¿Seríamos capaces, al igual que el protagonista, de asumir esos temas como propios para conseguir fama y fortuna? ¿Renunciaríamos a aquello que nos define y a las pequeñas cosas que dan sentido a nuestra existencia?

Yesterday habla de todo eso, y de mucho más: de los compañeros de viaje, de la soledad del éxito, de las reglas salvajes que impone el capitalismo monstruoso. Es fresca, provocativa y enloquecida como cualquier buena película de Danny Boyle. Los chistes sobre la Coca-Cola, Harry Potter y «Hey Dude» son gloriosos. Las composiciones de la banda más famosa de la historia aturden nuestros sentidos y notamos que nos pertenecen, como a Jack Malik.

Cuenta Paul McCartney que, si bien dio su bendición al proyecto, la historia siempre le pareció una tontería. Recibió una invitación al estreno, pero prefirió no asistir. Tiempo después, mientras estaba de vacaciones con su mujer, pasaron por delante de un cine y entraron a verla sin que nadie les reconociera. «Estábamos en la última fila, riéndonos a carcajadas, sobre todo por todas las menciones hacia mí. Nos encantó.»

ROMÁNTICO

(500) DÍAS JUNTOS

(500) Days of Summer, Estados Unidos, 2009

Fox Searchlight Pictures / Watermark
Dirección: Marc Webb
Guion: Scott Neustadter y Michael H. Weber
Intérpretes: Joseph Gordon-Levitt, Zooey Deschanel, Geoffrey Arend, Chlöe Grace Moretz, Clark Gregg
95 minutos

Vaya por delante que esta película tiene un título en español inoportuno y hasta tramposo. La historia, es cierto, transcurre a lo largo de quinientos días, pero la palabra «juntos» —que en el caso de las comedias románticas suele implicar una relación entre los personajes principales— es especialmente mentirosa. El título original, en cambio, juega con un doble sentido maravilloso: por una parte, se refiere al tiempo exacto que Summer, la chica, forma parte de la vida del protagonista, y, por otra, a un período supuestamente idílico y resplandeciente, como un verano *(summer)* que durase esa cantidad de días.

Dicho esto, la cinta es un reconfortante soplo de aire fresco dentro de los ajustadísimos clichés del género. De entrada, chico conoce chica y, por supuesto, se enamora perdidamente... Pero ella no. Ella prefiere dejarse llevar, vivir el momento, mientras él intenta comprender hacia dónde se dirige todo aquello. Su relación, si puede llamarse así, está llena de puntos álgidos y caídas en picado, de ahí la brillante estructura narrativa que sigue la historia, consistente en dar saltos del pasado al futuro y viceversa, para mostrarnos el contraste de emociones de este joven que, irremediablemente y no es ningún secreto, acabará su ciclo de quinientos días con el corazón hecho pedazos. Joseph Gordon-Levitt personifica fantásticamente ese vaivén sentimental, mientras los inmensos ojos de Zooey Deschanel nos embrujan sin remedio (de hecho, la paleta de colores de la película se definió para que el público no pudiera apartar la vista de la mirada azulada de Summer). La banda sonora, además, es impresionante.

ALGO PARA RECORDAR

Sleepless in Seattle, Estados Unidos, 1993

TriStar Pictures / Gary Foster
Dirección: Nora Ephron
Guion: Nora Ephron, Jeff Arch y David S. Ward
Intérpretes: Tom Hanks, Meg Ryan, Ross Malinger, Bill Pullman, Rita Wilson
105 minutos

Aunque a simple vista no lo parezca, *Algo para recordar* probablemente sea una de las comedias románticas más arriesgadas que se hayan hecho jamás. La primera razón es obvia, pues hay que tener mucho valor para rodar una versión contemporánea de un filme tan venerado por los estadounidenses como *Tú y yo* (1957), de Leo McCarey. Pero la segunda es todavía más reveladora: pese a estar protagonizada por dos iconos del género, sus personajes únicamente coinciden en una escena y ni siquiera llegan a besarse.

Sin embargo, lo que en los cánones del *mainstream* hollywoodiense podría considerarse una temeridad sin retorno, se convirtió en una experiencia íntima y sumamente placentera en las hábiles manos de esa excelente guionista y realizadora que fue Nora Ephron. Con un don para esculpir personajes corrientes memorables, la también escritora y periodista neoyorquina supo dotar a una historia, aparentemente inverosímil, de una extraña y envolvente sensación de verdad. Sabemos que Sam Baldwin se parece mucho a Tom Hanks, que tiene su voz y sus típicos movimientos, no obstante, en algún momento la estrella desaparece y, casi sin ser conscientes, nos sumergimos en el profundo desconcierto existencial de su personaje. Con Meg Ryan cuesta un poco más, porque su Annie es graciosa y pizpireta como casi todos sus papeles franquicia, pero aun así sabe llevarnos de una punta a otra del país con el aliento contenido y la esperanza de encontrar al enigmático *Desvelado de Seattle*.

La película logra, además, repetir el desenlace en el Empire State Building, haciéndolo todavía más mítico que el del original de McCarey. Allí se miran Tom y Meg, y el mundo se detiene. Así, y también con algo de magia, es como se construyen los clásicos.

Amélie

Le fabuleux destin d'Amélie Poulain, Francia, Alemania, 2001

Claudie Ossard / UGC / Victories Productions / Tapioca Films / France 3 Cinéma / MMC
Dirección: Jean-Pierre Jeunet
Guion: Jean-Pierre Jeunet y Guillaume Laurant
Intérpretes: Audrey Tautou, Mathieu Kassovitz, Jamel Debbouze, Dominique Pinon, Rufus
122 minutos

Películas como *Amélie* existen para corroborar que el cine puede ser también una obra de arte. Pocas veces se ha visto algo tan hermoso proyectándose sobre una pantalla, como si de un lienzo iluminado de colores se tratara. Antes de ella, Jean-Pierre Jeunet ya era un creador con un universo exuberante (*Delicatessen* y *La ciudad de los niños perdidos* hablan por sí solas, con *Alien: Resurrección* correremos un tupido velo), pero nada comparado con el nivel de poesía visual, sonora y descriptiva que fue capaz de exhibir en su cuarto largometraje. Tras él, intentó muchas veces regresar a aquellas cotas de realismo mágico, pero fue imposible. Es como si Leonardo hubiera tratado de imitarse a sí mismo pintando otra Mona Lisa.

En *Amélie*, todo está en su lugar exacto, como una perfecta alineación cósmica cuyo resultado es una estrella de luz cegadora. La magistral fotografía de Bruno Delbonnel, a base de verdes y rojos muy intensos —máxima expresión de la esperanza y el amor—, representa el espíritu candoroso de una historia donde abundan los personajes afables y donde los (pocos) amargados acaban recibiendo una sutil y graciosa reprimenda. Los planos simétricos y exquisitos de Jeunet, con los actores como eje gravitatorio, se mueven al son del acordeón de Yann Tiersen, mientras Audrey Tautou convierte cada encuadre en una imagen inolvidable y rutilante. Nunca sabremos qué hubiera pasado de haber conseguido Jeunet a su primera opción, la actriz británica Emily Watson, para quien escribió expresamente el papel protagonista. Tampoco importa demasiado, porque *Amélie*, con su romanticismo incurable, su alma de cuento de hadas y su irresistible bohemia parisina, resulta perfecta tal y como es.

ANNIE HALL

Annie Hall, Estados Unidos, 1977

United Artists / Rollins-Joffe Productions
Dirección: Woody Allen
Guion: Woody Allen y Marshall Brickman
Intérpretes: Woody Allen, Diane Keaton, Tony Roberts, Carol Kane, Paul Simon
93 minutos

El protagonista de *Annie Hall* empieza hablando directamente a la cámara, interpelando a la complicidad del espectador con chistes de monologuista barato y una impetuosa retahíla de reflexiones existenciales. La cosa va de rupturas: por una parte, la de Alvy Singer (Allen, quién si no) con una aspirante a cantante con la que vivió toda clase de altibajos sentimentales. Por otra, la de la famosa cuarta pared, sin duda la más célebre de las múltiples disrupciones cinematográficas que esta película absolutamente primorosa se atrevió a patentar.

Woody Allen ha dirigido medio centenar de títulos —que se dice pronto—, entre los que se encuentran incontables obras maestras dentro de sus respectivos géneros. Pero *Annie Hall* no es una virguería más, porque es tan perfecta, tan fresca, que encandila a base de sarcasmos y melancolía. Allen nos toma de la mano para mostrarnos la magia del enamoramiento entre langostas hervidas, la pasión del reencuentro para matar una araña o la triste realidad de un final que jamás desearíamos. Hay neurosis y disertaciones sobre la muerte, una Diane Keaton inconmensurable con *outfit chaplinesco*, secuencias animadas con la Reina Malvada de Blancanieves, una aparición estelar de Marshall McLuhan en la cola de un cine (Allen se la ofreció primero a Fellini y a Buñuel), y, como colofón, el mejor plano fijo de la historia para ilustrar una despedida.

Demos gracias por *Annie Hall*, una de esas pocas películas que sanan el alma y nos reconcilian con la vida de vez en cuando.

Antes del atardecer

Before Sunset, Francia, Estados Unidos, 2004

Warner Independent Pictures / Castle Rock Entertainment / Detour Filmproduction
Dirección: Richard Linklater
Guion: Richard Linklater, Ethan Hawke y Julie Delpy
Intérpretes: Ethan Hawke, Julie Delpy, Vernon Dobtcheff, Rodolphe Pauly, Mariane Plasteig
80 minutos

Con *Antes del amanecer* (1995), Richard Linklater tergiversó los fundamentos del cine romántico para componer una resplandeciente oda al minimalismo. En ella, los protagonistas no se conocían a través de enredos, ni había incómodos ex planeando, ni aparecían los típicos secundarios que siempre aconsejan en el momento oportuno. Solo estaban dos jóvenes —él, estadounidense; ella, francesa— que coincidían en un tren a Viena y decidían pasar una noche en la ciudad entre paseos, largas conversaciones y un cósmico enamoramiento. Al amanecer, sus caminos volvían a separarse, probablemente para siempre.

Nueve años después, Jesse y Céline (Ethan Hawke y Julie Delpy siempre serán estos románticos del caos) volvían a verse en París. Él se ha convertido en un prestigioso escritor y ella sigue siendo una bohemia soñadora. Y, entonces, surge de nuevo aquella magia que se suspendió en una estación de tren, pero con un valor añadido: ambos acumulan muescas emocionales y sus charlas son más maduras y certeras. Se miran, se admiran, se siguen amando en silencio con cada gesto impalpable. Lo que antes sucedía durante una noche transcurre ahora en tiempo real, algo menos de hora y media de vespertino recorrido en el que todos volvimos a ser y a sentir como aquellos jovenzuelos, ahora cínicos treintañeros. Pero Linklater nos da un respiro, porque el encuentro no tendrá un final abrupto, sino que será un rayo de luz entre los acordes de una canción que esperaba ser escuchada.

Otros nueve años después, estos tres quijotes del amor eterno nos brindaron un desenlace delicado y sublime, *Antes del anochecer* (2013), perfecto colofón a una de las mejores trilogías jamás realizadas. Sin embargo, el corazón de la historia está en la segunda parte, una película a la que reverenciar cada nueve años y todos los días de nuestra vida.

El apartamento

The Apartment, Estados Unidos, 1960

United Artists / The Mirisch Corporation
Dirección: Billy Wilder
Guion: Billy Wilder e I. A. L. Diamond
Intérpretes: Jack Lemmon, Shirley MacLaine, Fred MacMurray, Ray Walston, Jack Kruschen
125 minutos

Desde que vio *Breve encuentro* (1945), Billy Wilder quiso hacer una comedia sobre la infidelidad. En la película de David Lean, una ama de casa y un médico, ambos felizmente casados, se enamoraban en la cafetería de una estación de tren, y, en un momento dado, él intentaba utilizar el apartamento de una amiga para encontrarse furtivamente con su amada. Wilder quería darle la vuelta a esa situación y explorar su vertiente más grotesca, pero en los años cuarenta Hollywood se regía por la autocensura que imponía el tristemente célebre código Hays, según el cual el adulterio en pantalla «no podía justificarse ni presentarse bajo un aspecto atractivo». Gracias a cineastas como Hitchcock (que en *Encadenados* se burló de la regla de los besos de tres segundos haciendo que Ingrid Bergman y Cary Grant juntaran sus labios a intervalos de esa duración durante más de dos minutos), las producciones fueron burlando el control de la censura y mostraron contenidos supuestamente prohibidos, lo que llevó a un declive del código durante los años cincuenta. Tras el éxito de *Con faldas y a lo loco* (1959), Wilder y su inseparable I. A. L. Diamond estaban deseosos de escribir una nueva comedia para Jack Lemmon, y fue entonces cuando el gran maestro austríaco propuso desempolvar aquella vieja idea y convertirla en su siguiente película.

Así surgió *El apartamento*, probablemente la madre de todas las comedias románticas que vinieron a continuación. Lemmon aporta su encanto de perdedor al personaje principal, un oficinista que sueña con ascender en su compañía y se dedica a prestar a sus superiores su apartamento para que cometan en él sus infidelidades. Pero todo se complica cuando la mujer de quien está enamorado (maravillosa Shirley MacLaine) resulta ser la amante del jefe del que depende su ascenso, y él debe decidir entre cederle el apartamento en pos de la gloria profesional o negarse para defender la integridad de la mujer que ama. Y, claro está, se decanta por la única opción que le permite recuperar su dignidad y ganarse el corazón de la tierna ascensorista.

Poco más se puede decir de ella. Es cínica, sensible, ingeniosa y descontroladamente divertida. Una de las mejores películas de siempre, capaz de encandilar a las nuevas generaciones y de demostrar hasta qué punto su autor fue el único y verdadero leviatán de la comedia con clase.

ARMAS DE MUJER

Working Girl, Estados Unidos, 1988

20th Century Fox / Douglas Wick
Dirección: Mike Nichols
Guion: Kevin Wade
Intérpretes: Melanie Griffith, Harrison Ford, Sigourney Weaver, Joan Cusack, Alec Baldwin
113 minutos

Démosle a Mike Nichols el lugar que se merece. Sin llegar a ser uno de los referentes de su brillante generación, fue capaz de mostrar un excelente pulso para el drama —*¿Quién teme a Virginia Woolf?* (1966), *Silkwood* (1983), *Closer* (2004)— y también una sensibilidad natural para la comedia, género que supo abordar desde una perspectiva agridulce y especialmente crítica con ciertos convencionalismos sociales: la diferencia de edad en *El graduado* (1967), los tabúes de la sexualidad en *Conocimiento carnal* (1971), la adicción a las drogas en *Postales desde el filo* (1990), los nuevos modelos de familia en *Una jaula de grillos* (1996)... De todas ellas, probablemente sea *Armas de mujer* la más certera en cuanto a su propuesta romántica, su humor sofisticado y su ataque, nada disimulado, a la discriminación de género en las grandes empresas.

Tess McGill (una encantadora Melanie Griffith en el mejor papel de su carrera) trabaja como secretaria para Katherine Parker (Sigourney Weaver), una influyente mujer de negocios. Pese a su origen humilde y su escasa formación, Tess sueña con conseguir grandes cosas en su trabajo. Cuando Katherine le comunica que estará ausente un tiempo debido a un accidente de esquí, decide ocupar su lugar y sacar adelante un proyecto que ella misma había ideado y que su jefa supuestamente había desechado. En su camino se encontrará con Jack Trainer (divertidísimo y carismático Harrison Ford), un ejecutivo de quien se enamorará y cuya ayuda resultará fundamental para alcanzar su objetivo.

Dulce, ingeniosa e incisiva, *Armas de mujer* es una de las comedias esenciales y más influyentes de la década de los ochenta. Su estética envejece, pero su mensaje pervive y se agiganta, porque al final todo acaba fluyendo en la dirección que le corresponde. *Let the River Run.*

El bazar de las sorpresas

The Shop Around the Corner, Estados Unidos, 1940

Metro-Goldwyn-Mayer / Ernst Lubitsch
Dirección: Ernst Lubitsch
Guion: Samson Raphaelson, sobre la obra de Miklós Lászlo
Intérpretes: James Stewart, Margaret Sullivan, Frank Morgan, Joseph Schildkraut, Sara Haden
99 minutos

Resulta chocante comprobar cómo el tiempo es capaz de erosionar por completo una película estrenada a finales del siglo XX, y en cambio respetar escrupulosamente la esencia de otra que cuenta la misma historia y se filmó seis décadas antes. Vista hoy, *Tienes un e-mail* (1998) presenta otro serio inconveniente además de su empalagamiento: la tecnología que utilizan los protagonistas para comunicarse, con esos módems ruidosos y esas computadoras más grandes que una lavadora, parece más rudimentaria que un telégrafo. En cambio, la comedia en que se basa, aunque data de 1940, ha envejecido con distinción y sabrosa cercanía, como si dos personas que trabajan (y se odian) en una tienda de Budapest y mantienen sin saberlo un enamoramiento epistolar —una premisa perfecta para implicar al público desde el primer momento— nos resultaran mucho más encantadores y cristalinos que Tom Hanks y Meg Ryan jugando al gato y al ratón entre frases de *El Padrino* y routers del Pleistoceno.

Lógicamente, la diferencia esencial —y reitero mi más sentida admiración hacia Nora Ephron— se llamaba Ernst Lubitsch. El maestro berlinés llevaba tiempo queriendo adaptar una obra teatral escrita por el húngaro Miklós Lászlo, hasta el punto de pagar de su bolsillo 7.500 dólares por los derechos y asumir la producción del largometraje, aun a riesgo de emplear a una actriz con tanta fama de conflictiva como Margaret Sullivan. Esperó hasta que ella y Jimmy Stewart estuvieran disponibles, y, consciente de la magia que desprendían cuando estaban juntos, dispuso a su alrededor un festín de enredos y dulce costumbrismo que, camino de un siglo más tarde, conserva intacto todo su hechizo.

CALL ME BY YOUR NAME

Call Me By Your Name, Italia, Francia, Estados Unidos, Brasil, 2017

Frenesy Film Company / Le Cinéfacture / RT Features / Water's End Productions
Dirección: Luca Guadagnino
Guion: James Ivory, sobre la novela de André Aciman
Intérpretes: Timothée Chalamet, Armie Hammer, Michael Stuhlbarg, Amira Casar, Esther Garrel
132 minutos

Cuenta Luca Guadagnino que la clave de *Call Me by Your Name* se encuentra en su título. En un momento de la historia, Oliver le pide a Elio que le llame por su nombre, pues es tal el amor que siente por él que duda incluso de su propia identidad. A pesar de la diferencia de edad, ambos se consideran parte de una unidad perfecta e indivisible. «Esta es una película que trata sobre perderse en otra persona», afirma Guadagnino, eminencia fílmica de la sensualidad y los laberintos emocionales gracias también a trabajos como *Yo soy el amor* (2009) y *Cegados por el sol* (2015). «Hay un momento en que dejas de ser tú mismo y te reconoces más en la otredad de tu amante que en aquello que ves en el espejo.»

Lo más curioso es que, de entrada, el realizador de Palermo tuvo que rechazar *Call Me by Your Name* por incompatibilidades de agenda. Los productores Peter Spears y Howard Rosenman llevaban trabajando en la adaptación de la novela de André Aciman desde su lanzamiento en 2007. Contaban incluso con un guion firmado por el legendario cineasta británico James Ivory, ya octogenario y prácticamente retirado, y que había hecho un paréntesis en su jubilación como favor a sus amigos Spears y Rosenman. De hecho, cuando el proyecto se quedó sin director, Ivory estuvo a punto de regresar al puesto de mando... Hasta que Guadagnino vio en aquella historia de amor entre un adolescente y el ayudante de su padre la posibilidad de rendir tributo a referentes como Renoir o Bertolucci, y movió las piezas necesarias para que todo terminase encajando.

No sabremos qué habría sido de Timothée Chalamet si el carácter problemático (es un eufemismo) de Shia LaBeouf no le hubiera privado del papel de Elio. Tampoco sabremos si Armie Hammer se hubiera convertido en la gran estrella que proyectaba sin ese historial de abusos y canibalismo que destrozó su carrera. Pero el destino decidió unirles durante un caluroso verano en el norte de Italia, y todos fuimos testigos de su historia de amor única, imperecedera, rabiosamente libre.

El cielo sobre Berlín

Der Himmel über Berlin, Alemania, Francia, 1987

Road Movies Filmproduktion / Argos Films / WDR
Dirección: Wim Wenders
Guion: Wim Wenders y Peter Handke
Intérpretes: Bruno Ganz, Solveig Dommartin, Otto Sander, Curt Bois, Peter Falk
129 minutos

A finales de la década de los setenta, Wim Wenders se estableció en Estados Unidos con el firme propósito de impulsarse como el gran realizador europeo de la lírica y la introspección. Aquel periplo derivó en una obra maestra, *París, Texas* (1984), que le consagró como un autor capaz de adentrarse en una sensibilidad aparentemente tan lejana como la de la América profunda y sus paisajes —aquel desierto tan repleto de simbología— con el espíritu y la precisión de un oriundo. Sin embargo, tras ocho años de aventura transoceánica, a Wenders le invadió una profunda añoranza de su Alemania natal, y decidió regresar con la mochila cargada de nociones adquiridas sobre el devenir de la existencia humana.

Fue un retorno imperial y deslumbrante, con *El cielo sobre Berlín* como gran exponente de toda aquella maduración creativa. Por aquel entonces, el Muro todavía partía en dos una ciudad cuyas heridas de guerra cicatrizaban con lentitud. En este contexto, Wenders imaginó la historia de un ángel sigiloso y contemplativo (Bruno Ganz) que renunciaba a la inmortalidad tras enamorarse de una trapecista. Ese anhelo por vivir a pesar de la muerte, de experimentar la dicha de lo terrenal a sabiendas del dolor que conlleva, contiene uno de los mensajes más esperanzadores y poéticos que haya mostrado la pantalla en los más de ciento veinte años de historia del cine. Porque *El cielo sobre Berlín* es una película sabia, reposada y deslumbrante, que nos invita a actuar frente a nuestra naturaleza perecedera. La fotografía del casi octogenario Henri Alekan, en activo desde los años veinte, inundó el blanco y negro de las imágenes de un abatimiento mágico y romántico. Y Wenders, un gigante, se llevó el premio en Cannes mientras nos convencía de que los ángeles, como el deseo irrefrenable de amar y ser amados, también existen.

*C*UANDO *H*ARRY ENCONTRÓ A *S*ALLY

When Harry Met Sally..., Estados Unidos, 1989

Columbia Pictures / Castle Rock Entertainment / Nelson Entertainment
Dirección: Rob Reiner
Guion: Nora Ephron
Intérpretes: Billy Crystal, Meg Ryan, Carrie Fisher, Bruno Kirby, Steven Ford
95 minutos

Maldito (falso) orgasmo de Meg Ryan. Y no lo digo porque no me guste ese momento tan emblemático de *Cuando Harry encontró a Sally*, al contrario. Creo que la escena es, y perdón por el chiste rápido, sumamente placentera. El problema es que ha alcanzado una repercusión tan inmensa que, muchas veces, la gente solo recuerda esta maravillosa película por ese instante concreto. Es más: hasta hay quien se atreve a tacharla de ordinaria —incluso sin haber llegado a verla— solo porque su imagen más icónica es la de una de las reinas del género simulando un clímax en un concurrido restaurante de Nueva York.

La escena en cuestión resulta tan brillante como cansina (por imitada y repetida), y no es, ni mucho menos, la mejor que había en el sensacional guion de Nora Ephron. Porque, si alguien se detiene durante 95 minutos a degustar sus diálogos cáusticos y contagiarse de su dulce pesimismo, descubrirá una de las *rom-com* más insurrectas y excepcionales del cine norteamericano. Aquí no hay protagonistas arrolladores ni irresistiblemente atractivos ni situaciones que parezcan sacadas de un cuento de hadas. Lo que vemos es a dos amigos con tendencia a la depresión que, en el momento más inesperado, se enamoran y deben lidiar —sin saber cómo— con sus nuevos sentimientos sin provocarse un dolor mutuo e irreparable. Y, mientras examinan la verdadera naturaleza de su relación, nos regalan réplicas y sentencias tan agudas que se dirían escritas por el mismísimo Woody Allen. «Cuando compro un libro nuevo, siempre leo la última página primero. Así, si muero antes de terminarlo, ya sé cómo acaba», señala Harry al principio. «Dices cosas como esa y haces que me resulte imposible odiarte. Y yo te odio. Te odio con todo mi corazón», afirma Sally justo antes del desenlace. Y en ese nivel nos movemos durante todo el metraje que transcurre entre ambas frases.

Fingir bien un orgasmo tiene muchísimo mérito. Pero todavía es más admirable hacer una película como esta y que, treinta y cinco años después, vuelvas a verla con la certeza de que nunca se ha hecho nada igual.

Cuando menos te lo esperas

Something's Gotta Give, Estados Unidos, 2003

Columbia Pictures / Warner Bros. / Waverly Films
Dirección y guion: Nancy Meyers
Intérpretes: Jack Nicholson, Diane Keaton, Keanu Reeves, Amanda Peet, Frances McDormand
128 minutos

Me gusta mucho lo que hace Nancy Meyers. Ya en sus inicios como guionista era capaz de imaginar historias sobre mujeres insolentes que, mediante la dulce anestesia de la comedia, alzaban la voz contra las imposiciones patriarcales. Títulos como *La recluta Benjamin* (1980) o *Baby, tú vales mucho* (1987) contribuyeron a asentar un nuevo modelo de feminidad en Hollywood, mucho más inconformista y desafiante respecto a la exclusividad de los hombres en ciertos ámbitos.

Su salto a la dirección fue lo que terminó de cautivarme. Sirviéndose de un ingenio y una frescura contagiosas, Meyers se estableció como la gran dama de la autoafirmación y la liberación femenina, convirtiendo a sus protagonistas en unas mujeres de radiante madurez dispuestas a romper con los clichés sexistas, disfrutar de su inagotable atractivo y acostarse con hombres mucho más jóvenes que ellas.

Todas las películas de Nancy Meyers merecen la pena, pero si hay una especialmente brillante y encantadora es *Cuando menos te lo esperas*. Nadie mejor que Jack Nicholson puede interpretar a ese «macho alfa» que se niega a aceptar su condición de carcamal, acostándose con muchachas algo ingenuas. Y nadie como Diane Keaton para recrear a esa dramaturga de vuelta de todo, altiva y desengañada, que igual seduce a todo un Keanu Reeves, que se marca un apoteósico desnudo integral o conquista Broadway con una obra sobre el empoderamiento de la mujer de mediana edad. Ella representa, mejor que nadie, a esa (ex)esposa respondona que no solo se niega a permanecer en un segundo plano, sino que se mantiene al frente de todo y de todos con la determinación de quien se siente triunfadora.

UNA CUESTIÓN DE TIEMPO

About Time, Reino Unido, Estados Unidos, 2013

Universal Pictures / Working Title / Translux
Dirección y guion: Richard Curtis
Intérpretes: Domnhall Gleeson, Rachel McAdams, Bill Nighy, Margot Robbie, Tom Hollander
123 minutos

Richard Curtis ya era el mesías de la comedia romántica británica —entre sus milagros con legiones de acólitos se encontraban *Cuatro bodas y un funeral*, *Notting Hill* y *El diario de Bridget Jones*— cuando quiso probar lo que se sentía al dirigir tus propios guiones. Fue con *Love Actually* (2003) y, claro, la cosa se desmadró porque aquella película fue, y sigue siendo, un fenómeno de las sesiones romántico-navideñas y las imitaciones bailongas de Hugh Grant. El problema, y aquí ya me pongo serio, es que su alargadísima sombra oscurece parcialmente (cada vez menos) la verdadera joya que el legado de Curtis brindará a la posteridad.

Cuestión de tiempo es un título y también una evidencia. Porque es cuestión de tiempo que el mundo reconozca al unísono el brillo y la dulzura de esta historia de viajes en el tiempo, donde lo menos importante son, precisamente, los viajes en el tiempo. El día que cumple veintiún años, Tim (indescriptible, por lo bueno, Domnhall Gleeson) descubre el gran secreto de su familia: los hombres con su misma sangre pueden regresar a momentos pasados de su vida para enmendarlos o, sencillamente, comprender su verdadero significado. Esta cualidad, lógico, le viene perfecta para conquistar a la chica de sus sueños, pero también le enseña a apreciar los pequeños errores como parte irrebatible del camino. El mensaje de la película es maravilloso, y Curtis, todo un lomo plateado del género, lo arropa con un sinfín de situaciones cómicas, nostálgicas, ridículas y profundamente emotivas (ese padre personificado por Bill Nighy nos deleita y nos conmueve como si fuera el de cada uno de nosotros). Si encima tienes la sonrisa infinita de Rachel McAdams y a Jimmy Fontana sonando desde un radiocasete, es magia.

DESEANDO AMAR

Fa yeung nin wa, Hong Kong, Francia, 2000

Jet Tone Production / Block 2 Pictures / Paradis Films
Dirección y guion: Wong Kar-Wai
Intérpretes: Tony Leung, Maggie Cheung, Ping-Lam Siu, Rebecca Pan, Lai Chen
98 minutos

Hong Kong, 1962. Dos vecinos de un mismo bloque de apartamentos —él es redactor jefe en un periódico y ella trabaja como secretaria para una empresa de exportación— comienzan a entablar una relación de amistad debido a las repetidas ausencias de sus parejas. En realidad, lo que les ha unido es un mismo sentimiento de abandono, ya que sus respectivos cónyuges están viviendo una aventura y lo único que les queda es la posibilidad de consolarse mutuamente. Cuando empiezan a enamorarse, sus sentimientos colisionan de un modo inevitable contra los convencionalismos sociales, e incluso contra sus propios principios.

Deseando amar, obra magna de Wong Kar-Wai, es probablemente la película más romántica de la historia en la que dicho romance ni siquiera se consuma. Un amor desaforado, más grande que la vida misma, que en la filmografía del realizador chino-hongkonés siempre conduce a un callejón sin salida. Repleta de encuadres majestuosos y con una puesta en escena que se mueve entre la sensualidad y la desolación, la cinta posee una estructura caleidoscópica que le otorga un aura casi mística, profundamente sugestiva. Todos los recursos formales, desde la cuidada fotografía de Christopher Doyle hasta el casi medio centenar de vestidos que luce Maggie Cheung, convergen para crear una película que sobrepasa los sentidos.

Como en todo el cine de Kar-Wai, *Deseando amar* comenzó a filmarse sin guion, y era el propio realizador quien, dejándose llevar por la emoción y el instinto, iba improvisando el camino que debían recorrer los personajes. Cada mañana, mientras se maquillaban, los actores recibían por fax las líneas de diálogo para ese día, recién escritas. Y así, entre los súbitos destellos de un autor inagotable, se fue erigiendo una de las historias de amor más arrebatadoras que uno pueda imaginar.

Ha nacido una estrella

A Star Is Born, Estados Unidos, 2018

Warner Bros. / Live Nation Productions / Metro-Goldwyn-Mayer
Dirección: Bradley Cooper
Guion: Eric Roth, Bradley Cooper y Will Fetters, sobre la historia original de William A. Wellman y Robert Carson
Intérpretes: Bradley Cooper, Lady Gaga, Sam Elliott, Andrew Dice Clay, Rafi Gavron
136 minutos

Ha nacido una estrella comenzó en 1937 como un cuento de hadas entre un actor en decadencia y una aspirante a actriz, siguió en 1954 acentuando al protagonista masculino como un alcohólico autodestructivo, y regresó en 1976 en forma de delirio pop a mayor gloria de Barbra Streisand. Cuando, alrededor de 2010, Warner Brothers comenzó a trabajar en una cuarta versión dirigida por Clint Eastwood y protagonizada por Beyoncé, muchos se preguntaron qué más podía aportar al espectador un relato tan exprimido por la gran pantalla. Y la respuesta llegó cuando Eastwood se retiró del proyecto y el actor Bradley Cooper apareció como sorprendente recambio; llevaba años persiguiendo una oportunidad como director, y siempre se había sentido muy identificado con la historia de un artista devorado por sus adicciones, al igual que le sucedió a él antes de que decidiera tomarse la última copa de su vida en 2004 y permanecer sobrio desde entonces.

Como protagonista, el trabajo de Cooper es extraordinario. Su Jack Maine es una estrella de la música partida en dos por el dolor, alguien que parece tenerlo todo, pero que no tiene absolutamente nada: arrastra no pocos traumas del pasado y su única ventana al mundo es el fondo de una botella. Cuando conoce a Ally (inmensa Lady Gaga), una cantante increíblemente talentosa, su existencia errante encuentra la razón para luchar. Durante un tiempo, todo vuelve a ser perfecto: ella se convierte en un ídolo mundial y ambos viven una historia de amor apasionada y hermosa. Hasta que los viejos demonios reaparecen y Cooper nos brinda una de las interpretaciones más francas y brutales de la década.

Fue Lady Gaga quien le convenció para que todas las canciones se grabaran en directo, sin *playback*, y quien le insistió para que interpretara personalmente las composiciones de su personaje. Así fue como Cooper aprendió a tocar la guitarra, recibió lecciones de piano y trabajó junto a un preparador vocal para cantar junto a la estrella más grande del universo sin desentonar en exceso. No solo lo consiguió, sino que ambos nos regalaron ese tema maravilloso titulado «Shallow», que interpretan en el escenario con la fuerza de las almas perdidas que sueñan con regresar a la superficie.

Her

Her, Estados Unidos, 2013

Warner Bros. / Annapurna Pictures / Stage 6 Films
Dirección y guion: Spike Jonze
Intérpretes: Joaquin Phoenix, Amy Adams, Scarlett Johansson, Rooney Mara, Olivia Wilde
126 minutos

Cuenta Spike Jonze que la idea para *Her* se le ocurrió alrededor del año 2000, después de leer un artículo sobre un servicio que ofrecía al usuario la posibilidad de enviar (y recibir) mensajes instantáneos de una inteligencia artificial. Probablemente sea verdad, como también que su separación de Sofia Coppola por aquella época le inspiró para desarrollar en un personaje la sensación de soledad y abandono que él mismo atravesó. De ambas experiencias nació una obra esplendorosa, repleta de compasión y ternura, e infinitamente mejor que otras creaciones de Jonze sobrevaloradas por las altas esferas cinéfilas.

El guionista y realizador siempre visualizó a Joaquin Phoenix como Theodore, ese tipo errático y retraído que trabaja escribiendo cartas de amor y cuyo mundo se desmorona cuando su mujer decide divorciarse. Es entonces cuando compra un nuevo sistema operativo, totalmente revolucionario, que se hace llamar Samantha (voz, y qué voz, de Scarlett Johansson) y con el que establece una relación de empatía y complicidad mucho más fuerte que con cualquier otro ser humano, hasta el punto de acabar completamente enamorado de ella.

Todo en *Her* resulta hipnótico y cautivador: el impresionante y feroz paisaje urbano —mezcla de Los Ángeles y Shanghái—, la calidez de la paleta de colores de Hoyte van Hoytema, una música que evoca fragilidad y nostalgia... Aunque fue realizada hace más de una década, su mensaje acerca de la suplantación emocional está hoy más de actualidad que nunca. *Her* nos invita a preguntarnos si realmente el amor nos pertenece de manera exclusiva o si, en cambio, puede manifestarse al margen de la humanidad, dado que la humanidad parece empeñada en desprenderse de él.

Historias de Filadelfia

The Philadelphia Story, Estados Unidos, 1940

Metro-Goldwyn-Mayer
Dirección: George Cukor
Guion: Donald Odgen Stewart, sobre la obra teatral de Philip Barry
Intérpretes: Katharine Hepburn, Cary Grant, James Stewart, Ruth Hussey, John Howard
112 minutos

En el Hollywood de los años treinta, cuando un actor o una actriz encadenaba una serie de rotundos fracasos se le incluía automáticamente en el *Box Office Poison*, un listado creado por el empresario Harry Brandt donde iban a parar las estrellas venidas a menos que, por alguna razón, ya no resultaban interesantes a los espectadores. Ese era el caso de Katharine Hepburn: apenas había superado la treintena y muchos ya se atrevían a liquidarla tras tropiezos tan sonados como los de *La gran aventura de Silvia* (1935), *María Estuardo* (1936) u *Olivia* (1937). Tal fue el rechazo que no tuvo más remedio que refugiarse en el teatro, concretamente en una comedia llamada *Historias de Filadelfia* donde interpretaba a una joven aburguesada y consentida que, poco antes de su matrimonio con un tipo aburridísimo, se replantea sus sentimientos al reencontrarse con su anterior marido y conocer a un apuesto aspirante a escritor. Para perplejidad de tanto escéptico, la obra se convirtió en un fenómeno espectacular, recaudó más de un millón de dólares y superó las 400 representaciones en Broadway.

La Hepburn, que además de una extraordinaria actriz era una astuta estratega, le pidió a su examante Howard Hughes que comprara los derechos de la pieza y, acto seguido, se los regalara para disponer de ellos a su antojo. Una vez en su poder, se los vendió a Louis B. Mayer con la condición no solo de protagonizar la adaptación cinematográfica, sino de escoger a su productor, guionista, director y reparto. Fue así como la gran dama de la *screwball comedy* norteamericana allanó el terreno para un retorno triunfal, donde estuvo acompañada por la mirada exquisita y sofisticada de George Cukor y el talento de Cary Grant y James Stewart para sublimar el género hacia niveles incontestables de grandeza. Por encima de todos ellos, eso sí, estaba una Katherine tan rutilante y encantadora que no solo dejó de ser considerada mortífera para la taquilla, sino que inventó un antídoto con el que seguir reinando otros cuarenta años.

Jerry Maguire

Jerry Maguire, Estados Unidos, 1996

TriStar Pictures / Gracie Films
Dirección y guion: Cameron Crowe
Intérpretes: Tom Cruise, Cuba Gooding Jr., Renée Zellweger, Kelly Preston, Bonnie Hunt
139 minutos

Cameron Crowe construyó el guion de *Jerry Maguire* a partir de dos fuentes de inspiración. Por una parte, la carrera del agente Leigh Steinberg, toda una celebridad en el ámbito de la representación de estrellas del deporte en Estados Unidos; por otra, el famoso memorándum de veintiocho páginas escrito en 1991 por Jeffrey Katzenberg, en el que el entonces presidente de Disney pronosticaba, con increíble precisión, el desarrollo a corto plazo de la industria de Hollywood. Fue así como Crowe desarrolló la historia de un agente de éxito que, de la noche a la mañana, era despedido y repudiado tras reclamar por escrito un trato más humano y menos mercantilista para sus clientes. Arruinado y con un único representado en cartera, tratará de reponerse con la ayuda de una secretaria de su antigua empresa con la que inicia un romance lleno de vaivenes.

Crowe redactó el guion con Tom Hanks en mente, pero pasó tanto tiempo trabajando en él que, una vez acabado, al actor le parecía demasiado viejo para el papel. El productor James L. Brooks ofreció entonces el personaje de Maguire a Woody Harrelson, que lo rechazó alegando que «nadie iría a ver una mierda sobre un representante». Fue entonces cuando Crowe recordó una conversación con Tom Cruise en el que este le felicitó por su película *Un gran amor* (1989) y le pidió que contara con él para próximos proyectos. Aunque le aconsejaron que no lo hiciera porque Cruise «nunca interpreta a perdedores», le envió el guion... y el resto es historia. Inspiracional, tierna y muy divertida, *Jerry Maguire* lanzó al estrellato a Renée Zellweger y dejó una de las frases más recordadas de todos los tiempos, el mítico *Show Me the Money* pronunciado a los cuatro vientos por un Cuba Gooding Jr. eufórico y bailón.

EL LADO BUENO DE LAS COSAS

Silver Linings Playbook, Estados Unidos, 2012

The Weinstein Company
Dirección: David O. Russell
Guion: David O. Russell, sobre la novela de Matthew Quick
Intérpretes: Bradley Cooper, Jennifer Lawrence, Robert de Niro, Jackie Weaver, Chris Tucker
122 minutos

Confieso que, antes de ver *El lado bueno de las cosas*, había perdido la fe en David O. Russell. Desde aquella estupenda película revelación que fue *Flirteando con el desastre* (1996), su cine solo me había provocado indiferencia y bostezos. Por eso me enfrenté a ella con las expectativas bajo cero y el recelo lógico hacia quien parece artísticamente irrecuperable. Y, oh sorpresa, lo que en principio me sonaba a romanticismo tedioso y metafísico acabó resultando una placentera (y muy divertida) experiencia sobre las segundas oportunidades.

Russell heredó el proyecto de Sydney Pollack y Anthony Minghella, ambos fallecidos el mismo año en que se publicó la novela en que se inspira. Por muchas vueltas que le diera al guion (en total escribió más de veinte versiones), había algo que aferraba al realizador a aquella historia de desconcierto y redención. El propio hijo de Russell padecía un trastorno bipolar similar al del protagonista, un profesor de instituto que, tras pasar varios meses en un psiquiátrico por agredir al amante de su mujer, regresa a casa de sus padres con la firme intención de reconquistarla. Su vecina, una veinteañera neurótica que acaba de quedarse viuda, se compromete a ayudarle si él accede a ser su compañero en un concurso de baile.

El lado bueno de las cosas es una invitación a descubrir las fisuras de felicidad que hay en las situaciones difíciles, aunque ello signifique abrazar nuestra propia extravagancia y correr enfundados en bolsas de basura. Cooper, De Niro y Weaver están fabulosos, pero quien se lleva la mayor ración de gloria es esa Jennifer Lawrence altiva y respondona, un huracán de alma desgajada con quien desearíamos bailar hasta el amanecer.

MEJOR... IMPOSIBLE

As Good as It Gets, Estados Unidos, 1997

TriStar Pictures / Gracie Films
Dirección: James L. Brooks
Guion: James L. Brooks y Mark Andrus, sobre una historia de este último
Intérpretes: Jack Nicholson, Helen Hunt, Greg Kinnear, Cuba Gooding Jr., Shirley Knight
139 minutos

Melvin Udall es un tipo deplorable. Entre su mente (como mínimo retorcida) y su lengua (sumamente vejatoria) no hay ningún filtro que amortigüe el golpe para la pobre víctima que se cruza en su camino. Tiene munición para toda clase de géneros, razas, orientaciones y estatus social. Y no solo dispara a discreción contra cualquier ser humano que ose perturbar su armonía: también es capaz de empezar el día arrojando un perro indefenso a la basura, o de maldecir la disposición de unos azulejos demasiado sobrecargados de líneas (las mismas que, a base de ágiles contorsiones, logra evitar durante sus paseos por la calzada). Decir que aglutina todos los comportamientos obsesivos posibles es pecar de superficial. Melvin odia el mundo y todo lo hermoso que hay en él.

Sin duda alguna, el gran mérito de *Mejor... imposible* es conseguir que un cretino de este calibre logre redimirse, a ojos del espectador, gracias al poder curativo del amor. Primero, hacia el mismo perro al que maltrata, que resulta ser tan fanático del beicon y de los Monty Phyton como él. Después, hacia un pintor gay que le despierta un insospechado sentimiento caritativo. Y, por último, hacia la camarera a quien tortura a diario con sus exigencias y malas formas, y que, pese a todo, le tiende la mano para demostrarle que el corazón puede más que cualquier pastilla. Otra cosa es que nos creamos que un personaje tan adorable (gracias, Helen Hunt, por llenarlo con tantísima dulzura) pueda llegar a enamorarse de esta versión clasista y urbanita del Grinch. Suerte que está Jack Nicholson para demostrarnos que hasta el misántropo más amargado de la Tierra puede ser un vecino perfecto.

MIDNIGHT IN PARIS

Midnight in Paris, España, Estados Unidos, Francia, 2011

Mediapro / Versátil Cinema / Gravier Productions
Dirección y guion: Woody Allen
Intérpretes: Owen Wilson, Marion Cotillard, Rachel McAdams, Tom Hiddleston, Michael Sheen
94 minutos

Midnight in Paris es la última gran película escrita y dirigida por Woody Allen, o, al menos, la última en la que se aprecia claramente la genialidad de su discurso. Aunque ya había visitado la capital francesa en *La última noche de Boris Grushenko* (1975) y *Todos dicen I Love You* (1996), aquella era la primera vez que ambientaba íntegramente una de sus obras entre sus carismáticas calles y monumentos.

Allen escribió el guion a la inversa, desarrollando la historia a partir del título. La medianoche es el momento en que un escritor norteamericano nostálgico y desencantado, que se encuentra de turismo en París con su irritante prometida, viaja en el tiempo hasta los bohemios años veinte del siglo pasado, cuando la ciudad acogía una bulliciosa vida intelectual gracias a artistas como Matisse, Gauguin, Hemingway, Cocteau o Salvador Dalí. En medio de esta vorágine temporal, el protagonista tendrá tiempo para encontrar nuevamente el amor de la mano de dos mujeres fascinantes, una amante de Picasso y una comerciante de antigüedades.

La película es encantadora de principio a fin, y su reparto —con Rachel McAdams, Marion Cotillard, Léa Seydoux, Tom Hiddleston y un irresistible Owen Wilson como *alter ego* del realizador— ofrece una de las mejores interpretaciones corales de la filmografía de Allen, reconocido con el cuarto Oscar de su carrera en la categoría de mejor guion original. Todo en *Midnight in Paris*, desde la fotografía con tintes pictóricos hasta la luz o la banda sonora repleta de french Jazz de los años veinte, es una verdadera joya. Disfrútenla.

NO TE MUEVAS

Non ti mouvere, Italia, España, Reino Unido, 2004

Medusa Film / Cattleya / Cineritmo
Dirección: Sergio Castellitto
Guion: Margaret Mazzantini y Sergio Castellitto, sobre la novela de Mazzantini
Intérpretes: Sergio Castellitto, Penélope Cruz, Claudia Gerini, Marco Giallini, Pietro de Silva
125 minutos

La fuerza motriz de *No te muevas* reside en su facilidad para fundir términos contrapuestos. Palabras, situaciones y mundos totalmente antagónicos que, vistos desde el objetivo de la cámara de Sergio Castellitto, se completan y se necesitan como las dos mitades de un todo: presente y pasado, cariño y violencia, lujo y miseria, verdad y mentira, vida y muerte. Es una película áspera y, pese a ello, deslumbrante. Una historia que se regodea en el dolor para transformar la tragedia en amor, y el alma desgarrada en un corazón invencible.

Castellitto tomó como base una novela de su esposa, Margaret Mazzantini, e hizo de ella una obra lírica y evocadora. Él mismo se reservó el papel principal, Timoteo, un cirujano de éxito felizmente casado que, después de una avería en su coche, queda varado en un barrio marginal y, tras beber demasiado, acaba violando a una joven albanesa llamada Italia. Cuando regresa para disculparse, vuelve a forzarla y comienza a desarrollar una enfermiza dependencia que, sorprendentemente, es correspondida por ella. Italia siempre se ha sentido maltratada y humillada, y aquello es lo más parecido al amor que ha experimentado nunca. Así pues, mientras transita sutilmente por dos líneas temporales marcadas por la adversidad, Castellitto consigue extraer compasión de la barbarie, haciendo que una relación iniciada de manera aberrante se dirija, de manera progresiva y con absoluta sencillez, hacia el vínculo más descarnado, hermoso y conmovedor del cine europeo de los últimos tiempos.

Lo de Penélope Cruz, obvio, merece un capítulo aparte. Compone a Italia con tanta pasión, tanta ternura y tanto sufrimiento que, más que un personaje, lo que logra es casi un símbolo. Ella, pese a la crudeza que la envuelve, resplandece más que nadie. Y todo mientras su zapato rojo desafía a la muerte y nosotros miramos al cielo, como Timoteo, agradeciendo el amor que permanece.

Notting Hill

Notting Hill, Reino Unido, Estados Unidos, 1999

Universal Pictures / PolyGram Filmed Entertainment / Working Title
Dirección: Roger Michell
Guion: Richard Curtis
Intérpretes: Julia Roberts, Hugh Grant, Rhys Ifans, Hugh Bonneville, Gina McKee
124 minutos

Siempre que le preguntaban por *Notting Hill*, Richard Curtis contaba cómo, durante las noches que pasaba en vela, fue tejiendo la historia de una persona anónima que se enamoraba de alguien increíblemente famoso, y cómo la relación terminaba afectando a las vidas de ambos. Esa fue, al menos, la versión oficial hasta 2018, cuando un bocazas adorable llamado Hugh Grant contó durante una entrevista que, en realidad, Curtis se inspiró en un amigo suyo que había conocido a una celebridad en Harrods y había mantenido un romance secreto con ella. Grant, claro está, tiró la piedra y escondió la mano, pues la estrella en cuestión era tan tan popular, que, si se atreviera a revelar su identidad, probablemente acabaría muerto en una cuneta.

Anécdotas aparte, no deja de ser llamativo que el protagonista de esta encantadora película se fuera de la lengua mientras hablaba con un periodista, habida cuenta de que su personaje se hace pasar por reportero en dos de las secuencias más recordadas de la cinta: la del *junket* de *Caballo y sabueso* (con un dominio del tempo cómico para quitarse el sombrero) y el clímax final que, por supuesto, no revelaremos. Aunque sería muy injusto destacar únicamente esas partes en una película que rebosa momentos espléndidos, empezando por el ladrón de la librería, siguiendo por las estrafalarias apariciones del compañero de piso de Grant y acabando por una escena —el paseo por el mercadillo de Portobello

Road a través de las cuatro estaciones— que debería analizarse en las escuelas de cine como la perfecta ejecución de la elipsis narrativa.

Antes de pasar a la siguiente, permítanme una mención especial para Julia Roberts. Jamás, en toda su vida, ha estado tan hermosa, divertida y cautivadora. Ríanse ustedes de *Pretty Woman*. Por aquella época ya era la actriz mejor pagada del planeta, igual que su *alter ego* en la pantalla, Anna Scott. Ambas cobraron, en la ficción y en la realidad, la misma cantidad: 15 millones de dólares. Eso es hacer tuyo un personaje.

La peor persona del mundo

Verdens verste menneske, Noruega, Francia, Suecia, Dinamarca, 2021

Oslo Pictures / MK2 Productions / Film i Väst / Snowglobe / BR-F
Dirección: Joachim Trier
Guion: Eskil Vogt y Joachim Trier
Intérpretes: Renate Reinsve, Anders Danielsen Lie, Herbert Nordrum, Hans Olav Brenner, Helene Bjorneby
128 minutos

A Renate Reinsve la crisis de la treintena la situó frente a un profundo dilema existencial. Había querido ser actriz desde niña, llevaba una década interpretando papeles en cine, televisión y teatro, pero nada de lo que le ofrecían colmaba sus aspiraciones, por no hablar de las dificultades económicas. Un día, tomó una decisión: dejaría aquella profesión para siempre y se dedicaría a otra pasión mucho más pragmática como la carpintería.

Pero el destino es imprevisible e inescrutable, y solo unas horas después de aquella revelación recibió una llamada de Joachim Trier, uno de los cineastas más reputados de Noruega y responsable de su debut cinematográfico, *Oslo, 31 de agosto* (2011), en el que la aportación de Reinsve se limitaba a una línea de diálogo durante una secuencia intrascendente. No había vuelto a ver a Trier desde entonces, y le sorprendió que él sugiriera un encuentro para ponerse al día y charlar sobre la vida, el amor y la fugacidad del tiempo. Al día siguiente, se vieron y pasaron horas de animada conversación. Al regresar a casa, Trier empezó a escribir una historia llamada *La peor persona del mundo* con ella como protagonista.

Y así fue como surgió esta película atrevida, sensual y sumamente reconfortante, formada de finas capas emocionales que se superponen y engullen unas a otras hasta dejar al descubierto la verdadera esencia de las relaciones de pareja. Renate Reinsve está formidable como Julie, una joven que abraza la vida con tanta fuerza como esquiva los compromisos sentimentales del noviazgo a largo plazo. Algunos instantes (el ingenioso tonteo «sin cuernos» o el mundo detenido para experimentar un amor prohibido) son de una intensidad romántica y una belleza incuestionables, con Reinsve como el sol resplandeciente en torno al cual gravitan el resto de los elementos. Su interpretación le valió el premio a la mejor actriz en Cannes, la catapultó hacia los Oscar y la convirtió en la estrella que nunca pensó que llegaría a ser. La carpintería, afortunadamente, puede esperar.

Los puentes de Madison

The Bridges of Madison County, Estados Unidos, 1995

Warner Bros. / Amblin Entertainment / Malpaso
Dirección: Clint Eastwood
Guion: Richard LaGravenese, sobre la novela de Robert James Waller
Intérpretes: Clint Eastwood, Meryl Streep, Annie Corley, Victor Slezak, Jim Haynie
135 minutos

Cuenta la leyenda que, mucho antes de interpretar en la gran pantalla a su protagonista, Meryl Streep comenzó a leer un ejemplar de *Los puentes de Madison* y lo encontró tan ridículo que acabó tirándolo a la basura. A principios de los años noventa, un profesor de matemáticas llamado Robert James Waller escribió una pequeña novela sobre una ama de casa que se enamoraba de un veterano fotógrafo mientras su familia estaba ausente. Tardó solo once días en terminarla, y su intención era imprimir unas pocas copias para familiares y amigos. Sin embargo, no solo se publicó, sino que se tradujo a más de 25 idiomas y encabezó durante 38 semanas la lista de los libros más vendidos del *New York Times*. Hollywood no tardó en echarle el ojo, y finalmente fue la productora de Steven Spielberg, Amblin Entertainment, la que consiguió los derechos a cambio de una cifra con una cantidad insultante de ceros.

Cuando Spielberg se vio obligado a desentenderse de la dirección por problemas de agenda, sugirió a Clint Eastwood que ocupase su lugar. Este aceptó, no sin antes adjudicarse el papel del fotógrafo y convencer a Meryl Streep de que podía confiar en su visión de la historia. La actriz, acostumbrada a sumergirse durante largos períodos de tiempo en las inquietudes de sus personajes, se sorprendió con la diligencia con la Eastwood filmaba las escenas: no más de tres tomas y, en ocasiones, se validaba incluso la del ensayo. La naturalidad del proceso se reflejó en la rutilante interpretación de Streep, sin duda una de las mejores de su excelsa carrera.

Con *Los puentes de Madison*, Eastwood demostró su poso de cineasta maduro, sereno e introspectivo, heredero de los clásicos norteamericanos que reivindicaban —y alcanzaban— la grandeza desde la espontaneidad interpretativa y la sencillez de recursos. Con él, una novela inverosímil y lacrimógena se convirtió en una de las historias de amor más sublimes de todos los tiempos. El final bajo la lluvia —y bajo los acordes melancólicos de Lennie Niehaus— es un tesoro que merece ser conservado para siempre, como las fotos de Robert a Francesca en los puentes del condado de Madison.

Reality Bites (*Bocados de realidad*)

Reality Bites, Estados Unidos, 1994

Universal Pictures / Jersey Films
Dirección: Ben Stiller
Guion: Helen Childress
Intérpretes: Winona Ryder, Ethan Hawke, Ben Stiller, Janeane Garofalo, Steve Zahn
99 minutos

Después de los *baby boomers*, y antes de los *millennials*, existió una generación que aceptó la vida como una explosión de libertad, y cuya mirada, cínica y desencantada, marcó el devenir de un movimiento cultural absolutamente determinante. Los jóvenes de la llamada Generación X crecieron con la MTV, el cine fantástico de la década de los ochenta y los primeros atisbos de Internet, y, llegado el momento de decidir su futuro, prefirieron entregarse a la música *grunge* y el cine *indie* antes que hacer planes como oficinistas.

Todas las generaciones tienen una película que las representa mejor que ninguna otra. En su día, *Reality Bites* fue recibida con distancia, sin duda debido a que sus veinteañeros protagonistas anteponían la deriva existencial a la estabilidad laboral y económica: quién quiere un buen trabajo si no puede vestir como quiera, ducharse cada tres días, cantar en el coche y mantener una conversación sin necesidad de mirar el reloj. Por no hablar de la sensación indescriptible de jolgorio y paz interior que produce improvisar una performance de «My Sharona» en una gasolinera, mientras compras Pringles, Minute Maid y un montón de *snacks* con la tarjeta de tu padre.

Si alguien en todo Hollywood podía personificar aquel grupo demográfico mejor que nadie, era Winona Ryder. Resultaba encantadora, tremendamente popular, y además era una excelente actriz. Con poco más de veinte años, podía presumir de haber encandilado a autores como Coppola, Burton o Scorsese, y, al mismo tiempo, escoger solo los proyectos que le hacían feliz. Quizá por ello, durante su carrera dejó pasar trenes como los de *Sabrina*, *Jerry Maguire* o *Shakespeare in Love*, para, en su lugar, embarcarse en personajes tan poco convencionales como Lelaina, la chica dulce que graba un documental sobre sus amigos mientras se debate entre el amor de un niño bien con cara de Zoolander o el de un fumeta de ojos azules (y vago).

Lelaina duda, sobre ellos y sobre ella, y se dedica a absorber cada segundo de vida porque sabe que la realidad, por dura que sea, es mejor comérsela a bocados.

Two Lovers

Two Lovers, Estados Unidos, Francia, 2008

2929 Productions / Wild Bunch / Tempesta Films
Dirección y guion: James Gray
Intérpretes: Joaquin Phoenix, Gwyneth Paltrow, Vinessa Shaw, Isabella Rossellini, Elias Koteas
110 minutos

Sin hacer demasiado ruido, James Gray se ha convertido en el miembro más discreto de la brillantísima generación de cineastas norteamericanos nacidos entre finales de los años sesenta y comienzos de los setenta, y capitaneada por nombres como Wes Anderson, Paul Thomas Anderson o Darren Aronofsky. Poseedoras de una sensibilidad extraordinaria, sus historias gravitan siempre en torno a hombres y mujeres que se sienten inadaptados en un entorno que les excluye, y que no son sino la consecuencia errante de su propia tragedia familiar. Gray es un maestro de la complejidad y la aflicción, capaz de construir personajes emocionalmente cautivadores que, pese a estar interpretados casi siempre por grandes estrellas, desprenden una apabullante sensación de verdad.

Uno de ellos, probablemente el más caleidoscópico y herido de todos, es el Leonard Kraditor encarnado por Joaquin Phoenix en *Two Lovers*, el cuarto largometraje firmado por el director neoyorquino. Adaptación libre de *Noches blancas* de Dostoyevski, la cinta es una descarnada reflexión acerca de los límites del romanticismo, en la que un joven con trastorno bipolar regresa a casa de sus padres tras un intento de suicidio. En su vida se cruzan dos mujeres muy diferentes, la adorable hija de un amigo de sus padres (Vinessa Shaw) y una misteriosa vecina con una terrible dependencia emocional hacia un hombre casado (Gwyneth Paltrow). Lógicamente, Leonard se decanta por la que menos le conviene, dando lugar a un juego de sentimientos contenidos que se balancea entre la insignificancia y la plenitud con fuerza evocadora.

Vacaciones en Roma

Roman Holiday, Estados Unidos, 1953

Paramount Pictures / William Wyler
Dirección: William Wyler
Guion: Dalton Trumbo, Ian McLellan Hunter y John Dighton
Intérpretes: Gregory Peck, Audrey Hepburn, Eddie Albert, Hartley Power, Harcourt Williams
118 minutos

Ni *Sabrina* ni *Una cara con ángel* ni *Desayuno con diamantes* ni tampoco *My Fair Lady*. Si una película sirve para definir el hechizo que Audrey Hepburn producía al situarse delante de una cámara, esa es, sin duda, *Vacaciones en Roma*. Pocas veces una actriz casi debutante ha sido capaz de ofrecer una interpretación tan embriagadora hasta el punto de conquistar toda la pantalla. Aunque

William Wyler tenía en mente a Elizabeth Taylor para el papel, cuando Hepburn hizo su prueba de audición no hubo más que decir. Ella era, y siempre será, aquella joven y estresadísima princesa que anhelaba pasar un par de días en Roma sin que nadie pudiera reconocerla. Su fortuita historia de amor con un periodista norteamericano (arrebatador y genuino Gregory Peck) se convirtió en el reflejo de aquella Edad Dorada de Hollywood, donde todo era posible y nada, ni siquiera los rincones más hermosos de la Ciudad Eterna, podía resistirse a la gran maquinaria de los sueños.

Aunque la versión oficial defiende que la película se rodó en blanco y negro para abaratar gastos ante el alto coste que suponía trasladar toda la producción hasta Roma, lo cierto es que Wyler —que era perro viejo y contaba ya con dos Oscar y varios clásicos a sus espaldas— decidió prescindir del color porque estaba convencido de que la grandeza de la ciudad distraería la atención de los espectadores, y estos no prestarían la atención suficiente a los protagonistas. Tal vez sea por eso, o por el magnetismo que desprendía su actriz, que durante el famoso paseo en Vespa hasta el Coliseo nos parece un simple relleno. Toda nuestra atención se centra en la mirada, la sonrisa y la candidez de aquella estrella de fulgurante presencia, etérea e irremplazable.

SUPERHÉROES

El Caballero Oscuro

The Dark Knight, Estados Unidos, Reino Unido, 2008

Warner Bros. / Legendary Entertainment / Syncopy
Dirección: Christopher Nolan
Guion: Jonathan Nolan y Christopher Nolan, sobre una historia de Christopher Nolan y David S. Goyer basada en los personajes creados por Bob Kane
Intérpretes: Christian Bale, Heath Ledger, Aaron Eckhart, Gary Oldman, Maggie Gyllenhaal
152 minutos

Todavía recuerdo a aquellos sabios del apocalipsis que, allá por 2005, proclamaban el fin de la carrera de Christopher Nolan por embarcarse en una película de Batman —y, por ende, vender su alma al diablo del cine comercial— tras unos primeros títulos de puro riesgo y vigor independiente. Pobres ilusos, porque subestimaron el talento inabarcable de su víctima. *Batman Begins* significó la llegada del método Nolan al concepto *mainstream* con todas sus consecuencias: los protagonistas atormentados, la descomposición temporal, el tentador impulso de la venganza... El director más sísmico y subversivo del cine moderno no solo redefinió para siempre el género de superhéroes, sino que implantó su discurso y su estilo en la mastodóntica maquinaria hollywoodiense casi sin despeinarse.

Pero lo mejor estaba todavía por llegar. Tres años después, Nolan llevó la noción de justiciero hasta un nivel completamente inexplorado. Si su primera cinta sobre el cruzado enmascarado de Gotham ya suponía un descenso considerable a las complejidades terrenales, *El Caballero Oscuro* fue mucho más allá en cuanto a planteamiento e intenciones. Aquí ya no se trataba de rendir tributo a los iconos indestructibles del cómic, sino de sumergirse en sus psiques y sacar a la superficie la parte más tenebrosa de sus almas. Aquí Batman deja de ser un héroe para fundirse con su propia némesis, un Joker que, precisamente, nos resulta tan temible por la extraña cercanía que despierta. Por alguna extraña razón (y por la interpretación ilógica y soberbia del llorado Heath Ledger), lo reconocemos como el profeta de una era desquiciada, en la que cada vez hay más hombres que ansían ver el mundo arder.

El Caballero Oscuro es una película recorrida por una penetrante tristeza. Una historia donde no hay ciudadanos ejemplares ni símbolos que inspiren a las masas. Donde el único héroe posible es un proscrito exiliado en las sombras, y la única posibilidad de esperanza nace de una cruel mentira.

El Caballero Oscuro. La leyenda renace

The Dark Knight Rises, Estados Unidos, Reino Unido, 2012

Warner Bros. / Legendary Entertainment / DC Entertainment / Syncopy
Dirección: Christopher Nolan
Guion: Jonathan Nolan y Christopher Nolan, sobre una historia de Christopher Nolan y David S. Goyer basada en los personajes creados por Bob Kane
Intérpretes: Christian Bale, Gary Oldman, Tom Hardy, Anne Hathaway, Michael Caine
164 minutos

El gran inconveniente de *La leyenda renace* para ser reconocida en toda su grandeza es el lugar de donde proviene. Ser la continuación directa de la mejor película de superhéroes acarrea, irremediablemente, un estigma imposible de olvidar: que todos te juzguen a través de la comparación y no de tu entidad como una (gran) obra autónoma. Y lo cierto es que, si somos capaces de analizarla dejando *El Caballero Oscuro* fuera de la ecuación (sé que no es fácil), nos encontraremos con uno de los enfrentamientos más apoteósicos entre el Bien y el Mal que se hayan presenciado jamás en una pantalla.

Christopher Nolan sabía muy bien que existía un listón inconquistable, y durante un tiempo dudó si valía la pena abordar una tercera entrega que todo el mundo ponderaría de manera escrupulosa. Por ello, solo dio el paso cuando estuvo convencido de hacer una película con un espíritu totalmente diferente, que sirviera de perfecta conclusión al arco de un personaje a quien conocimos en su juventud y que aquí se enfrentaba a la decadencia y el exilio. Así pues, mientras *El Caballero Oscuro* se sustentaba en una batalla psicológica envuelta en melancolía y tragedia, *La leyenda renace* toma su fuerza de los códigos heroicos de Joseph Campbell y se erige como un furioso *crescendo* hacia la magnanimidad.

Muchos seguirán sin ver la espléndida película que es por culpa de la sombra alargadísima de su predecesora. Hay incluso quienes se olvidan de ella cuando empiezan a enumerar las obras maestras firmadas por su director. No desesperemos: el tiempo pondrá a la mejor *trecuela* de la historia en el lugar de honor que le corresponde, recordándonos que, una vez, el cine de superhéroes fue algo casi perfecto donde lo más importante no era el dinero, sino el desafío supremo de alcanzar el arte.

DEADPOOL

Deadpool, Estados Unidos, 2016

20th Century Fox / Marvel Entertainment / Kinberg Genre / The Donner's Company
Dirección: Tim Miller
Guion: Rhett Reese y Paul Wernick
Intérpretes: Ryan Reynolds, Morena Baccarin, Ed Skrein, T. J. Miller, Gina Carano
108 minutos

En 2004, un Ryan Reynolds de veintiocho años comenzaba a pisar fuerte en Hollywood. Tras protagonizar varias comedias grotescas y extrañamente populares, hizo realidad su sueño de aparecer en una película basada en un cómic de Marvel, la tercera entrega de *Blade*. Su director era David S. Goyer, a quien acabamos de reconocer, Nolan mediante, como una de las eminencias de la industria en materia de superhéroes. Fue él quien le habló de un personaje de tebeo llamado Deadpool, que también era canadiense y se autodefinía como «un Ryan Reynolds cruzado con un Shar-Pei». A Reynolds, el de verdad, le picó la curiosidad y comenzó a devorar las historietas de aquel inesperado *alter ego*, un mercenario que, tras someterse a un terrible experimento con la esperanza de curarse de un cáncer terminal, quedaba desfigurado y adquiría una serie de capacidades que lo convierten en un tipo letal e imposible de matar.

Sin duda, las mayores aportaciones de Deadpool a la galería de héroes de la compañía eran su socarronería, su gusto por las bromas políticamente incorrectas, el lenguaje malsonante y su tendencia a romper la cuarta pared. Desde ese momento, Reynolds peleó por sacar adelante una película con él al frente, aunque problemas de derechos derivados de la incompatibilidad con los X-Men y un desastroso cameo en la película sobre los orígenes de

Lobezno impidieron un desarrollo lógico del proyecto. Finalmente, en 2015, Fox anunció el rodaje de una cinta protagonizada por Reynolds, que respetaría las raíces burlonas del personaje y su gusto por la violencia gráfica y desatada, aun a riesgo de incurrir en una calificación R para mayores de dieciocho años.

Lo que nadie esperaba era encontrarse con una oveja negra tan salvaje y mordaz en contraste con la intachable heroicidad marvelita: un vertiginoso compendio de chistes guarros, réplicas superlativas, referencias pop, amputaciones y toneladas de acción filmada con un primor casi pictórico. Desde el plano inicial del encendedor *slow* hasta la «marcha atrás» de su desenlace, *Deadpool* es una exquisita majadería. WHAM!

GUARDIANES DE LA GALAXIA VOL. 3

Guardians of the Galaxy Vol. 3, Estados Unidos, Nueva Zelanda, Francia, Canadá, 2023

Marvel Studios / Marvel Entertainment
Dirección y guion: James Gunn
Intérpretes: Chris Pratt, Zoe Saldaña, Dave Bautista, Bradley Cooper, Vin Diesel
150 minutos

Tras la epifanía de *Vengadores: Endgame*, Marvel se ha precipitado irremediablemente hacia una pendiente de indiferencia y hastío, algo lógico y predecible tras años de sobreexplotación de sus héroes clásicos y la poca (nula) enjundia de la nueva hornada, representada por petardazos del calibre de *Shang-Chi* (2021), *Eternals* (2021), *Quantumania* (2022) o *The Marvels* (2023). Sin embargo, incluso en este contexto tan deprimente, las películas de *Guardianes de la galaxia* resplandecen como una victoriosa excepción.

¿Por qué ellas sí y el resto no? Principalmente porque, aunque parezca una locura, son obras de autor: el temperamento de

James Gunn a los mandos es tan arrollador, tan corrosivo, que se amplifica de manera exponencial con cada nueva entrega. Poco a poco, el grupo de renegados espaciales han ganado en complejidad emocional, hemos conocido los traumas que arrastran, y se han revelado ante nuestros ojos como unos antihéroes cuya única manera de amar y subsistir consiste en partirse la cara con el resto del universo. Sentimos sus pérdidas, deseamos sus venganzas, bailamos con sus gestas. Porque solo hay dos tipos de personas, las que bailan y las que no, y nosotros preferimos bailar.

Con *Guardianes 3*, Gunn planificó una despedida apoteósica de su particular Grupo Salvaje. Y se encargó de perfilar una historia profundamente conmovedora alrededor de un mapache parlante. Vuelvan a leer esta última frase e imaginen el mérito que tiene eso en términos narrativos.

Guardianes de la galaxia se ha convertido en la Piedra Rosetta de Marvel, un hallazgo único con el que descifrar el, ahora mismo, inescrutable futuro de la compañía. Su trilogía, por atrevimiento y trascendencia, es *El Padrino* de las películas de superhéroes.

Joker

Joker, Estados Unidos, Canadá, 2019

Warner Bros. / Village Roadshow Pictures / BRON Studios / Joint Effort / DC Comics

Dirección: Todd Phillips

Guion: Todd Phillips y Scott Silver, sobre los personajes creados por Bob Kane, Bill Finger y Jerry Robinson

Intérpretes: Joaquin Phoenix, Robert de Niro, Zazie Beetz, Frances Conroy, Brett Cullen

122 minutos

Hasta la llegada de *Joker*, el archienemigo de Batman había desfilado ante nuestra mirada con los rostros de Jack Nicholson, Heath Ledger y Jared Leto, aunque siempre como una carismática némesis del héroe principal y nunca como el verdadero protagonista de la función. En 2016, el director Todd Phillips comenzó a desarrollar una trama en la que Joker era la estrella absoluta y Bruce Wayne solo un niño relegado a una aparición esporádica. Durante el año siguiente, escribió un primer borrador junto a Scott Silver *(8 millas, The Fighter)* y convenció a los directivos de Warner Bros. para convertirlo en una película muy diferente de las adaptaciones tradicionales del cómic, con un espíritu de cine independiente inspirado en los largometrajes iniciales de Martin Scorsese —sobre todo *Taxi Driver* y *El rey de la comedia*— y un marcado tono disruptivo, muy alejado de las epopeyas superheroicas. Incluso el presupuesto asignado, 55 millones de dólares, parecía una nimiedad en comparación con las cifras siderales que suelen manejar este tipo de producciones.

Ambientada en 1981, *Joker* muestra el proceso de degradación psicológica y moral de Arthur Fleck (un Joaquin Phoenix con veinticuatro kilos menos y horas de vídeos sobre risas patológicas a sus espaldas), un comediante fracasado y solitario que cuida de su madre enferma mientras fantasea con cortejar a su vecina. Humillado por una sociedad en descomposición, se convertirá en el artífice de una violenta revolución contra la clase dominante de Gotham City.

Pese a curtirse en un tipo de cine mucho más irreverente y desahogado, Phillips domina el espacio con notable aplomo y pulso *scorsesiano*, componiendo un relato nihilista y desolador, de cuya miseria parece brotar un curioso punto de sofisticación. Phoenix, por su parte, esculpe un personaje memorable, en cuya alma caben desde la ingenuidad y la compasión hasta la más terrible de las locuras.

Kick-Ass: Listo para machacar

Kick-Ass, Reino Unido, Estados Unidos, 2010

Lionsgate / Marv Films / Plan B / DMG Entertainment
Dirección: Matthew Vaughn
Guion: Jane Goldman y Matthew Vaughn, sobre el cómic de Mark Millar y John Romita Jr.
Intérpretes: Aaron Johnson, Nicolas Cage, Chlöe Grace Moretz, Christopher Mintz-Plasse, Mark Strong
117 minutos

«¿Te imaginas cómo sería vestirse de superhéroe y salir a la calle a combatir el crimen?» Más o menos, esta fue la frase clave que el autor de cómics escocés Mark Miller le dijo al director Matthew Vaughn la noche de 2007 en que conocieron, durante el estreno de la segunda película dirigida por este último, *Stardust*. Ambos conectaron al instante y Vaughn le preguntó a Millar por sus planes para próximos proyectos, uno de los cuales disparó totalmente su entusiasmo: un adolescente insignificante decide hacer realidad su sueño de convertirse en un vigilante justiciero, enfrentándose a un peligroso capo de la mafia neoyorquina y forjando una particular alianza con un expolicía y su letal hija de doce años.

Si el planteamiento de personas corrientes jugando a los superhéroes no fuera ya lo bastante atractivo, Millar tenía claro que aquella historia estaría envuelta en violencia explícita, expresiones discordantes y toneladas de impertinencia política. Fue entonces cuando, allí mismo, Vaughn le propuso trabajar en paralelo: él en un guion cinematográfico y Millar en su idea para un nuevo cómic. Así fue como *Kick-Ass* fue tomando forma desde dos perspectivas diferentes, pero retroalimentadas al milímetro, cuyo resultado acabó siendo una obra gráfica de culto repleta de guiños cinematográficos, por un lado, y una película con una textura y un planteamiento narrativo extraídos directamente del universo de las viñetas, por otro.

Otra historia es cómo lograron ambas ver la luz. Mientras Millar consiguió publicar su obra en la «lista B o C de Marvel» tras una intensa revisión de la editorial para eliminar secuencias violentas y varias palabrotas, Vaughn se vio obligado a levantar una producción casi independiente (con Brad Pitt como inesperado mecenas) por no plegarse a las exigencias de los grandes estudios, que le exigían una Hit Girl mucho mayor y recatada en sus formas. Por suerte, acabó haciendo lo que le dio la gana, y nunca se lo agradeceremos lo suficiente: solo la escena de la superheroína infantil ejecutando matones al ritmo de Morricone contiene más cine que muchos títulos del MCU juntos.

Logan

Logan, Estados Unidos, 2017

20th Century Fox / Marvel Entertainment / TSG Entertainment / Donner's Company
Dirección: James Mangold
Guion: Michael Green, James Mangold y Scott Frank
Intérpretes: Hugh Jackman, Dafne Keen, Patrick Stewart, Boyd Holbrook, Stephen Merchant
137 minutos

Con *Logan*, el cine de superhéroes que había colapsado las carteleras desde el año 2000 dio un vuelco insospechado y extremadamente audaz. De repente, un personaje de un poder y una presencia inconmensurables, idolatrado por la audiencia a lo largo de ocho películas, se presentaba ante nuestros ojos envejecido, alcoholizado y gravemente enfermo. Y lo que es peor: con la sensación de no tener nada más por lo que luchar.

Cuando el buen trabajo de James Mangold en *The Wolverine* (2013) le valió un nuevo contrato para dirigir la aventura final de Lobezno, nadie imaginaba que estaríamos ante uno de los relatos de autoafirmación más sobresalientes de los últimos tiempos. Tomando como base el cómic distópico de Mark Millar y Steve McNiven *Old Man Logan*, Mangold y los coguionistas Michael Green y Scott Frank imaginaron un futuro cercano en el que el héroe de *adamantium* se convertía en un individuo errante y desengañado, una especie de *cowboy* que pasa sus últimos días en medio de un paraje desértico, entre botellas vacías y una (muy) particular percepción de la justicia. Sin embargo, la aparición de una niña con un poder similar al suyo, a la que deberá proteger de una peligrosa corporación, proporcionará un repentino sentido a su existencia.

Por supuesto, hay mucho de wéstern crepuscular en *Logan*, con referencias tan obvias como el viejo Eastwood de *El jinete pálido* y *Sin perdón* o el Alan Ladd de *Raíces profundas* (1953), esta última homenajeada directamente en la película desde múltiples perspectivas. Pero también encontramos retazos de *Mad Max* y de las *road movies* cuya fuga a través de la carretera simboliza, además, una huida espiritual.

Nunca Hugh Jackman estuvo tan extraordinario como en esta tortuosa reflexión acerca del sacrificio y la muerte, donde incluso la voz grave de Johnny Cash resuena para recordarnos que el destino acecha a todos por igual.

EL PROTEGIDO

Unbreakable, Estados Unidos, 2000

Touchstone Pictures / Blinding Edge Pictures / Barry Mendel Productions
Dirección y guion: M. Night Shyamalan
Intérpretes: Bruce Willis, Samuel L. Jackson, Robin Wright, Spencer Treat Clark, Chalayne Woodard
106 minutos

He de reconocer que, mientras el mundo entero reverenciaba a Shyamalan por aquella pirueta final de *El sexto sentido*, yo me retorcía de pura indignación ante lo que consideraba una de las películas más tramposas que había visto en mi vida. Por eso, cuando un año después se estrenó *El protegido*, me senté en la butaca con un escepticismo disparado y las expectativas bajo cero. Y, oh sorpresa, me encontré con la mejor historia de superhéroes no franquiciados que se haya filmado jamás.

El cineasta tuvo que dislocarse una rodilla jugando al baloncesto y darse cuenta de la fragilidad del ser humano para empezar a gestar en su mente la idea de *El protegido*. Uniendo a este punto de partida su pasión por las viñetas y el pánico a los aviones, Shyamalan comenzó a dar forma a la historia protagonizada por David Dunn (sublime Bruce Willis), un tipo cualquiera que resulta ser el único superviviente de un trágico accidente de tren sin sufrir el más mínimo rasguño. Un personaje inquietante y adictivo para el espectador, cuya aparente invulnerabilidad le obliga a cuestionarse su propia naturaleza tras conocer a su némesis perfecta: un solitario coleccionista de cómics (Samuel L. Jackson) con una enfermedad ósea que lo hace extremadamente frágil.

El protegido es tan rematadamente buena que, en su momento, muchos nos preguntábamos por qué Shyamalan no expandía aquel enfoque tan sensacional mediante nuevas entregas del personaje. Diecisiete años después, durante el epílogo de su segunda mejor película —*Múltiple* (2017)—, descubrimos que simplemente había esperado el momento oportuno para completar la historia del misterioso vigilante irreductible. Con *Glass* (2019) cerró un círculo casi perfecto y nos brindó una de las últimas grandes interpretaciones de nuestro añorado Bruce.

Spider-Man: Lejos de casa

Spider-Man: Far From Home, Estados Unidos, 2019

Columbia Pictures / Pascal Pictures / Marvel Studios
Dirección: Jon Watts
Guion: Chris McKenna y Erik Sommers, sobre los personajes creados por Stan Lee y Steve Ditko
Intérpretes: Tom Holland, Jake Gyllenhaal, Samuel L. Jackson, Zendaya, Marisa Tomei
129 minutos

Por mucho que intenten convencernos de que Iron Man o Capitán América son los cabecillas definitivos de los superhéroes de Marvel, todos sabemos que la joya de la corona responde al nombre civil de Peter Parker y al alias sobrehumano de Spider-Man. Creado por Stan Lee y Steve Ditko en 1962, el famoso adolescente trepamuros tardó en dar el salto a la gran pantalla en las condiciones que un mito de su nivel requería (antes había protagonizado una serie de lamentables y disparatados telefilmes). Fue en 2002, de la mano de Sam Raimi y con Tobey Maguire como protagonista, en lo que supuso el inicio de una trilogía completada por una segunda parte sensacional (2004) y un tercera abominable (2007). Sony, propietaria de los derechos para el cine del personaje, optó inesperadamente por reiniciar la saga y contar los orígenes del héroe arácnido con otro actor y un nuevo director. Andrew Garfield le encarnó en las dos entregas de *The Amazing Spider-Man* (2012 y 2014), ambas firmadas por Marc Webb y recibidas con tibieza por un público que empezaba a empacharse del personaje.

En 2015, el acuerdo entre Marvel y Sony iba a permitir la irrupción de Spider-Man en el universo cinematográfico de la compañía, y, por extensión, una nueva redefinición lo bastante original como para captar, ¡otra vez!, la atención de la audiencia. Con Jon Watts al frente, *Spider-Man: Homecoming* (2017) obviaba el pasaje de la picadura para adentrarse de lleno en la parte más cómica y festiva de lo que supone atravesar la adolescencia con superpoderes. Tom Holland estaba perfecto como un Peter desnortado e intrépido, en la estela del Michael J. Fox de *Regreso al futuro*, y el resultado fue una película impregnada de ritmo y buen rollo que, dos años después, deparó una secuela todavía más redonda: *Spider-Man: Lejos de casa* trasladaba las peripecias de un superhéroe en plena explosión hormonal hasta las ciudades más bellas de Europa, con hilarantes y aparatosas consecuencias. Divertida es poco.

SUPERMAN

Superman: The Movie, Estados Unidos, Reino Unido, 1978

Warner Bros. / Alexander Salkind
Dirección: Irvin Kershner
Guion: Mario Puzo, Robert Benton, Leslie Newman y David Newman, sobre los personajes creados por Jerry Siegel y Joe Shuster
Intérpretes: Christopher Reeve, Marlon Brando, Gene Hackman, Margot Kidder, Ned Beatty
143 minutos

Surgido por primera vez en 1938 en las páginas de la revista *Action Comics*, Superman ha pasado a la historia como el más poderoso, noble y precursor de todos los superhéroes. Solo él podía inaugurar un género cinematográfico indispensable en nuestros tiempos, pero absolutamente inhóspito a mediados de la década de los setenta, momento en que el productor francopolaco Alexander Salkind compró los derechos del personaje y se dispuso a levantar una de las mayores superproducciones de todos los tiempos. Un proyecto de 55 millones de dólares que incluía cuatro guionistas (uno de ellos, el mismísimo autor de *El Padrino*, Mario Puzo), un director de plenas garantías como Richard Donner (se tanteó a Steven Spielberg), un reparto plagado de estrellas (Marlon Brando entró en el Libro Guinness al embolsarse cuatro millones por diez minutos en pantalla) y el mejor compositor de Hollywood, John Williams, que por aquel entonces lucía ya tres Oscar en su estantería. Los títulos de crédito, legendarios al compás de su tema principal, costaban ellos solos más dinero que muchas películas de la época.

Sin embargo, el mayor acierto de *Superman* fue la elección de su protagonista, un joven de veinticinco años llamado Christopher Reeve. Con su imponente 1,94 de altura, Reeve era mucho más que la reencarnación en carne y hueso del hijo de Krypton: tenía un carisma sensacional como superhéroe y un delicioso talento cómico cuando ejercía de Clark Kent. Tras el éxito de la película, volvió a enfundarse el traje en otras tres secuelas, cada cual peor que la anterior, y quedó para siempre inmortalizado en la memoria de una generación capaz de contener la respiración cada vez que Superman sujeta a Lois entre sus brazos.

V de Vendetta

V for Vendetta, Estados Unidos, 2005

Warner Bros. / Virtual Studios / Silver Pictures / Anarchos Productions
Dirección: James McTeigue
Guion: Lana y Lili Wachowski, sobre la novela gráfica de Alan Moore y David Lloyd
Intérpretes: Hugo Weaving, Natalie Portman, Stephen Rea, John Hurt, Stephen Frey
132 minutos

Muchos consideran a *V de Vendetta* el cómic más importante de los años noventa. Su espinoso trasfondo político y el marcado posicionamiento antidictatorial y subversivo pronto la convirtieron en una de las obras de referencia de la época, gracias a su lúcida recreación de un Londres postapocalíptico sometido a un terrible régimen totalitario y al antológico protagonista que decide hacerle frente: un hombre enmascarado y sediento de venganza, que se alzará como el gran emblema de la revolución que se cierne sobre la tiranía.

Antes incluso de sumergirse en el universo de *Matrix*, las hermanas Wachowski planeaban llevar a la pantalla la novela gráfica escrita por Alan Moore e ilustrada por David Lloyd; no en vano, guarda más de un paralelismo con la mítica odisea de Neo y compañía: en ambas, encontramos una sociedad oprimida por un poder perverso y magnánimo, y también un líder espiritual que irrumpe para guiar al pueblo subyugado hacia la victoria. Finalizada su trilogía en 2003, las Wachowski pudieron al fin centrar su atención en *V de Vendetta*, haciéndose cargo del guion y promocionando para la dirección a uno de sus colaboradores habituales, James McTeigue. Aun así, desde el principio del rodaje comenzaron a proliferar los rumores que situaban a las dos hermanas como las verdaderas responsables de la cinta.

Fuera quien fuese su director final, *V de Vendetta* es una película visualmente exuberante y suntuosa, y también un robusto ejercicio narrativo desde un punto de vista sociológico. Tras su estreno, pasó a ser un símbolo de la lucha contra los totalitarismos y se le acusó de hacer apología del anarquismo e incitar a la violencia. En realidad, todo consistía en una sola cosa: reinventar el concepto superheroico y convertir la libertad en la base de nuestra existencia.

VENGADORES: ENDGAME

Avengers: Endgame, Estados Unidos, 2019

Marvel Studios / Walt Disney Pictures
Dirección: Anthony Russo y Joe Russo
Guion: Christopher Markus y Stephen McFeely
Intérpretes: Robert Downey Jr., Chris Evans, Mark Ruffalo, Chris Hemsworth, Scarlett Johansson
181 minutos

Si alguien quiere saber el porqué de la caída en picado de Marvel desde 2020 —salvo *Guardianes 3*—, que eche un vistazo a *Vengadores: Endgame* y se pregunte si es posible hacer una película de superhéroes más jodidamente esplendorosa. Uno tiene la impresión de que la compañía llevaba preparando este momento desde la primera película del MCU en 2008, y que la veintena de títulos estrenados desde entonces no era sino un pretexto para alumbrar este loquísimo, atronador y sentimental enfrentamiento entre las fuerzas del Bien y del Mal a escala *King Size*. Dicho de otro modo: la película es tan brutal, tan insuperable en términos de vistosidad y épica, que cualquiera que venga a continuación (llámese *Eternals*, *Shang-Chi* o la espantosa *The Marvels*) parecerá un burdo sucedáneo.

Como el gran acontecimiento generacional que representa, *Endgame* eleva los conceptos de tragedia y heroicidad a su máxima expresión. Nunca el mundo ha estado tan cerca de ser aniquilado por un dios-villano tan poderoso —ese sensacional Thanos en cuya maldad, aunque no lo parezca, reside un mensaje de sostenibilidad para nuestro planeta— ni nunca han sido necesarios tantos superhombres, supermujeres y superhormigas para convertir a un antagonista en polvo sideral. Y no solo eso: los hermanos Russo, casi una versión con esteroides de los Coen, manejan con maestría un sinfín de líneas argumentales y las hacen confluir en un último acto que te aplasta literalmente contra la butaca. No hay ni un solo personaje principal que, en medio de tanta parafernalia explosiva, no cierre dignamente su arco dramático. Resulta que, detrás del espectáculo, había humanidad y entrañas.

Por eso Marvel no ha sido capaz de levantar el vuelo (¿lo pillan?) desde entonces. Llevado por el entusiasmo, uno puede afirmar, tan campante, que estamos ante *El Padrino* de su género: solo el momento en que el Doctor Strange levanta su dedo índice y Tony Stark asume lo que está a punto de suceder, vale más que todo el catálogo de DC de la última década.

Watchmen

Watchmen, Estados Unidos, 2009

Warner Bros. / Paramount Pictures / Legendary / Lawrence Gordon / DC Comics
Dirección: Zack Snyder
Guion: David Hayter y Alex Tse, sobre la novela gráfica de Alan Moore y Dave Gibbons
Intérpretes: Jackie Earle Haley, Malin Akerman, Billy Crudup, Jeffrey Dean Morgan, Patrick Wilson
162 minutos

El éxito internacional de *300* transformó a Zack Snyder en el autor global de las adaptaciones estilizadas de cómics de culto. Tal era su consideración entre los fans, que incluso fue capaz de desbloquear uno de los proyectos malditos de Hollywood por aquel entonces: nada menos que la versión cinematográfica de *Watchmen*, la mítica novela gráfica firmada por Alan Moore (de nuevo) y Dave Gibbons. Durante años, diferentes estudios habían luchado por el control de los derechos, y cineastas del calibre de Terry Gilliam, Tim Burton o Darren Aronofsky se habían interesado en dirigir la película. Pero nada fluyó hasta que Snyder tomó las riendas y puso toda su artillería visual al servicio de esta historia de superhéroes traumatizados.

El problema de la ansiada adaptación fue, precisamente, que la fuerza de la estética —la película es un delirio hipnótico e imparable propio de su director— acabó engullendo la parte emocional de unos personajes complejísimos desde una perspectiva psicológica. Ambientada en un 1985 alternativo, en el que Estados Unidos salió victorioso de Vietnam y la Guerra Fría se encuentra en su máximo apogeo, *Watchmen* sigue los pasos de unos antiguos vigilantes enmascarados que abandonan su retiro para investigar el asesinato de un antiguo compañero. Así pues, mientras en el apartado formal la película resulta apabullante, cuando trata de sumergirse en las particularidades de estos héroes desengañados todo es mucho más confuso, frío e inescrutable. Pese a ello, estamos ante una obra inmensa, adorablemente pretenciosa, que hoy merece un lugar de honor en cualquier liturgia superheroica.

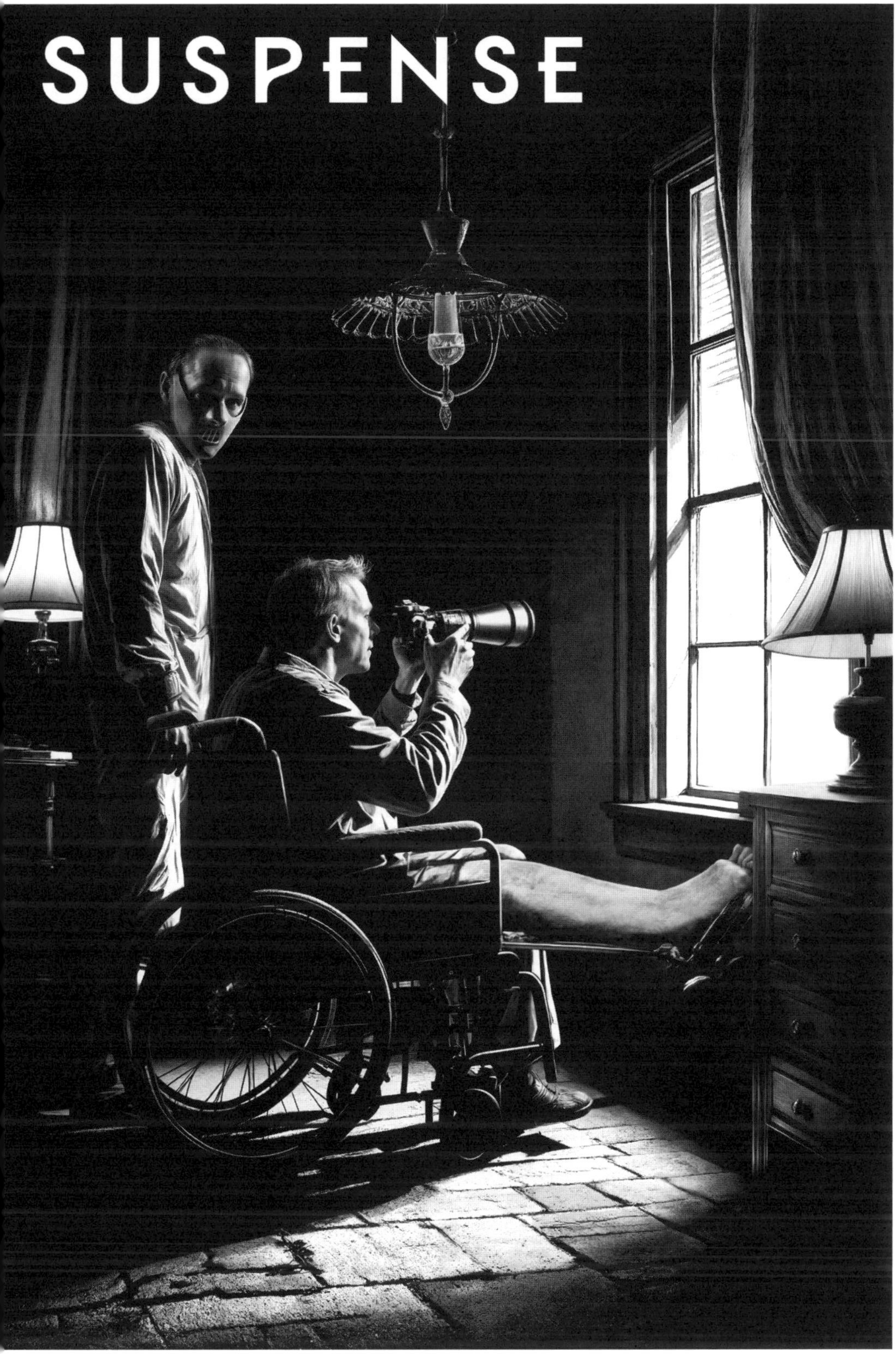
SUSPENSE

ALGUNOS HOMBRES BUENOS

A Few Good Men, Estados Unidos, 1992

Columbia Pictures / Castle Rock Entertainment / David Brown Productions
Dirección: Rob Reiner
Guion: Aaron Sorkin
Intérpretes: Tom Cruise, Jack Nicholson, Demi Moore, Kevin Bacon, Kiefer Sutherland
138 minutos

Antes de ser uno de los guionistas más corrosivos de Hollywood, Aaron Sorkin fue un brillante dramaturgo que escribía sus obras en las servilletas del local de Broadway donde trabajaba como camarero. Una de ellas, titulada *Algunos hombres buenos*, se le ocurrió después de charlar por teléfono con su hermana, que era abogada de la Marina y debía defender a un grupo de soldados que estuvieron a punto de asesinar a un compañero con la supuesta complicidad de un superior. Sorkin imaginó una historia en la que el joven moría y el inexperto abogado designado para defender a los agresores se convertía en el principal inculpador, enfrentándose en un desenlace apoteósico al poderoso coronel que había ordenado el crimen.

En 1988, antes incluso de estrenarla sobre los escenarios, Sorkin vendió los derechos de *Algunos hombres buenos* al veterano productor David Brown, que pagó por ellos un importe de seis cifras. Tras unos cuantos intentos fallidos, Castle Rock se ofreció a hacer la película con uno de los socios del estudio como director, nada menos que un Rob Reiner que venía de firmar la gloriosa trinidad formada por *La princesa prometida*, *Cuando Harry encontró a Sally* y *Misery*. Sorkin adaptó el guion a las peticiones del realizador, que estaba convencido en rodar un clímax donde, en lugar de mostrar las pruebas del delito, el abogado protagonista (Tom Cruise entregado a un ímpetu elegante y contagioso) acababa desenmascarando al temido militar (Jack Nicholson en un nivel superlativo de maldad) gracias a su intuición y a un poderoso discurso dialéctico. El momento en que le interroga sobre quién ordenó el Código Rojo es tan penetrante, tan espléndido, que merece formar parte de la realeza del cine judicial.

Anatomía de una caída

Anatomie d'une chute, Francia, 2023

Les Films Pelléas / Les Films de Pierre / France 2 Cinéma / Canal+
Dirección: Justine Triet
Guion: Justine Triet y Arthur Harari
Intérpretes: Sandra Hüller, Swann Arlaud, Milo Machado Graner, Antoine Reinartz, Samuel Theis
151 minutos

Sandra Voyter es una afamada novelista que vive con su marido Samuel y su hijo Daniel, de once años y con una deficiencia visual severa tras sufrir un trágico accidente, en una casa de montaña cerca de Grenoble. Un día, el pequeño regresa de dar un paseo junto a su perro guía y encuentra el cadáver de su padre tendido sobre la nieve, bajo la ventana del ático, con una fuerte herida en la cabeza. Aunque las pruebas son muy ambiguas para dictaminar si se trata de un accidente, un suicidio o un homicidio, Sandra es acusada de la muerte de Samuel y se enfrenta a un juicio mediático durante el cual su relación se verá diseccionada hasta niveles impensables. Mientras, Daniel, en calidad de único testigo, se sumerge en un dilema moral sobre la certeza de sus recuerdos y el compromiso ético con su propia madre.

Anatomía de una caída es una película impresionante, profundamente turbadora. Reconocido con la Palma de Oro en el Festival de Cannes, el cuarto trabajo tras la cámara de Justine Triet propone al espectador un juego de complicidades donde establecer una empatía puede resultar algo tan intrínseco como engañoso. De hecho, el misterio en torno a la caída de Samuel no es sino un rotundo *macguffin* que encubre la verdadera razón de esta historia: desmenuzar con precisión *bergmaniana*, como si de una autopsia se tratara, las miserias de una pareja en descomposición, invitando a la audiencia a fijar sus propias conclusiones sobre la credibilidad de cada acto y el alcance de cada consecuencia.

A lo largo de dos horas y media que pasan en un suspiro, Triet pone ante nuestros sentidos una *matrioska* narrativa que, poco a poco, deja al descubierto otras capas mucho más recónditas e inescrutables. Algunas de ellas nos muestran cómo la verdad puede distorsionarse sin necesidad de convertirse en mentira, y otras nos plantean un paralelismo entre la ceguera de la justicia y la de un niño que huye de una oscuridad mucho más terrible: la de su propia alma.

La ardilla roja

España, 1993

Sogetel / Julio Medem
Dirección y guion: Julio Medem
Intérpretes: Emma Suárez, Nancho Novo, Carmelo Gómez, María Barranco, Karra Elejalde
114 minutos

Por alguna extraña razón que no soy capaz de identificar, la segunda película escrita y dirigida por Julio Medem sigue despertando en mí una fascinación insólita. Quizá sea por su naturaleza envolvente y simbólica, o por esa cualidad que la hace funcionar igual de bien como comedia romántica que como drama pasional o intriga detectivesca, opción esta última que siempre me ha parecido más acorde con el trasfondo psicológico de la historia y ese lado perverso, fundamentado en la mentira, que caracteriza a casi todos los personajes.

Jota (Nancho Novo) representa a uno de los protagonistas arquetípicos del realizador vasco: un individuo desorientado, inevitablemente romántico e incapaz de asumir su condición de adulto. Tampoco puede presumir de principios, pues no duda en engañar a una joven desconocida que ha quedado amnésica tras un accidente (la siempre mágica, y más con Medem, Emma Suárez), convenciéndola de que tienen una relación desde hace varios años y se aman profundamente. En realidad, *La ardilla roja* pretende denunciar los ideales machistas del sometimiento y la artimaña, colocando frente al hombre *todopoderoso* a una mujer que le dobla en ingenio, y que, tal vez, lo esté manejando a su antojo mientras representa el papel de víctima.

Rebosante de imágenes emblemáticas que forman ya parte de la historia del cine español (un temible Carmelo Gómez atravesando su cara con unas tijeras), la película es una obra laberíntica, onírica, inquietante y hermosa hasta el último fotograma. Entre sus seguidores más ilustres, ahí es nada, se encontraba un tal Stanley Kubrick.

CISNE NEGRO

Black Swan, Estados Unidos, 2010

Searchlight Pictures / Cross Creek Pictures / Protozoa Pictures
Dirección: Darren Aronofsky
Guion: Mark Herman, Andrés Heinz y John McLaughlin
Intérpretes: Natalie Portman, Vincent Cassel, Mila Kunis, Barbara Hershey, Winona Ryder
108 minutos

Cisne negro es una irresistible celebración de lo enfermizo. Un material así, en manos de un tipo como Aronofsky (profeta de aquellos personajes al límite que son alguien muy distinto a quien querrían ser), se traduce en una reversión progresiva de un arte tan eminente y etéreo como el ballet, hasta derivar en un verdadero festival de momentos incómodos y, por qué no decirlo, repugnantes. El realizador, experto en someter a sus protagonistas a un imparable tormento físico y psicológico, se vale de la iconografía clásica de *El lago de los cisnes* para representar la transformación en leviatán de una grácil bailarina dispuesta a todo por triunfar.

Aronofsky no escatima en recursos espeluznantes para implicar al espectador en el proceso degenerativo de su heroína: uñas que se cortan con chirriante estridencia, dedos ensangrentados, huesos quebrados, mutaciones oníricas y hasta una madre psicópata que haría buenas migas con la Piper Laurie de *Carrie* (1976). Entre tanto, la cámara se agita con violencia y los secundarios se revelan en su totalidad como depravados sin un ápice de entereza. Todo es desasosegante y malvado, y, por alguna extraña razón, queremos dejar de mirar, pero no podemos evitar hacerlo. Cosas de la poética monstruosidad del cineasta neoyorquino.

Lo de Natalie Portman, claro está, merece un capítulo aparte. Pocas veces verán a una actriz entregarse tanto a un papel, aún a costa de sacrificar su propia integridad emocional. Pasó seis meses practicando ballet y entrenamiento coreográfico, y eligió oscurecer su alma en nombre del arte. En realidad, debieron darle dos Oscar, uno por cada cisne.

Cruella

Cruella, Estados Unidos, Reino Unido, Canadá, Irlanda, 2021

Walt Disney Pictures / Marc Platt Productions / Gunn Films
Dirección: Craig Gillespie
Guion: Dana Fox y Tony McNamara, sobre una historia de Aline Brosh McKenna, Kelly Marcel y Steve Zissis basada en la novela de Dodie Smith
Intérpretes: Emma Stone, Emma Thompson, Joel Fry, Paul Walter Hauser, Mark Strong
134 minutos

Un momento. ¿Qué hace una película inspirada en un clásico de Disney compartiendo capítulo con delincuentes retorcidos, crímenes sin resolver y asesinatos a sangre fría? La respuesta es sencilla: *Cruella* es una desconcertante excepción dentro del catálogo de idílicas adaptaciones *live-action* perpetradas por los secuaces del tío Walt. Donde otras cintas por el estilo pecan de reiterativas y exceden los límites de la cursilería, esta se inclina por la incorrección constante, la salvajada psicodélica (y psicopática) y el triunfo aplastante de las fuerzas del mal.

¿Qué pasó, entonces? ¿Se volvieron locos los directivos del estudio de las nubes de algodón y las almas incorruptas? Pues es muy posible, porque, después de ver *Cruella* varias veces, uno termina confirmando que está mucho más cerca de los trastornos de personalidad de *Joker* que de los cuentos de hadas y princesas candorosas. Por alguna razón (el *carpe diem* de la pandemia, tal vez), alguien pensó que sería buena idea mostrar los años de juventud de una joven aspirante a diseñadora —y de su *alter ego* deliciosamente vengativo y perverso— en un contexto tan sugerente como el Londres de los años setenta, una ciudad en plena explosión cultural y sociológica gracias a movimientos como el mod, el punk o el glam. Una bendita anomalía donde también tendrían cabida la guionista de *El diablo viste de Prada* (2007) y el director de la brutal *Yo, Tonya* (2017), y donde Emma Stone —con mucho la actriz más versátil de su generación— podría moldear a su antojo un personaje complejísimo, de un modo tan vulnerable como diabólico.

Lástima que, desde entonces, Disney se haya dedicado a volver una y otra y otra vez al redil de la monotonía y las buenas intenciones. Al menos, quienes padecemos de fotofobia siempre podremos deleitarnos con esta película fascinante, un inesperado arrebato de oscuridad en medio de tanta luz cegadora y cansina.

DOCE HOMBRES SIN PIEDAD

---

12 Angry Men, Estados Unidos, 1957

United Artists / Orion-Nova Productions
Dirección: Sidney Lumet
Guion: Reginald Rose
Intérpretes: Henry Fonda, Lee J. Cobb, Martin Balsam, John Fiedler, E. G. Marshall
96 minutos

Fíjense si era bueno Sidney Lumet, que la primera película que dirigió está considerada uno de los mejores dramas judiciales de la historia. Fue Henry Fonda, como principal impulsor y reclamo interpretativo, quien le propuso abandonar su carrera en televisión para probar suerte como realizador de largometrajes. El legendario actor estaba interesado en hacer una película sobre un texto de Reginald Rose, escrito para ser representado en la pequeña pantalla, al igual que una obra de teatro filmada. En él, un jurado se reunía para deliberar si un joven acusado de matar a su padre es realmente culpable o no. Once de sus miembros tienen claro que es un asesino, salvo uno que intentará por todos los medios que sus compañeros aparquen sus prejuicios y antipatías personales para emitir un dictamen lo más objetivo posible.

Pronto quedó claro que aquel hombrecillo con gafas de pasta era un artista fuera de lo convencional. Primero, sometió a los actores a dos semanas infernales de ensayos, y, nada más terminar, rodó la película en prácticamente el mismo tiempo. Toda la acción se desarrolla en una sola habitación, y Lumet se las ingenia para incrementar la sensación de claustrofobia convirtiendo los grandes angulares del principio en planos mucho más cerrados y con una angulación más baja, para dar la sensación de que los personajes son unos gigantes que tienen el poder de decidir sobre la vida y la muerte de otro ser humano. Fonda, que era famoso por no volver a ver sus películas una vez terminadas, asistió a un pase privado y acabó tan emocionado que casi asfixia al director aferrándose a su cuello de puro júbilo.

Durante los cincuenta años que siguieron a esta obra monumental, Sidney Lumet se dedicó a perfeccionar un estilo meticuloso y eléctrico, donde sus particulares Quijotes se enfrentaban, armados con las lanzas de la integridad, a los paladines de un sistema en descomposición.

EYES WIDE SHUT

Eyes Wide Shut,Reino Unido, Estados Unidos, 1999

Warner Bros. / Stanley Kubrick Productions / Hobby Films
Dirección: Stanley Kubrick
Guion: Stanley Kubrick y Frederic Raphael, sobre la novela de Arthur Schnitzler
Intérpretes: Tom Cruise, Nicole Kidman, Sydney Pollack, Marie Richardson, Todd Field
159 minutos

La despedida —cinematográfica y existencial— de Stanley Kubrick fue digna de un coloso de su magnitud. *Eyes Wide Shut* era un proyecto perseguido desde finales de los años sesenta, momento en que adquirió los derechos de *Relato soñado*, una novela corta de Arthur Schnitzler sobre un doctor atrapado en una espiral obsesiva tras la confesión de una figurada infidelidad por parte de su esposa. Tras barajar a lo largo de los años nombres como los de Warren Beatty, Steve Martin, Woody Allen o Tom Hanks para protagonizarla, Kubrick no dio al proyecto el impulso definitivo hasta mediados de la década los noventa, cuando comenzó a escribir la adaptación junto al novelista y periodista Frederic Raphael. En su mente, el personaje principal debía tener un aire de joven Harrison Ford (de ahí que decidiera apellidarlo Harford) y embarcarse en una laberíntica aventura nocturna con orgías enmascaradas, sociedades secretas y una joven muerta en extrañas circunstancias.

Por aquel entonces, Tom Cruise y Nicole Kidman formaban uno de los matrimonios más populares de Hollywood. Kubrick, que quería a una pareja real para protagonizar la película, les recibió en su finca londinense y de inmediato les ofreció los papeles de Bill y Alice Harford. Comenzaba así un rodaje infernal que se extendió a lo largo de cuatrocientos días —ostenta el récord Guinness a la filmación ininterrumpida más larga de la historia— debido al perfeccionismo de Kubrick y su tendencia a reescribir el guion sobre la marcha. El pánico del realizador a volar obligó a recrear las calles de Nueva York en los estudios Pinewood, mientras los miembros del equipo y el reparto sufrían un progresivo desgaste físico y mental por las exigencias del tiránico genio, que incluso hizo repetir 95 veces una toma en la que Tom Cruise solo tenía que abrir y cerrar una puerta. Con el presupuesto multiplicándose de manera progresiva, los ejecutivos de Warner Bros. llegaron a «infiltrar» al director Sydney Pollack como actor en la película para que pusiera algo de cordura en semejante desaguisado.

Kubrick falleció de un infarto a pocos días de presentar al estudio el montaje final. *Eyes Wide Shut* se estrenó cuatro meses después, en medio de una brutal expectación y con los críticos rendidos ante la locura póstuma del gran maestro.

LA *HUELLA*

Sleuth, Reino Unido, Estados Unidos, 1972

20th Century Fox / Palomar Pictures International
Dirección: Joseph L. Mankiewicz
Guion: Anthony Shaffer, sobre su propia obra teatral
Intérpretes: Laurence Olivier, Michael Caine
138 minutos

Es habitual que, al enfilar la recta final de sus trayectorias, muchos de los grandes maestros del celuloide nos revelen sus obras más intrascendentes: títulos difíciles de levantar por la escasa fe de los productores en una antigua gloria, falta de pulso narrativo debido a la edad, productos de encargo hechos solo para subsistir, demasiada rutina experimental... Les sucedió a clásicos como John Ford, Billy Wilder o Hitchcock, y también a iconos más contemporáneos (Coppola, De Palma), y fueron muy pocos los que lograron cerrar su ciclo triunfal con una película a la altura de su leyenda.

Joseph Leo Mankiewicz fue uno de ellos.

El responsable de *Eva al desnudo* (1950) o *Cleopatra* (1963) tenía decidida su jubilación cuando vislumbró la posibilidad de filmar un epílogo por todo lo alto. A principios de 1970, Anthony Shaffer estrenaba en el Royal Theatre de Brighton *Sleuth*, una pieza teatral en torno al misterioso encuentro entre un veterano escritor de novelas criminales —y amante de los acertijos y los juegos— y el joven y apuesto amante de su mujer. La obra no tardó en dar el salto a Broadway y Shaffer pronto recibió varias ofertas por los derechos para el cine. Aunque al principio se mostró algo escéptico, finalmente estampó su firma en el contrato con la condición de encargarse personalmente de escribir la adaptación.

Mankiewicz supo que aquel podía ser un *last dance* glorioso. Convenció a Laurence Olivier y a Michael Caine para interpretar a los protagonistas, y se preocupó tanto de preservar la sorpresa en la audiencia que hasta incluyó un reparto ficticio al principio de la película, con nombres y personajes inexistentes. El rodaje con solo dos actores fue divertidísimo (Olivier exigía a Caine que se dirigiera a él como «*lord* Olivier» y le trataba como a un asistente) y el viejo Mank pudo despedirse con un ejercicio memorable de ingenio, a la altura —y quién sabe si incluso por encima— de sus hitos de antaño.

JFK. Caso abierto

JFK, Estados Unidos, Francia, 1991

Warner Bros. / Canal+ / New Regency / Alcor Films / Ixtlan / Camelot
Dirección: Oliver Stone
Guion: Oliver Stone y Zachary Sklar, sobre los libros de Jim Garrison y Jim Marrs
Intérpretes: Kevin Costner, Sissy Spacek, Kevin Bacon, Tommy Lee Jones, Gary Oldman
189 minutos

Oliver Stone siempre ha tenido la curiosa habilidad de polarizar hasta el extremo mi punto de vista: me aburre soberanamente cuando se cree un visionario y un místico (*Asesinos natos*, *Giro al infierno*, *Alejandro Magno)*, pero me apasiona cuando se ensaña con la parte más miserable de su propio Gobierno, ya sea mediante sátiras presidenciales o a través de vibrantes relatos en torno a esa guerra de Vietnam que llegó a vivir en primera persona. Dentro del grupo de intrigas políticas basadas en escándalos reales, *JFK* es, sin ninguna duda, la que mejor representa el gusto del realizador por las historias épicas que descuartizan el idílico *way of life* americano.

La muerte de John F. Kennedy siempre había fascinado a Stone, que a finales de los años ochenta conoció personalmente al exfiscal del distrito de Nueva Orleans Jim Garrison, el hombre que llegó a encabezar la vía de la conspiración contra el presidente. Según esta teoría, Lee Harvey Oswald solo fue la punta de lanza de una trama mucho más compleja, orquestada por peces gordos de Washington. Stone compró los derechos del libro que Garrison había escrito acerca de aquel proceso, y también los de una obra escrita por el periodista Jim Marrs, que se centraba en las múltiples teorías que existían en torno al asesinato. Por si esto fuera poco, creó un grupo de investigadores con el fin de recopilar toda la información posible sobre lo sucedido en Dallas aquel 22 de noviembre de 1963.

Stone acabó levantando una película monumental de más de tres horas de duración, magníficamente sostenida por uno de los repartos más extensos y estelares de toda la historia del cine. Apasionante, controvertida y con un ritmo narrativo vertiginoso, *JFK* es mucho más que la cima creativa de un director acostumbrado a navegar a contracorriente; es un documento histórico de primera magnitud, fundamental para comprender uno de los episodios más borrosos de la que algunos conocen como «la tierra de los libres y el hogar de los valientes». Oliver Stone no es uno de ellos.

UNA JOVEN PROMETEDORA

Promising Young Woman, Reino Unido, Estados Unidos, 2020

Focus Features / FilmNation Entertainment / LuckyChap Entertainment
Dirección y guion: Emerald Fennell
Intérpretes: Carey Mulligan, Bo Burnham, Alison Brie, Clancy Brown, Jennifer Coolidge
113 minutos

Emerald Fennell era solo una actriz más de Hollywood cuando una escena irrumpió en su mente. En ella, una joven que había bebido demasiado le pedía a un chico que intentaba propasarse que no siguiera, pero aun en su estado era capaz de ofrecer resistencia. De repente, cuando él ya estaba a punto de consumar el abuso, ella se lo volvía a pedir, pero ya no como una súplica, sino como una orden. Había estado fingiendo tiempo para darle su merecido.

En ese momento, Fennell pasó de ser una presencia habitual en el reparto de una veintena de películas a convertirse en una de las cineastas más rompedoras de los últimos años. Su única experiencia tras la cámara se reducía a un solo corto, pero esa inspiración era demasiado potente como para dejarla escapar. A partir de aquella secuencia, fue dando forma a una complejísima historia de venganza, repleta de capas emocionales, en la que una adorable camarera se dedicaba a ajusticiar a los depredadores sexuales que conocía por las noches, como consecuencia de un trágico episodio relacionado con sus años como estudiante de Medicina.

Una joven prometedora es una de esas películas brillantes y primordiales que, casi con toda probabilidad, nunca hubieran existido sin la caída de Harvey Weinstein y el (tardío) tsunami sociológico generado por el #MeToo. La interpretación de Carey Mulligan, capaz de cubrir un espectro sensitivo que discurre entre la candidez y la neurosis, es sencillamente monstruosa. Incomprensible que la Academia prefiriese darle a Frances McDormand otro Oscar antes que premiar el arrojo de la que, sin duda, es la mejor actriz de su generación.

Marathon Man

Marathon Man, Estados Unidos, 1976

Paramount Pictures / Robert Evans Company
Dirección: John Schlesinger
Guion: William Goldman, sobre su propia novela
Intérpretes: Dustin Hoffman, Laurence Olivier, Roy Scheider, William Devane, Marthe Keller
125 minutos

La verdadera prueba de fuego para disfrutar de *Marathon Man* es creerse a su protagonista. Dustin Hoffman tenía 39 años cuando firmó para interpretar a Babe Levy, un estudiante universitario aficionado a correr maratones que, de la noche a la mañana, se ve lanzado a una espiral de asesinatos tras los que se oculta un sádico criminal nazi. Hoffman, uno de los grandes exponentes del famoso Método, mantenía por aquel entonces una fuerte rivalidad con Al Pacino a la hora de conseguir los papeles más complejos y atormentados de Hollywood. Aunque no le gustaba demasiado la novela original de William Goldman, en cuanto supo que Pacino andaba tras el personaje, se propuso conseguirlo a toda costa y convencer al público de que él, gracias a su arte, podía transformarse en alguien veinte años más joven con absoluta naturalidad.

La extrema dedicación de Hoffman chocaba frontalmente con la escuela shakesperiana de su antagonista, el legendario Laurence Olivier, que aceptó el papel porque estaba convencido de que moriría de cáncer muy pronto y quería dejar una suma importante de dinero a su familia. Mientras Hoffman se dedicaba a correr seis kilómetros justo antes de las tomas para parecer realmente exhausto, Olivier se sometía a un tratamiento médico terriblemente agresivo para soportar la filmación. La anécdota más conocida de la película es aquella según la cual Hoffman se pasó tres noches sin dormir solo porque su personaje también lo hacía, y, al verle llegar al set hecho unos zorros, Olivier le preguntó por qué sencillamente no se dedicaba a actuar y aparcaba de una vez las férreas doctrinas de Stanislavski.

Al final, ambos hicieron su trabajo a la perfección y rubricaron la mejor escena de tortura de la historia del cine, aquella que podría convertir un simple empaste en un trauma permanente y tres simples palabras («está a salvo») en una escalofriante reencarnación sonora de la maldad.

Match Point

Match Point, Reino Unido, Estados Unidos, Luxemburgo, 2005

BBC Films / Thema Production / Jada Productions
Dirección y guion: Woody Allen
Intérpretes: Jonathan Rhys Meyers, Scarlett Johansson, Emily Mortimer, Matthew Goode, Brian Cox
124 minutos

Woody Allen decidió celebrar su setenta cumpleaños haciendo un punto de inflexión en su trayectoria. Por primera vez en casi cuatro décadas, decidió abandonar los escenarios neoyorquinos, tan característicos de su obra, para iniciar un periplo europeo que se extendería a lo largo de siete años, con parada también en ciudades como Roma o Barcelona. Aunque sería Londres, con cuatro largometrajes, la retratada con mayor profundidad por la mirada cínica del cineasta.

Como punto de partida de esta nueva etapa, Allen quiso adentrarse en un género que hasta ahora solo había tratado colateralmente en películas como *Delitos y faltas*: el *thriller* en su estado más puro y tradicional. *Match Point* narra la historia de un joven profesor de tenis tan modesto y refinado como ambicioso y falto de escrúpulos, una personalidad que le hará debatirse entre su vida acomodada junto a la hija de su jefe o la pasión desbordante que siente hacia su cuñada, y que acabará sumergiéndole en una espiral de deseo, infidelidad y crimen. Resultado de mezclar en la coctelera ingredientes tan diversos como el azar, Hitchcock, Dostoyevski o las tragedias griegas, la película supuso para Allen el descubrimiento de su nueva musa, digna sustituta de Diane Keaton o Mia Farrow: Scarlett Johansson, que entró en el proyecto tras el abandono de Kate Winslet para ser madre. Con un metraje superior a las dos horas, es la cinta más larga de todas las que componen su filmografía, además de la favorita del director dentro de su propio repertorio. Servida al son de una ópera, resulta imprescindible.

El nombre de la rosa

Der Name der Rose, Alemania, Italia, Francia, 1986

Constantin Film / Cristaldifilm / Les Films Ariane
Dirección: Jean-Jacques Annaud
Guion: Andrew Birkin, Gérard Brach, Howard Franklin y Alain Godard, sobre la novela de Umberto Eco
Intérpretes: Sean Connery, Christian Slater, F. Murray Abraham, Michael Lonsdale, Ron Perlman
130 minutos

Aunque cueste de creer, a mediados de los años ochenta casi nadie quería a Sean Connery en su película. Por aquel entonces, los años dorados como James Bond eran cosa del pasado y sus films más recientes, como *Objetivo mortal* (1982), *Cinco días, un verano* (1982) o *El caballero verde* (1984), se habían estrellado estrepitosamente en la taquilla. Ni siquiera era una de las opciones iniciales sopesadas por Jean-Jacques Annaud para interpretar a fray Guillermo de Baskerville en la lujosa adaptación que estaba preparando de *El nombre de la rosa*, la celebérrima novela escrita por Umberto Eco a comienzos de la década.

Annaud, que pasó cinco años preparando la película y que durante ese tiempo encargó la elaboración de manuscritos auténticos a una abadía italiana, tenía un claro favorito para el papel: Robert de Niro. Pero este se empeñó en incluir un duelo final a espada entre fray Guillermo y su némesis, fray Bernardo Gui (F. Murray Abraham), a lo que el cineasta de origen francés se negó de manera categórica. Finalmente, tras tantear sin éxito a Jack Nicholson, Michael Caine, Ian McKellen, Marlon Brando, Paul Newman y Donald Sutherland, alguien sugirió el nombre de Connery. Columbia Pictures, que lo consideraba veneno para la taquilla, se negó a financiar la cinta, mientras Umberto Eco se dedicaba a afirmar públicamente que el actor escocés solo sabía hacer una cosa: hablar de fútbol.

Pero Annaud peleó aquella opción a la desesperada, y hoy nadie puede imaginar al protagonista de *El nombre de la rosa* con otro rostro que no sea el de Sean Connery. Su extraordinaria caracterización como un Sherlock Holmes franciscano del siglo XIV, encargado de investigar unos misteriosos asesinatos ocurridos en una remota abadía, significó el comienzo de una segunda época de gloria en su carrera, y la confirmación de que, más allá del smoking de 007, se encontraba un actor gigantesco e inigualable.

Parásitos

Gisaengchung, Corea del Sur, 2019

CJ Entertainment / Barunson E&A
Dirección: Bong Joon Ho
Guion: Bong Joon Ho y Hang Jin-won
Intérpretes: Song Kang Ho, Lee Sun Kyun, Cho Yeo Jeong, Choi Woo Shik, Park So Dam
132 minutos

Desde la perspectiva de la sociedad de clases, el arte de la parasitación se mueve siempre en dos direcciones. Una, la más lógica, es la que implica al sujeto procedente de un estrato inferior que se beneficia de manera pausada y sibilina del manantial de riquezas de su huésped. La otra, igual de importante, es aquella que se refiere al aprovechamiento que el individuo adinerado hace del pobre y desesperado sirviente, explotándolo sin contemplaciones hasta el punto de obligarle a realizar hasta las tareas más nimias. Eso es exactamente lo que sucede en esta obra maestra de Bong Joon Ho, tan monstruosa en su planteamiento como implacable en su ejecución, convertida en un hito cinematográfico por ser la primera cinta coreana galardonada con la Palma de Oro en Cannes y la única de habla no inglesa que ha podido alzarse con el Oscar a la mejor película.

Los destinos de la familia Kim, sin trabajo y con una pocilga cochambrosa como hogar, y los Park, todopoderosos sin preocupaciones más allá de las fiestas de cumpleaños improvisadas y el mal olor de su conductor, convergen de manera inevitable en una casa de grandes cristaleras, jardines frondosos y turbios y carísimos recovecos. Bong (que diseñó el lugar a base de garabatos y lo levantó tal cual en un inmenso decorado) envuelve todo el conjunto de un embriagador halo *hitchcockiano*, con todos esos escondrijos y escaleras, proponiendo al espectador un macabro juego de suplantaciones donde cabe de todo, del humor negro al *screwball* más desatado, sin olvidar ese terror indefectible que se siente al ver una figura de ojos desorbitados emergiendo lentamente por una puerta oscurecida.

Perdida

Gone Girl, Estados Unidos, 2014

20th Century Fox / New Regency Productions / TSG Entertainment
Dirección: David Fincher
Guion: Gillian Flynn, sobre su propia novela
Intérpretes: Ben Affleck, Rosamund Pike, Neil Patrick Harris, Tyler Perry, Carrie Coon
149 minutos

En el hipotético (y poco probable) caso de que hubiera llegado a vivir 115 años, Alfred Hitchcock hubiera flipado con *Perdida*. No solo porque su trama esté poblada de rubias manipuladoras, gañanes desmotivados, astutos policías y falsos culpables, ni tampoco porque juegue todo el tiempo —que lo hace, y muy bien— a embaucar cautelosamente al espectador con una sucesión de giros imposibles. Sobre todo, el maestro habría disfrutado con el artilugio que su discípulo Fincher confecciona alrededor de un concepto tan *hitchcockiano* como la mentira, entendida aquí como una especie de virtud al alcance de muy pocos. Es verdad que todo el mundo puede y sabe mentir (de hecho, en *Perdida* no hay ni un solo personaje que destaque por su sinceridad), pero solo algunos privilegiados son capaces de vertebrar toda su existencia en torno a una falacia y, al mismo tiempo, hacer de ella un elemento excitante y distinguido.

Eso es precisamente lo que caracteriza al personaje de Amy Dunne, representada en la película como la chica perfecta, la estudiante perfecta, la hija y la esposa perfectas. Alguien que sirvió de cruel inspiración a sus padres para crear un *alter ego* literario (y perfecto) que los hizo millonarios. Alguien que disfrazó de éxito sus miserias para cautivar al hombre de sus sueños, y que, después de tantos años fingiendo, desea reencontrarse con su verdadero «yo» mediante una sangrienta catarsis... tejida a base de mentiras.

Pensarán, quienes no hayan visto la película, si merece la pena adentrarse en un juego de espejos rotos tan mezquino y cambiante, más todavía si el *pokerface* de Ben Affleck es quien encabeza el elenco. Y yo les digo que sí, que se olviden de semejante currículum actoral y abracen su triunfal patetismo, porque hasta conseguirá caerles bien. Pero, sobre todo, zambúllanse en la esquiva personalidad de la asombrosa Amy (Rosamund Pike en modo actriz total) y permitan que les traicione como el mismísimo Hitchcock hubiera deseado.

PRISIONEROS

Prisoners, Estados Unidos, 2013

Warner Bros. / Alcon Entertainment / 8:38 Productions / Madhouse Entertainment
Dirección: Denis Villeneuve
Guion: Adam Guzikowski
Intérpretes: Hugh Jackman, Jake Gyllenhaal, Viola Davis, Maria Bello, Terrence Howard
153 minutos

Desde luego, Denis Villeneuve no pudo escoger un proyecto más tenebroso para su debut en Hollywood. Tras haber rodado cuatro películas en su Canadá natal, recibió una propuesta para llevar a la pantalla un sensacional guion, obra de Adam Guzikowski, sobre un hombre de vida acomodada que ve cómo su realidad da un vuelco cuando su hija pequeña desaparece sin dejar rastro. A Villeneuve le entusiasmó el progresivo descenso a los infiernos del personaje y el dilema moral al que se enfrenta, pero inicialmente la rechazó por considerarla demasiado fatídica y por el excesivo grado de implicación emocional que conllevaba.

Tras tantear a otros directores, el estudio volvió a Villeneuve, que se encontraba a punto de iniciar el rodaje de *Enemy*, su primera película en inglés. Como seguía totalmente atrapado por el guion de Guzikowski, dijo que sí con dos condiciones: filmar primero esa película «pequeña» a modo de entrenamiento con el idioma, y disponer de libertad creativa a la hora de componer su visión de la historia. No en vano, pese a tratarse de un encargo, *Prisioneros* conectaba asombrosamente con algunas cuestiones clave en la obra del canadiense, como la violencia, la redención, los fanatismos o la degradación espiritual de los personajes. Tal fue el nivel de control que consiguió, que fue capaz de imponer a Jake Gyllenhaal —protagonista de *Enemy*— para el papel del policía y de fichar a su director de fotografía favorito, Roger Deakins, para que aportara su uso simplista de la luz y su dominio de los colores inertes al universo complejo e involutivo de los protagonistas. De todo ello, solo podía resultar —y así fue— una obra referencial del cine contemporáneo.

Puñales por la espalda: El misterio de Glass Onion

Glass Onion: A Knives Out Mystery, Estados Unidos, 2022

Netflix / T-Street
Dirección y guion: Rian Johnson
Intérpretes: Daniel Craig, Edward Norton, Janelle Monáe, Kate Hudson, Dave Bautista
139 minutos

Puñales por la espalda (2019) fue una sorpresa altamente reconfortante. Cierto que Rian Johnson llevaba más de una década dejando destellos de un talento superior (lo siento, *haters*, ahí incluyo su estupenda película de *Star Wars*), pero no fue hasta este film que consiguió, al fin, el merecido equilibrio entre el éxito crítico y el comercial. En realidad, la historia era un remiendo de viejas glorias del *whodunit* —de la matriarca Agatha Christie a clásicos como *Un cadáver a los postres* (1976) o *La trampa de la muerte* (1982)—, pero desde una perspectiva tan despreocupada y absurda que te doblegaba de puro encanto. No pudo encontrar Daniel Craig mejor personaje para olvidar a Bond que Benoît Blanc, el extravagante detective de mente prodigiosa y llamativa vestimenta con una cualidad única para interrogar —e intimidar— a sospechosos con su marcado acento de Nueva Orleans (Craig nació muy lejos de allí, en Chester, Inglaterra).

En vista de los excelentes resultados, la productora Lionsgate se apresuró a pactar con Johnson la puesta en marcha de un segundo caso de Blanc, con la firme intención de consolidar una franquicia y hacer del investigador una suerte de Poirot contemporáneo. Pero, entonces, alguien en Netflix perdió totalmente el juicio y convenció al que soltaba la pasta de que había que comprar la marca *Puñales* por (ejem) 469 millones de dólares. Lógicamente, al eufórico Rian Johnson le vino la inspiración no para una, sino para dos películas, concibiendo *Glass Onion* —título tomado de una canción de los Beatles— como un reverso pandémico y colorista de su predecesora. Cogió el montante, los millones y a Craig, y puso rumbo a una paradisíaca isla griega, lugar idóneo para ambientar una nueva intriga, todavía más desmelenada, donde tienen cabida el villano más estúpido de la historia, una letal alergia alimentaria, un cameo delator de Hugh Grant y hasta la mismísima Mona Lisa.

El secreto de sus ojos

Argentina, España, 2009

Tornasol Films / Haddock Films / 100 Bares
Dirección: Juan José Campanella
Guion: Eduardo Sacheri y Juan José Campanella, sobre la novela del primero
Intérpretes: Ricardo Darín, Soledad Villamil, Guillermo Francella, Pablo Rago, Javier Godino
129 minutos

Durante los últimos años del siglo XX y los primeros compases del XXI, el cine argentino experimentó un fenómeno global que convirtió al país en una de las industrias más importantes y prolíficas del momento. Aquellas películas, protagonizadas casi siempre por carismáticos y tiernos personajes de mediana edad en crisis con ellos mismos y con su entorno, se caracterizaban por su interpelación a las emociones, los finales esperanzadores y un cierto componente social por las heridas del terrible «corralito». En medio de esta manifestación artística e identitaria, dos hombres emergieron con especial relevancia: el director y guionista Juan José Campanella y el actor Ricardo Darín, cuyos talentos hicieron posible tres de los largometrajes más representativos y aplaudidos de esta época, *El mismo amor, la misma lluvia* (1999), *El hijo de la novia* (2001) y *Luna de Avellaneda* (2004).

De algún modo, estas películas allanaron el terreno para la llegada de otras historias mucho más complejas y sombrías, donde la comedia amable era sustituida por una disección mucho más insondable —y hasta politizada— de la condición humana. *El secreto de sus ojos*, también con Campanella y Darín, representa la gloriosa culminación de esta corriente: impecable en su puesta en escena (el plano secuencia del partido de fútbol es un prodigio para los sentidos), virtuosa en sus interpretaciones y magistral en el manejo del suspense, con esa trama que discurre en dos épocas diferentes y sigue los pasos de un agente judicial obsesionado con el asesinato de una joven y la posterior búsqueda del principal sospechoso. Ganadora del Oscar a la mejor película de habla no inglesa, *El secreto de sus ojos* es una pieza hermosa y desoladora, que merece ser disfrutada desde la serenidad y la complacencia de quien presencia una obra de arte.

Seven

Se7en, Estados Unidos, 1995

New Line Cinema / Cecchi Gori Pictures / Juno Pix
Dirección: David Fincher
Guion: Andrew Kevin Walker
Intérpretes: Brad Pitt, Morgan Freeman, Gwyneth Paltrow, Kevin Spacey, Richard Roundtree
127 minutos

A mediados de la década de los noventa, David Fincher había tomado la drástica decisión de no volver a dirigir una película. Tras una carrera supersónica como realizador de publicidad y videoclips, en 1992 le llegó la gran oportunidad de debutar en el largo con la tercera entrega de *Alien*. Pero Fincher no contaba con la salvaje intrusión del estudio, que llegó a despedirle para que no entrara en la sala de edición y se apresuró a estrenar un montaje desastroso. Él lo tuvo claro: nunca más volvería a pasar por una experiencia tan frustrante.

Sin embargo, un día cualquiera su representante le hizo llegar un guion. Lo escribía un novato desconocido y alguien había pensado en Fincher para dirigirlo. Aunque comenzó a leerlo con escepticismo, su lectura le atrapó y al llegar al desenlace, se volvió loco de puro entusiasmo: aquel final, que incluía «una cabeza en una caja», era lo más transgresor que había visto jamás. De inmediato, telefoneó a su agente para decirle que aceptaba, pero este le dijo que le habían hecho llegar el guion equivocado. Al parecer, el estudio pidió un nuevo borrador con un cierre mucho menos controvertido, aunque a Fincher le enviaron el original por equivocación. Cuando el jefe de producción de New Line le llamó para disculparse, el director le dijo que solo rodaría la película si se mantenía la versión de la cabeza en la caja.

Seven no solo recuperó para la causa a uno de los cineastas esenciales de las últimas décadas, sino que afianzó los parámetros del *thriller* posmoderno establecidos, cuatro años antes, por *El silencio de los corderos* (ver más adelante): atmósferas opresivas, toxicidad social y la extraña sensación de que la maldad es la única vencedora posible. Mientras la devoramos, evocamos en nuestra mente ese final que, en realidad, nunca queremos que llegue. Pero lo hace, y nos sigue sobrecogiendo como el primer día, con Brad Pitt atravesado por el mayor dolor imaginable y Morgan Freeman corriendo hacia él mientras su fe en la especie humana desaparece para siempre.

Shutter Island

Shutter Island, Estados Unidos, 2010

Paramount Pictures / Phoenix Pictures / Sikelia Productions / Appian Way
Dirección: Martin Scorsese
Guion: Laeta Kalogridis, sobre la novela de Dennis Lehane
Intérpretes: Leonardo DiCaprio, Mark Ruffalo, Ben Kingsley, Michelle Williams, Max von Sydow
138 minutos

El quid de *Shutter Island* está en su título. Si prestamos la suficiente atención, descubriremos que se trata de un anagrama de *Truths and Lies* (verdades y mentiras) y *Truths/Denials* (verdades/negaciones). Si tomamos las letras de estas palabras y alteramos su disposición, obtendremos como resultado el nombre de una película donde lo más importante son todos esos elementos que, al transponerse de su lugar original a otro, configuran una interpretación diferente de la realidad.

Soy consciente de que esta última frase puede resultar algo farragosa de entender. No es algo baladí: si la analizan con detenimiento, descubrirán la esencia misma de esta extraordinaria, intrincadísima, trastornada y embaucadora obra pergeñada por Martin Scorsese. Porque *Shutter Island* no es un título «menor» del maestro que valga la pena enaltecer, sino que se trata, hablando sin rodeos, de una de sus películas más descomunales y cercanas a la perfección. Para empezar, DiCaprio ofrece una interpretación superlativa como Teddy Daniels, el agente encargado de investigar la desaparición de una peligrosa paciente en un sanatorio fortificado y ubicado en una isla. Sus indagaciones le someterán a sus propios demonios, le harán dudar de sus aliados y le situarán en una tesitura que se retuerce espasmódicamente sobre sí misma, igual que un laberinto traicionero que se crea y se destruye en un bucle interminable.

Esta no es una película complaciente ni nítida ni mínimamente previsible. Es un agujero negro de amargura y desolación, una pesadilla donde hasta la maldad más absoluta se sublima frente al poder del arte: los compases de Mahler, la influencia estética de Klimt, los ecos de la suplantación *hitchcockiana*... Todo está milimétricamente encaminado al dolor, a una belleza devorada por las llamas, y al eterno dilema de vivir como un monstruo o morir como un hombre bueno.

El silencio de los corderos

The Silence of the Lambs, Estados Unidos, 1991

Orion Pictures / Strong Heart / Demme Production
Dirección: Jonathan Demme
Guion: Ted Tally, sobre la novela de Thomas Harris
Intérpretes: Anthony Hopkins, Jodie Foster, Scott Glenn, Ted Levine, Anthony Heald
118 minutos

Pocos saben que *El silencio de los corderos* estuvo a punto de ser dirigida y protagonizada por uno de los mayores seguidores de las novelas de Thomas Harris, nada menos que Gene Hackman. Después de comprar los derechos para el cine, y con todo listo para iniciar la producción, Hackman vio un vídeo sobre su carrera en la gala de los Oscar en el que proliferaban las imágenes violentas, y decidió que no podía seguir más tiempo ligado a aquella imagen tan perniciosa. Tras su abandono repentino, Orion Pictures se lanzó a la búsqueda desesperada de un director, y acabó ofreciendo el trabajo a un curtido cineasta que había firmado un par de comedias para el estudio, Jonathan Demme. Tampoco fue fácil encontrar a los intérpretes principales: Sean Connery y Michelle Pfeiffer consideraban que la historia era demasiado brutal y rechazaron el ofrecimiento, allanando el camino para Anthony Hopkins y una Jodie Foster que llevaba años obsesionada con el libro y con el personaje de Clarice Starling.

Ella es el alma de esta película tenebrosa, asfixiante y revolucionaria, que cambiaría para siempre el concepto del *psycho-thriller* para acercarlo más que nunca a los límites del horror y la explicitud estética. Sus careos con el astuto Hannibal Lecter en el psiquiátrico de Baltimore son historia del cine con mayúsculas, no solo por la extraordinaria interpretación de Foster y Hopkins, sino también por la pericia de Demme para conseguir que el público vea y sienta la película a través de la inocente Clarice: en sus primeros planos ella siempre mira hacia un lado, mientras Lecter se dirige directamente a la cámara para incrementar la tensión y el temor en la audiencia.

El silencio de los corderos sigue estremeciendo como aquel gélido día de febrero de 1991 en que llegó a los cines. Nos desconcierta y estremece mientras juega con nosotros con el pretexto del *quid pro quo*. Y es pura cátedra cinematográfica.

La soga

Rope, Estados Unidos, 1948

Warner Bros. / Transatlantic Pictures
Dirección: Alfred Hitchcock
Guion: Arthur Laurents y Hume Cronyn, sobre la obra teatral de Patrick Hamilton
Intérpretes: James Stewart, John Dall, Farley Granger, Dick Hogan, Edith Evanson
80 minutos

La primera película en color de la carrera de Hitchcock es también una de sus obras más experimentales, intrigantes y asombrosas. *La soga* adapta a la gran pantalla la obra teatral del mismo título escrita por Patrick Hamilton, y basada a su vez en el crimen real cometido por dos estudiantes de la Universidad de Chicago en 1924. La versión cinematográfica respeta escrupulosamente el formato escénico original y fue rodada en solo diez tomas, planteadas como planos secuencia. De hecho, la intención de Hitchcock era filmar un único plano, pero, por aquel entonces, las cámaras únicamente podían grabar diez minutos de manera continuada; por esta razón, el director decidió utilizar las espaldas de los actores y las paredes del decorado para disimilar los cambios de rollo y transmitir al público la sensación de estar presenciando una sola secuencia. Los encargados de atrezo abrían y cerraban las paredes móviles del decorado para facilitar el movimiento de los actores, como si de una coreografía se tratara. Todo bajo la atenta mirada de diferentes directores y estrellas de Hollywood, que acudían al set cada día para observar en directo las técnicas revolucionarias del gran maestro.

Pese a tratarse de la colaboración con Hitchcock de la que más insatisfecho se sentía, James Stewart está inmenso en la piel del perspicaz profesor Cadell. El desafío psicológico que establece con sus dos alumnos —los cuales, convencidos de su superioridad intelectual, acaban de asesinar a un compañero y han ocultado su cadáver durante una fiesta a la que asiste su mentor— es una muestra inequívoca del talento inconmensurable del cineasta británico, capaz de dispersar las piezas del misterio por un único escenario y de hacer partícipe al espectador de este juego funesto y adictivo que desearíamos que no acabase nunca.

El talento de Mr. Ripley

The Talented Mr. Ripley, Estados Unidos, 1999

Miramax / Paramount Pictures / Mirage Enterprises
Dirección: Anthony Minghella
Guion: Anthony Minghella, sobre la novela de Patricia Highsmith
Intérpretes: Matt Damon, Gwyneth Paltrow, Jude Law, Cate Blanchett, Philip Seymour Hoffman
139 minutos

De no haber fallecido prematuramente a los 54 años debido a las complicaciones derivadas de una cirugía, el británico Anthony Minghella habría alcanzado, muy probablemente, las altas cotas de maestría de su admirado David Lean. Su gusto por los paisajes exóticos y el cine de época, su predilección por los protagonistas atormentados y el acompasado preciosismo de sus imágenes fueron las señas de identidad de un estilo refinado y romántico, donde la espectacularidad era más que una exigencia y la belleza poco menos que una imposición.

El talento de Mr. Ripley, cuarto de los escasísimos seis largometrajes dirigidos por Minghella, marcó el punto álgido de una trayectoria tan fugaz como perdurable. Adaptación de la célebre novela de Patricia Highsmith publicada en 1955, la cinta sigue los pasos del enigmático Tom Ripley, quien, tras viajar a Italia para convencer a un joven *playboy* de que regrese junto a su familia, queda tan fascinado con su estilo de vida que decide asesinarlo y suplantar su identidad, revelándose como un individuo psicótico y amoral dispuesto a todo para conseguir su objetivo.

Minghella llegó a la película tras la lluvia de Oscar de su anterior filme, *El paciente inglés* (1996), y trabajó minuciosamente en el proyecto hasta levantar una lujosa producción de 40 millones de dólares, rodada íntegramente en localizaciones italianas y con un reparto de lujo encabezado por Matt Damon, a quien el cineasta escogió tras ver su interpretación en *El indomable Will Hunting* (1997) y descartar otras opciones potenciales como Tom Cruise o Leonardo DiCaprio. El actor, que perdió trece kilos y aprendió a tocar el piano para el papel, le agradeció la confianza con una composición elegante, lúcida y profundamente turbadora.

*T*ERCIOPELO AZUL

Blue Velvet, Estados Unidos, 1986

De Laurentiis Entertainment Group
Dirección y guion: David Lynch
Intérpretes: Kyle MacLachlan, Isabella Rossellini, Dennis Hopper, Laura Dern, Hope Lange
120 minutos

David Lynch se pegó tal batacazo con su primera experiencia en el *mainstream*, la horrenda a la vez que irresistible *Dune* (1984), que se juró a sí mismo no abandonar nunca más los fundamentos surrealistas de su arte. Lo primero que hizo fue rescatar un viejo proyecto ideado a principios de la década de los setenta e inspirado por la versión que Bobby Vinton hizo del tema «Blue Velvet», el cual, según el cineasta, contenía algo «misterioso» que merecía ser explorado. Las otras piezas del rompecabezas que sobrevolaban por su subconsciente eran una oreja cortada y un tipo que observaba escondido en un armario. El único modo de unirlas era recurriendo al desconcierto formal y la perturbación psicológica, y así fue como surgió la primera de sus muchas pesadillas pobladas de situaciones incómodas y sujetos perturbados. Todo, envuelto en una atmósfera de crimen sin resolver, casi un preámbulo modélico de esa joya llamada *Twin Peaks*.

La vuelta de Lynch a la parte más tenebrosa del alma humana implicaba un lógico peaje: que ningún mecenas de Hollywood se atreviera a financiar un relato del que las grandes estrellas huían como de la peste (Val Kilmer llegó a definirlo como «pornografía *hardcore*»). Para su sorpresa, fue Dino de Laurentiis, el productor que había dilapidado 45 millones de dólares apostando por *Dune*, el único que mostró un interés real en el proyecto. El problema era que, durante la posproducción de aquella odisea sideral, Lynch y él no llegaron a las manos de puro milagro. Así que firmaron un pacto tácito según el cual el realizador de Montana contaría con absoluta libertad creativa

—incluido el *final cut*— siempre y cuando no gastara más de 6 millones y la película no superase las dos horas de duración. Y eso fue exactamente lo que acabó costando, y durando, *Terciopelo azul*.

Por el camino, elegimos perdernos en un laberinto de hormigas *buñuelescas*, psicópatas que se excitan mientras respiran gas con una mascarilla, investigadores de barbilla prominente e Isabella Rossellini con los labios más rojos que cualquier memoria es capaz de retener. *Terciopelo azul* es tan buena, que hasta David Lynch terminó imitando su embriagadora consternación.

Tiempo de matar

A Time to Kill, Estados Unidos, 1996

Warner Bros. / New Regency
Dirección: Joel Schumacher
Guion: Akiva Goldsman, sobre la novela de John Grisham
Intérpretes: Matthew McConaughey, Sandra Bullock, Samuel L. Jackson, Kevin Spacey, Donald Sutherland
149 minutos

Tiempo de matar es una de mis películas favoritas sobre juicios. Tan buena es (o al menos a mí me lo parece) que incluso dos tipos tan erráticos como el director Joel Schumacher y el guionista Akiva Goldsman —principales responsables del mayor hazmerreír cinematográfico de Batman— se mostraron especialmente acertados adaptando a la gran pantalla la primera novela escrita, allá por 1988, por el maestro del suspense tribunal, John Grisham.

El autor nacido en Arkansas todavía ejercía como abogado cuando presenció el testimonio de una niña de doce años que había sido violada. Aquella noche, se preguntó qué hubiera pasado si el padre se hubiera tomado la justicia por su mano y hubiera asesinado a los agresores. Fue así como comenzó a dar forma a una intriga que acabaría publicándose de manera casi anecdótica, y que no se convirtió en un éxito de ventas hasta la explosión definitiva de Grisham con *La tapadera* y *El informe Pelícano*.

Cuando Warner Bros. puso en marcha la producción de la película, John Grisham se había convertido casi en un género en sí mismo dentro de la industria. Las grandes estrellas peleaban por aparecer en sus adaptaciones y el público llenaba las salas para disfrutar de todos aquellos vericuetos legales manchados de sangre. *Tiempo de matar* estuvo a punto de contar con nombres de la talla de Paul Newman o Kevin Costner, aunque quien acabó encontrando su trampolín a la fama fue un veinteañero desconocido llamado Matthew McConaughey. Su trabajo como abogado idealista, capaz de arriesgar su vida por defender a un hombre negro sentenciado por la opinión pública, tiene el arrojo y el entusiasmo de quien se sabe digno heredero de Atticus Finch.

La ventana indiscreta

Rear Window, Estados Unidos, 1954

Paramount Pictures / Alfred J. Hithcock Productions
Dirección: Alfred Hithccock
Guion: John Michael Hayes, sobre el relato breve de Cornell Woolrich
Intérpretes: James Stewart, Grace Kelly, Wendell Corey, Thelma Ritter, Raymond Burr
112 minutos

Con *La ventana indiscreta*, Alfred Hithcock alcanzó la excelencia cinematográfica. Ya por aquel entonces tenía más de cuarenta títulos a sus espaldas, algunos tan sensacionales como *Rebeca* (1940), *Encadenados* (1946), *Extraños en un tren* (1951) o *Crimen perfecto* (1954), pero ninguno con el milimétrico y excepcional manejo del suspense que muestra en esta película.

En su segunda colaboración con el cineasta británico tras *La soga*, James Stewart encarna a un intrépido fotógrafo que, postrado en una silla de ruedas por culpa de una pierna rota, trata de sobrellevar el aburrimiento en su apartamento neoyorquino espiando a los vecinos desde su ventana. Poco a poco, comienza a sospechar que uno de ellos ha asesinado a su esposa y se ha deshecho del cadáver, por lo que deberá convencer a su novia (fabulosa Grace Kelly) de que sus suposiciones son ciertas y que solo ella puede ayudarle a desentrañar el misterio.

La ventana indiscreta ha pasado a la historia por muchas razones, principalmente por su prodigiosa sublimación artística del *voyeurismo* y por el uso del plano subjetivo para situar al espectador en el lugar del protagonista (la película es un festín de proezas técnicas marca de la casa). También es recordada por el impresionante decorado utilizado para el rodaje, todo un capricho *hitchcockiano* levantado en los estudios Paramount a lo largo de seis semanas, y que incluía una manzana completa de apartamentos de 31 habitaciones con electricidad y agua caliente, un conjunto de iluminación para recrear escenas diurnas y nocturnas y un sistema de drenaje masivo para rodar la secuencia de la tormenta. Hitchcock, eso sí, dirigió toda la película desde el apartamento donde se encontraba James Stewart, comunicándose con el resto del equipo a través de una radio. Una de las actrices, Georgine Darcy, incluso vivió en el piso de su personaje durante el mes que duró la filmación.

VÉRTIGO (DE ENTRE LOS MUERTOS)

Vertigo, Estados Unidos, 1954

Paramount Pictures / Alfred J. Hithcock Productions
Dirección: Alfred Hithccock
Guion: Alec Coppel y Samuel Taylor, sobre la novela de Pierre Boileau y Thomas Narcejac
Intérpretes: James Stewart, Kim Novak, Tom Helmore, Barbara Bel Geddes, Henry Jones
128 minutos

El azar alfabético nos invita a continuar nuestro recorrido con otra de las obras más celebradas del mago del suspense. En 1952, dos escritores franceses llamados Pierre Boileau y Thomas Narcejac publicaban *Celle qui n'était plus*, la primera de las cuarenta y tres novelas de intriga que produjeron a lo largo de cuatro décadas de trayectoria conjunta. Hitchcock quedó impresionado con aquel libro y trató de adquirir los derechos para el cine, pero el productor y realizador H. G. Clouzot se adelantó y acabó firmando una aplaudida adaptación titulada *Las Diabólicas* (1955). Conocedores del interés del gran maestro británico en sus historias, Boileau y Narcejac decidieron escribir una novela específicamente para él; así fue como surgió *D'entre les morts*, relato acerca de un detective parisino que se veía obligado a jubilarse de manera prematura debido a un episodio de acrofobia y vértigo, y que recibía el encargo de un viejo amigo para vigilar secretamente a su esposa, que se comporta de manera inusual y parece estar poseída por el espíritu de una antepasada que acabó suicidándose.

Una vez se aseguró de que Paramount asumía los derechos para hacer una película, Hitchcock se puso manos a la obra convencido de trasladar la acción de la novela hasta las increíbles panorámicas de San Francisco. Fueron necesarios tres guionistas para dar con el libreto final, cuya estructura debía respetar al máximo los *storyboards* creados por el propio director, que había seleccionado personalmente a su inseparable Jimmy Stewart y a Vera Miles —actriz por la que, dicen, sentía una fascinación especial— para los papeles principales. El embarazo de esta última obligó a Hitchcock a encontrar un reemplazo de última hora, escogiendo a la joven y prometedora Kim Novak por delante incluso de Audrey Hepburn. Novak, eso sí, se encargó de crear controversia en el set debido a sus interminables peticiones de aumento de sueldo, una actitud que fue contrarrestada por Hitchcock obligándole a rodar durante toda una semana un plano en el que su personaje contemplaba un cuadro en el Palacio de la Legión de Honor.

ZODIAC

Estados Unidos, 2007

Paramount Pictures / Warner Bros. / Phoenix Pictures
Dirección: David Fincher
Guion: James Vanderbilt, sobre el libro de Robert Graysmith
Intérpretes: Jake Gyllenhaal, Mark Ruffalo, Robert Downey Jr., Anthony Edwards, Brian Cox
157 minutos

No me malinterpreten, pero estaba claro que el asesino del Zodiaco y David Fincher eran almas gemelas condenadas a encontrarse. El primero, un psicópata que atemorizó San Francisco en los años sesenta y setenta, desapareció sin dejar rastro y nunca fue capturado. El segundo, retratista implacable de la degradación moral del mundo moderno, representado en su cine como un lugar hostil donde las sociedades capitalistas engendran «juguetes rotos» que canalizan su ira a través de la violencia (John Doe, Tyler Durden, Amy Dunne). Zodiac fue, sin duda, uno de esos individuos quebrados y errantes, un personaje fascinador transformado en el reflejo de una era especialmente convulsa para el *American Way of Life*.

Fincher llegó al proyecto de puntillas tras cancelarse la adaptación que estaba preparando de *La Dalia Negra*. Para entonces, James Vanderbilt ya había escrito un generoso guion de 158 páginas, basado en una minuciosa investigación personal sobre el caso. Pero Fincher, famoso por no dejar nada al azar, guardó el libreto en un cajón y se lanzó a las calles para entrevistar a policías, políticos, periodistas, supervivientes del asesino... Tan profundas fueron sus pesquisas que hasta consiguió que se reabriera el caso. Y cuando dos trasatlánticos como Paramount y Warner tuvieron que unir fuerzas para levantar la película e impusieron una duración máxima, el director optó por pedir a sus actores que hablasen más rápido en lugar de eliminar diálogos. A algunos, como Mark Ruffalo y Robert Downey Jr., los convirtió en enemigos eternos al obligarles a repetir tomas hasta la saciedad y a no ir al baño hasta que él les diera permiso. Ruffalo incluso reconoció que, cuando Fincher se dirigía hacia él, tenía la esperanza de que fuera para pegarle un tiro.

¿Qué era lo único que podía resultar de semejante proceso? Correcto: una obra maestra de esas que se nombran con la boca bien llena. Para el que suscribe, la mejor película que haya filmado nunca ese tirano celestial llamado David Andrew Leo Fincher.

TERROR

Barbarian

Barbarian, Estados Unidos, Bulgaria, 2022

20th Century Studios / BoulderLight Pictures / Dare Films / Hammerstone Studios
Dirección y guion: Zach Cregger
Intérpretes: Georgina Campbell, Bill Skarsgård, Justin Long, Matthew Patrick Davis, Richard Brake
102 minutos

Barbarian es una de las películas más divertidas y extravagantes del cine de terror reciente. Su seductora rareza se debe, principalmente, a una estructura en tres actos independientes que terminan confluyendo en un desenlace de lo más salvaje, si bien fue ese planteamiento narrativo tan peculiar lo que provocó que nadie prestara atención al guion de Zach Cregger a lo largo de dos años de portazos y negativas. «Me decían que no podía presentar a un personaje en la página 50», cuenta sobre el momento en el que la estrella de televisión AJ Gilbride, interpretado por un estupendo Justin Long, hace acto de presencia al volante de su descapotable sin que absolutamente nadie pueda entender qué demonios está pasando.

La primera intención de Cregger era escribir sobre las señales inconscientes que las mujeres deben detectar en su relación diaria con los hombres, contando la historia de dos desconocidos que, por error, alquilan una misma casa a través de Airbnb en fechas idénticas. Ella es una joven que acude a una entrevista de trabajo y él un chico enigmático y extrañamente cortés, lo que lleva a la protagonista a desconfiar en principio de sus intenciones. Cregger consume una cuarta parte del metraje en presentarlos a ambos y establecer una complicidad a base de diálogos que poco o nada tienen que ver con el género. Pero todo da un vuelco inesperado cuando «algo» que habita en los pasadizos subterráneos de la casa decide hacer acto de presencia.

Es justo reconocerle a *Barbarian* sus ganas de innovar en un terreno tan minado por los convencionalismos, incluyendo su generosa ración de humor negro y una ajustadísima utilización del espacio y la penumbra. Altamente aconsejable para quienes disfruten de las montañas rusas de energías neurotransmisoras.

La bruja

The Witch, Estados Unidos, Canadá, Reino Unido, 2015

Universal Pictures / Parts and Labor / RT Features / Rooks Nest Entertainment / Maiden Voyage / Mott Street / Code Red
Dirección y guion: Robert Eggers
Intérpretes: Anya Taylor-Joy, Ralph Ineson, Kate Dickie, Harvey Scrimshaw, Sarah Stephens
92 minutos

Como director y guionista, Robert Eggers construye personajes fascinantes. Sus historias están protagonizadas por hombres y mujeres perseguidos por sus propios demonios, individuos que han perdido cualquier condicionante moral y buscan la liberación desde los más oscuros instintos. En la actualidad, Eggers es un referente de la nueva ola de cineastas norteamericanos, gracias a títulos tan aclamados como *El faro* (2019) o *El hombre del norte* (2022), si bien fue su impecable ópera prima, *La bruja*, la que mostró por primera vez ese descenso reincidente a los abismos de la locura.

La historia nace de la atracción del realizador por los antiguos relatos de brujas ambientados en el siglo XVII, durante la llegada a América de los colonos ingleses. Una familia, desterrada de su aldea por defender una representación extrema del cristianismo, se establece en un bosque recóndito en el que habita una misteriosa mujer que practica la magia negra. Eggers rueda con sencillez y elegancia, siempre con luz natural (y el reflejo tenue de las velas en la oscuridad) e intervalos inquietantes, como los prolongados fundidos a negro o los grandes angulares que profundizan en la sensación de aislamiento. Poco a poco, la película adquiere una dimensión espeluznante sin abandonar su naturalidad, e incluso se atreve a abordar el conflicto religioso desde un fanatismo desmedido, casi diabólico. No es de extrañar que hasta el mismísimo Stephen King quedara sobrecogido.

DÉJAME ENTRAR

Låt den rätte komma in, Suecia, Noruega, Francia, 2008

EFTI /Sandrew Metronome Distribution Sverige / Filmpool Nord
Dirección: Tomas Alfredson
Guion: John Ajvide Lindqvist, sobre su propia novela
Intérpretes: Kåre Herebrant, Lina Leandersson, Per Ragnar, Henrik Dahl, Karin Bergquist
114 minutos

Cuenta la leyenda que un vampiro no puede entrar en una casa sin la invitación de uno de sus ocupantes. Los orígenes de esta superstición se remontan a la Edad Media, cuando se pensaba que el umbral de los hogares constituía una barrera protectora contra las fuerzas sobrenaturales, y que, si un vampiro intentaba acceder sin ser invitado, perdería de inmediato sus poderes. En el siglo XVIII, el teólogo griego León Alacio añadió que no era necesario invitarlos verbalmente; bastaba con abrir la puerta para que ellos dejaran de considerarse unos intrusos.

Esta curiosa prohibición sirvió como un punto de partida a *Déjame entrar*, una sensacional novela escrita por John Ajvide Lindqvist en 2004. En ella, el autor sueco narraba la historia de amistad entre Oskar, un niño de doce años que vive en un suburbio de Estocolmo y atraviesa una difícil situación personal debido al acoso escolar que sufre, y Eli, una misteriosa niña recién llegada al vecindario, que camina siempre descalza —aun sobre la nieve— y tiene una piel extraordinariamente pálida. Ambos forjan una estrecha relación y suplen con la presencia del otro su insoportable sensación de angustia y desamparo... Si bien Oskar no puede ni imaginar cuál es la verdadera naturaleza de su nueva amiga.

Lindqvist llegó a rechazar una veintena de ofertas para llevar su libro al cine, incluyendo la del productor Carl Molinder, hasta que este se presentó acompañado de Tomas Alfredson y le prometió al escritor que él mismo se encargaría de realizar la adaptación. Absorbente de principio a fin, y con una propuesta formal tan pausada como sublime, *Déjame entrar* merece ser considerada como una de las obras más importantes del cine de terror contemporáneo. Solo la escena de la piscina —ya un icono del genuino espanto— vale con creces la experiencia.

DÉJAME SALIR

Get Out, Estados Unidos, Japón, 2017

Universal Pictures / Blumhouse Productions / QC Entertainment
Dirección y guion: Jordan Peele
Intérpretes: Daniel Kaluuya, Allison Williams, Bradley Whitford, Catherine Keener, Caleb Landry Jones
104 minutos

Después de catorce años dedicado a la comedia televisiva en calidad de productor, guionista, actor y director, Jordan Peele escogió un género inesperado para su debut en el largometraje. Convencido de que el terror y la comedia poseen un ritmo similar, Peele concibió una pesadilla angustiosa y espeluznante en la que un joven fotógrafo negro es víctima de una trampa por parte de los padres (blancos) de su novia, un brillante neurocirujano y una prestigiosa psiquiatra que ocultan un terrible propósito bajo su modélica apariencia.

Producida por Jason Blum, uno de los principales impulsores del cine de terror contemporáneo, *Déjame salir* posee la virtud de sumergir al espectador en un desahogo progresivo, obligándole a cuestionarse lo que ve y colocándole en el mismo nivel de incertidumbre que el protagonista. El resultado es uno de los relatos más perturbadores de los últimos tiempos, en el que los giros se suceden a un ritmo fulminante y Peele ofrece un *crescendo* de tensión impropio de un director novel. La película, con toda justicia, le proporcionó un sorpresivo Oscar al mejor guion original y le convirtió en uno de los nuevos valores del género, distinción que fortalecería posteriormente gracias a las excelentes *Nosotros* (2019) y *Nope* (2022).

En total, *Déjame salir* acabó recaudando más de 252 millones de dólares en todo el mundo a partir de un presupuesto de tan solo 4,5 millones, lo que le valió ser considerada como una de las películas más rentables de todos los tiempos. Después de verla, el sonido de la cucharilla removiendo el té ya nunca volverá a ser el mismo.

Drácula de Bram Stoker

Bram Stoker's Dracula, Estados Unidos, Reino Unido, 1992

Columbia Pictures / American Zoetrope / Osiris Films
Dirección: Francis Ford Coppola
Guion: James V. Hart, sobre la novela de Bram Stoker
Intérpretes: Gary Oldman, Winona Ryder, Anthony Hopkins, Keanu Reeves, Richard E. Grant
128 minutos

La famosa obra gótica escrita por Bram Stoker a finales del siglo XIX ha sido llevada al cine en múltiples ocasiones, algunas de ellas tan emblemáticas como las firmadas por Tod Browning en 1931 y Terence Fisher en 1958. Sin embargo, ninguna fue tan fiel al espíritu fatídico y tenebroso de la novela como la dirigida por Francis Ford Coppola en 1992; una versión tan próxima al texto original y a la esencia de sus personajes que incluso mantuvo el nombre del escritor irlandés en el título.

Desde joven, Coppola siempre tuvo en mente rodar su propia versión del mítico vampiro, dando especial relevancia a la parte romántica del relato y al sentido trágico que lo envuelve. El éxito del tercer *Padrino* le abrió las puertas de Columbia Pictures, que puso a su disposición un presupuesto de 50 millones de dólares y a dos protagonistas del calibre de Daniel Day-Lewis y Winona Ryder. Tal era el poder de esta última por aquel entonces, que incluso consiguió que el estudio contratara finalmente a Gary Oldman, una recomendación de la que no tardó en arrepentirse debido a los particulares métodos del actor, que, en ocasiones, se presentaba en el set completamente borracho para que los movimientos de su personaje resultasen aún más inquietantes.

Pese a todo, Oldman acaparó multitud de elogios por su encarnación del príncipe Vlad de Transilvania, condenado a vivir en pena toda la eternidad en su remoto castillo hasta que descubre la existencia de Mina Harker, una joven de Londres a la que considera la reencarnación de su amada, fallecida cuatro siglos atrás. Decidido a poseerla, viaja hasta Inglaterra para desatar una pavorosa espiral de horror, muerte y locura. Además de obtener un excelente rendimiento en taquilla, *Drácula de Bram Stoker* entusiasmó a los críticos por la pureza de su planteamiento y la dirección magistral y precisa de Coppola. Una joya.

*E*L EXORCISTA

The Exorcist, Estados Unidos, 1973

Warner Bros. / Hoya Productions
Dirección: William Friedkin
Guion: William Peter Blatty, sobre su novela
Intérpretes: Ellen Burstyn, Jason Miller, Linda Blair, Max von Sydow, Lee J. Cobb
122 minutos

Ha pasado medio siglo desde su estreno y *El exorcista* continúa siendo una cumbre inalcanzable dentro del cine de terror. Ninguna película desde entonces ha logrado igualar sus cotas de sobrecogimiento ni provocar en el espectador una conmoción tan intensa y prolongada. Hoy, todavía son (somos) muchos los que recuerdan el espanto que les causó aquella primera vez antes de atreverse con un nuevo visionado.

William Peter Blatty se inspiró en el caso real de un niño de catorce años para escribir una novela de culto instantáneo que, al poco de publicarse, ya contaba con un estudio de la magnitud de Warner Bros. para alumbrar la consiguiente versión cinematográfica. Fue el propio Blatty, en calidad de guionista y principal impulsor, quien apostó por William Friedkin para la dirección tras comprobar su impresionante dominio de la tensión narrativa en *Contra el imperio de la droga*, su anterior largometraje. Warner aceptó con reservas, pues prefería a Mike Nichols, Arthur Penn o el mismísimo Stanley Kubrick (todos ellos rechazaron la propuesta), aunque tampoco pudo contratar a Marlon Brando como el padre Merrin debido a la negativa de Friedkin, que prefería un reparto sin grandes estrellas que pudieran eclipsar la intensidad dramática de la historia.

Linda Blair tenía trece años cuando se convirtió en Regan MacNeil, la niña poseída que era capaz de realizar los actos más horripilantes que se hayan visto nunca en una pantalla de cine. El estudio supo que tenía un diamante en bruto entre manos cuando la gente comenzó a vomitar y a desmayarse en los pases, y hubo que colocar una ambulancia en la puerta de cada recinto para evitar males mayores. Aquello fue mejor que cualquier campaña de marketing perfectamente diseñada, porque, de repente, todo el mundo quiso experimentar un pánico tan inimaginable. *El exorcista* se convirtió en un fenómeno de incalculables proporciones, y, de paso, hizo que los acordes de Mike Oldfield se quedaran grabados para siempre en la parte más recóndita y siniestra de nuestro subconsciente.

FUNNY GAMES

Funny Games, Austria, 1997

Wega Film / Filmfonds Wien / ORF
Dirección y guion: Michael Haneke
Intérpretes: Susanne Lothar, Ulrich Mühe, Arno Frisch, Frank Giering, Stefan Clapczynski
108 minutos

Michael Haneke es mucho más que el provocador que promulgan sus detractores. No solo posee un universo temático personalísimo, sino que también es capaz de provocar una irresistible incomodidad en el espectador, al que hace partícipe de una disección social fascinante y macabra donde todos acabamos identificando nuestros propios temores. Haneke es un enamorado de la violencia, pero no como un elemento estilizado, sino como un instrumento implacable e hiriente con el que criticar la vida acomodada —e irreal— de la clase burguesa.

Si Haneke es el director más visceral del cine europeo contemporáneo —incluyo en dicha valoración al muy cansino Lars von Trier—, *Funny Games* es, sin duda, su obra más radical y aterradora. Su representación de las miserias ocultas en el mundo material nos obliga a distinguir la fina línea que separa una vida plácida de la maldad más absoluta, en ocasiones mucho más próxima de lo que creemos. Peter y Paul, los jóvenes sádicos y juguetones de la historia, son el reflejo deformado de una sociedad del bienestar que Haneke desmoronaría nuevamente en algunos de sus trabajos más aplaudidos, como *El vídeo de Benny* (1992) o *Caché* (2005).

Funny Games pone los pelos de punta por lo que muestra y por lo que sugiere. Cuando se exhibió en Cannes, muchos espectadores abandonaron la sala porque eran incapaces de seguir viéndola. Tal fue su impacto que Haneke incluso realizó una versión norteamericana en 2007 con un guion y una puesta en escena idénticos al original, dejando claro que, incluso rodando su propio *remake*, sabía cómo resultar polémico y genuino.

Midsommar

Midsommar, Estados Unidos, Canadá, Suecia, 2019

A24 / B-Reel Films / Nordisk Film / Square Peg
Dirección y guion: Ari Aster
Intérpretes: Florence Pugh, Jack Reynor, Will Poulter, Vilhelm Blomgren, William Jackson Harper
148 minutos

En 2018, Ari Aster dejó boquiabierto a medio mundo con uno de los mejores debuts que se recuerdan en el cine de terror, *Hereditary*. Su segunda película, *Midsommar*, llegaría solo un año después y elevaría a un nivel aún mayor las cotas de perplejidad entre la audiencia. Planteada en un principio como una cinta *slasher*, esta pesadilla alucinógena representaba la antítesis del género clásico, situando al espectador frente a una historia que transcurría, de principio a fin, a plena luz del día.

La protagonista (Florence Pugh en una interpretación monumental) es una estudiante de Psicología que, en un esfuerzo por superar una terrible tragedia familiar, decide aceptar la invitación de su novio para pasar unas semanas en Suecia junto a unos amigos. Los cuatro jóvenes, acompañados de un compañero de estudios sueco, viajan hasta la remota comuna de Harga para asistir a una celebración ancestral que tiene lugar únicamente cada noventa años. Lo que no sospechan es que están a punto de participar en los rituales de un peligroso y macabro culto pagano, mientras su percepción de la realidad comienza a deformarse debido a las sustancias que ingieren y a la desorientación biológica provocada por un sol que nunca se pone.

Aster y el diseñador de producción Henrik Svensson realizaron una ardua labor de investigación acerca de las tradiciones que aparecen en la película, muchas de ellas completamente reales y vinculadas con el satanismo. El resultado es una obra opresiva, seductora y extenuante que ningún seguidor del género debería perderse... siempre y cuando no sea sueco (para ellos, *Midsommar* es una excelente muestra de humor negro).

La noche de Halloween

Halloween, Estados Unidos, 1978

Compass International Pictures / Falcon International Productions
Dirección: John Carpenter
Guion: John Carpenter y Debra Hill
Intérpretes: Donald Pleasence, Jamie Lee Curtis, Tony Moran, Nancy Kyes, P. J. Soles
91 minutos

Moustapha Akkad fue un director y productor de origen sirio formado en la Universidad de Los Ángeles, cuya principal motivación consistía en explicar las premisas del islam a Occidente a través de las películas. Su afán integrador le granjeó varios enemigos, hasta el punto de ser asesinado en un atentado terrorista en 2005. Otra de sus grandes pasiones eran las historias de psicópatas: tras ver *Asalto a la comisaría del distrito 13* (1976), llamó a su director y le pidió que escribiera para él un guion sobre un asesino que acechaba a las canguros.

John Carpenter, por aquel entonces todavía un desconocido, y su novia Debra Hill forjaron con *La noche de Halloween* las bases del género *slasher* que, años después, catapultaría franquicias como *Viernes 13*, *Pesadilla en Elm Street* o *Scream*, y confirmaría a sus perturbados protagonistas como iconos del estremecimiento juvenil. Ninguno, eso sí, con el aura de sigiloso misterio de Michael Myers, aquel gigante enmascarado —y aparentemente inmortal— que se fugaba de un psiquiátrico para regresar a su pueblo y sembrar el caos a base de cuchilladas y una interpretación muy particular del «truco o trato».

Akkad solo disponía de 300.000 dólares para rodar toda la película, y Carpenter se encargó de exprimirlos hasta el límite de lo imaginable. Su actriz principal, la debutante Jamie Lee Curtis, se contentó con un sueldo de 8.000 dólares, mientras que el actor que interpretaba a Myers, Nick Castle, apenas recibía 25 dólares diarios. Incluso él se comprometió a cobrar solo 10.000 dólares por escribir, dirigir y componer la banda sonora, a cambio de reservarse un 10 por ciento de los derechos de explotación. La producción fue tan humilde que muchos gazapos se mantuvieron en el montaje final, como una escena en la que puede verse el humo del cigarrillo que Carpenter fumaba mientras dirigía. Al final, la película fue un éxito y recaudó 70 millones, convirtiéndose en la cinta más rentable de la historia hasta el estreno de *El proyecto de la Bruja de Blair* en 1999.

LA NOCHE DE LOS MUERTOS VIVIENTES

Night of the Living Dead, Estados Unidos, 1968

Image Ten / Continental Distributing
Dirección: George A. Romero
Guion: George A. Romero y John A. Russo
Intérpretes: Duane Jones, Judith O'Dea, Karl Hardman, Marilyn Eastman, Keith Wayne
96 minutos

Según el proverbio chino que da nombre a la famosa teoría física del Efecto Mariposa, el simple movimiento de las alas de un lepidóptero puede terminar provocando un huracán al otro lado del mundo. En el caso de George A. Romero, ese aleteo fue su fijación por rodar una película de terror que, de una vez por todas, le permitiera abandonar el aburridísimo —según él— terreno de la publicidad. Sin nada que perder salvo algo de tiempo, tomó como referencia la novela de Richard Matheson *Soy leyenda* y cambió a los vampiros por muertos que resucitaban. Luego, hizo un crowdfunding entre amigos y conocidos hasta reunir 114.000 dólares con los que arrancar la filmación. Lo que vino después fue una celebración gloriosa y descarnada *[sic]* de aquella serie B patentada en su momento por visionarios como Ed Wood: entrañas de oveja que recreaban suculentos «filetes» humanos, sirope de chocolate en lugar de sangre, imperturbables saltos de eje, un actor (Karl Hardman) que también era productor, maquillador, foto fija y técnico de sonido, y hasta un título que alguien olvidó registrar y que pasó a ser de dominio público tras el estreno. Maravilla tras maravilla.

Romero dirigió otras cinco películas sobre muertos vivientes, utilizando ya la palabra «zombi» que, antes de 1968, la gente únicamente relacionaba con el vudú haitiano. El leve aleteo era ya una intensa ventisca representada por imitadores y discípulos repartidos por todas las cinematografías del planeta. Poco a poco, fueron apareciendo hijos legítimos y bastardos de un clásico que instauró su propio género y propició una serie de consecuencias a gran escala: el loquísimo gore de Peter Jackson en *Braindead*, el apocalipsis *brit* de Danny Boyle en *28 días después*, el sublime cachondeo de Edgar Wright en *Zombies Party*, la reformulación de Zack Snyder en *Amanecer de los muertos*, la explosión Z en pleno Eixample de Barcelona a cargo de Jaume Balagueró y Paco Plaza en *REC*... Sin olvidar los homenajes de Sam Raimi y el cine coreano que veremos a continuación, ni los hitos procedentes de otras disciplinas, como *The Walking Dead* o *The Last of Us*.

Y todo ese huracán lo inició, hace medio siglo, un veinteañero de ascendencia cubana con ganas de divertirse y de formar parte de la historia del cine.

Los otros

The Others, España, Estados Unidos, Francia, Italia, 2001

Cruise-Wagner Productions / Sogecine / Las Producciones del Escorpión
Dirección y guion: Alejandro Amenábar
Intérpretes: Nicole Kidman, Fionnula Flanagan, Chistopher Eccleston, Alakina Mann, James Bentley
101 minutos

Enero de 1998. En Park City, Utah, una multitud de espectadores abarrotaba la sala para asistir a un pase especial de *Abre los ojos*, la segunda película de un veinteañero cineasta hispano-chileno llamado Alejandro Amenábar. La cinta se había estrenado a finales de diciembre en España y se había convertido en un impresionante éxito, pulverizando los registros del anterior trabajo del director, la revolucionaria *Tesis*. Aquel día gélido, un manto de nieve cubría el pintoresco paisaje utaheño mientras la proyección, una de las más esperadas de aquel Festival de Sundance, despertaba la curiosidad de algunos de los profesionales y exhibidores más importantes de Hollywood.

La película asombró a toda la audiencia. Sentado en su butaca, el mismísimo Tom Cruise trataba de recuperar el aliento tras la penetrante experiencia. Acto seguido, descolgó el teléfono, salió al *hall* y llamó a su socia Paula Wagner para decirle que debía adquirir cuanto antes los derechos de aquella película. Tres años después, Cruise protagonizaba un insulso *remake (Vanilla Sky)* y, de paso, se comprometía con Amenábar a producir su siguiente proyecto, sin importar cuál fuese. Fue entonces cuando el joven realizador puso en sus manos un guion que acababa de escribir de manera casi febril, justo después de regresar de un viaje a Chile y de compartir unas sesiones de espiritismo con su tía y su hermano.

Así nació *Los otros*, probablemente una de las obras de terror gótico más hermosas del último cuarto de siglo. Un cuento de fantasmas que se mira a sí mismo en un espejo deformado, invirtiendo las reglas del género a su antojo y transmutando la percepción del espectador con absoluta maestría.

Por si esto fuera poco, Nicole Kidman —por aquel entonces flamante esposa de Mr. Cruise— ofrece una *masterclass* de corpulencia dramática solo al alcance de los elegidos.

Posesión infernal

The Evil Dead, Estados Unidos, 1981

New Line Cinema / Renaissance Pictures

Dirección y guion: Sam Raimi

Intérpretes: Bruce Campbell, Ellen Sandweiss, Hal Delrich, Betsy Baker, Sarah York

85 minutos

A Sam Raimi no le van los climas templados. Él es más un tipo de extremos, de esos que igual te montan una obra majestuosa estilo *Darkman* (1990), *Spider-Man 2* (2004) o *Arrástrame al infierno* (2009), que te sirven una castaña soberana del nivel de *Rápida y mortal* (1994), *Spider-Man 3* (2007) o esa apología republicana del beisbol llamada *Por amor al juego* (1999). Cuando te enfrentas a una película suya, sabes que te espera el júbilo o la desesperación, no hay más.

De la colección de títulos molones de Raimi (mayor en número a la lista de tropiezos), mi favorito es, con mucho, el que prendió la mecha de su leyenda. *Posesión infernal* es un cúmulo de despropósitos tan encantador y apasionado que te acaba capturando como los conjuros del *Necronomicón*; si hubiera una letra más allá de la Z, esa sería la categoría cinematográfica a la que pertenecería. Y, aún con ello, cuando te llega, estableces con ella un vínculo afectivo inquebrantable.

Basta un dato para mesurar el grado de locura: Raimi se convirtió en veinteañero durante el rodaje. Pocas veces, por no decir ninguna, encontrarán una película tan osada firmada por un niñato imberbe. La edad, eso sí, no fue problema para que este genio supersónico se camelara a familiares y amigos y reuniera un mísero presupuesto, se llevara a todo el equipo a una cabaña en ruinas de Tennessee para filmar durante tres meses infernales (los actores no pudieron ni ducharse en todo ese tiempo) y acabara prendiendo fuego a los muebles con tal de asegurarse de que nadie bajo su mando moría por congelación.

Al final, la cinta gustó tanto que aplicarle el término «de culto» resulta casi irrisorio. Stephen King se volvió loco con ella, se proyectó en Cannes, estuvo prohibida en Alemania durante diez años y hasta dio pie a un musical. Para que luego digan que usar una motosierra para desmembrar zombis no sirve de nada.

LA PROFECÍA

The Omen, Reino Unido, Estados Unidos, 1976

20th Century Fox / Harvey Bernhard Productions / Mace Neufeld Productions
Dirección: Richard Donner
Guion: David Seltzer
Intérpretes: Gregory Peck, Lee Remick, Harvey Stephens, David Warner, Billie Whitelaw
111 minutos

A mediados de los años setenta, el éxito de *La semilla del diablo* y *El exorcista* había provocado la demoníaca irrupción de una nueva estrella en Hollywood. El mismísimo Satanás era el amo y señor del género, y los productores no veían el momento para levantar otra producción en torno a su cornuda figura. Uno de ellos era Harvey Bernhard, un veterano de la Segunda Guerra Mundial —y exmagnate de Las Vegas— que un buen día pensó en lo bien que podría funcionar una película sobre el Anticristo. Llamó a David Seltzer, un joven guionista que venía de colaborar con Roald Dahl en la adaptación de *Un mundo de fantasía* (1971), y le encomendó la tarea de escribir una historia sobre un niño de aspecto angelical que se revelaba como la reencarnación del diablo en la Tierra.

Lo que siguió justo después forma parte de los mentideros perversos de la época. El director Richard Donner, que seleccionó al niño Harvey Stephens porque se atrevió a arañarle la cara y patearle en la entrepierna durante la audición, recibió amenazas de grupos satánicos que le recomendaban suspender el rodaje. Mientras se alojaba en un hotel de Irlanda, se libró por los pelos de un atentado del IRA, aunque peor fue lo de Gregory Peck, que perdió un vuelo a Israel que, minutos después de despegar, se estrelló sin dejar supervivientes. Peck, por cierto, aceptó el papel porque acababa de perder a su hijo en trágicas circunstancias, y pensaba que interpretar a un padre corroído por la culpa le ayudaría a superarlo. Antes que él, William Holden, Charlton Heston y hasta Dick Van Dyke rechazaron la oferta por considerarla demasiado turbadora.

Más allá de su supuesta maldición, *La profecía* es un clásico espeluznante que mejora con el paso de los años. Su éxito generó tres continuaciones y un *remake*, cada cual más atroz, hasta que en 2024 se estrenó una precuela sorprendentemente explícita y brillante que honraba, de un modo más que admirable, el legado de Donner y compañía.

El resplandor

The Shining, Reino Unido, Estados Unidos, 1980

Warner Bros. / Hawk Films / Peregrine
Dirección: Stanley Kubrick
Guion: Staney Kubrick y Diane Johnson, sobre la novela de Stephen King
Intérpretes: Jack Nicholson, Shelley Duvall, Danny Lloyd, Scatman Crothers, Barry Nelson
114 minutos

El fracaso de *Barry Lyndon* hizo mucho daño al desmesurado ego de Stanley Kubrick. Incapaz de asimilar la apatía de críticos y espectadores hacia su imponente superproducción, comenzó a arrepentirse de haber rechazado *El exorcista* para concentrarse en aquella película sublime y maldita protagonizada por Ryan O'Neal. De algún modo, le quedó clavada una espina relacionada con el cine de terror épico; como no podía ser menos, Kubrick tenía la ambición de filmar la película con mayúsculas sobre este género. Y, entonces, un buen día, cayó en sus manos una novela escrita por un joven talento llamado Stephen King.

El legendario cineasta devoró el libro: «Pensé que de ahí podía salir una magnífica película», reconocería respecto al potencial de una historia ambientada en un gigantesco y desolado hotel y protagonizada por un escritor arrastrado por una locura desmedida. Eso sí, su adaptación sería muy diferente al relato original, para desconcierto de un enfurecido King que, desde entonces, se ha encargado de pregonar a los cuatro vientos que detesta la cinta por la nula atención que presta al proceso interno de los personajes. En realidad, parece ser que su malestar se debe más al temperamento perfeccionista de Kubrick, que no tenía reparos en llamarle a las tres de la madrugada para preguntarle si creía en Dios.

Más allá de la controversia, *El resplandor* es —porque así lo quiso su director— una obra maestra del estremecimiento y la agitación cinematográfica. Jack Nicholson está tan desatado como inmenso en su delirante composición de Jack Torrance, mientras muchos siguen soñando —o, mejor dicho, «pesadilleando»— con el exuberante *travelling* de la *steadycam*, el triciclo y las gemelas. En 2019, Mike Flanagan firmó una estupenda continuación, *Doctor Sueño*, y solo un año antes Steven Spielberg situó un fascinante pasaje de *Ready Player One* en las entrañas del hotel Overlook.

The Ring (*El círculo*)

Ringu, Japón, 1998

Basara Pictures / Toho Company / Imagica
Dirección: Hideo Nakata
Guion: Hiroshi Takahashi, sobre la novela de Koji Suzuki
Intérpretes: Nanako Matsushima, Miki Takatini, Hiroyuki Sanada, Yûko Takeuchi, Hitomi Satô
96 minutos

Sin paños calientes: *The Ring* es una de las películas más espeluznantes que he visto en mi vida. Todavía recuerdo aquella proyección que me mantuvo atónito frente a la pantalla y me estremeció de puro miedo, en aquella escena cumbre en la que la niña Sadako salía del pozo y cruzaba el televisor. Nunca he vuelto a escuchar semejante colección de gritos espasmódicos en el patio de butacas de una sala de cine.

Aunque también lo pasé en grande con la versión hollywoodiense protagonizada por Naomi Watts, lo cierto es que el original japonés me sigue pareciendo una *masterclass* de poco más de hora y media sobre cómo hacer una gran película de terror. Todo comenzó en 1991, cuando el escritor Koji Suzuki publicó una novela llamada *Ringu*, que relata la historia de una cinta de vídeo capaz de provocar la muerte, en solo siete días, de todo aquel que la viera. El propio Suziki reconoció que una de sus principales influencias fue el clásico de Tobe Hooper *Poltergeist* (1982), además de una famosa leyenda sobre una mujer que fue arrojada a un pozo por un samurái y de los tradicionales cuentos sobre los *yûrei*, fantasmas japoneses que suelen ser retratados como mujeres jóvenes vestidas de blanco y un largo cabello que les cubre buena parte de la cara.

Con su adaptación cinematográfica, Hideo Nakata logró un hito tremendo en la cultura popular del país, dando lugar a una franquicia de secuelas, *remakes* y parodias de toda índole, y acuñando el *J-horror*, una nueva tendencia de terror nipón que asoló las carteleras de todo el mundo a principios de siglo. Conclusión: si alguna vez os encontráis con un viejo VHS en una cabaña, resistid la tentación de hacer un visionado *retro*.

Scream. Vigila quién llama

Scream, Estados Unidos, 1996

Dimension Films / Woods Entertainment
Dirección: Wes Craven
Guion: Kevin Williamson
Intérpretes: Neve Campbell, David Arquette, Courteney Cox, Skeet Ulrich, Drew Barrymore
111 minutos

Como muchos otros jóvenes aspirantes a guionistas, Kevin Williamson se vio obligado a aceptar todo tipo de trabajos para poder subsistir en Hollywood. Uno de ellos era el *Home Sitting*, consistente en cuidar de las casas, las mascotas y las plantas de acaudalados propietarios cuando estos se ausentaban. Una noche, mientras se encontraba a solas en una de estas mansiones, vio un documental en televisión sobre el asesino en serie Danny Rolling que le dejó tremendamente impactado. Al terminar, vislumbró una ventana entreabierta y se armó con un cuchillo, temeroso de que algún psicópata decidiera visitarle. Llamó a un amigo para que le hiciera compañía, y, con la intención de distraer la mente, pasaron horas repasando sus películas favoritas del género *slasher*.

A la mañana siguiente, Williamson se despertó sobresaltado por culpa de una pesadilla. Rápidamente, se puso a escribir y concibió la escena inicial de un guion en el que un grupo de jóvenes de una pequeña localidad de California se enfrentaba a un asesino enmascarado, entre cuyas aficiones destacaban amenazar por teléfono a sus víctimas y proponerles extraños *quiz* sobre cine de terror antes de consumar el crimen. Miramax no tardó en adquirir los derechos a través de una de sus filiales, barajando nombres como Danny Boyle, Quentin Tarantino o el mismísimo George A. Romero para la dirección. Por encima de todos ellos, Wes Craven parecía la opción más lógica: había creado una de las franquicias *slasher* más productivas de la historia *(Pesadilla en Elm Street)* y acababa de sufrir un serio revés comercial con su comedia *Un vampiro suelto en Brooklyn* (1995). Aun así, llegó a rechazar varias veces la propuesta, hasta que, finalmente, dio su brazo a torcer después de que el estudio se comprometiera a financiar otros proyectos más personales. Pese a tratarse de un encargo a regañadientes, *Scream* trajo consigo al Craven más cínico, vigoroso y juguetón, y muchos la consideran la última gran obra de su filmografía.

La semilla del diablo

Rosemary's Baby, Estados Unidos, 1968

Paramount Pictures / William Castle Productions
Dirección: Roman Polanski
Guion: Roman Polanski, sobre la novela de Ira Levin
Intérpretes: Mia Farrow, John Cassavetes, Ruth Gordon, Sidney Blackmer, Maurice Evans
137 minutos

Antes incluso de que llegara a publicarse la novela de Ira Levin, varios pesos pesados de Hollywood vislumbraron su potencial y se movieron con sigilo para adquirir los derechos cinematográficos. El propio Hitchcock era uno de ellos, pero al final el más avispado fue William Castle, un director de películas de serie B que, a su vez, era amigo del célebre productor de la Paramount Robert Evans. Fue este último quien pensó en Roman Polanski para firmar la adaptación, convencido de que aquel era el vehículo perfecto con el que efectuar una irrupción triunfal en la industria norteamericana.

La semilla del diablo (excepcional reinterpretación en español del mucho más soso *El bebé de Rosemary*) narra la llegada de una joven pareja a un lujoso y antiguo edificio residencial de Nueva York, poblado de vecinos incautos y desconcertantes. Cuando ella queda embarazada, su estado se vuelve el centro de atención de una trama satánica que identifica a su futuro bebé con el mismísimo Anticristo. Polanski, que ya por aquel entonces era un maestro del horror psicológico gracias a obras como *Repulsión* (1965), supo captar a la perfección el espíritu turbio y claustrofóbico del libro de Levin, convirtiendo a personas aparentemente inofensivas en unos monstruos vigilantes y sobrecogedores.

Por todos es sabido que el rodaje estuvo envuelto en un ambiente enrarecido y asfixiante, en buena medida por el detallismo obsesivo de un Polanski que llegó a desesperar a John Cassavetes —muy dado a improvisar, algo que el polaco detestaba— y también al mismísimo Frank Sinatra, casado por aquel entonces con una jovencísima Mia Farrow a quien llegó a pedir el divorcio delante de todo el equipo. Por no hablar del halo maldito que ha rodeado desde siempre al edificio Dakota (aunque, en realidad, todos los interiores se grabaron en estudio) y de la trágica muerte de la esposa de Polanski, Sharon Tate, poco después del estreno de la película. Sea como fuere, *La semilla del diablo* es una bendición reservada solo a los amantes exquisitos del espanto.

Tiburón

Jaws, Estados Unidos, 1975

Universal Pictures / Zanuck-Brown Productions
Dirección: Steven Spielberg
Guion: Peter Benchley y Carl Gottlieb, sobre la novela de Benchley
Intérpretes: Roy Scheider, Robert Shaw, Richard Dreyfuss, Lorraine Gary, Murray Hamilton
124 minutos

Hubo un momento durante el rodaje de *Tiburón* en que muchos —en realidad, la mayoría del equipo— pensaban que aquella sería la última película que Steven Spielberg dirigiría en su vida. El joven realizador, por aquel entonces de solo veintisiete años, parecía superado por las circunstancias y resignado a la catástrofe que se cernía sobre él: la filmación debía haber finalizado semanas atrás, el presupuesto estaba a punto de triplicarse, los tiburones mecánicos eran un desastre (uno de ellos se fue directo al fondo del mar en cuanto lo metieron en el agua y se pasó allí quince días) y los actores valoraban seriamente la opción de amotinarse. Sid Sheinberg, mandamás de Universal y gran defensor de Spielberg, le ofreció una salida amistosa cancelando la producción y garantizándole un trabajo en el estudio.

Spielberg no solo rechazó aquel salvoconducto, sino que hizo algo que acabaría formando parte indispensable de la historia del cine. Finalizó la película contra viento y marea, y suplió la ausencia de los falsos (y defectuosos) escualos con un dominio extraordinario del plano subjetivo. De ese modo, el espectador podía sentir la amenaza de un modo extremadamente creíble (¿hace falta recordar cuánta gente se ha negado a darse un baño desde entonces?) y otorgar a lo que veían sus ojos una dimensión aterradora jamás vista en un largometraje. Cuando al fin pudo estrenarse, *Tiburón* se convirtió en un fenómeno tan adictivo que miles de personas abandonaban las salas presas del pánico y poco después volvían para experimentar de nuevo la adrenalina. Hoy, casi medio siglo después, sigue igual de majestuosa. Como esa música de John Williams que a ninguno nos gusta que nos tarareen.

Train to Busan

Busanhaeng, Corea del Sur, 2016

New Entertainment World / RedPeter Film / Movic Comics
Dirección y guion: Yeon Sang-ho
Intérpretes: Gong Yoo, Kim Su-an, Jung Yoo-mi, Ma Dong-seok, Choi Woo-shik
118 minutos

Cuando parecía que todas las películas ambientadas en un apocalipsis zombi se habían inventado, un joven genio surcoreano de la animación, Yeon Sang-ho, ambientaba su primera película de acción real en el peor escenario posible para sobrevivir a una horda de muertos vivientes: un tren de alta velocidad, a bordo del cual se encuentran un padre adicto al trabajo y su hija pequeña.

Lo que no sospechan es que el misterioso virus que está afectando a toda Corea es, en realidad, la primera fase de una pandemia que convierte a las personas en unos seres horripilantes y hambrientos de carne humana. Cuando una joven infectada entra en el tren poco antes de su partida, el virus comienza a propagarse y los protagonistas deberán utilizar todo su ingenio para sobrevivir.

El desafío logístico de filmar una película de este tipo en un espacio tan acotado provocó que el rodaje se prolongara un total de cuatro meses, entre abril y agosto de 2015. Además de las impactantes secuencias de terror y los enfrentamientos entre pasajeros y zombis, Yeon prestó especial atención a la parte afectiva de la historia, vistiendo de héroes a una serie de personajes con una especial empatía hacia el público —tanto por su integridad como por su aparente fragilidad—, y convirtiendo a *Train to Busan* en una experiencia profundamente emocional y catártica. La película causó sensación en las proyecciones nocturnas del Festival de Cannes, donde inició una trayectoria triunfal que le llevó a ser el estreno más visto de la historia de su país y propició la aparición de otros dos largometrajes dirigidos por Yeon, la precuela animada *Seoul Station* (2016) y la secuela *Peninsula* (2020), ambas bastante decepcionantes en comparación con la asombrosa cinta original.

VERÓNICA

España, 2017

Sony Pictures / Apache Films / Expediente La Película A.I.E. / RTVE
Dirección: Paco Plaza
Guion: Paco Plaza y Fernando Navarro
Intérpretes: Sandra Escacena, Bruna González, Claudia Placer, Iván Chavero, Ana Torrent
105 minutos

Desde aquel fulgurante debut en 2004 con *El segundo nombre*, Paco Plaza se ha asentado como uno de los grandes exponentes del terror contemporáneo. En su periplo por las tinieblas, se las ha visto con hombres lobo, zombis y abuelas demoníacas, pero ninguna invocación al más allá resultó tan efectiva como la de *Verónica*, su obra cumbre hasta la fecha. Para más inri, la película se basaba en el único caso policial de la historia de España catalogado oficialmente como paranormal: el *Expediente Vallecas*.

A principios de la década de los noventa, una joven madrileña comenzó a experimentar sucesos extraños en su casa, tras realizar una sesión de *ouija* en el instituto junto a unas amigas. Poco después, fallecía en misteriosas circunstancias, lo que intensificó los fenómenos inexplicables en la vivienda, hasta el punto de obligar a intervenir a la policía. El informe redactado por el inspector encargado del caso se convirtió en una pieza venerada por los ocultistas, y en él se inspiraron Plaza y el coguionista Fernando Navarro para contar la historia de Verónica, una adolescente que empieza a percibir una presencia maligna a su alrededor tras una fallida sesión de espiritismo.

Sin duda, el gran hito de la película es su capacidad para introducir el elemento sobrenatural en un entorno tan reconocible como el barrio de Vallecas de 1991: los *walkmans*, el *walkie-talkie*, el anuncio de Centella, la música de Héroes del Silencio... En lugar de remotas mansiones, *Verónica* sitúa su epicentro argumental en un piso del extrarradio de Madrid, insertando el terror de manual en una especie de mágico costumbrismo capaz de retrotraer al espectador hasta aquella época en la que todo, hasta los *poltergeists* de andar por casa, era posible en el país de las Olimpiadas y las exposiciones universales.

Seis años después de convertirla en película de culto, Paco Plaza regresó al universo de *Verónica* con una estimulante precuela, *Hermana Muerte*. Quién sabe si, en un futuro no muy lejano, veremos una tercera entrega ambientada en nuestros días y con el valeroso Antoñito enfrentándose a los fantasmas de la mediana edad.

WÉSTERN

*L*OS ASESINOS DE LA LUNA

Killers of the Flower Moon, Estados Unidos, 2023

Apple Studios / Paramount Pictures / Imperative Entertainment / Sikelia / Appian Way
Dirección: Martin Scorsese
Guion: Eric Roth y Martin Scorsese, sobre el libro de David Grann
Intérpretes: Leonardo DiCaprio, Robert de Niro, Lily Gladstone, Jesse Plemons, Brendan Fraser
206 minutos

Los asesinos de la luna es un acontecimiento histórico. Primero, porque marca el debut en el wéstern de Martin Scorsese tras casi seis décadas de trayectoria. Segundo, porque por fin une bajo un mismo título a los dos grandes actores de su cine: Robert de Niro y Leonardo DiCaprio. Y tercero, y más importante, porque nos regala tres horas y media de genuino deleite cinematográfico, cortesía de un octogenario bajito e insolente que sigue moviendo la cámara con la furia de un joven pletórico.

En realidad, que una película como esta se acabara filmando puede considerarse casi un milagro. No ya por la edad de Scorsese o de muchos de sus colaboradores habituales (Thelma Schoonmaker, sublime montadora, tenía 83 años cuando la terminó, mientras que el músico Robbie Robertson, de 80, falleció poco después de completar su trabajo), sino por el cúmulo de contratiempos que dilataron la producción desde 2017, entre ellos el costoso rejuvenecimiento digital de los protagonistas de *El irlandés*, la pandemia de covid-19 o la necesidad de encontrar una plataforma que completara el descomunal presupuesto de 200 millones de dólares. El cineasta, sin embargo, tenía muy claro que aquella historia real estaba hecha a su medida: durante los años veinte del siglo pasado, justo después de amasar una fortuna gracias al petróleo descubierto en sus tierras, varios miembros de la tribu india de los Osage fueron asesinados en extrañas circunstancias. El suceso, así como los detalles de la posterior investigación del FBI, fue recogido por el periodista David Grann en un libro convertido en *bestseller* de la noche a la mañana.

Lo que hace Scorsese es llevar un pretexto tan sugerente a su órbita creativa, alcanzando una imponente epopeya criminal que se mueve con majestuosidad entre sus grandes clásicos gangsteriles (De Niro elevado a la máxima expresión de la maldad) y las ciudades sin ley del Oeste americano, donde matar con total impunidad era poco menos que rutina. DiCaprio está inconmensurable, pero lo que hace Lily Gladstone es tan rotundo, tan abrumador, que congela el alma.

El bueno, el feo y el malo

Il buono, il brutto, il cattivo, Italia, España, Alemania Occidental, 1966

Produzione Europee Associate / Arturo González PC / Constantin Film
Dirección: Sergio Leone
Guion: Agenore Incrocci, Furio Scarpelli, Luciano Vincenzoni y Sergio Leone
Intérpretes: Clint Eastwood, Eli Walach, Lee Van Cleef, Aldo Giuffrè, Luigi Pistilli
182 minutos

Que Sergio Leone fue quien salvó la carrera cinematográfica de Clint Eastwood es un hecho tan irrefutable como que los perros ladran. A finales de los años cincuenta, Clint era un actor de medio pelo, un tipo de físico imponente e incontables lagunas interpretativas que solo servía para pequeños papeles en cintas de bajo presupuesto o seriales televisivos sobre *cowboys*. De hecho, durante aquellos años, su carrera se sustentó gracias al éxito de *Rawhide*, una serie de la CBS que se mantuvo en antena hasta 1965 y que contaba en Italia con un seguidor acérrimo llamado Sergio Leone.

Por aquel entonces, el cineasta romano andaba enfrascado en un ambicioso proyecto que pretendía trasladar la épica del wéstern a las localizaciones y los ajustados presupuestos europeos. A Leone le encantaba el rostro impertérrito y la nula verborrea de Eastwood —consecuencia de los pocos diálogos que escribían para él—, y lo consideraba perfecto para encarnar al misterioso pistolero solitario de su superlativa *Trilogía del dólar*. Ante la falta de propuestas interesantes en su país, el actor decidió aceptar el desafío y cruzó el charco para enfundarse un poncho maloliente y colocarse un pequeño puro en la boca. *Por un puñado de dólares* (1964) y *La muerte tenía un precio* (1965) lo convirtieron en un icono, y, por eso, cuando Leone volvió a llamarle para la película final, Eastwood se puso exquisito y comenzó a pedir más protagonismo, mucho más dinero y hasta un Ferrari. En cuanto supo que el director estaba tanteando a Charles Bronson, le dio por recapacitar.

El bueno, el feo y el malo es una obra catedralicia del wéstern —hablo del género en su concepción global, no solo de la variante *spaghetti*—, un regocijo de polvorienta cinefilia donde cada plano, cada acorde *morriconiano* y cada cruce de miradas son combustible para la posteridad. No en balde, un tal Tarantino dijo una vez que era la película mejor dirigida de todos los tiempos. Pues eso.

CENTAUROS DEL DESIERTO

The Searchers, Estados Unidos, 1956

Warner Bros. / C. V. Whitney Pictures
Dirección: John Ford
Guion: Frank S. Nugent, sobre la novela de Alan Le May
Intérpretes: John Wayne, Jeffrey Hunter, Vera Miles, Ward Bond, Natalie Wood
119 minutos

En 1955, muchos dieron por finiquitada la carrera de John Ford tras el caótico rodaje de *Escala en Hawai*, donde acabó a puñetazos con su actor principal, Henry Fonda, y paseándose desnudo y completamente borracho por el hotel. Su consabida afición al whisky y su volcánico temperamento le convirtieron en un repudiado de Hollywood, viéndose obligado a trabajar en televisión para sobrevivir.

Justo cuando su leyenda parecía apagarse para siempre, llegó a sus manos un libro titulado *The Searchers*. Su autor era Alan Le May y no se parecía a ningún otro relato sobre el Oeste que hubiera leído antes: su protagonista era un veterano de guerra con un riquísimo trasfondo emocional, un antihéroe decidido a vengar a su familia y rescatar a su sobrina, secuestrada por un temible grupo de indios comanches. Aquella historia era épica, hermosa y profunda a la vez, y le ofrecía a Ford la posibilidad de regresar por la puerta grande a su género predilecto y reencontrarse con sus añorados paisajes de Monument Valley. Sin embargo, desde Warner Bros. no veían claro confiarle el proyecto a alguien tan conflictivo, a quien ya se consideraba un remoto vestigio del pasado.

No fue hasta que John Wayne amenazó con abandonar la compañía cuando Warner dio su brazo a torcer, aceptando financiar los 2,5 millones de dólares que costaría la producción y también que fuese Ford, y no otro, quien ocupase la silla de director.

La decisión, aunque en aquel momento no lo pareciera, fue capital para la historia del séptimo arte, porque *Centauros del desierto* acabó siendo una de las películas más aclamadas e influyentes del cine estadounidense, con una majestuosidad formal irrebatible y una disección emocional de los personajes totalmente apoteósica. Hasta cineastas tan dispares como Godard, Spielberg o Wenders comulgaron con su grandeza.

Comanchería

Hell or High Water, Estados Unidos, 2016

Lions Gate Films / CBS Films / Sidney Kimmel Entertainment / Oddlot Entertainment
Dirección: David Mackenzie
Guion: Taylor Sheridan
Intérpretes: Chris Pine, Ben Foster, Jeff Bridges, Gil Birmingham, Dale Dickey
102 minutos

Taylor Sheridan cumplió cuarenta años con la angustiosa sensación de haber fracasado en su profesión. Llevaba desde los veinticinco tratando de labrarse un porvenir como actor, pero nunca pasaba de papeles residuales ni podía aspirar a un sueldo decente porque, al parecer, sus virtudes interpretativas no eran nada del otro mundo. Pero la crisis de la mediana edad trajo consigo una epifanía que cambió su destino para siempre: debía ser él quien escribiera y luchara por sacar adelante sus proyectos. Nunca había escrito un guion, así que, como buen texano, pensó que lo mejor que podía contar eran historias de vaqueros y violencia fronteriza. Entonces, de repente, Denis Villeneuve convirtió su primer guion, *Sicario*, en una película de culto, y el bueno de Sheridan empezó a imaginar de manera compulsiva dentro de ese nicho creativo tan particular. Así surgió *Yellowstone*, uno de los grandes fenómenos televisivos de los últimos tiempos, y otras series ambientadas en ese mismo universo de rancheros, especuladores y conflictos raciales. En menos de diez años, había pasado de ser despedido de una serie por pedir un aumento de sueldo a firmar un suculento contrato de 200 millones de dólares.

Antes de *Yellowstone*, Sheridan ya había transferido el espíritu clásico del wéstern al siglo XXI con su segundo guion para la gran pantalla. *Comanchería* (título original del proyecto antes de cambiar a *Hell or High Water*, pero que se mantuvo en la adaptación española) sigue los pasos de dos hermanos que, para salvar su viejo rancho familiar, se dedican a asaltar bancos de poca monta por todo el estado de Texas, mientras un viejo *ranger* y su compañero indio siguen sus pasos para apresarles durante uno de sus golpes. Aunque parece la premisa de una típica cinta del Oeste ambientada a finales del siglo XIX, todo sucede en la actualidad: aquí los caballos son coches y los justicieros veteranos se jubilan, pero todo lo demás huele a pólvora y alcohol barato y evoca la árida belleza de las llanuras infinitas.

Mientras tanto, Jeff Bridges, con su mugriento sombrero, su mirada crepuscular y su impresión arcaica sobre las diferencias entre blancos e indios, se pasea frente a la cámara haciendo fácil la excelencia.

DOS HOMBRES Y UN DESTINO

Butch Cassidy and the Sundance Kid, Estados Unidos, 1969

20th Century Fox / Campanile Productions / George Roy Hill-Paul Monasch / Newman-Foreman Company
Dirección: George Roy Hill
Guion: William Goldman
Intérpretes: Paul Newman, Robert Redford, Katharine Ross, Strother Martin, Cloris Leachman
110 minutos

Pequeño *spoiler* del inminente capítulo sobre *Grupo salvaje*: 1969 fue el momento exacto en que los cimientos de un Hollywood aletargado y carcamal se tambalearon hasta dar paso a una época de memorable regeneración. El *westernazo* de Peckinpah nos ayudará a comprender mejor el alcance de esta conmoción sociocultural, pero antes conviene detenerse en su reverso refulgente y socarrón. Estrenada aquel mismo año, *Dos hombres y un destino* se despedía, a su manera, de los convencionalismos heroicos del género para representar a dos truhanes decididos a sobrevivir a cualquier precio, aunque ello implique huir a Sudamérica en lugar de plantar cara a sus perseguidores con un duelo a muerte al alba o una cabalgada suicida a base de balazos.

Orquestando la historia estaba el más grande de los guionistas desobedientes, William Goldman, que se pasó ocho años investigando la historia de aquellos forajidos auténticos que fueron capaces de perpetuar su leyenda más allá del Viejo Oeste. En un principio, Steve McQueen y Paul Newman eran los elegidos para la gloria, pero las suspicacias del primero sobre la capacidad del segundo para eclipsarle por completo (nada infundadas) le llevaron a abandonar el barco y activar la búsqueda desesperada de un sustituto, que resultó ser un rubio bravucón y magnético que, años después, decidió ponerle el nombre de su personaje a un emblemático festival de cine que había creado. La química entre ambos fue tal, y se corrieron tales juergas durante el rodaje, que fueron amigos para siempre y hasta volvieron a coincidir en otra jugada maestra conocida como *El golpe* (1973).

Y luego está esa escena en bicicleta al son de los acordes de Burt Bacharach y la voz de B. J. Thomas... Algo tan mítico debería formar parte de las vidas de cualquier espectador, sea o no amante del wéstern. Porque es la perfecta plasmación de la rebeldía y la libertad que anida en cada uno de nosotros. Y porque Paul Newman hizo sus propias acrobacias cuando descubrió que su doble no sabía montar en bici.

Grupo salvaje

The Wild Bunch, Estados Unidos, 1969

Warner Bros. / Seven Arts
Dirección: Sam Peckinpah
Guion: Walon Green y Sam Peckinpah, sobre una historia de Green y Roy N. Sickner
Intérpretes: William Holden, Ernest Borgnine, Robert Ryan, Edmond O'Brien, Warren Oates
145 minutos

Como ya nos recordó Quentin Tarantino en *Érase una vez... en Hollywood*, 1969 fue el año en que todo cambió definitivamente para el cine norteamericano. Las nuevas generaciones de espectadores, influidas por el desencanto social y político y el auge del movimiento *hippie*, estaban hartas de una industria que, de tanto explotar los géneros clásicos —en especial el musical y el wéstern—, se veía abocada a un bloqueo creativo y económico que ponía en riesgo su propia supervivencia. Fue en 1969 cuando el fenómeno *Easy Rider* puso en marcha un movimiento de enmienda, basado en las doctrinas europeas y la libertad como recurso fundamental para los cineastas. Y así, las fichas del dominó fueron cayendo, una tras otra, hasta llegar a la coyuntura actual.

Hollywood no murió aquel año, pero algunas películas parecieron entonar su réquiem particular. Una de ellas fue *Grupo salvaje*, que, a su manera, reflejaba el ocaso de un tipo de cine que había exprimido sus años de gloria y que se preparaba para la dura travesía por el desierto. Pero antes, un artista de vuelta de todo como Sam Peckinpah se empeñó en firmar el canto del cisne del género para, al mismo tiempo, sentar las bases del wéstern posmoderno que llegaría mucho tiempo después.

Incluso los propios protagonistas eran reliquias andantes que malvivían añorando los buenos momentos, un puñado de perdedores que antes atracaban bancos y que ahora sobreviven en la frontera mientras se ven acorralados por los cazarrecompensas. Peckinpah impregnó su mirada del olor a muerte de Vietnam y la violencia explícita de *Bonnie y Clyde*, y el resultado no pudo ser más descarnado y agonizante, verdadera poesía moldeada a base de pólvora y redención. Honrar el pasado para construir el futuro.

El hombre que mató a Liberty Valance

The Man Who Shot Liberty Valance, Estados Unidos, 1962

Paramount Pictures / John Ford Productions
Dirección: John Ford
Guion: James Warner Bellah y Willis Goldbeck, sobre una historia de Dorothy M. Johnson
Intérpretes: James Stewart, John Wayne, Vera Miles, Lee Marvin, Edmond O'Brien
123 minutos

El hombre que mató a Liberty Valance no es un wéstern más de John Ford. Dentro de su gigantesca trayectoria como referente y maestro absoluto del género, esta película probablemente posee una trascendencia mayor a la de cualquier otra. Fue su último wéstern en blanco y negro y el penúltimo de su carrera, y significó en su momento un punto de inflexión hacia unas historias del Oeste mucho más crepusculares e introspectivas, en las que se diluía la distinción entre el bien y el mal y cada personaje, incluso el pistolero más valiente, debía cargar con sus propios demonios.

De entrada, no encontramos ni rastro de las grandes panorámicas en technicolor de Monument Valley, sino una historia llena de largos diálogos y espacios cerrados. Las malas lenguas apuntaban a un recorte drástico del presupuesto por parte del estudio, si bien fue el propio Ford quien decidió enfatizar cromáticamente la diferencia respecto a sus trabajos más épicos y grandiosos; aquí, el fondo es mucho más importante que la forma. Los dos héroes son tipos atormentados: uno, por su sentimiento de culpa por haber quitado una vida, sin olvidar su posible condición de falsa leyenda; el otro, por aferrarse a la violencia frente a la palabra como solución a los problemas, y por perder a la mujer de su vida para proteger la reputación de un amigo.

Qué importa que James Stewart y John Wayne interpretaran a veinteañeros cuando, en realidad, tenían treinta años más (otra de las teorías del blanco y negro es que se usó para hacer menos evidente la edad de ambos). Qué importa que un personaje adolescente esté interpretado por un actor de cincuenta años, y que su padre en la película lo encarne un tipo nueve años menor que él. Nosotros no podemos apartar la mirada de esta historia trepidante, imponente y decididamente melancólica, demostración del exquisito legado de un autor formidable.

Le llamaban Trinidad

Lo chiamavano Trinità..., Italia, 1970

Delta / West Film
Dirección: E. B. Clucher
Guion: E. B. Clucher y Gene Luotto
Intérpretes: Terence Hill, Bud Spencer, Steffen Zacharias, Dan Sturkie, Gisela Hahn
115 minutos

En 1967, las vidas de Carlo Pedersoli y Mario Girotti —dos actores italianos acostumbrados a papeles intrascendentes— experimentaron un súbito giro copernicano. Alguien les recomendó, con buen tino, cambiar sus nombres por otros que sonaran a anglosajón y tuvieran cierto gancho comercial. El primero se hizo llamar Bud Spencer porque admiraba, a partes iguales, la cerveza Budweiser y a Spencer Tracy. El segundo, más poético, escogió Terence Hill en honor al comediógrafo romano Publio Terencio Afro y al nombre de pila de su madre, Hildegard. Aquel mismo año, Bud y Terence se conocieron y se hicieron muy amigos. Protagonizaron, con sus recién estrenados nombres, una primera película juntos llamada *Tú perdonas, yo no*. Su impresionante química les convirtió en ídolos internacionales y los hizo coincidir en otros dieciséis largometrajes, hasta su último trabajo en común, en 1994.

De toda su filmografía, *Le llamaban Trinidad* fue la película que estableció más claramente las reglas del espectáculo Spencer-Hill, como si de unos Astérix y Obélix de carne y hueso se tratase: amistad inquebrantable, socarronería a mansalva, comedia desbocada y gloriosas lluvias de mamporros. Un *spaguetti western* de manual, repleto de humor catártico, donde Hill se confirma como el pillo de carisma irresistible y Spencer como el gigante de buen corazón que siempre golpea a palma abierta antes de preguntar. El éxito de la cinta fue tan grande que propició una adorable secuela, *Le seguían llamando Trinidad* (1971), y convirtió en estrellas a un veneciano y un napolitano con nombres de postín.

El poder del perro

The Power of the Dog, Nueva Zelanda, Reino Unido, Canadá, Australia, 2021

Netflix / New Zealand Film Commission / Cross City Films / BBC Films
Dirección: Jane Campion
Guion: Jane Campion, sobre la novela de Thomas Savage
Intérpretes: Benedict Cumberbatch, Kirsten Dunst, Kodi Smit-McPhee, Jesse Plemons, Sean Keenan
126 minutos

Como buena oriunda de las Antípodas, a Jane Campion no le tembló el pulso cuando decidió adentrarse en el desierto inhóspito de la ficción. En aquel momento (1989, año de su largometraje de debut), el cine era un terreno acotado por la sociedad patriarcal, y para una mujer —neozelandesa, nada menos— abrirse paso en una industria tan sexista era tan atrevido como ponerle una corbata a un león. Pero, vaya sorpresa, resultó que aquella cineasta (en femenino) tenía un mundo interior fascinante que contar. Sus protagonistas, casi siempre mujeres heridas por su propia contradicción, eran personajes de gesto poderoso y espíritu agitador. Inconformistas que, aunque heridas en lo más profundo de su ser, eran capaces de soportar sobre su cuerpo el peor de los castigos. Así llegaron, sin hacer demasiado ruido, obras tan exquisitas como *El piano* (1993), *Retrato de una dama* (1996) o *Holy Smoke* (1999), y Campion pasó a abanderar un movimiento contracultural que, décadas después y a pesar del largo camino que queda todavía por recorrer, le debe un porcentaje muy amplio de su éxito.

El poder del perro es el triple salto mortal de esta superviviente natural. Por una vez, las mujeres no reclaman el foco, sino que este se dirige hacia los personajes masculinos, un muchacho retraído y un rudo ganadero que desarrollan una relación de afinidad mientras exploran, cada uno a su manera, la atracción que sienten el uno por el otro. Si decimos que esta premisa, además, pertenece a un wéstern, la cosa se complica hasta niveles nunca explorados. La directora traslada al universo de la (fingida) virilidad la naturaleza errática de sus heroínas, y lo hace —y ahí el vértigo— revirtiendo de arriba abajo los anticuados conceptos del género más estereotipado del séptimo arte.

Jane Campion no lleva un parche en el ojo ni forjó su mirada entre los vastos paisajes de Arizona. Ella provenía de otro desierto, mucho más lejano e inclemente. Y, si bien el techo de cristal aún tiene un grosor considerable, algunas de las grietas más profundas llevan su nombre.

Pozos de ambición

There Will Be Blood, Estados Unidos, 2007

Paramont Vantage / Miramax / Ghoulardi Film Company
Dirección: Paul Thomas Anderson
Guion: Paul Thomas Anderson, sobre la novela *¡Petróleo!*, de Upton Sinclair
Intérpretes: Daniel Day-Lewis, Paul Dano, Ciaran Hinds, Dillon Freasier, Barry Del Sherman
158 minutos

Que el wéstern es un género que trasciende sus propios clichés en una realidad tan lógica como inconcebible para muchos. Aunque parezca una afrenta al decálogo de John Ford, hay mucha (y gloriosa) vida más allá de los forajidos, los indios, las caravanas, los burdeles y los duelos al amanecer. *Johnny Guitar* (1954) fue un culmen del melodrama, *El Topo* (1970) era un irresistible delirio psicodélico y *Rango* (2007) una genialidad del cine de animación. Incluso podemos ir más allá y establecer subgéneros dentro del propio género, como el wéstern petrolífero: aquel encargado de retratar la fiebre por el oro negro iniciada a mediados del siglo XIX, coincidiendo con la expansión de Estados Unidos hacia la costa del Pacífico.

De este último grupo, *Fruto dorado* (1940), con Clark Gable y Spencer Tracy, sería una de las más icónicas junto a la pionera *Git Along Little Dogies* (1937). Aunque ninguna tan esplendorosa y feroz como *Pozos de ambición*, indiscutible obra magna de un cineasta sumamente valioso, pero con cierta tendencia a la sobrevaloración: Paul Thomas Anderson.

Basada en una novela publicada por Upton Sinclair en 1927, la película se traslada hasta el estado de Texas, a principios del siglo XX, para narrar el ascenso de un minero hasta convertirse en un despiadado magnate del petróleo, capaz de destruir su familia y su alma en una espiral imparable de locura y codicia. La labor de Daniel Day-Lewis es excelsa y aterradora, dando lugar a uno de los villanos más infames que hayan desfilado jamás por una pantalla de cine. Su particular método hizo que cambiara completamente su voz y se comportara como su personaje incluso fuera del plató, lo que llevó al actor Kel O'Neill a abandonar la filmación al sentirse intimidado con su sola presencia. Paul Dano, otro intérprete de extrema agudeza, le sustituyó preparando su papel en solo cuatro días.

Río Bravo

Rio Bravo, Estados Unidos, 1959

Warner Bros. / Armada Productions
Dirección: Howard Hawks
Guion: Jules Furthman y Leigh Brackett, sobre una historia de B. H. MacCampbell
Intérpretes: John Wayne, Dean Martin, Ricky Nelson, Angie Dickinson, Walter Brennan
141 minutos

Howard Hawks no soportaba *Solo ante el peligro* (1952). En su opinión, que un *sheriff* fuera pidiendo ayuda desesperadamente —y comportándose «como un gallina»— era una conducta muy poco profesional para un representante de la ley. En realidad, aquella película de Fred Zinnemann se planteó desde el principio como una feroz crítica a la Caza de Brujas del senador McCarthy, lo que le granjeó la animadversión generalizada del ala más conservadora de Hollywood. Hasta John Wayne, amigo personal de Hawks, llegó a considerarla públicamente como una historia «antiamericana» y se mostró orgulloso de haber contribuido a expulsar del país a su guionista, Carl Foreman.

Río Bravo fue la particular revisión que Hawks y Wayne hicieron de *Solo ante el peligro*. En ella, el *sheriff* asume estoicamente que debe ser él quien defienda la ciudad del asedio de un poderoso terrateniente y sus hombres, dispuestos a todo por liberar a un bandido encarcelado por asesinato. Lejos de sentirse desamparado, cuenta con la ayuda de un antiguo camarada conocido por su puntería legendaria (Dean Martin) y de un joven e impetuoso pistolero (Ricky Nelson).

Lo más curioso de *Río Bravo* es que, pese a que nació como respuesta del derechismo más rancio a *Solo ante el peligro*, resulta tan magistral, o incluso más, que la melancólica cinta protagonizada en su día por Gary Cooper. Hawks rueda con preciso clasicismo, obteniendo una historia sucia y trepidante, alejada de los grandes escenarios y centrada en el sentimiento de camaradería entre unos tipos que saben que pueden morir en cualquier momento. La secuencia inicial, sin diálogo alguno, constituye uno de los grandes hitos del género. Con razón cuenta Tarantino que siempre preguntaba a sus citas si les gustaba *Río Bravo*, y, si decían que no, directamente les contestaba que aquello no tenía ningún futuro.

SIN PERDÓN

Unforgiven, Estados Unidos, 1992

Warner Bros. / Malpaso
Dirección: Clint Eastwood
Guion: David Webb Peoples
Intérpretes: Clint Eastwood, Gene Hackman, Morgan Freeman, Richard Harris, Jamiz Woolvett
130 minutos

El 31 de mayo de 1990, Clint Eastwood cumplía sesenta años convertido en un icono frente a la cámara y en un autor reverenciado tras ella. Durante la década anterior había firmado trabajos tan brillantes como *Bronco Billy* (1980), *El jinete pálido* (1985) o

Bird (1988), y por fin se sentía física y artísticamente preparado para un desafío de enorme magnitud: devolver al wéstern el lustre de sus años dorados y recuperar el espíritu clásico de sus dos grandes mentores —y referentes del género—, Sergio Leone y Don Siegel.

El proyecto en cuestión se titulaba *The William Munny Killings* y seguía a un viejo pistolero retirado que, para sacar adelante a sus hijos, decide aceptar un último encargo y vengar a una prostituta que fue terriblemente mutilada por un grupo de criminales, liderados por el despótico *sheriff* de Big Whiskey. El autor del libreto era David Webb Peoples, coguionista de la legendaria *Blade Runner*, y antes de Eastwood había llamado la atención de cineastas del calibre de Francis Ford Coppola. Finalmente, la productora de Clint, Malpaso, lo adquirió en 1983 con la intención de guardarlo en un cajón y esperar el tiempo necesario hasta que el actor y director considerase que había llegado el momento de filmarlo.

Ese momento era 1992. *Bailando con lobos* había rescatado el género de su ostracismo y Eastwood disfrutaba de suficiente consideración para liderar una película sombría, nostálgica y tremendamente introspectiva, en la que los personajes debían enfrentarse a sus propios demonios para sobrevivir en un mundo de traición y muerte. Una obra grandiosa, de belleza inabarcable y mirada abrumadora. Probablemente, el mejor wéstern de todos los tiempos.

EL TREN DE LAS 3.10

3:10 to Yuma, Estados Unidos, 2007

Lions Gate Films / Tree Line Film / Relativity Media
Dirección: James Mangold
Guion: Halsted Welles, Michael Brandt y Derek Haas, sobre una historia de Elmore Leonard
Intérpretes: Russell Crowe, Christian Bale, Ben Foster, Logan Lerman, Peter Fonda
122 minutos

Si ustedes han llegado hasta aquí pasando por todas y cada una de las páginas de este libro, con suerte habrán comprobado que no hay nadie, en todo el cine actual, capaz de fotografiar a los héroes caídos con la fina acritud y la lucidez de James Mangold. Sus protagonistas, casi siempre hombres desnortados con un pasado lleno de gestas, se encuentran al borde de un colapso existencial y acarician un punto de no retorno que les conducirá, irremediablemente, a la destrucción. Del *sheriff* Freddy Heflin de *Cop Land* (1997) al mismísimo Indiana Jones, pasando por Johnny Cash, Lobezno y el Ken Miles de *Le Mans '66* (2019), estos ilustres perdedores encontrarán una última oportunidad de redención justo cuando parecían condenados para siempre.

Dan Evans, el campesino interpretado por Christian Bale en el *El tren de las 3.10*, es probablemente el más vulnerable y herido de todos ellos. Está a punto de perder su rancho, se ha quedado medio cojo y su hijo le considera poco menos que un inútil. Su única opción para recobrar la dignidad y reivindicarse como el hombre que fue pasa por escoltar a un peligroso forajido (Russell Crowe, en sustitución del inicialmente previsto Tom Cruise) hasta el tren que le llevará a la prisión de Yuma, antes de que su banda les alcance a él y al resto de la expedición. Y será aquí, en este contexto de suma dificultad, donde logre reconectar con aquel héroe olvidado y muestre a su hijo el verdadero significado del valor y el honor.

Bajo la tutela de Mangold, Evans —Bale mediante— construye un arco dramático entre la liberación y la épica, proporcionándonos uno de los personajes más intensos y cuidadosamente trazados del wéstern contemporáneo. Con toda probabilidad, uno de los contadísimos *remakes* que pueden acreditar la calidad y solvencia necesarias para superar a la película original.

AGRADECIMIENTOS

Es difícil acordarse de todas las personas que me acompañaron en el proceso de creación de este libro, el más extenso de toda mi carrera. Pero no quisiera dejar de agradecer a las que, de un modo más directo, contribuyeron a hacer realidad esta locura que ahora mismo tienen en sus manos.

Por supuesto, a mi editor, David Figueras, verdadero artífice del proyecto y alguien a quien seguiría hasta el fin del mundo.

A Viggo Mortensen, cuya amabilidad y cercanía me impresionaron tanto como sus infinitos personajes.

A Patricia Echevarría y a María Guisado, por su ayuda y por soportar con tanto cariño y paciencia el aluvión de correos electrónicos y audios de WhatsApp.

A Dani Escalé, por ilustrar los *crossovers* más brutales que un chiflado como yo podría imaginar.

A mis compañeros y alumnos de la escuela LABA, el lugar donde el cine se respira entre largas bocanadas de felicidad.

A mis padres, que nunca me prohibieron ver ninguna película de pequeño. Y a mi abuelo, que me acompañaba al videoclub para que me dejaran alquilar las de mayores (y luego se sentaba a verlas conmigo).

Y, siempre, a mi mujer y a mis hijos, por quererme con todas sus fuerzas a pesar de mis manías.

ÍNDICE DE PELÍCULAS

ÍNDICE ONOMÁSTICO